▲ 图 1-3-1　爆炸容器

▲ 图 1-3-2　爆炸水池

▲ 图 1-3-3　球形爆炸容器

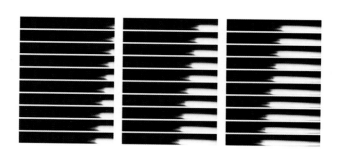

▲ 图 2-2-10　导爆管爆炸图像

▲ 图 2-2-13　典型扫描图像(图左边是扫描图像,右边是起爆前的静止像)

▲ 图 2-2-31　爆炸压缩后的铅柱

▲ 图 2-2-52 猛度试验(铅柱压缩法)的典型结果

▲ 图 3-2-4 铅板和铝见证板试验的典型结果

▲ 图 3-2-5 爆炸水池与定位框

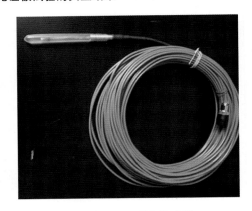

▲ 图 3-2-6 压力传感器

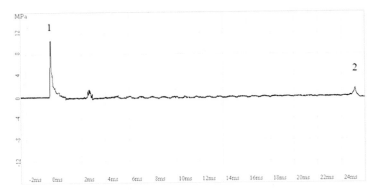

▲ 图 3-2-12 8 号雷管水下爆炸 *P-t* 曲线

1. 冲击波;2. 气泡波;两波峰值的时间差为气泡脉动周期,曲线在 1~26ms 被压缩

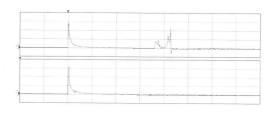

▲ 图 3-2-14　8 号雷管在水下 0.6 m 爆炸冲击波
（上图是刚性内壁，下图是内壁粘贴闭孔塑料泡沫）

▲ 图 3-2-16　爆炸后锯开的小铅墙照片

金属破片

脚线　　残壳及　　铅芯　　　　　　壳底
　　　　塑料塞　　延期体

金属粉

▲ 图 3-2-39　毫秒延期雷管爆炸后回收的残留物

▲ 图 3-2-40　壳底尺寸（单位：mm）

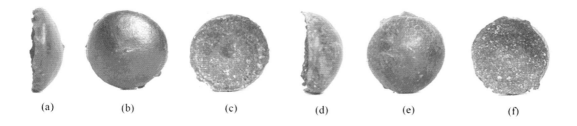

(a)　　　　(b)　　　　(c)　　　　(d)　　　　(e)　　　　(f)

▲ 图 3-2-41　凹底和平底雷管壳底照片

（a）、（b）、（c）为凹底雷管的侧视、底视和俯视照片；（d）、（e）、（f）为平底雷管的侧视、底视和俯视照片

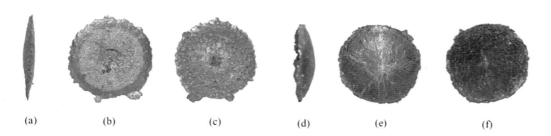

(a)　　　　(b)　　　　(c)　　　　(d)　　　　(e)　　　　(f)

▲ 图 3-2-42　凹底和平底雷管铅板穿孔后的壳底照片（字母序号含义同图 3-2-41）

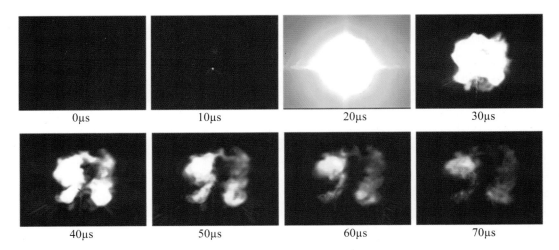

0μs	10μs	20μs	30μs
40μs	50μs	60μs	70μs

▲ 图 4-1-11　点火针在空气中的电爆炸火花

▲ 图 5-1-12　3 种待标定的传感器

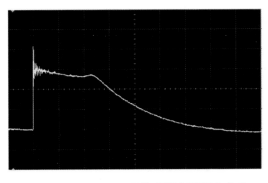

▲ 图 5-1-17　85057♯传感器典型标定曲线

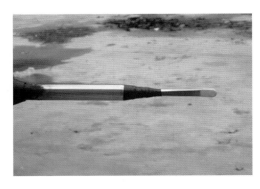

▲ 图 5-2-6　CY‑YD‑202 自由场压力传感器

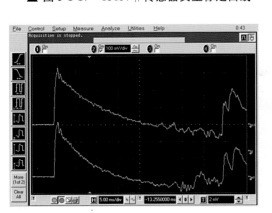

▲ 图 5-2-12　满足几何相似律的空气冲击波 *P-t* 曲线

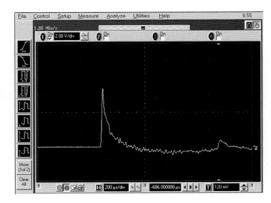

▲ 图 5-2-26　长径比为 **2.0** 的 *P-t* 曲线

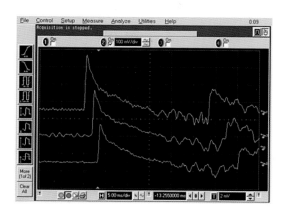

▲ 图 5-2-28　散状梯恩梯炸药空气中爆炸冲击波 P-t 曲线

（上波形 1kg，中波形 0.8kg，下波形 0.5kg）

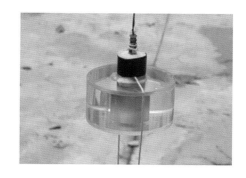

▲ 图 5-3-14　模拟空气、水不耦合的铸铝壳装药

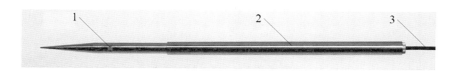

▲ 图 5-3-5　HZP2‑WA 自由场压力传感器

1. 电气石晶体；2. 放大器；3. 信号电缆

▲ 图 5-3-6　ICP 型水下爆炸压力传感器

1. 沉块栓线孔；2. 硅油；3. 电气石晶体；4. 透明乙烯软管；5. 微型放大器；6. 信号输出接头

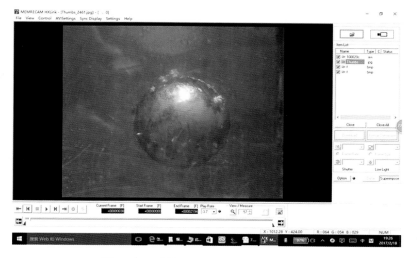

▲ 图 5-4-2　计算机分析、处理图像的软件界面

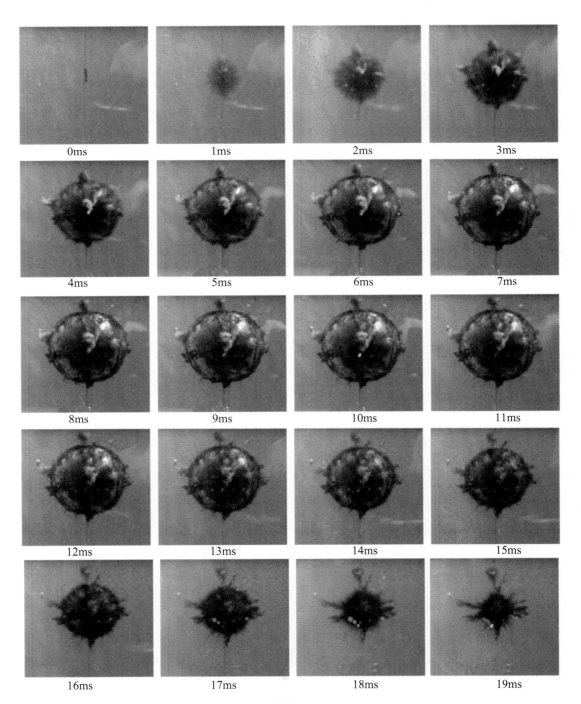

▲ 图 5-4-4　0.3g 二硝基重氮酚装药气泡脉动图像

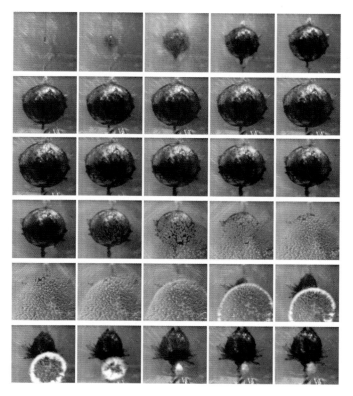

▲ 图 5-4-8　柱状气泡脉动部分图像（每帧间隔 2ms）

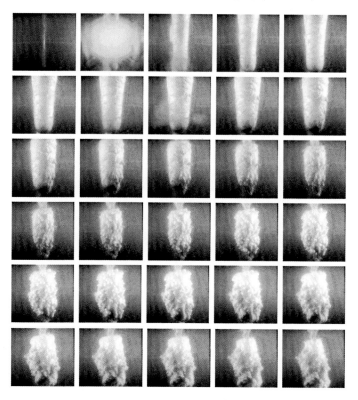

▲ 图 5-4-9　两个装药气泡脉动部分图像（每帧间隔 2ms）

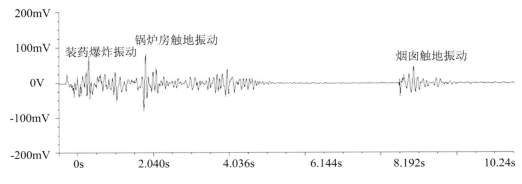

▲ 图 5-5-16 装药爆炸、锅炉房和烟囱触地的连续振动波形

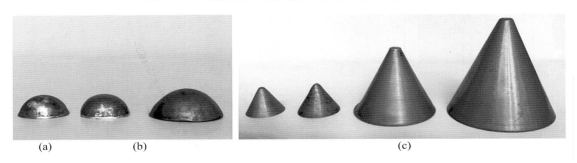

▲ 图 5-6-2 半球形和圆锥形药形罩

（a）普通钢半球形；（b）紫铜半球形；（c）紫铜圆锥形

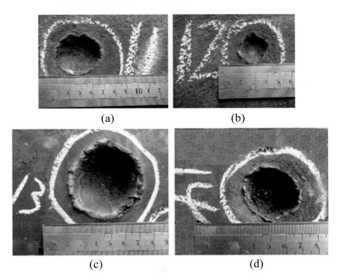

▲ 图 5-6-15 Ø47mm、Ø58mm 装药侵彻靶板效果

（a）、（b）Ø47mm 装药（11 号半球形，12 号 60°圆锥形）；（c）、（d）Ø58mm 装药（13 号半球形，14 号 60°圆锥形）

国家级特色专业
安徽省示范本科专业　教学用书

爆破器材测试技术

Explosive Materials Testing Technology

张　立　吴红波　编著

中国科学技术大学出版社

内 容 简 介

本书以民用爆破器材为测试对象,以近年来颁布的国家和行业标准规定的试验方法为依据,结合新的仪器设备,系统地介绍了民用爆破器材的主要感度、爆炸性能与爆炸效应的测试技术,并简要介绍了国外相应的测试方法。

全书分 5 章,内容包括:爆炸试验基本安全规则,炸药的感度及爆炸性能测试,起爆器材的感度及爆炸性能测试,索类器材的爆炸性能测试,爆炸效应测试。

本书可以作为高等院校"弹药工程与爆炸技术""特种能源技术与工程"等专业本科教育的教材,也可作为相关专业研究生和从事民用爆破器材研制、生产及使用的工程技术人员的参考书。

图书在版编目(CIP)数据

爆破器材测试技术/张立,吴红波编著. —合肥:中国科学技术大学出版社,2018.10
ISBN 978-7-312-04432-8

Ⅰ. 爆…　Ⅱ. ①张…②吴…　Ⅲ. 爆破器材—测试技术　Ⅳ. TB41

中国版本图书馆 CIP 数据核字(2018)第 065940 号

出版	中国科学技术大学出版社
	安徽省合肥市金寨路 96 号,230026
	http://press. ustc. edu. cn
	https://zgkxjsdxcbs. tmall. com
印刷	合肥华苑印刷包装有限公司
发行	中国科学技术大学出版社
经销	全国新华书店
开本	787mm×1092mm　1/16
印张	25
彩插	4
字数	636 千
版次	2018 年 10 月第 1 版
印次	2018 年 10 月第 1 次印刷
印数	1—3000 册
定价	56. 00 元

序　言

　　1978 年中国发生了一场深刻的大变革，中国共产党召开了十一届三中全会，大会决定将全党的工作重心转移到社会主义现代化建设上来。举国上下龙腾虎跃，各行各业解放思想，冲破了层层束缚，取得了前所未有的社会大进步和经济大发展。但是人才奇缺，尤其是新型特种行业的人才更是少之又少，严重地影响了经济建设前进的步伐。例如，民用爆破器材行业和爆破技术领域人才培养的高校和专业几乎没有，全国总体水平落后于国际先进水平 20～30 年，基本上沿用日本侵略者战败后滞留在东北十一厂和十二厂的微薄的工业基础，人才缺乏和技术落后，满足不了采矿工程、基本建设、海洋工程、安全工程和国防工程的急需。

　　原煤炭部火工处处长王俊山打破传统观念的束缚，及时地向部领导提交了报告，请求创办具有中国特色的民用火工品专业，部领导很快批准了报告。接到批示后，王俊山在部领导的支持下，从全国各地抽调一批德才兼备的老师到淮南煤炭学院（现安徽理工大学），同时任命原十一厂总工程师张金城担任教研室主任。学校各级领导、教研室全体员工共同努力，克服了重重困难，于 1978 年创办了全国第一个民用火工品专业，当年招生。

　　在张金城教授的带领下，仅有 8 人的教职工队伍，在一无所有的情况下，完成了专业方向的确定，教学大纲的制定，教材的选用与自编教材的编写，实验室筹建等众多工作。我与张立老师当时都是二十多岁的年轻人，回想起当年的经历感同身受。

　　专业的培养目标是为国家培养急需的民用爆破器材生产与研究的高级技术人才和管理人才、爆破技术应用与公共安全管理人才；教学内容主要是爆破器材原理与制造、爆炸理论与应用、爆炸测试技术等。

　　经过 40 年的努力，安徽理工大学弹药工程与爆炸技术专业得到了原煤炭部和教育部门各级领导的关怀，不断发展壮大，培养出大批人才，基本满足了国家的急需，促进了我国民用爆破器材和爆破技术健康快速地发展，使得我国在该领域已经接近或达到国际先进水平。

　　张立老师作为该专业的 8 位创始人之一，边学习边积极地与其他老师共同挑起了"爆炸测试技术"这一主干课程的教学工作,随后探索建立了"爆破器材测试"这一实践性课程,对提高学生的认知、实验动手能力发挥了重要作用,并逐步形成了一套课程体系。经过40年教学与科研同步进行的努力,获得了丰富的教学经验和一批科研成果。2006年由中国科学技术大学出版社出版了《爆破器材性能与爆炸效应测试》一书,该书出版发行后受到了本行业学生、老师和科研人员的普遍欢迎。

近十几年来,该领域的科学研究水平在不断提高,各种新思想和新概念不断涌现,如飞片无起爆药雷管、电子数码雷管等新技术的推广使用,使得民用起爆器材从根本上解决了安全生产、环境保护、社会平稳和精准爆破中存在的问题。工业炸药全面推广含水炸药技术,采用连续化、自动化生产线,基本上做到生产线上少人操作或无人操作,生产、运输、贮存、使用各个工作环节的所有信息均能及时网传到县、市、省,直至国家安全中心,保证了安全过程的精准控制和问题的追溯。生产效率极大地提高,比如,现在一条工业炸药生产线年产量已超过2万吨,全国工业炸药生产量为400万~500万吨,而在新中国成立之初,全国工业炸药年产量仅1万余吨。

本书在《爆破器材性能与爆炸效应测试》的基础上做了较多的修改与补充,集中体现了我国近十几年来民用爆破器材、爆破技术行业和测试技术领域的理论创新和技术进步,也是作者对自己及其工作团队40年来的主要研究成果的总结,其中倾注了作者全部的心血,值得同行参阅。我能为该书作序,感到无上荣光,祝贺该书成功出版。

沈兆武

2018 年 5 月 20 日

前　言

在即将迎来原淮南煤炭学院煤矿火工品专业（现安徽理工大学弹药工程与爆炸技术专业）成立40周年之际，请允许作者将本书献给当年白手起家创建专业的老教师们，为了培养当时国内唯一的本科专业民用爆破人才，他们克服困难办学，默默耕耘，严谨求是，影响和带动了一批热衷于专业发展的教师，为该专业后来建设成为国内有影响力的特色专业奠定了基础。

本书是以民用爆破器材为测试对象，以国家或行业标准规定的试验方法为依据，在数据分析总结的基础上，以深入理解理论知识为目的的综合性教材，适合于"弹药工程与爆炸技术"及"特种能源技术与工程"高年级本科生使用，也可作为相关专业研究生、工程技术人员的参考书。

全书分5章，内容包括：爆炸试验安全基本规则；炸药的感度及爆炸性能测试；起爆器材的感度及爆炸性能测试；索类器材爆炸性能测试；爆炸效应测试。作为教材使用，书中涉及的试验项目较多，基本学时以60学时为宜，也可根据实际学时、培养方向和仪器设备情况酌情安排。

本书以作者于2006年出版的《爆破器材性能与爆炸效应测试》一书为蓝本，全面重新删改整合，并增加了新的内容。因为近十多年来爆破器材品种、试验方法以及仪器设备都有了很大进步，在编著过程中，试验样品均选择目前使用的品种，试验项目参照专业培养大纲，试验方法尽可能引用最新颁布的国家标准、行业标准及国家军用标准，参考并介绍了国外的试验标准和方法，对国内外相同或类似试验的方法进行了讨论和相互比较。仪器设备以实验室现有和新添置的为主，并给出必要的设置参数，对实验室尚不具备但比较重要的仪器设备也做了简要介绍。其宗旨是尽可能开阔读者视野、扩大读者知识面、启发读者好奇心和想象力、规范试验操作。

书中引用了作者发表的论文及未发表的科研总结，多届本科生参与了其中的试验，他们是：国志达、何华伟、董宇清、黄小明、颜世流、刘春林、吴孝良、高扬、李亚运、刘杨、钱月亮等。

　　中国科学技术大学工程科学学院沈兆武教授、中国工程物理研究院流体物理研究所于川研究员审阅了本书的全部内容,杨祖一教授级高工审阅了本书的部分内容,他们提出了许多宝贵的修改意见;沈兆武教授也是当年专业的创始人之一,还欣然为本书作序;安徽理工大学弹药工程与爆炸技术系的同事们为本书的编著提供了支持和帮助;已经毕业参加工作的硕士研究生高玉刚、黄麟、马勇帮助查阅了部分文献资料。在此一并表达深切的感谢。

　　爆轰、爆炸、燃烧涉及快速化学反应,爆炸效应涉及流体、固体力学,试验仪器与电磁学相关,而高速摄像又与光学相关,因此本书是一本涉及多学科的教材,读者需要具备一定基础理论和知识积累。为便于读者理解和掌握,作者在一些章节中适当增加了一些基础知识内容。

　　试验是理论依据的基础,还可以提供技术支撑并验证理论研究的正确性,期望读者能有所收获。

　　作者力图在书中全面概括爆破器材测试技术,但限于篇幅和水平,本书不尽之处和疏漏在所难免,恳请读者不吝赐教,使之更加严谨、科学、完善。

张　立　吴红波

2018 年 4 月

目 录

序言 ………………………………………………………………………… （ⅰ）

前言 ………………………………………………………………………… （ⅲ）

第1章　爆炸试验基本安全规则 ………………………………………… （001）
　1.1　准备和试验过程中的安全问题 ……………………………………… （001）
　　1.1.1　一般安全规定 ……………………………………………………… （001）
　　1.1.2　准备过程中的安全问题 …………………………………………… （001）
　　1.1.3　试验过程中的安全问题 …………………………………………… （004）
　　1.1.4　装药及填塞 ………………………………………………………… （004）
　　1.1.5　爆炸试验警戒、信号及检查 ……………………………………… （005）
　　1.1.6　爆破器材销毁 ……………………………………………………… （005）
　　1.1.7　防火与灭火 ………………………………………………………… （007）
　1.2　起爆环节的安全问题与检查 ………………………………………… （008）
　　1.2.1　起爆方法 …………………………………………………………… （008）
　　1.2.2　起爆网路 …………………………………………………………… （008）
　　1.2.3　起爆网路检查 ……………………………………………………… （009）
　1.3　爆炸现场环境的安全问题 …………………………………………… （010）
　　1.3.1　防止感应电流和射频电流使电爆网路发火的措施 …………… （010）
　　1.3.2　爆炸试验的环境安全 ……………………………………………… （010）
　　1.3.3　外部电源对电爆网路的安全允许距离 ………………………… （011）
　　1.3.4　爆炸试验装置的安全操作规则 ………………………………… （011）
　参考文献 …………………………………………………………………… （016）

第2章　炸药的感度及爆炸性能测试 ………………………………… （017）
　2.1　炸药的感度测试 ……………………………………………………… （017）
　　2.1.1　炸药的热感度测试 ………………………………………………… （017）

2.1.2　炸药的撞击感度测试 ···（024）

2.1.3　炸药的摩擦感度测试 ···（035）

2.1.4　炸药的爆轰感度测试 ···（042）

2.1.5　炸药的冲击波感度测试 ··（046）

2.1.6　工业炸药的殉爆距离测试 ··（054）

2.1.7　炸药的摩擦带电量测试 ··（063）

2.1.8　炸药的静电火花感度测试 ··（066）

2.1.9　炸药的激光感度测试 ···（076）

2.1.10　煤矿许用炸药可燃气与煤尘—可燃气安全度试验 ········（079）

2.2　炸药的爆炸性能测试 ··（088）

2.2.1　炸药的爆速测试 ··（088）

2.2.2　炸药的爆轰压力测试 ···（101）

2.2.3　工业炸药的爆热测试 ···（108）

2.2.4　炸药的爆温测试 ··（117）

2.2.5　炸药的猛度测定 ··（121）

2.2.6　炸药的作功能力测试 ···（128）

2.2.7　煤矿许用炸药抗爆燃性能测试 ······································（142）

2.2.8　乳化炸药抗静水压性能测试 ··（148）

参考文献 ···（154）

第3章　起爆器材的感度及爆炸性能测试 ·································（157）

3.1　起爆器材的特性参数与感度测试 ···（157）

3.1.1　电雷管电性能参数测试 ··（157）

3.1.2　工业雷管延期时间测定 ··（171）

3.1.3　铅芯延期元件喷火状态与延期时间测试 ·························（180）

3.1.4　雷管药柱密度试验 ··（186）

3.1.5　电雷管桥丝无损检测 ···（189）

3.1.6　工业电雷管抗静电放电能力的测定 ·······························（194）

3.1.7　雷管的激光感度测试 ···（203）

3.1.8　工业雷管抗震动性能测试 ··（206）

3.1.9　煤矿许用电雷管可燃气安全度试验 ·······························（211）

3.2　起爆器材的爆炸性能测试 ···（215）

3.2.1　工业雷管起爆能力试验 ··（215）

3.2.2　工业雷管作功能力测定——水下爆炸法 ························（222）

3.2.3　雷管爆炸冲击波压力测试——锰铜压阻法 ·····················（237）

3.2.4　金属壳雷管底部破片速度测试 ······································（245）

3.2.5　8号钢壳雷管的起爆特性 ···（251）

3.2.6　雷管极限起爆药量试验 ··（258）

参考文献 ·· (260)

第4章 索类器材的爆炸性能测试 ···································· (262)
  4.1 导爆管爆速测量 ··· (262)
    4.1.1 导爆管基本参数 ··· (262)
    4.1.2 光电转换器件及光学纤维 ···································· (263)
    4.1.3 导爆管爆速测定(光电法) ···································· (269)
    4.1.4 弱起爆能与传爆加速关系 ···································· (272)
    4.1.5 国外的导爆管爆速测定简介 ·································· (274)
    4.1.6 试验方法的讨论 ··· (275)
  4.2 工业导爆索爆炸性能测试 ·· (275)
    4.2.1 工业导爆索基本参数 ··· (275)
    4.2.2 工业导爆索爆炸参数试验 ···································· (276)
    4.2.3 国外的导爆索爆炸参数试验简介 ···························· (279)
    4.2.4 试验方法的讨论 ··· (283)
    4.2.5 索类器材组合传爆试验 ·· (286)
  参考文献 ·· (287)

第5章 爆炸效应测试 ··· (289)
  5.1 压电式压力传感器性能参数标定 ································· (289)
    5.1.1 压电效应 ··· (289)
    5.1.2 压电传感器的基本结构 ·· (292)
    5.1.3 压电传感器的配套仪器 ·· (294)
    5.1.4 压电传感器的静态与动态标定 ······························· (298)
    5.1.5 试验方法的讨论 ··· (305)
  5.2 空气中自由场爆炸冲击波参数测量 ······························ (307)
    5.2.1 空气冲击波的特征 ·· (307)
    5.2.2 方法原理 ··· (308)
    5.2.3 仪器、设备与材料 ·· (309)
    5.2.4 试验步骤及注意事项 ··· (314)
    5.2.5 数据处理及误差分析 ··· (314)
    5.2.6 试验方法与结果的讨论 ·· (315)
    5.2.7 空气冲击波的破坏判据 ·· (322)
  5.3 工业炸药作功能力测定——水下爆炸法 ······················· (323)
    5.3.1 水下装药爆炸现象 ·· (324)
    5.3.2 方法原理 ··· (324)
    5.3.3 水下爆炸能量试验系统 ·· (324)
    5.3.4 传感器的标定 ··· (331)

5.3.5 试验水池及装药条件 …………………………………………… (334)

5.3.6 试验步骤及注意事项 …………………………………………… (336)

5.3.7 水下爆炸能量计算公式及试验结果 …………………………… (337)

5.3.8 试验方法与结果的讨论 ………………………………………… (341)

5.4 水下爆炸气泡脉动过程测试 …………………………………………… (345)

5.4.1 水下装药爆轰气体脉动现象 …………………………………… (346)

5.4.2 方法原理 …………………………………………………………… (346)

5.4.3 仪器、设备与材料 ………………………………………………… (346)

5.4.4 拍摄条件与步骤 …………………………………………………… (347)

5.4.5 数据计算与图像处理 ……………………………………………… (351)

5.4.6 试验方法与结果的讨论 ………………………………………… (355)

5.5 爆破振动速度与频率监测 ……………………………………………… (359)

5.5.1 爆破振动安全允许标准 ………………………………………… (359)

5.5.2 方法原理 …………………………………………………………… (361)

5.5.3 爆破振动监测仪器 ………………………………………………… (362)

5.5.4 爆破振动监测步骤与注意事项 ………………………………… (367)

5.5.5 爆破振动监测实例 ………………………………………………… (368)

5.6 聚能装药的射流破甲试验 ……………………………………………… (377)

5.6.1 聚能射流破甲的基本原理 ……………………………………… (377)

5.6.2 方法原理 …………………………………………………………… (379)

5.6.3 隔板对小直径装药射流破甲的作用 …………………………… (380)

5.6.4 线型装药聚能射流破甲 …………………………………………… (382)

5.6.5 无药形罩乳化炸药射流破甲 …………………………………… (385)

5.6.6 影响聚能射流的因素 ……………………………………………… (387)

参考文献 ……………………………………………………………………………… (389)

第1章　爆炸试验基本安全规则

爆破器材及其原材料多属于易燃易爆物品,爆炸性能及效应测试基本上是在燃烧或爆炸过程中进行的,因此在运输、贮存和使用过程中具有一定的危险性,为确保参加试验人员的安全及仪器设备的正常运转,必须有一套安全规则。参照 GB 6722—2014《爆破安全规程》、GA 441—2003《工业雷管编码通则》、WJ 9095—2015《工业数码电子雷管》、爆破器材制造企业和安徽理工大学弹药工程与爆炸技术系实验室有关安全操作规定,制定了爆炸试验安全的基本规则。

1.1　准备和试验过程中的安全问题

1.1.1　一般安全规定

严禁携带火柴、打火机、充电电池、手电筒等具有引爆能量的物品进入实验室,移动电话等通信工具在进入实验室前必须关机,严禁在实验室内吸烟。

实验室应保持肃静,不准大声喧哗、唱歌、互相追逐、嬉闹、奔跑。

保持环境清洁、整齐、通道畅通,不准随地吐痰、抛掷废弃物。

参加试验的人员应衣冠整齐,不应穿背心、拖鞋;为了防止静电危害,应穿棉制工装衣裤;不许穿带钉鞋,以防摩擦发火。

熟悉电源开关、消防水阀门、沙袋以及消防器材的位置。掌握消防知识和消防器材正确使用方法。

试验时应集中精神、认真仔细,不应擅自动用与试验无关的仪器、设备,以防止损坏和发生意外。

不许将试验用的炸药、雷管或其他试样带出实验室。

试验结束后应清扫实验室工作台和地面,检查电源开关、供水阀门、门窗是否关闭。

1.1.2　准备过程中的安全问题

1. 试验制备

a. 实验室的门窗应打开或窗户插销打开,以保证窗户可无阻碍地开启。

b. 接触易燃易爆物品的操作应严格执行轻拿轻放、无声无尘等安全规定,严禁冲击、摩擦、碰撞、交手递接。

易燃易爆物品操作必须在防护罩内进行,不准探头到罩内观察,严格执行操作间定人员、定药量的规定,操作时禁止其他人员围观。

c. 各种药剂容器应贴好标签,注明名称、成分和编号;成分不明药品不准使用并应及时销毁。

强氧化剂,如 $KClO_3$、$KClO_4$、Pb_3O_4 等不准与可燃物混放、混合。

严禁泼洒易燃溶剂及各种易爆药剂,如不慎洒出,应立即报告,在相关人员指导下清理擦洗干净。

d. 盛放干燥的延期药、药头药、起爆药、炸药等具有爆燃、爆炸可能的药品器具应使用软质材料容器。

e. 易燃易爆物品应在规定器皿或烘箱中进行干燥;干燥时应使用水浴烘箱或红外干燥箱,并严格控制药量和温度。严禁将两种或多种不同性质的易燃易爆物品,如炸药和起爆药放在同一烘箱中干燥,所有干燥物品禁止放在纸上或烘箱底层烘干。熔铸炸药时,应在恒温水浴中加热,然后浇注。各种易燃易爆物品不论质量多少,都禁止采用明火加热。

f. 压药前应先检查冲模是否清洁无锈蚀,压药时要缓慢进行,避免剧烈冲击、摩擦,不准探身观察压药过程(通过镜子反射观察压药情况)。

g. 雷管卡腰、封口要卡位准确,防止慌张操作卡错位引起意外爆炸事故。坐在卡口机前操作时,两腿要分开,不准伸在卡口机下部。

制作电引火头、延期元件、雷管及起爆药包时,应计量准确,已经使用和剩余数量之和应与制作总数量相符,不得遗失。

h. 各种废药应分门别类地存放在指定的容器内,以便分别处理。严禁将废弃的炸药、起爆药和延期药等混淆,以免销毁废药时发生意外爆炸事故。

2. 爆破器材检查及注意事项

a. 领用工业雷管(industrial detonator)时应仔细查看和登记雷管外壳上的编码标识,该标识为沿管壳轴线方向排列布置的 13 位字码,分别表征:生产企业代号、生产年份代号、生产月份代号、生产日代号、特征号和流水号。例如:

5720506191166

其含义依次为:"57"为生产企业代号(××生产企业名称),"2"为生产年份代号(2002 年),"05"为生产月份代号(5 月),"06"为生产日代号(6 日),"1"为特征号(第 1 号编码机),"911"为盒号(第 911 盒),"66"为盒内雷管顺序号(第 911 盒第 66 发雷管)。

每发工业雷管出厂时必须有编码,编码在十年内具有唯一性。发现无编码或相同编码的雷管不应领用,并上报管理部门查实并销毁。具体编码标识见 GA 441—2003《工业雷管编码通则》。

b. 领用工业数码电子雷管(industrial digital electronic detonator)时应重点查看"管壳材料代号"、"延期时间设置方式代号"、"类别代号"、"连接方式代号"及"起爆能力号数"参数。例如:全称为现场设置型电子雷管 ED‑GX1/100M‑B8‑LUX,其中:"现场设置型电子雷管"为名称,"ED-GX1/100M-B8-LUX"为规格型号,其义为"管壳材料为钢,延期时间设置方式为现场设置,最小设置延期时间为 1ms,延期范围为 100 ms,类别为煤矿许用型,连接方式为并联,起爆能力为 8 号,特征码为 LUX 的电子雷管"。规格型号的具体标识方法见 WJ 9095—2015《工业数码电子雷管》。

c. 雷管管体不应压扁、破损、锈蚀。

导爆管内无断药、水滴,无异物或堵塞,无折伤、油污、穿孔,端头应封口;

导爆索表面均匀且无折伤、压痕、变形、霉斑、油污;

粉状硝铵类炸药不应吸湿结块,乳化和水胶炸药不应稀化或变硬;炸药中不应混入砂子或金属等杂物;

d. 电雷管电阻应单发检查,并将雷管与操作者隔离(雷管应放在防爆箱内),禁止使用非防爆型导通表检查雷管电阻。

成把电雷管(10 发或 20 发)抽管时,不应抓住管体抽管分把,应先打开把线,将脚线理直,并打开尾部的结,用脚踩住脚线末端,然后抽拉与雷管连接处脚线(不能拉雷管,以免发生意外爆炸),抽开后缠绕成单发雷管,并将两脚线末端短路。

携带电雷管时,应把两脚线的末端拧在一起。

e. 爆破器材应存放在防爆箱内或指定安全地点,不得接近电源、火源和热源。

f. 为了保证安全,在不影响被测试样真实性能条件下,电雷管的某些参数可采用半成品、电引火头代替爆炸威力较大的成品作测试试样。

3. 起爆器材加工

a. 起爆器材加工应在专用的房间或指定的安全地点进行,不应在爆破器材存放间或爆炸试验地点加工。

加工雷管应在带有安全防护罩,铺有软垫并带有凸缘的工作台上操作。每个工作台上存放的雷管不应超过 100 发,且应放在带盖的木盒里,操作者手中只准拿 1 发雷管。

b. 切割导爆管和导爆索应使用锋利刀具在木板上进行,不应使用剪刀剪断。每卷导爆索、导爆管的两端均应切除不小于 5cm 的长度。

c. 组装导爆管雷管时,导爆管不应旋转摩擦插入半成品雷管,紧口应采用安全紧口钳或卡口机。

4. 仪器、设备检查

a. 各种试验仪器、设备应按使用说明书或安全操作规程进行检查。

对所使用的仪表、电线、电源进行必要的性能检验。如果性能参数有误差应重新标定,或由具备相应资质的检验机构检验。

b. 起爆电源及仪表的检验包括:起爆器的充电电压、外壳绝缘性能,爆破专用电桥、欧姆表和导通表的输出电流及绝缘电阻。

1.1.3　试验过程中的安全问题

1. 操作雷管的安全

使用电雷管前,应进行电阻检查,电阻值合格的雷管,方准使用。

试验用的雷管与炸药应分开携带及存放,并应有专人保管,不应将雷管插入炸药中携带走动或存放。只有在即将起爆前才准许插入雷管。

雷管延期时间试验应在雷管爆炸消音器内进行,遵守消音器使用规则。

2. 炸药试验中的安全

爆发点试验应在防护罩后面操作。

撞击和摩擦感度试验应由同一人先安放装配好的试样,之后再操作控制开关。

炸药爆炸性能试验应在爆炸容器内或爆炸水池内进行,遵守爆炸容器和爆炸水池的使用规定。

3. 使用起爆器等仪器的安全

起爆器、静电火花感度仪有高电压输出,使用过程中不得触摸连接线输出端,以免发生电击危险。

使用起爆器时,起爆开关必须由连接雷管和放炮线的人员随身携带。

严格按照规定的装药量进行试验,避免发生人员伤害或损坏仪器设备。

4. 爆炸试验前后的安全

a. 爆炸试验前,应发出预备信号,待所有人员撤离爆炸室或爆炸警戒区后,才能连接起爆网络,在警戒区外的安全地点进行网络检查,起爆器充电等待起爆信号。

b. 发生拒爆时,应先切断起爆电源,待 5~10 分钟后,由一人到现场检查处理。

c. 爆炸试验结束后应清理爆炸现场,检查试样是否爆炸完全,清点爆破器材使用数目,如有差错,必须查找清楚后方能撤离。

d. 试验中拒爆、半爆的爆破器材应及时回收,集中销毁。

1.1.4　装药及填塞

装药前应对准备装药的全部炮孔参数进行检查,如孔深、孔距、排距等。

装药时应划定警戒区,警戒区内严禁烟火;搬运爆破器材应轻拿轻放,不应冲撞起爆药包。

炮孔装药应使用木质或竹质炮棍。

装药过程中,不应拔出或用力拉扯导爆管、导爆索和电雷管脚线。

装药空隙部位应用炮泥或特制材料填塞。例如,炸药作功能力试验的铅墙孔,药包上部应用石英砂填塞;水下爆炸能量试验的铸铝壳装药,上部应用胶混石英砂填塞等。

炮棍严禁冲击起爆药包中的雷管。

发现填塞物卡孔,应及时采取措施处理。

1.1.5　爆炸试验警戒、信号及检查

爆炸试验警戒范围由试验装药量的多少、装药外壳能否产生飞片等因素确定。

在警戒区边界应设有明显标志，并派人员看守，防止无关人员进入。

预备信号：该信号发出后，警戒范围内的人员撤离。

起爆信号：确定人员全部撤离，具备安全起爆条件时，由一人负责连接起爆器并起爆；在爆炸容器中进行试验时，雷管与炸药被送入容器内且关闭内、外门后，才允许起爆。

解除信号：经检查确认装药完全爆炸后，发出解除信号。

如发生盲炮或不完全爆炸，应由有经验的试验人员处理。飞散的炸药残块应仔细回收，单独保存，集中销毁。在盲炮或不完全爆炸处理结束前，不得发出解除信号。

1.1.6　爆破器材销毁

1. 爆破器材销毁的一般规定

经过检验，确认失效及不符合技术条件要求和国家标准规定的爆破器材，都应销毁或再加工。

销毁爆破器材时，应登记造册并编制书面报告。报告中应说明被销毁爆破器材的名称、数量、销毁原因、销毁方法、销毁地点和时间，报相关部门批准。

销毁工作不应单人进行，操作人员应是专职人员并经专门培训；销毁后应有两人以上销毁人员签名，并建立销毁档案。

不应在夜间、雨天、雾天和三级风以上的天气销毁爆破器材。

不能继续使用的剩余包装材料（箱、袋、盒和纸张），经检查确认没有雷管和残药后，可用焚烧法销毁。

销毁爆破器材后，应对销毁现场进行检查，如果发现有残存爆破器材，应收集起来再次进行销毁。

不应在阳光下曝晒爆破器材。

销毁场地应选在安全偏僻地带，距离周围建筑物不应小于200m，距离铁路、公路不应小于150m。使用爆炸容器销毁爆破器材时，应遵守爆炸容器使用规定。

2. 爆破器材的销毁方法

a. 销毁爆破器材可选用爆炸法、焚烧法、溶解法和化学分解法。

b. 在野外用爆炸法和焚烧法销毁爆破器材时，应清除销毁场地周围半径50m范围内的易燃物、杂草和碎石。距离销毁场地一定距离还应有坚固的人工或自然掩蔽体。

用爆炸法和焚烧法销毁爆破器材时，引爆前或点火前应发出声响警告信号，在野外销毁时还应在场地四周安排警戒人员，控制所有可能进入的通道，严禁非操作人员和车辆进入。

只有确认雷管、导爆索、继爆管、起爆药柱、射孔弹和炸药能完全爆炸时才允许用爆炸法销毁；销毁单响药量应小于20kg，并避免彼此间发生殉爆。

用爆炸法销毁爆破器材时，应采用合格的电雷管或导爆管雷管起爆。

用爆炸法销毁带有外壳爆破器材时,应在深 2m 以上的坑内进行,并在上面覆盖松土。

销毁爆破器材的起爆药包应用合格的爆破器材制作;对传爆性能不好的炸药,可用增加起爆能的方法起爆。

c. 燃烧不会引起爆炸的爆破器材,可用焚烧法销毁。焚烧前应仔细检查,严防其中混有雷管和其他起爆材料。不同品种的爆破器材不应一起焚烧。

应将待焚烧的爆破器材放在燃料堆上,每个燃料堆允许烧毁的爆破器材应小于 10kg,药卷在燃料堆上应排列成行,互不接触。不应成箱成堆焚烧;不应在容器内焚烧爆破器材。

焚烧火药,应防止静电、雷电引起火药意外燃烧。

点火前,应从下风向敷设引燃物,只有一切准备工作结束和全体工作人员进入安全区后,才准点火。

燃料堆应具有足够的燃料,在焚烧过程中不准添加燃料。

只有确认燃料堆已完全熄灭,才准进入焚烧场地检查;发现未完全燃烧的爆破器材,应从中取出,另行焚烧。待焚烧场地完全冷却后,才准开始焚烧下一批爆破器材。在确认无再燃烧的可能性时,才准许撤离场地。

d. 非抗水的硝铵类炸药和黑火药可用溶解法销毁。在容器中溶解销毁爆破器材时,对不溶解的残渣应收集在一起,再用焚烧法或爆炸法销毁。

e. 采用化学分解法销毁爆破器材时,应使爆破器材完全分解,其溶液应经处理并符合环保的有关规定,方可排放。

3. 少量爆破器材的销毁细则

a. 少量废炸药如黑索今(RDX)、梯恩梯(TNT)、太安(PETN)等可用焚烧法销毁。在纸上按顺风方向铺成一长条状,宽度不超过 3cm,厚度不超过 0.5cm,总质量不超过 50g,在逆风方向一端点燃引火纸,点燃后,人员应立即撤离至上风安全地带,直至废药全部烧完后,方可离开。

废延期药放在纸包或纸盒中,每包(盒)质量不超过 50g,插入 1～2 个电引火头,人员撤离后与放炮线接通,放炮线长度应大于 30m,用起爆器起爆点燃,直至燃烧结束。

废电引火头应剪下,放在纸盒里,总量不超过 500 发,浇上少量煤油,用 1～2 个电引火头引燃直至燃烧结束。

用焚烧法销毁废品结束后,要详细检查现场周围确无火星或余火,才能离开。大风天不许用燃烧法销毁废品。

b. 废雷管(包括导通不良、拒爆、半爆及不合格药柱管等)应采用爆炸法销毁。将各种废雷管装在纸盒里(每盒不超过 100 发),插入 2 发电雷管深埋于土坑中,将雷管脚线引出与放炮线连接,然后发出预备信号,待所有人员撤离到安全地带隐蔽好后,用起爆器引爆,引爆结束后要到现场仔细检查,如有飞散出的废雷管,应收集起来,再次爆炸销毁。

c. 试验过程中洒落的少量炸药,不准直接倒入洗涤槽内,以防长期积累发生意外,可按下列方法处理:

少量的梯恩梯可用 Na_2S 或 Na_2SO_3 溶液分解。

少量的黑索今可用 20 份 50% 的 NaOH 溶液煮沸分解。

少量的二硝基重氮酚(DDNP)起爆药(primary explosive),可用 7‰Na_2S 水溶液分解,再用 10%的次氯酸钠水溶液进一步分解和漂白。

洗涤二硝基重氮酚的污水,要收集于专用桶内,经 Na_2S 水溶液处理后,才能倒掉或深埋,绝不允许直接倒入洗涤槽内。

1.1.7 防火与灭火

实验室应准备适用于各种情况的灭火材料,包括消防砂、灭火毯、各类灭火器。消防砂要经常保持清洁、干燥。

易燃液体及油蜡等着火时,不能用水浇,小范围可先用湿抹布覆盖,或立即用消防砂,泡沫灭火器或干粉灭火器扑灭。

精密仪器失火应立即切断电源,用二氧化碳灭火器扑火。

电线着火时,应立即切断电源,关闭总闸,再用四氯化碳灭火器扑灭,不准用水或泡沫灭火器。

衣服着火时,应立即用灭火毯蒙盖在着火者身上,以熄灭燃烧着的衣服,不应慌张跑动,否则加强气流流向燃烧的衣服,使火焰加大。

常用灭火器种类及使用范围见表 1-1-1。

表 1-1-1 常用灭火器的种类及使用范围

类型	药液成分	适用失火类型
酸碱式	H_2SO_4,$NaHCO_3$	非油类及电器失火的一般火灾
泡沫式	$Al_2(SO_4)_3$,$NaHCO_3$	适用于油类失火
高倍数泡沫	脂肪醇、硫酸钠、稳定剂抗燃剂	适用于火源集中、泡沫容易堆积等场合的火灾,大型油池、室内仓库、木材纤维等
二氧化碳	液体 CO_2	适用于电器失火
干粉	粉末主要成分为 $NaHCO_3$ 等盐类物质、适量润滑剂和防潮剂	适用于扑救油类、可燃气体、电器设备、精密仪器、文件记录和遇水燃烧等物品的初起火灾
四氯化碳	流体 CCl_4	适用于电器失火
1211	CF_2ClBr	灭火效果好,主要应用于油类有机溶剂、高压电器设备、精密仪器等失火

灭火器应定期检查并更换药液,使用前应检查喷嘴是否畅通,如果有阻塞,应疏通后再使用,以免造成意外事故。

1.2 起爆环节的安全问题与检查

1.2.1 起爆方法

电雷管应使用电力起爆器起爆。

导爆管雷管应使用专用起爆器、雷管或导爆索起爆。

工业数码电子雷管应使用专用的起爆控制器起爆。

导爆索应使用雷管正向起爆。

不应使用药包起爆导爆索和导爆管。

工业炸药应使用雷管或导爆索起爆,没有雷管感度的工业炸药应使用起爆药包或起爆器具起爆。

各种起爆方法均应远距离操作,起爆地点应不受空气冲击波、有害气体和个别飞散物危害。

在有可燃气体和粉尘爆炸危险的环境中爆炸试验,应使用煤矿许用起爆器材起爆。

室外环境的爆炸试验,不应采用导爆索起爆。

在杂散电流大于 30mA 的环境或高压线射频电源安全允许距离之内,不应采用普通电雷管起爆。

1.2.2 起爆网路

各种起爆网路,均应使用检验合格的起爆器材。

起爆网路应严格按设计进行连接。

在可能对起爆网路造成损害的部位,应采用具体保护措施。

1. 电力起爆网路

同一起爆网路,应使用同厂、同批、同型号的电雷管;电雷管的电阻值差应小于产品说明书的规定值。

电爆网路不应使用裸露导线,不得利用钢管、铁丝作爆破线路,爆破网路应与大地绝缘。

起爆电源功率应能保证全部电雷管准爆,一般情况下,流经每个雷管的电流应满足:交流电不小于 2.5A,直流电不小于 2.0A。

雷雨天必须停止一切爆炸试验。

起爆网路的连接应在装药、填塞结束、无关人员全部撤离至安全地点后进行。

电爆网路的所有导线接头,均应按电工接线法连接,并确保其对外绝缘。在潮湿有水的地方,应避免导线接头接触地面或浸泡在水中。

用起爆器起爆电爆网路时,应按起爆器说明书的要求连接网路。

以上各条同样适用无起爆药电雷管(non-primary explosive electric detonator)。

2. 导爆管起爆网路

导爆管网路应严格按设计进行连接,导爆管网路中不应有死结,炮孔内不应有接头,孔外相邻传爆雷管之间应有足够的距离。

用雷管起爆导爆管网路时,起爆雷管与导爆管捆扎端头的距离应不小于15cm,应有防止雷管聚能穴炸断导爆管和延期雷管的气孔烧坏导爆管的措施;导爆管应均匀地铺设在雷管周围并用胶布等捆扎牢固。

用无起爆药雷管起爆导爆管网路时,应采用正向捆扎导爆管,雷管与导爆管捆扎端头的距离应不小于15cm。

用导爆索起爆导爆管时,宜采用垂直连接。

用导爆四通连接孔外网路时,每个四通应配齐四根导爆管(即使四根中有1~2根不用于传爆),插入四通的四根导爆管端头宜切成斜口,以增大传爆面积。

采用地表延时网路时,地表雷管与相邻导爆管之间应留有足够的安全距离,孔内应采用高段别雷管,确保地表未起爆雷管与已起爆药包之间的水平间距大于20m。

以上各条同样适用无起爆药导爆管雷管(nonel non-primary explosive detonator)。

3. 工业数码电子雷管起爆网路

根据雷管外壳上标注的代号,分为并联型(用"B"表示)和串联型(用"C"表示)起爆网路,按电路的并联或串联连接成起爆网路。

4. 导爆索起爆网路

导爆索起爆网路应采用搭接、水手结等方法连接,搭接的两根导爆索搭接长度不应小于15cm,中间不得夹有异物,捆扎应牢固,支线与主线传爆方向的夹角应大于90°。

连接导爆索中间不应出现打结或打圈,交叉铺设时,应在两根导爆索之间设置厚度不小于10cm的木质垫块或土袋。

起爆导爆索的雷管与导爆索捆扎端端头的距离应不小于15cm,雷管聚能穴应朝向导爆索的传爆方向。

1.2.3 起爆网路检查

检查复杂起爆网路时,检查人员不得少于2人。

1. 电力起爆网路检查

电爆网路的导通和电阻检查,应使用专用导通表或爆破电桥,其检查电流应小于30mA。

网路电阻应稳定,且与设计值相符;网路不应有接地或锈蚀、短路、开路。

采用起爆器起爆时,其起爆能量应大于起爆网路实际需要的能量。

2. 导爆管和导爆索起爆网路检查

雷管捆扎是否符合要求。

有无漏接或中断、破损。

有无打结或打圈,支路拐角是否符合规定。

线路连接方式是否正确,雷管段数是否与设计相符。

网路保护措施是否可靠。

3. 工业数码电子雷管起爆网路检查

用起爆控制器对网路进行检测,对现场设置型电子雷管逐一设置延期时间,观察并记录起爆控制器显示的结果。在电子雷管芯片 ID 码、雷管编码和从公安管控网络平台取得的起爆密码,三码符合生产绑定且唯一时,才能起爆。

4. 无起爆药雷管起爆网路检查

无起爆药电雷管同 1.2.3 小节中的"1. 电力起爆网检查",无起爆药导爆管雷管同 1.2.3 小节中的"2. 导爆管和导爆索起爆网络检查"。

1.3 爆炸现场环境的安全问题

1.3.1 防止感应电流和射频电流使电爆网路发火的措施

附近有高压输电线和电信发射台时,应用电引火头做模拟试验,否则不允许使用。

尽量缩小电爆网路导线的闭合面积。

电爆网路两根主线的间距应尽量靠近。

1.3.2 爆炸试验的环境安全

1. 爆炸噪声

爆炸噪声为间歇性脉冲噪声,距离最近有人员活动区域的爆炸噪声应小于 120 dB;复杂环境下,噪声控制由安全评估确定。

2. 爆炸冲击波

建筑物上的空气冲击波(shock wave)超压应小于 0.02×10^5 Pa;水下爆炸试验应控制一次起爆药量和采用削减水中冲击波的措施。参见"5.2 空气中自由场爆炸冲击波参数测量"和"5.3 工业炸药作功能力测定——水下爆炸法"相关内容。如在野外进行水下爆炸试验,起爆前应采取适当措施驱赶受影响水域内的浮游生物。

3. 爆炸振动效应

爆炸振动速度的安全允许标准参见"5.5 爆破振动速度与频率监测"相关内容。如爆炸试验可能对周围建筑物产生危害,或经常性爆炸试验对建筑物产生的积累损害,应采取切实有效的减振措施。

4. 爆炸个别飞散物

爆炸试验的个别飞散物对人员、设备和建筑物的安全允许距离应由设计确定。

如爆炸试验在爆炸容器内进行，爆炸噪声、空气冲击波、爆炸振动和个别飞散物的安全允许距离可以大大减小，某些小装药量的试验甚至可以忽略对环境的影响。

1.3.3　外部电源对电爆网路的安全允许距离

采用电力起爆网路时，电雷管与高压线间的安全允许距离，应执行表 1-3-1 的规定；与广播电台或电视台发射机的安全允许距离，应执行表 1-3-2、表 1-3-3 和表 1-3-4 的规定。

表 1-3-1　电爆网路与高压线间的安全允许距离

电压(kV)		3～6	10	20～50	50	110	220	400
安全允许距离(m)	普通电雷管	20	50	100	100	—	—	—
	抗杂散电流电雷管	—	—	—	—	10	10	16

表 1-3-2　电爆网路与中长波电台(AM)的安全允许距离

发射功率(W)	5～25	25～50	50～100	100～250	250～500	500～1000
安全允许距离(m)	30	45	67	100	136	198
发射功率(W)	1000～2500	2500～5000	5000～10000	10000～25000	25000～50000	50000～100000
安全允许距离(m)	305	455	670	1060	1520	2130

表 1-3-3　电爆网路与移动式调频(FM)发射机的安全允许距离

发射功率(W)	1～10	10～30	30～60	60～250	250～600
安全允许距离(m)	1.5	3.0	4.5	9.0	13.0

表 1-3-4　电爆网路与甚高频(VHF)、超高频(UHF)电视发射机的安全允许距离

发射功率（W）	1～10	10～10^2	10^2～10^3	10^3～10^4	10^4～10^5	10^5～10^6	10^6～5×10^6
安全允许距离（m）	1.5	6.0	18.0	60.0	182.0	609.0	—
安全允许距离（m）	0.8	2.4	7.6	24.4	76.2	244.0	609.0

注：调频发射机(FM)的安全允许距离与 VHF 相同；

手持式或其他移动式通信设备进入电爆网路区应事先关闭。

1.3.4　爆炸试验装置的安全操作规则

这里主要介绍安徽理工大学爆炸试验经常使用的、非标自制设备。

1. 爆炸容器

爆炸容器(见图 1-3-1)是双层钢制压力容器，可以进行各类爆炸试验，为了保证试验安全，应了解主要技术参数并遵守操作规则。

图 1-3-1　爆炸容器

(1) 主要技术参数

a. 净重：26t；容积：24.943m³；内直径：3.0m；内总高：5.0m（下部砂层厚 1.0m）；结构形式：中间段圆柱形，上下封头椭圆形；密闭钢门：2 个（内门向内开、外门向外开）；观测窗：2 个；传感器安装孔：2 个；排烟管道：1 个。

b. 试验允许梯恩梯炸药当量：小于或等于 1kg；设计最大工作压力（静压）：2.0 MPa；实测内壁最大爆炸压力（最大当量）：1.325 MPa；7m 处爆炸振动（最大当量）：0.476cm/s；15m 处爆破噪声（最大当量）：112dB。

(2) 操作规则

a. 试验前将控制室的总电源开关扳向"断开"位置，控制箱的电源开关扭向"OFF"位置，拔下钥匙。由操作人员随身携带钥匙和起爆器。

b. 打开爆炸容器外、内门，安放爆破器材试样，将引爆雷管的两根脚线分别可靠地连接在内门附近的两根接线柱上。

c. 关闭爆炸容器内、外门，并确认两道钢门关闭到位。将外门附近的起爆电线与放炮线可靠连接。

d. 操作人员回到控制室，将总电源开关搬到"接通"状态，插入控制箱电源开关钥匙，扭向"ON"位置，将面板上的"风扇开关"扭向"手动"位置。此时"内门未关"、"外门未关"、"阀门未关"红色指示灯不亮，"信号齐备"绿色指示灯亮；"检测投入"绿灯亮，"检测关断"红灯不亮，"起爆通知"绿灯不亮；"排风启动"绿灯不亮，"风停/阀关"红灯亮，"排风允许"绿灯亮。

e. 测量电起爆网络全电阻值。若电阻值差别大于规定数值，应查明原因。

f. 将放炮线与起爆器连接并充电，达到起爆电压后按"起爆通知"按钮，在该按钮绿灯亮、电铃响的 5 秒钟内起爆，5 秒钟后绿灯熄灭、电铃停响。

g. 爆破器材试样爆炸后，按"排风启动"，绿灯亮；"风停/阀关"红灯灭，"阀门未关"红灯亮。排风时间一般为：300g 以下炸药 5min，300～1000g 炸药约 10min(时间可调)。

h. 开启爆炸容器外门，"外门未关"红灯亮，再开启内门，"内门未关"红灯亮，排风时两个钢门应处于完全开启状态，以便炮烟迅速排出。

i. 达到预定的排风时间后，风机自动停机，电动阀自动关闭，此时"阀门未关"红灯灭，"风停/阀关"红灯亮。将控制箱的电源开关扭向"OFF"位置，拔下钥匙，控制室的总电源开关扳向"断开"位置。

j. 如继续进行爆炸试验，重复上述操作步骤即可。

2. 爆炸水池

爆炸水池(见图 1-3-2)用于爆破器材的水下爆炸性能参数试验，为了保证试验安全，应了解主要技术参数并遵守操作规则。

图 1-3-2 爆炸水池

(1) 主要技术参数

a. 净重：10.0t；容积：85.0m³；内直径：5.5m；高度：3.62 m；行车允许载荷：200kg。

b. 常规试验允许梯恩梯炸药当量：小于或等于 15g。

(2) 操作规则

a. 连接电动行车电源。

b. 将电动行车控制器开关按到"开"位置，操作控制器的"←"、"↓"键，将行车的带有配重钢丝绳的挂钩下放到合适位置，取下配重，将六角形测试架固定在吊钩上，并使框架底边距地面 10cm 左右。

c. 在测试架上固定压力传感器(或其他类型传感器)，在传感器水平距离的设定位置固定炸药试样，待其他试验人员撤离到安全位置后，由一人连接放炮线(放炮线与雷管脚线连接点应采取防水措施)，放炮线和传感器电缆应保持一定距离，不应交叉。

d. 操作控制器的"↑"按键，将框架提升到高于水池上边沿约 20cm 处停止。

　　e. 操作控制器的"←"键,将测试架沿行车轨道拖送到水池上方中心位置(或某一特定位置),按控制器"↓"键,将测试架下降至水下预定深度,此时两根钢丝绳上的标记与水面处于同一高度。

　　f. 确认水下爆炸测试仪器处于待测状态后,通知起爆人员将起爆器充电,充电完毕,再次确认准备就绪后倒计时起爆。

　　g. 起爆后,按控制器"↑"键,将测试架从水中提升到高于水池上边沿约20cm处停止,按"→"键拖送到原来位置,再按"↓"键,将测试架下降到距地面10cm处。重复以上步骤进行下一次试验。

　　h. 电动行车与测试架运行时,严禁试验人员在下方站立或行走。

　　i. 试验结束后,从吊钩上取下传感器和测试架,挂上配重,按控制器的"↑"、"→"键,将配重提升到一定高度的行车雨棚下(防止雨水对电机和钢丝绳腐蚀)。

　　j. 将控制器开关按到"关"的位置

　　k. 断开电动行车电源。

3. 球形爆炸容器

　　球形爆炸容器(见图1-3-3)可进行非定常压的模拟深水、模拟高原低气压的水下爆炸试验,空气、可燃气体和粉尘爆炸或燃烧试验。除测试冲击波、气泡波等参数外,还可利用光学的高速摄像拍摄爆炸或燃烧过程。为了保证试验安全,应了解主要技术参数并遵守操作规则。

图 1-3-3　球形爆炸容器

(1) 主要技术参数

　　a. 净重:1.48t;容积:1.767m³;内直径:1.5m;人孔:1个;观测窗:4个;传感器安装孔:6个;进、排气孔:2个;排水孔:1个。

　　b. 试验介质:水、空气、可燃气体和粉尘。

　　c. 常规试验允许梯恩梯当量:小于或等于2g(水介质);小于或等于10g(空气);可燃气体

和粉尘总当量应小于或等于 10g。

（2）非定常压水下爆炸试验规则

a. 在容器无水时安装传感器，应考虑传感器防水及减振措施。

b. 从人孔注水，根据试验要求确定水位高度，上部应留有一定空间，以便加压或减压。

c. 将检验合格的爆破器材试样放入水中，并将引线一端固定在设定位置，另一端栓挂适量配重。

d. 调试试验仪器、将电雷管的两根脚线分别可靠地连接在人孔盖的两根接线柱上，关闭人孔盖，连接放炮线进行网络检测，如无异常，拧紧人孔螺帽。

e. 如同时进行高速摄像拍摄，应打开辅助光源，设定高速摄像机拍摄条件。

f. 给容器水面上部空间加压或减压时，达到所设定的压力后关闭气阀。

g. 连接发爆器并充电准备，再次检查所有记录仪器；起爆后立即记录试验数据和图像。

h. 打开放气（进气）阀，待达到常压后，松开人孔螺帽打开孔盖。

i. 进行下一炮或改变试验条件时，重复上述相应步骤。

（3）空气（可燃气体和粉尘）中爆炸试验规则

与非定常压水下爆炸试验不同之处是试验介质，除参照上述操作规定外，还需考虑：

a. 安装的传感器应防止破片损伤。

b. 可燃气体应事前预混成试验要求的浓度，可燃粉尘应随气体喷射进入容器内。

（4）注意事项

a. 加压超过允许压力会导致泄压、漏水；人孔盖螺帽必须旋紧。

b. 加压或减压后，注意关闭气阀，防止瞬间爆炸压力损坏压力表。

c. 一定要先开排气阀再开人孔盖，防止高压气体突然冲出，造成人员伤害。

d. 起爆后，应立即关闭大功率辅助光源，以延长使用寿命。

e. 高压试验时应注意观察雷管试样是否完全爆轰，若没有完全爆轰，则为无效数据，应重新进行该条件下的试验。

f. 采用高速摄像拍摄时，连续试验 4～5 次会使水的能见度显著降低，应及时换水，否则会影响拍摄效果。

g. 起爆命令由操作高速摄像机人员发出（拍摄时间所限），发出命令后应立即起爆。

4. 雷管爆炸消音器

雷管爆炸消音器（见图 1-3-4）主要用于测量各类雷管延期时间等参数，可在室内或室外进行。为了保证试验安全，应了解主要技术参数并遵守操作规则。

（1）主要技术参数

a. 净重：32kg；内直径：20cm；腔内高度：60cm；传感器安装孔：1 个；旋转防护盖：1 个；抽排烟管道（带手动球阀）：1 个；排渣孔：1 个。

b. 常规试验允许梯恩梯当量：小于或等于 2g。

（2）操作规则

a. 将信号电缆分别连接传感器和雷管测时仪器输入端。

b. 启动测时仪器，开始计时后，用铁锤敲击消音器筒壁，测时仪器应停止计时，否则应查

图 1-3-4　消音器

找故障原因并排除。

c. 逆时针旋转取出防护盖,将电雷管脚线或非电雷管引线从防护盖反面的小孔穿入,雷管底部至防护盖反面长度预留约 30cm。

d. 顺时针旋转盖上防护盖,将脚线或引线固定在防护盖的螺栓上并连接放炮线(如测试导爆管雷管,应在防护盖外安放光电传感器)。

e. 测时仪器处于等待状态后,通知起爆人员将起爆器充电,充电完毕,确认准备就绪倒计时起爆。

f. 启动排烟装置排烟,断开放炮线并短路,解开螺栓上的固定物,逆时针旋转取出防护盖,从盖的反面抽出脚线或引线。

g. 停止排烟,安放下一发雷管继续试验。

h. 试验 20~30 次后,在消音器底部安放托盘,按下排渣孔把手,残渣破片下落在托盘上,然后关闭排渣孔。

参 考 文 献

[1]　爆破安全规程:GB 6722—2014[S].北京:中国标准出版社,2015.

[2]　工业雷管编码通则:GA 441—2003[S].北京:中国标准出版社,2004.

[3]　工业数码电子雷管:WJ 9095—2015[S].北京:中国兵器出版社,2015.

[4]　安徽理工大学.安徽理工大学化学工程学院弹药工程与爆炸技术系实验室安全操作手册[A].2004..

[5]　张立.爆破器材性能与爆炸效应测试[M].合肥:中国科学技术大学出版社,2006.

[6]　民用爆破器材工程设计安全规范:GB 50089—2007[S].北京:中国计划出版社,2007.

第2章 炸药的感度及爆炸性能测试

2.1 炸药的感度测试

2.1.1 炸药的热感度测试

炸药在生产、贮存、运输、加工使用过程中常会遇到不同的热源,如药剂烘干、熔铸炸药、含水炸药生产中的热积累,高温爆破中炮孔药卷受热等。在这些热作用下,炸药能否发生燃烧或爆炸是值得关注的问题。研究炸药对热的敏感程度,对于指导安全生产、贮存、运输和使用具有十分重要的意义。

炸药的热感度(sensitivity to heat)是指炸药在热作用下发生爆炸的难易程度。热感度试验方法有:爆发点(ignition point)测定、含水炸药热感度测定、钢管法炸药热感度测定等。

1. 爆发点测定

粉状炸药对均匀加热的感度通常用爆发点表示。爆发点是在一定时间内均匀加热一定量炸药到爆炸时加热介质的最低温度。此方法试样量小,便于在实验室内测试,能提供受试炸药的热感度和化学安定性(stability)的相对指标,目前仍被广泛采用。

(1) 方法原理

在一定条件下加热炸药,经过一定延滞期后,炸药发生爆炸时的介质温度为爆发点,主要参数是时间和温度。

5秒钟延滞期 $\tau(\text{s})$[①]与爆发温度 $T(\text{K})$ 服从下列关系式:

$$\tau = c e^{\frac{E}{RT}} \tag{2-1-1}$$

公式两边取自然对数得:

$$\ln\tau = \ln c + \frac{E}{RT} \tag{2-1-2}$$

式中:c——与炸药成分有关的常数,取 1.16×10^{-9};

---

① 括号内的 s 是 τ 的计量单位,为秒。下文的 $T(\text{K})$ 也是如此,类似之处不再说明。

E ——与爆发点反应相应的炸药活化能,J/mol,由直线斜率为 E/R 的 $\ln\tau - \dfrac{1}{T}$ 图中可求出 E;

R ——气体常数,为 8.314 J/(mol·K);

T ——试样 5 秒钟延滞期爆发点的温度值,K。

(2) 仪器、设备及材料

a. BFY-3 型爆发点测定仪。测定仪包括:装在机箱内的伍德合金浴、爆发点测定仪主机和装有控制和数据处理软件的计算机,由计算机软件控制控温设备快速升温、降温,并恒温,见图 2-1-1。

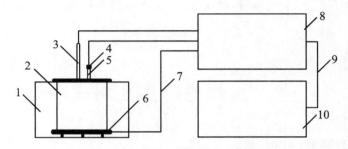

图 2-1-1　爆发点测定装置示意图

1. 保温材料;2. 伍德合金浴;3. 热电偶;4. 铜塞;5. 试样雷管壳;6. 加热炉;7. 220 V 交流电源;8. 爆发点测定仪;9. 数据传输线;10. 计算机(含数据处理软件)

合金浴直径 62mm、深度 60mm,由浴身底部的加热炉加热,中间空隙充填保温材料。浴中放质量不少于 5kg 的伍德合金,置于带有安全防护罩的通风柜内;

控温范围:50~650℃;

温度分辨率:0.1℃;

时间分辨率:0.01s;

功耗:不大于 2kW。

b. 天平:感量为 0.001g。

c. 水浴烘箱。

d. 伍德合金:含铋 50%、铅 25%、锡 12.5%、镉 12.5%(质量比),凝固点 70~72℃。

e. 雷管壳:8 号平底铜(或铝)雷管壳,试验结果应注明管壳材质。

f. 雷管壳夹持手柄。

g. 黄铜塞:锥度 1∶12。

(3) 试验准备

a. 按照图 2-1-1 连接试验装置。

b. 将无明显结块的炸药试样或药剂放入水浴烘箱内,在(45±5)℃温度烘 4h,取出置于干燥器内冷却 2h 以上方可称量。

c. 通电将合金浴内的伍德合金加热至熔化。

d. 称量试样,试样量为:工业炸药(industrial explosive)及猛炸药(high explosive)(50±2)mg,起爆药剂(initiating explosive)(10±1)mg,烟火药剂(pyrotechnic composition)(15±1)mg。

（4）试验步骤

a. 伍德合金浴升温（或降温）到试验温度。

b. 将连有导线的铜塞插入装有试样的雷管壳（铜塞与雷管壳口每一次都应塞紧密合）。

c. 操作计算机软件进入等待试验状态。

d. 用雷管壳夹持手柄夹住试样雷管壳上部，垂直插入合金浴中，深度不小于 30mm，测定仪的计时器自动计时。

e. 如发生爆炸、燃烧或热分解，铜塞会冲出，计时器停止计时，计算机软件界面自动显示合金浴温度和延滞期时间，取出雷管壳（含未发生爆炸、燃烧或分解时），重复 a～e。

f. 在 2～10s 爆炸延滞期内，应选取 5 个温度点进行试验，每个温度点至少测量 5 个延滞时间。

（5）数据处理

由计算机数据处理软件自动绘制出试样爆发时温度与时间关系曲线；并求出试样的 5s 延滞期爆发点。

（6）试验结果的准确度

a. 爆发点测定仪的控温，测温和测时功能应定期检查和校准。

b. 爆发点不是一个炸药的物理常数，它不仅与炸药性质有关，还与介质传热条件有关。规定以精制特屈儿（Tetryl）为标准炸药，定期鉴定爆发点准确度. 特屈儿的 5s 爆发点为（246±3）℃。

2. 含水炸药热感度试验

（1）方法原理

含水炸药（water-containing explosive）在一定温度下也会发生燃烧或爆炸，由于该类炸药呈黏稠状，不宜采用将炸药试样装入雷管壳的爆发点法。

国内测定含水炸药热感度采用试验板加热法，其原理是将一定质量试样放入试验板的孔内，在一定温度下恒温一定时间，观察是否燃烧或爆炸，以此评估含水炸药的热感度。

（2）仪器、设备及材料

a. 控温仪：控温范围 40～300℃；控温精度：±1℃。

b. 天平：感量为 0.1g。

c. 电热板：功率不小于 1kW，加热面积不小于 300mm×400mm。

d. 计时仪：秒表或计时器，精度不低于 1s。

e. 试验板：材质为 45 号钢板，厚度 20mm，其余尺寸见图 2-1-2。

f. 石英砂。

（3）试验准备

a. 按控温仪使用说明书要求，正确连接好线路。

b. 感温元件放入测温孔底，剩余空间用石英砂填满。

c. 电加热板通电加热试验板温度至（200±5）℃，并恒温 20min。

（4）试验步骤

a. 称量 1g 乳化炸药，分成 4 份，分别放入铁板上的 4 个试样孔内，并开始记录时间，观察 10min 内是否出现燃烧或爆炸。任一试样孔的试样有燃烧或爆炸,则本次试验记为燃烧或爆炸。

　　b. 试验完毕,将试样孔内的残渣清理干净。

　　c. 重复 a 和 b,再进行两次试验。

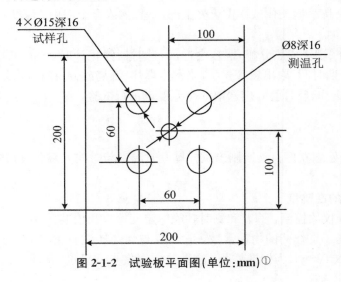

图 2-1-2　试验板平面图(单位:mm)①

（5）结果评定

试验结果用 A/B 形式表示,其中 A 为试样燃烧或爆炸次数,B 为试验次数。

每份试样进行三次试验,三次都不出现燃烧或爆炸为合格。

3. 钢管法测定炸药热感度

钢管法用于确定炸药在相对封闭条件下对高热作用的敏感度,是一种更接近实际情况的模拟性试验。

（1）方法原理

炸药装在不同程度半密闭的钢管里,用煤气灯加热,测定炸药从分解产生可燃气体到开始燃烧所需的加热时间 τ_1 和从燃烧到炸药爆炸所需的加热时间 τ_2,用 τ_1、τ_2 和临界孔径 d 的关系值 $(\tau_1/d)^{1/2}+\tau_2/d$ 作为衡量炸药热感度的指标,临界孔径是指能发生燃烧和爆炸时压盖的最大孔径。

（2）试验设备

由三部分组成,即钢管、煤气灯和防护箱。

① 钢管

采用铬锰钢管,钢管的质量为(25.5±1.0)g,外径 25mm,内径 24mm,长 75mm,钢管上有螺母盖和压盖。两种盖的中心处都有孔,压盖的孔直径(单位:mm)分别为:1、1.5、2、2.5、3、4、5、6、7、8、10、12、14、16、18、20 和 24 等。装配钢管和盖时应注意:当使用压盖的孔径小于

---

　　① 本书所列图示尺寸,除特别标明外,其单位均为 mm。

10mm 时,螺母盖的孔径一律采用 10mm;当使用压盖的孔径大于 10mm 时,螺母盖的孔径一律采用 20mm;使用压盖孔径为 24mm 时,试验过程中应防止加热火焰进入孔内。装配后的钢管见图 2-1-3。

② 煤气灯

用四个煤气灯加热钢管的底部,在底部另有一个小煤气灯给煤气灯点火,点火应同时点燃。煤气的发热量为 $16.74MJ/m^3$,消耗煤气量为 $0.6L/s$,因此供热量为 $10.0kJ/s$,在这种条件下升温速度约为 15℃/min。

加热也可以使用丙烷,丙烷从一个装有压力调节器的工业气瓶经过流量计和一根管道分配到四个燃烧器,气体压力调至校准加热速率为 $(33\pm0.3)K/s$。校准包括加热一个装有 $27cm^3$ 邻苯二甲酸二丁酯的钢管,压盖有 1.5mm 的孔,用放在管下 43mm 处中心位置的直径 1mm 热电偶,测量液体温度从 50℃ 上升至 250℃ 所需的时间,计算加热速率。

③ 防护箱

煤气灯和钢管的固定架都安装在防护箱内,防护箱用 10mm 厚的钢板焊接制成,防护箱上装有防爆玻璃,以便观察试验现象,试验时应确保煤气灯的火焰不受任何气流的影响,箱上还装有抽出试验产生气体或烟雾的排风设备,试验装置结构见图 2-1-4。

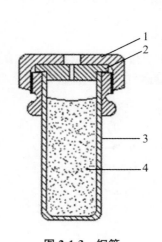

图 2-1-3　钢管

1. 螺母帽;2. 压盖;3. 钢管壳;4. 炸药试样

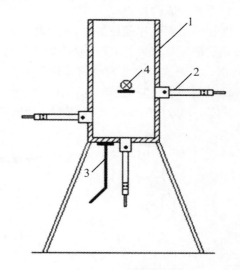

图 2-1-4　试验装置示意图

1. 防护箱;2. 煤气管;3. 小煤气灯;4. 钢管

(3) 试验步骤

a. 采用原样物料做试样,不必粉碎、加压或溶化。药量 30g,装药高度 60mm,上面留有 15mm 的自由空间,以防止试样溶化时堵塞小孔。装药后再将压盖和螺母依次装配好并拧紧,然后将此钢管放在架上固定。

b. 试验前在防护箱前放置防爆玻璃,点燃小煤气灯,然后试验人员离开防爆箱房间,在隔爆房间内,打开煤气阀,点燃四个煤气灯,同时开始计时,并通过墙壁上和防爆箱上的防爆玻璃观察试验现象。

c. 试样受热后经过一定时间会放出气体,气体在钢管盖的小孔处燃烧,从开始加热到可燃气体发生燃烧的时间记为 $\tau_1(s)$,再由此时开始到炸药发生爆炸的时间记为 $\tau_2(s)$。试验时应注意可能出现的两种情况:一是有些试样在发生爆炸之前分解生成的气体不发生燃烧;二是有的试样在长时间受热下,钢管已由暗红色变成亮红色,但试样不爆炸。

d. 每个钢管只用于做一次试验,压盖、螺纹套筒和螺母帽如果没有损坏可以继续使用。

e. 如果钢管没有破裂,应继续加热 5min 才结束试验,如果发生了爆炸,应将碎片收集起来称量,以便对结果进行判断。事先在防护箱底部铺些砂子,便于收集碎片。试验结束后,先关闭煤气阀,再将箱内排风打开,经过一定时间后,人员方可进入。

(4) 结果判断

试验可辨别出下列效应:

O:钢管无变化;

A:钢管底部凸起;

B:钢管底部和管壁凸起;

C:钢管底部破裂;

D:管壁破裂;

E:钢管破裂成两片;

F:钢管破裂成三片或更多片,主要是大碎片,有些种情况下大碎片之间由一狭条相连;

G:钢管破裂成许多片,主要是小碎片;

H:钢管破裂成许多非常小的碎片;

D、E、F 型破裂效应见图 2-1-5(图中列出了 4 种 F 型钢管爆裂效应示意图),如试验得出 O 至 E 中任何一种效应则被视为"无爆炸",如试验得出 F、G、H 效应,结果即被评定为"爆炸"。

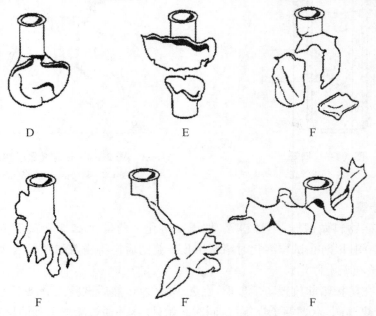

图 2-1-5　钢管法测定的典型破裂结果

先用 20mm 压盖孔径做一次试验,如果在这次试验中观察到"爆炸",就使用没有压盖和螺帽但有螺纹套筒(孔径 24mm)的钢管继续进行试验。如果在孔径 20mm 时"无爆炸",则用孔径为(单位:mm)12、8、5、3、2.5、2、1.5 和 1 的压盖继续做一次性试验,直到这些孔径的某一个发生"爆炸"时为止。然后用孔径越来越大的压盖进行试验,直到用同一孔径进行三次试验都得到否定结果为止。炸药的极限直径是得到"爆炸"结果的最大孔径,如果用 1mm 孔径得到的结果是"无爆炸",极限直径即为小于 1mm。

τ_1 表示从开始受热至观察到发生燃烧(如火花、火焰、烟雾)的时间。

$\tau_1 + \tau_2$ 表示开始受热至发生爆炸的总时间。由于试验重现性不好,欲得到有用的数据,通常取数次试验的平均值。

计算出 $(\tau_1/d)^{1/2} + \tau_2/d$ 的数值作为衡量被试炸药的热感度指标。一些炸药的试验和计算结果见图 2-1-5 和表 2-1-1。

表 2-1-1　一些爆炸材料的极限直径

试样名称	极限直径(mm)
硝酸铵(晶体)	1.0
硝基胍(晶体)	1.5
苦味酸铵(晶体)	2.5
1.3-二硝基间苯二酚(晶体)	2.5
高氯酸铵	3.0
苦味酸(晶体)	4.0
季戊炸药/蜡(95/5)	5.0

4. 试验方法的讨论

(1) 爆发点测定

BFY-3 型爆发点测定仪是半自动化操作,试验也可使用其他类似仪器设备,但必须严格控制才能使试验数据准确,归纳有以下几点。

a. 温度:温度计应定期校准,并能正确指示加热介质的温度,热电偶或水银温度计的感温元件或水银球应与雷管壳内试样在合金浴内保持同一深度。从插入试样雷管壳到发生爆炸的延滞时间内,合金浴的温度应保持恒定。

b. 传热与散热:传热与散热条件不同,爆发点也会发生变化。如试样雷管壳材质、壁厚、长度的一致性;黄铜塞与雷管壳口松紧程度;合金浴内的伍德合金质量;不锈钢外套空隙中充填的保温材料密实程度等。

c. 试样量:当药量增大时,单位时间反应放出的热量也增大,爆发点就会降低,反之亦然,因此应准确称量试样。

d. 爆燃现象判断:对于某些试样爆发点低于熔点,爆燃时有明显声响、冒烟或火光,很容易判断。大多数爆发点高于熔点的试样,受热时先熔化,熔化过程中常出现分解气体迅速膨胀或分解气体爆燃,将黄铜塞抛出,伴有声响也较容易判断。有时分解气体从黄铜塞与管口间的缝隙喷出，伴有一定声响，经过一段时间又出现爆燃，以致判断就很困难。

（2）含水炸药热感度试验

试验的控温元件通常采用热电偶，随使用次数增加需定期进行标定。

每一孔的试样量为 1/4g，试样量较少是该方法的不足，试验结果应为相对比较不同配比或不同种类含水炸药的相对热感度。

（200±5）℃ 的试验温度应是含水炸药生产、储运和使用过程中的极限温度。在试验时无论燃烧或爆炸与否，都会释放出有害气体产物，因此试验应在有安全防护罩的通风柜内进行。

如有条件也可采用非接触式的红外测温仪，测量加热试样的表面温度作对比参考。

（3）钢管法测定炸药热感度

钢管法比其他两种方法的试样量都大，适用于各种炸药（粉状、含水胶状、固体和液体）。试验必须在具备严密防护的抗爆室或爆炸容器环境中进行。此外，钢管各个规格组件较多，爆炸后对钢管破裂片判断是定性的，这些因素使该方法的推广受到限制。

上述三种方法各有优点和不足，热感度判断的物理指标也各不相同：爆发点是固定时间（5s）的加热介质（伍德合金）的最低温度；含水炸药热感度是固定温度（200℃）、10min 内是否出现燃烧或爆炸；而钢管法是加热后发生燃烧和爆炸时压盖的最大孔径值。

2.1.2　炸药的撞击感度测试

长期以来，人们对炸药的机械起爆及其机理进行了大量试验和理论研究，提出了一些学说，但得到公认的是热点学说。该学说认为：在机械作用下，产生的热来不及均匀地分布到全部试样上，而是集中在试样个别小点上，小点上的温度达到爆发点时，就会从这些小点处开始爆炸，这种温度很高的局部小点称为热点。

热点的形成有很多途径，但最主要的有三种：

a. 炸药中的空气隙或气泡在机械作用下绝热（adiabatic）压缩。

b. 炸药颗粒之间、炸药与杂质及容器壁之间发生摩擦生热。

c. 液态炸药或低熔点炸药高速流动加热。

在制造、运输和使用炸药的过程中，不可避免地要遇到机械撞击作用，如生产过程中的机械碰撞，运输中炸药箱偶然从某一高度落下，生产工具和设备撞击在炸药上等，这些因素都有可能形成热点而引起意外爆炸，可见撞击感度（sensitivity to impact）是炸药最重要的一项感度特性，对这一特性的研究具有实际意义。

撞击感度的测定方法有发火概率法、特性落高法以及撞击能法等，测定工业炸药通常采用发火概率法。

1. 工业炸药撞击感度试验

（1）方法原理

将被测炸药放在两个光滑金属柱端面之间，在机械撞击作用下，观察炸药是否发火，规定试验条件下重复试验若干次，统计爆炸概率，用来判定该试样在此试验条件下爆炸的难易程度。

方法：取一定量的炸药试样，限制在两个光滑钢柱端面之间，将钢柱放在钢砧上，使其受到一定质量落锤从规定高度自由落下的一次撞击作用,观察是否发火,计算其发火概率,表征炸药的撞击感度。

（2）仪器、设备及材料

① 落锤仪

立式落锤仪（见图 2-1-6）。落锤仪应定期校准,每年至少一次。在安装和使用期间应符合下列要求:

a. 钢砧的倾斜度不大于 0.2mm/m。

b. 导轨滑动表面对铅垂线的偏离或对水平面的垂直度不大于 1.0mm/m。

c. 落锤质量误差应在下列范围内:

10kg 落锤:(10.000±0.010)kg;

5kg 落锤:(5.000±0.005)kg;

2kg 落锤:(2.000±0.002)kg。

d. 落锤自由下落时,锤头中心对撞击装置中心的同轴度为 Ø3.0mm。

e. 落锤锤头撞击面应平整,不应有严重的机械损伤,否则应修理或更换。

② 撞击装置

撞击装置由击柱、击柱套和底座组成。

击柱:材料为 T10A,油冷淬火,硬度为 HRC60～HRC65,规格要求见图 2-1-7。

击柱套:材料、淬火工艺及硬度同击柱相同,规格要求见图 2-1-8。

底座:材料、淬火工艺及硬度同击柱相同,规格要求见图 2-1-9。

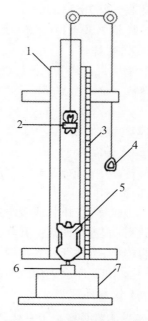

图 2-1-6　落锤仪结构示意图

1. 钢架；2. 释放装置；3. 标尺；4. 释放拉手；5. 落锤；6. 撞击装置；7. 钢砧

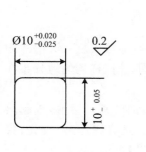

图 2-1-7　击柱

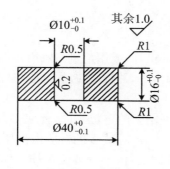

图 2-1-8　击柱套

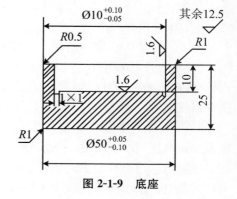

图 2-1-9　底座

③ 其他

天平:分度值应不大于 0.1mg;

工业丙酮、工业汽油;

标定用炸药:特屈儿,符合 WJ626 的规定,颗粒尺寸 0.20～0.45mm;

梯恩梯,符合 GJB338 的规定,颗粒尺寸 0.20～0.45mm。

(3) 试验条件

试验室温度一般为 5～35℃,相对湿度不大于 80％RH。

a. 粉状炸药(powdery explosive):

落锤质量:(10.000±0.010)kg;

落高:(250±1)mm;

试样量:(50±1)mg。

b. 含水炸药:

落锤质量:(10.000±0.010)kg;

落高:(500±1)mm;

试样量:(50±1)mg。

(4) 试验准备

① 试样准备

从样品中抽取试样,并存放一定时间,使试样温度与室温一致。

② 仪器准备

按被试样品(粉状或含水炸药)确定测试条件,检查落锤仪、落锤,校正落高零位。清理、润滑导轨滑动表面,使落锤升降灵活自由。

将击柱、击柱套和底座用工业汽油和丙酮洗涤干净,用清洁的细纱布擦干(对新启用的击柱、击柱套和底座应先用汽油浸泡一段时间,再进行洗涤擦拭)。

(5) 仪器标定

完成各项准备工作后,以特屈儿作标定炸药试样,用(3)中 a 条规定的试验条件,按(6)中 a～c 条规定进行标定。按公式(2-1-3)计算标定试验结果,其发火概率应为 0.40～0.56。若标定不合格,应查找原因,予以解决后重新标定。

或以梯恩梯作标定炸药试样,用(3)中 b 条规定的试验条件,按(6)中 a～c 条规定进行标定。按公式(2-1-3)计算标定结果,其发火概率应为 0.28～0.48。

(6) 试验步骤

a. 选配一组(25 套)经标定合格的撞击装置。

b. 从准备好的样品中称取(50±1)mg 试样(或用定量勺取用),小心地放入装有下击柱的击柱套内,再将上击柱轻轻放入,使其自由落下,并轻轻转动 1 圈或 2 圈,使试样均匀地分布在整个击柱面上。

c. 将装好试样的一套撞击装置放到钢砧上的定位套内,使底部与钢砧紧密接触,提起落锤至规定高度,拉动释放拉手使落锤自由下落,对试样进行撞击作用。凡有爆炸声、发光、冒烟、试样变色、与试样接触的击柱表面有烧蚀痕迹、有分解或爆炸气体产物的气味等现象之一时,均判定为发火,否则判定为不发火。

重复上述过程依次完成一组试验。

d. 按 a～c 条规定进行该试样的第二组平行试验。

e. 按(7)中①和②条进行计算与判别,如两组试验发火概率无显著性差异,就可结束试验;如有显著性差异,应重测两组。

放入试样的撞击装置见图2-1-10。

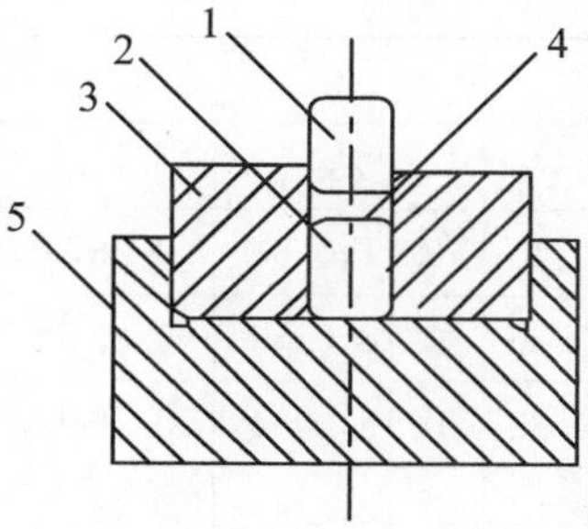

(7) 数据处理

① 发火概率计算

一组试验发火概率按公式(2-1-3)计算:

$$P = \frac{X}{25} \qquad (2\text{-}1\text{-}3)$$

式中:P—发火概率;

X——组试验中发火的次数。

按此方法计算出每一组试验的发火概率。

② 置信区间确定及显著性差异检验

检验两组平行试验发火概率是否有显著性差异,可利用置
信水平为0.95的"发火概率置信区间表"(见表2-1-2),确定每组试验发火概率的置信区间
(P_1, P_0),P_1为置信下限,P_0为置信上限。两组平行试验的发火概率中只要有一组落在另一组
发火概率的置信区间内,就认为两组平行试验的发火概率无显著性差异,否则就认为有显著性
差异。

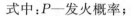

图2-1-10 放入试样的撞击装置

1. 上击柱;2. 下击柱;3. 击柱套;
4. 试样;5. 底座

表 2-1-2 发火概率置信区间 (P_1, P_0) 表(置信水平 0.95)

P^*	n(试验次数)						
	25	50	100	150	200	400	1000
1.00	0.86,1.00	0.93,1.00	0.96,1.00	0.97,1.00	0.98,1.00	0.99,1.00	0.99,1.00
0.96	0.80,1.00	0.87,1.00	0.90,0.99	0.92,0.99	0.92,0.98	0.94,0.98	0.95,0.97
0.92	0.74,0.99	0.81,0.98	0.85,0.96	0.87,0.96	0.87,0.95	0.89,0.94	0.91,0.94
0.88	0.69,0.98	0.75,0.96	0.80,0.94	0.82,0.93	0.83,0.92	0.84,0.91	0.86,0.90
0.84	0.64,0.96	0.71,0.93	0.75,0.91	0.77,0.90	0.78,0.89	0.80,0.87	0.82,0.86
0.80	0.59,0.93	0.66,0.90	0.71,0.87	0.73,0.86	0.74,0.85	0.76,0.84	0.77,0.82
0.76	0.55,0.91	0.62,0.87	0.66,0.84	0.68,0.83	0.69,0.82	0.71,0.80	0.73,0.79
0.72	0.51,0.88	0.57,0.84	0.62,0.81	0.64,0.79	0.65,0.78	0.67,0.76	0.69,0.75
0.68	0.47,0.85	0.53,0.80	0.58,0.77	0.60,0.75	0.61,0.74	0.63,0.72	0.65,0.71
0.64	0.44,0.82	0.49,0.77	0.54,0.73	0.56,0.72	0.57,0.71	0.59,0.69	0.61,0.67
0.60	0.39,0.79	0.45,0.74	0.50,0.70	0.52,0.68	0.53,0.67	0.55,0.65	0.57,0.63
0.56	0.35,0.76	0.41,0.70	0.46,0.66	0.48,0.64	0.49,0.63	0.51,0.61	0.53,0.59
0.52	0.31,0.72	0.37,0.66	0.42,0.62	0.44,0.60	0.45,0.59	0.47,0.57	0.49,0.55
0.48	0.28,0.69	0.34,0.63	0.38,0.58	0.40,0.56	0.41,0.55	0.43,0.53	0.45,0.51
0.44	0.24,0.65	0.30,0.59	0.34,0.54	0.36,0.52	0.37,0.51	0.39,0.49	0.41,0.47

P^*	n(试验次数)						
	25	50	100	150	200	400	1000
0.40	0.21,0.61	0.26,0.55	0.30,0.50	0.32,0.48	0.33,0.47	0.35,0.45	0.37,0.43
0.36	0.18,0.58	0.23,0.51	0.27,0.46	0.28,0.44	0.29,0.43	0.31,0.41	0.33,0.39
0.32	0.15,0.54	0.19,0.47	0.23,0.42	0.25,0.40	0.26,0.39	0.27,0.37	0.29,0.35
0.28	0.12,0.49	0.16,0.43	0.19,0.38	0.21,0.36	0.22,0.35	0.24,0.33	0.25,0.31
0.24	0.09,0.45	0.13,0.38	0.16,0.34	0.17,0.32	0.18,0.31	0.20,0.29	0.21,0.27
0.20	0.07,0.41	0.10,0.34	0.13,0.29	0.14,0.27	0.15,0.26	0.16,0.24	0.18,0.23
0.16	0.04,0.36	0.07,0.29	0.09,0.25	0.10,0.23	0.11,0.22	0.13,0.20	0.14,0.18
0.12	0.03,0.31	0.04,0.25	0.06,0.20	0.07,0.18	0.08,0.17	0.09,0.16	0.10,0.14
0.08	0.01,0.26	0.02,0.19	0.04,0.15	0.04,0.14	0.05,0.13	0.06,0.11	0.06,0.10
0.04	0.00,0.20	0.00,0.14	0.01,0.10	0.01,0.09	0.02,0.08	0.02,0.06	0.03,0.05
0.00	0.00,0.14	0.00,0.07	0.00,0.04	0.00,0.02	0.00,0.02	0.00,0.01	0.00,0.01

"$*$"为 n 次试验结果的发火概率。

(8) 结果表述

两组平行试验的发火概率无显著性差异时,以算术平均值作为该试样的撞击感度发火概率,结果应注明落锤质量、落高、试验量等试验条件。

(9) 注意事项

a. 粉状炸药样品不需筛分,但应注意各类炸药取样的代表性。

b. 不许漏装试样,更不许增加试样量。

c. 残余试样应集中销毁,不许随意丢弃。

d. 退不出的击柱,可使用退柱器压出。

e. 放置撞击装置与拉动释放拉手应由同一人完成,以防配合不当造成伤害。

f. 试验结束后,将击柱、击柱套、底座等用工业汽油和丙酮洗涤干净。

2. 国外的炸药撞击感度测试方法

(1) 欧盟国家的炸药撞击感度测定

欧盟国家采用 EN 13631—4—2002《Determination of sensitiveness to impact of explosives》(《炸药撞击感度的测定》)标准,该标准采用撞击能量法,即落锤的质量乘以落高和重力加速度(重力加速度取 $10 m/s^2$,如选择 1kg 的落锤,落高为 50cm,则撞击能量为 5J)。试验方法是:规定一个撞击能量的条件下,找出被测试样由发火(反应)至不发火(连续重复进行 5 次试验)的这一点,即为该试样的撞击能。落锤的质量为 1kg、5kg 和 10kg,质量误差精确至 $\pm 0.1\%$,落高、落锤质量和撞击能量见表 2-1-3。

表 2-1-3 落高、落锤质量和撞击能量的关系

落高(cm)	落锤质量(kg)	撞击能量(J)
10	1	1
20	1	2
30	1	3
40	1	4
50	1	5
15	5	7.5
20	5	10
30	5	15
40	5	20
50	5	25
60	5	30
35	10	35
40	10	40
50	10	50

① 撞击装置

组合后的撞击装置见图 2-1-11,击柱和束套见图 2-1-12,击柱套见图 2-1-13,其中击柱与我国使用的相同。

撞击装置放置在直径(25±0.5)mm,高 35mm 的中间砧座上,并由带有一圈排气孔的击柱套固定在砧座中心。

② 试验步骤

撞击装置准备:

选择合适质量的落锤,将释放装置卡在导轨上并固定在设定的落高处,将撞击装置放置在中间砧座上,放入被测试样后再放置上击柱,轻轻施压使其接触到试样。当对同一试样连续试验时,应保持上击柱与束套的相对位置,即每次试验的落高不变。

试验:

关闭木制防护盒,以 10J 撞击能量开始试验(落锤质量 5kg,落高 20cm)。释放落锤,观察试验现象。试验现象分为两类:

a. 有反应(爆炸或燃烧)。

b. 无反应。

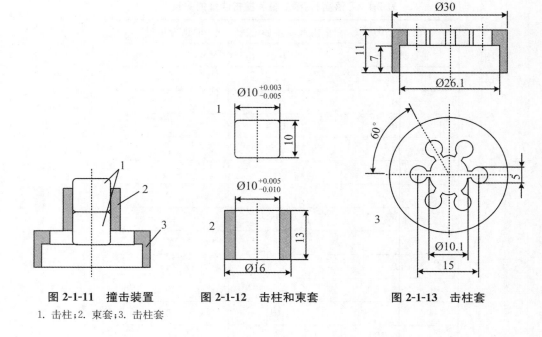

图 2-1-11　撞击装置　　　图 2-1-12　击柱和束套　　　图 2-1-13　击柱套

1. 击柱；2. 束套；3. 击柱套

如果 10J 撞击能量有反应，逐步降低撞击能量重复试验，直到观察到无反应。在无反应撞击能量水平重复 5 次试验。

如果 10J 撞击能量无反应，逐步提高撞击能量重复试验，直到观察到有反应，然后逐步降低撞击能量，直到 5 次试验都无反应，则判定为该试样的撞击能量。

如果 50J 撞击能量发生无反应，重复 5 次试验。

③ 试验结果

环境条件、试样粒径、落高、落锤质量、试验次数、发生反应次数、试样的撞击感度(J)。

(2) 苏珊试验

苏珊试验(Susan test)是评价炸药在接近使用条件下相对危险性的一种大型撞击试验。

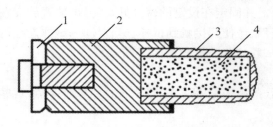

图 2-1-14　苏珊弹示意图

1. 杯式皮革密封；2. 钢体；3. 铝帽；4. 炸药试样

将炸药装在一定规格的炮弹中发射，当炮弹撞击到钢靶板上时，会产生分解、燃烧或完全爆轰反应，通过测量距钢靶板 3.1m 处的空气冲击波超压等数据，可以计算出撞击时炸药释放的化学反应相对值，即相对点源爆炸能量。应用相对点源爆炸能量与炮弹速度的关系图得苏珊感度曲线，来衡量被测炸药的苏珊感度。弹速一定时，释放能量越大，表示被测炸药的感度越大。苏珊弹如图 2-1-14 所示。

苏珊弹重约 5.44kg，直径 50.8mm，长 101.6mm，被测炸药试样重约 0.45kg。弹体装入一门滑膛炮进行发射，靶板为 63.5mm 厚的装甲钢板，距炮口的距离为 3.66mm，采用调节发射药的方法改变炮弹速度。

例如,某种新炸药至少要装配 8 发炮弹,其中 6 发炮弹的速度分别为 30.5m/s、60.9m/s、91.4m/s、152.4m/s、228.6m/s 和 304.8m/s,其余两发用于重复或补充实验。几种常用炸药的苏珊感度试验结果见图 2-1-15。

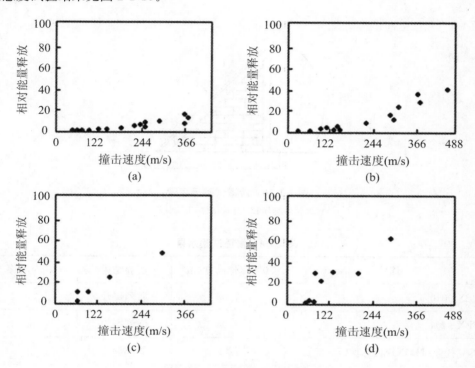

图 2-1-15 苏珊感度试验结果

（a）梯恩梯;（b）黑索今/梯恩梯(60/40);（c）黑索今/梯恩梯(75/25);（d）奥克托今/梯恩梯(75/25)

根据试验的苏珊弹受试炸药反应等级,冲击波超压判断受试炸药的撞击感度。

(3) 滑道试验

这是一种模拟处理炸药时,炸药意外地从一个倾斜角度撞击到一个硬表面的情况而设计的大型撞击试验。在滑道试验中,炸药同时受到撞击、摩擦和剪切的综合作用。

试验是将一个直径约 254mm、质量约 4.59kg 的半球形药柱试样吊到一定高度,半球形药柱的中间部分是 4.08kg 惰性物,将半球形药柱从一定高度垂直下落在一块与地平面成 45°角、表面喷砂固化的钢板上部,测定发生 50% 爆炸的高度。试验装置见示意图 2-1-16,结果见表 2-1-4。

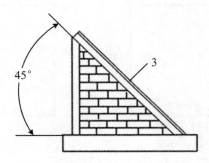

图 2-1-16　滑道试验示意图

1. 惰性物质；2. 炸药试样；3. 钢板

表 2-1-4　滑道试验结果

炸药	50%爆炸高度（m）	试验结果	相对次序
PBX 9010	1.68	激烈爆炸	1
PBX 9404	3.96	激烈爆炸	2
奥克托今（HMX）/梯恩梯（75/25）	22.9	局部爆炸	3
黑索今/梯恩梯（75/25）	大于 45.7	不爆	4
奥克托今/梯恩梯/蜡（75/25/1）	大于 45.7	不爆	4
黑索今/蜡（91/9）	大于 45.7	不爆	4

　　另外一种试验方法是将一个半球形炸药试样悬挂到一定高度，然后沿弧形摆动下来，以一定的角度撞击到表面喷砂的钢板或铝板上，撞击角度一般为 14°和 45°，此角度是指炸药试样移动路线与钢板表面之间的夹角。试样撞击钢板时，撞击力集中在一小块面积上，测定不同撞击角和不同撞击高度时试样的反应类型，反应分 7 级，试验结果见表 2-1-5。

表 2-1-5 滑道试验结果

炸药	撞击角(°)	垂直高度(m)	反应类型
黑索今/梯恩梯(75/25)	14	0.19	1
		0.27	4
		0.53	3
		0.76	3
	45	1.52	0
		2.16	0
		4.30	0
奥克托今/梯恩梯(75/25)	14	0.76	0
		1.07	0

0 级:没有反应,炸药试样保持完整;

1 级:炸药试样或靶板上有燃烧或焦黑色痕迹,但试样保持完整;

2 级:冒烟,在高速摄像照片上没有发现火焰和光,炸药试样可能是完整的,也可能破碎成几大块。

3 级:有轻微的带有火焰和光的低级反应,炸药试样破碎、散开;

4 级:有中等程度的有火焰和光的低级反应,炸药试样大部分消耗掉;

5 级:剧烈爆燃,炸药试样全部消耗掉;

6 级:爆轰。

3. 试验方法的讨论

我国对炸药撞击感度测定采用:WJ/T 9052.2—2006《工业炸药感度试验方法 第 2 部分:撞击感度》、WJ/T 9038.1—2004《工业火工药剂试验方法 第 1 部分:撞击感度试验》。欧盟成员国采用:EN 13631—4—2002《炸药撞击感度测定》。这些标准规定的试验装置类似、方法相近,具有可比性。

分析我国与欧盟成员国撞击感度测试具体条款,将有关参数比较列于表 2-1-6。

表 2-1-6 我国与欧盟成员国撞击感度测试有关参数比较

比较参数 ＼ 试验标准	WJ/T 9052.2—2006/WJ/T 9038.1—2004《工业炸药撞击感度试验》	EN 13631—4—2002《炸药撞击感度测定》
落锤仪	相同	相同
撞击装置	击柱相同、击柱套、底座	击柱相同、束套、击柱套、中间砧座
落锤质量	10kg、5kg 和 2kg	10kg、5kg 和 1kg
试样质量	(50±1)mg	体积为 40mm³ 的试样质量

（续）表 2-1-6

试验标准 比较参数	WJ/T 9052.2—2006/WJ/T 9038.1—2004 《工业炸药撞击感度试验》	EN 13631—4—2002 《炸药撞击感度测定》
炸药类型	粉状、含水胶状	粉状、胶状、固体、液体
落锤仪标定	有规定，用特屈儿或梯恩梯作标定炸药	无规定
试验条件	粉状：10kg 落锤、250mm 落高 含水：10kg 落锤、500mm 落高	从 10J 撞击能量开始试验（5kg 落锤，20cm 落高），如有反应逐步降低撞击能，如无反应逐步提高撞击能
试验次数	2 组，每组 25 发	至少 6 次，或降低、提高撞击能直到 6 次无反应
结果判断	计算发火概率，由置信区间表判断无显著性差异或有显著性差异	有反应（爆炸或燃烧）、无反应
试验结果	无显著性差异时的算术平均值及试验条件等	样品的撞击感度（J）及试验条件、载荷、次数等

此外，我国测定工业炸药撞击感度是采用发火概率法，欧盟成员国是采用撞击能量法。

我国的试验次数多，以 2 组共 50 发的小样本特征量认定该炸药品种的撞击安全性。欧盟的试验次数少，相对简单。结果判断都基本相同；报出的主要结果我国是样品撞击感度发火概率的平均值，欧盟的是样品不发火撞击能（J）。

由于炸药试样量很少，测定结果只能相对比较各种炸药的撞击感度。

我国使用的落锤仪又称"卡斯特"落锤仪，是由德国科学家 kast 发明并以其名字命名。在 1912 年第八届国际应用化学会议上正式确认"卡斯特"落锤仪为标准落锤仪。

欧盟国家使用的"BAM"落锤仪是德国联邦材料实验所在"卡斯特"落锤仪基础上改造的，撞击装置也有所不同。

撞击装置结构对测试结果有决定性的影响，国内广泛使用的标准装置，柱套间有一定的间隙，击柱倒角较大，试样可在倒角形成的环形槽及柱套间隙内滑动，又可无阻碍地自由运动，比较符合实际情况，但击柱和击柱套的加工要求较高。由于击柱与击柱套之间密闭，试验时损坏率较大。

试验结果一般是根据试验时的声响大小，是否有分解产物的气味，是否有火光和冒烟来判断是否发生了发火。当对试验结果有怀疑时，再检查与试样接触的击柱表面是否有烧蚀痕迹。对于大部分工业炸药，在撞击作用下，只是局部发生分解，即使在很大的撞击能作用下，试样也不可能完全爆炸，因而很难凭声响气味等判断是否发生发火。目前一些新的方法可以准确地判别试验结果。

其一是利用声谱作为判断发火结果，可以得到发火的定量判断。

其二是将一张滤纸用 1％淀粉和 0.1％碘化钾溶液浸湿后，悬挂在击柱侧面，当试验放出 0.1ml 的反应气体时，就可以引起滤纸变色，这一方法灵敏度高、重复性好。

其三是在落锤头部固定一个压电传感器，记录撞击时产生的压力波形。惰性物质或没有发火的试样产生一个特有的单峰波形,而试样发火时,则产生一到两个振幅较大的波形。

5kg、2kg 落锤适用起爆药、发射药等药剂的撞击感度试验。

苏珊试验和滑道试验的试样量大,适用于军用炸药受到撞击或含有摩擦和剪切的撞击作用时的安全性研究。

2.1.3 炸药的摩擦感度测试

在实际加工或处理炸药过程中,炸药不仅可能受到撞击,也经常受到摩擦,或者受到伴有摩擦的撞击。有些炸药钝化后,用标准撞击装置试验表现出不敏感,可是测出的摩擦感度却很敏感,实际上也确实发生过事故。所以从安全的角度考虑,必须测定炸药的摩擦感度(friction sensitivity)。而摩擦作为炸药的一种引燃引爆方式,人们早已知道并加以利用了。

1. 工业炸药的摩擦感度试验

(1) 方法原理

将工业炸药限制在两个光滑硬表面之间,使其在恒定的挤压压力与外力作用下经受滑动摩擦作用,观测并计算发火概率,表征炸药的摩擦感度。

(2) 仪器、设备及材料

① 摩擦感度仪

摩擦感度仪(见图 2-1-17)应定期检定,每年至少一次。摩擦感度仪安装和使用期间应符合下列要求:

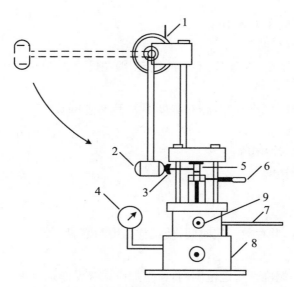

图 2-1-17 摩擦感度仪示意图

1. 释放扳机;2. 摆锤;3. 击杆;4. 压力表;5. 滑柱;6. 退柱器;7. 加压活塞;8. 油箱;9. 阀门

a. 摆体质量为(2700±27)g,其中摆锤质量为(1500±10)g。

b. 摆体的质量中心至转动轴中心的距离为(600±5)mm,摆臂长(摆锤中心至转动轴中心的距离)为(760±1)mm。

　　c. 摆体转动应灵活自如,摆锤自由下垂时,摆锤打击面应与处于滑动摩擦前的测定试样用击杆的受击面正好接触,同轴度为 Ø3.0mm。

　　d. 上顶盘倾斜度不应大于 0.2mm/m。

　　e. 摆角指示值与试验条件规定摆角之差的绝对值不应大于 1°。

　　在规定的摆角条件下,用长击杆(其长度比测定用击杆长 3～5mm)测定(无试样)滑移距离应在 1.5～2.0mm 范围内;测定试样用击杆的尾部与导向孔端面间隙应在此范围内。

　　② 摩擦装置

　　由上、下滑柱及滑柱套组成,应满足以下技术要求:

　　a. 上、下滑柱:材料为 T10A,冷油淬火,硬度为 HRC60～HRC65,规格要求见图 2-1-18。

　　b. 滑柱套:材料、淬火工艺及硬度等要求与滑柱相同,规格要求见图 2-1-19。

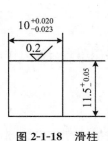

图 2-1-18　滑柱

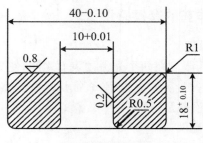

图 2-1-19　滑柱套

　　③ 其他

　　a. 天平:分度值不应大于 0.1mg。

　　b. 工业丙酮、工业汽油。

　　c. 标定用炸药:特屈儿,符合 WJ 626 的规定,颗粒尺寸 0.20～0.45mm。

(3) 试验条件

　　a. 试验室温度一般为 5～35℃,相对湿度不大于 80%RH。

　　b. 摆角:96°±1°。

　　c. 表压:(4.90±0.07)MPa。

　　d. 试样量:(30±1)mg。

(4) 试验准备

　　① 试样准备

　　从样品中抽取试样,并存放一定时间,使试样温度与室温一致。

　　② 仪器准备

　　按试验条件将摆角调准至规定范围内,检查加压系统操作是否正常。

　　将滑柱、滑柱套用工业汽油和丙酮洗涤干净,用清洁的细纱布擦干(对新启用的滑柱、滑柱套应先用汽油浸泡一段时间,再进行洗涤擦拭)。

(5) 仪器标定

　　完成各项准备工作后,以特屈儿作标定炸药试样,用"(3) 试验条件",按"(6) 试验步骤"进行标定。由公式(2-1-4)计算标定试验结果,其发火概率应为 0.16～0.36。若标定不合格,应查找原因,予以解决后重新标定。

(6) 试验步骤

a. 选配一组(25 套)经标定合格的摩擦装置。

b. 从准备好的样品中称取(30±1)mg 试样(或用定量勺取用),小心地将其放在下滑柱上,再将上滑柱轻轻放入,使其自由落下,并轻轻转动 1 圈或 2 圈,使试样均匀地分布在整个滑柱面上。

c. 将一套装好试样的摩擦装置放入摩擦感度仪的待测位置,启动加压装置,加压至规定压力,将测定试样用的击杆沿导向孔推进至顶住上滑柱,再将摆锤提至规定摆角,扳动释放扳机摆锤即撞击击杆,试样经受摩擦作用。凡有爆炸声、发光、冒烟、试样变色、与试样接触的滑柱面有烧蚀痕迹、有试样分解爆炸产物的气味等现象之一时均判定为发火,否则判定为不发火。

重复上述过程依次完成一组测试。

d. 按 a～c 进行该试样的第二组平行测试。

e. 按(7)条的①和②进行计算与判别,如两组试验发火概率无显著性差异,就可结束试验;如有显著性差异,应重测两组。

(7) 数据处理

① 发火概率计算

一组试验发火概率按公式(2-1-4)计算:

$$P = \frac{X}{25} \tag{2-1-4}$$

式中:P—发火概率的数值;

X——组测试中发火的次数。

按此方法计算出每一组试验的发火概率。

② 置信区间确定及显著性差异检验

检验两组平行试验发火概率是否有显著性差异,可利用置信水平为 0.95 的"发火概率置信区间表"(见"2.1.2 炸药撞击感度测试"中表 2-1-2),确定每组试验发火概率的置信区间(P_1, P_0),P_1 为置信下限,P_0 为置信上限。两组平行试验的发火概率中只要有一组落在另一组发火概率的置信区间内,就认为两组平行试验的发火概率无显著性差异,否则就认为有显著性差异。

(8) 结果表述

两组平行试验的发火概率无显著性差异时,以算术平均值作为该试样的摩擦感度发火概率,结果应注明摆角、表压、试验量等试验条件。

(9) 注意事项

a. 粉状炸药样品不需筛分,但应注意取样的代表性。

b. 不许漏装试样,更不许增加试样量。

c. 残余试样应集中销毁,不许随意丢弃。

d. 确认摩擦装置到待测位置后才能加压,否则会损坏设备。

e. 放置摩擦装置与拉动释放拉手应由同一人完成,以防配合不当造成伤害。

f. 试验结束,将滑柱、滑柱套等用工业汽油和丙酮洗涤干净。

2. 国外的炸药摩擦感度测试方法

(1) 欧盟国家、日本的摩擦感度测定

欧盟国家、日本的摩擦感度测定采用 BAM 摩擦仪,又称之为 Julins Peters 摩擦试验,它是在乳钵摩擦试验基础上于 1956 年由 H. Koenen 和 K. H. Lde 研究设计,它消除乳钵试验人为误差因素,并能定量表示爆炸性物质的摩擦感度。

EN 13631—3—2004《Determination of sensitiveness to friction of explosives》(炸药摩擦感度的测定)是欧盟成员国的试验标准。

BAM 摩擦仪装置如图 2-1-20 所示。

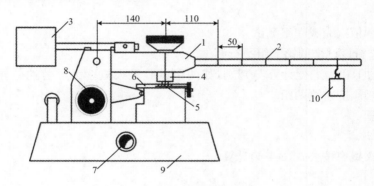

图 2-1-20　RAM 摩擦仪

1. 回转杆;2. 槽口;3. 平衡物;4. 瓷棒手柄;5. 瓷板;6. 放瓷板用可移动台;7. 操
作开关;8. 手动轮;9. 铸钢底座;10. 砝码

该装置由机体、马达、托架和砝码等部分组成。试验时,将 10mm³ 体积试样放在机座的瓷摩擦板上。托架上的一支特制瓷摩擦棒与试样接触,瓷棒运动时应使其前后的试样量为 1:2,见图 2-1-21(c)。在托架上挂好砝码,开动机器使瓷棒从最大约 7cm/s 的速度作(10.0±0.2)mm 的一次往复运动,观察是否发生爆炸。调节砝码的质量及悬挂位置,测量 6 次试验中不发生爆炸的最小载荷作为炸药的摩擦感度。

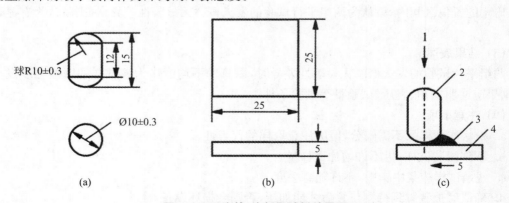

图 2-1-21　瓷棒、瓷板及试样放置图

(a) 瓷棒;(b) 瓷板;(c) 试样放置图;1. 负荷;2. 瓷棒;3. 试样;4. 瓷板;5. 瓷板运动方向

瓷棒是白色圆柱形,两端是毛糙的圆面,瓷板是白色方形,两面是毛糙摩擦面。一个瓷板由可移动平台的两个物体支撑,瓷板上放置试样,见图 2-1-21。

该摩擦仪可以测定粉状炸药、胶状炸药、压制的固体和液体炸药样品

配置不同砝码的载荷见表 2-1-7。

表 2-1-7　摩擦装置的载荷(N)

砝码质量(kg)	槽口编号					
	1	2	3	4	5	6
0.28	5	6	7	8	9	10
0.56	10	12	14	16	18	20
1.12	20	24	28	32	36	40
1.68	30	36	42	48	54	60
2.24	40	48	56	64	72	80
3.36	60	72	84	96	108	120
4.48	80	96	112	128	144	160
6.72	120	144	168	192	216	240
10.08	180	216	252	288	324	360

试验中观察是否出现以下情况:

a. 有反应(出现爆炸声、爆裂声、火花或燃烧现象)。

b. 无反应。

试验从 360N 载荷开始,如有反应,下一次试验应逐步减少载荷,直到一定载荷时六次试验均无反应。如第一次的 360N 载荷无反应,重复进行五次试验,当六次均无反应时,则判定该试样无摩擦感度。

高摩擦载荷试验时,即使无试样也可能会出现火花,应谨慎观察。

瓷棒有两个摩擦面,每面允许进行一次试验。

瓷板有两个摩擦面,每面允许进行三次试验。

试验结果:

包括环境条件、样品粒径、摩擦载荷、试验次数、有反应的试验次数、样品的摩擦感度(N)。

(2)美国的摩擦感度测定

① 大型摩擦摆

该装置最初是由美国矿务局的 C. F. Munroe、C. Holl 和 S. P. Howell 于 1911 年设计的,目前美国矿务局、匹克汀尼兵工厂均使用大型摩擦摆测定工业炸药的摩擦感度。这种摩擦摆由支架、钢砧、摆三部分组成,见图 2-1-22。摆长 1.85m,装有可更换的摆头,由挂钩将其提升到支架的任意高度,从 0.5m 到 2.0m,摆头有钢制和硬质纤维板两种,质量 20kg。

试验前调整摆角与钢砧的间隙,使摆从规定高度弧形下落,要求摆在钢砧表面往复通过(18±1)次,确定间隙后,将(7.0±0.1)g 试样均匀分布在钢砧的三条平行槽中,先用钢摆头进

行 10 次试验,如果发生燃烧或爆炸,就改用纤维板摆头进行试验。试验结果用 10 次试验中发生燃烧或爆炸的次数表示。

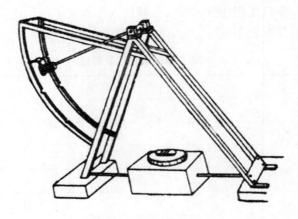

图 2-1-22　大型摩擦摆

② ABL 摩擦感度仪

ABL 摩擦感度仪由油压机、固定轮、平台和摆锤组成,其作用原理见图 2-1-23。

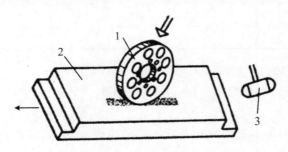

图 2-1-23　ABL 摩擦感度仪
1. 固定轮;2. 平台;3. 摆锤

按照美国军标规定,用 ABL 摩擦感度仪测定炸药、推进剂及火药的摩擦感度。感度仪的固定轮和平台由专用钢材制成,将试样放在表面具有一定的粗糙度平台上,均匀地铺成一长条,宽 6.4mm,宽 25.4mm,厚度相当于试样的一个颗粒,降下固定轮,使其与试样接触,油压机加压,使固定轮给试样施加一定压力,压力范围从最小的 44N 到最大的 8006N。当达到设定压力后,让摆锤从设定角度沿弧形下落击打在平台边上,使平台沿与压力垂直方向、以一定速度滑移 25.4mm,通常用的速度为 0.9m/s,如有火花、火焰、爆裂声或测出反应产物,就判定为爆炸。测定在 20 次试验中,一次爆炸也不发生的最高压力,为该试样的摩擦感度。

3. 试验方法的讨论

我国采用标准是:WJ/T 9052.1—2006《工业炸药感度试验方法 第 1 部分:摩擦感度》、WJ/T 9038.2—2004《工业火工药剂试验方法 第 2 部分:摩擦感度试验》。欧盟成员国采用的标准是:EN 13631—3—2002《炸药摩擦感度的测定》。

由于 EN 13631—3—2002 标准规定的摩擦仪、摩擦装置及试验次数等与我国采用的完全不同，表 2-1-8 比较的结果仅供参考。

表 2-1-8　我国与欧盟国家摩擦感度测试有关参数比较

试验标准 比较参数	WJ/T 9052.1—2006/WJ/T 9038.2—2004 《工业炸药摩擦感度试验》	EN 13631—3—2002 《炸药摩擦感度的测定》
试样质量	(30 ± 1)mg	体积为 10mm³ 的试样质量
炸药类型	粉状、含水胶状	粉状、胶状、固体、液体
摩擦装置	由两面光滑的上、下滑柱及滑柱套组成	由两端毛糙的圆面瓷棒和两面毛糙的瓷板组成
使用次数	滑柱每一面使用一次	瓷棒每一端面一次，瓷板每一面三次
承载	表压：(4.90 ± 0.07)MPa	从 0.28kg 至 10.08kg 共 9 个不同质量砝码
摩擦行程	$1.5\sim2.0$mm	(10.0 ± 0.2)mm
试验次数	2 组，每组 25 发	从最大载荷开始无反应 6 次，或降低载荷到 6 次无反应
结果判断	计算发火概率，由置信区间表判断无显著性差异或有显著性差异	有反应（爆炸声、爆裂声、火花或燃烧）、无反应
结果报出	无显著性差异时的算术平均值及试验条件等	样品的摩擦感度（N）及试验条件、载荷、次数等

比较我国和欧盟国家、日本的试验标准各有特点，我国试验的滑柱表面光滑（表面粗糙度为 0.2μm），摩擦系数小，试样承载压力却极大，根据滑柱和液压缸的面积计算，当表压为 4.90MPa 时，试样承载 592.90MPa 的压力，一次摩擦行程 $1.5\sim2.0$mm。欧盟试验的瓷棒和瓷板表面粗糙，摩擦系数大，试样承载是 9 个不同质量砝码，一次摩擦行程却达 (10.0 ± 0.2)mm。

我国的试验次数多，以 2 组共 50 发的小样本特征量认定该炸药品种的摩擦安全性。欧盟的试验次数少，相对简单。结果判断都基本相同；报出的主要结果我国是样品摩擦感度发火概率的平均值，欧盟的是样品摩擦感度的载荷（N）。

由于炸药试样量很少，测定结果只能相对比较各种炸药的摩擦感度。

我国的摩擦（或撞击）感度试验方法中，平行试验时，两组试验结果不可能总是相同。如何确定两组结果是否平行一致，两组结果相差在多大范围内可以取平均值，这样规定的依据还应进一步探讨。

比较不同炸药试样的摩擦（或撞击）感度结果时，也存在一个差异判别问题，不能因为两个试样试验结果有差别就轻易地做出感度高低的结论。

表 2-1-9 列出了欧盟国家试验装置对一些炸药无反应时的摩擦感度（极限载荷）。

表 2-1-9　一些炸药的摩擦感度

炸药	极限载荷（N）	炸药	极限载荷（N）
叠氮化铅	9.8	黑索今	117.6
太安/蜡（95/5）	58.8	奥克托今/梯恩梯（70/30）	235.2
太安/蜡（90/10）	117.6	梯恩梯	＞352.8
奥克托今	78.4	烟火药	＞352.8

美国的摩擦试验装置与我国和欧盟国家均不同,采用 ABL 摩擦感度仪的测定结果见表 2-1-10和表 2-1-11。

表 2-1-10　几种炸药的摩擦感度

炸药	不爆炸的最大压力（N）
黑索今（16μm）	551
黑索今（12μm）	403
黑索今/蜡（91/9）	1724
太安（干的）	184

表 2-1-11　烟火药剂和推进剂的摩擦试验数据

类型	试样	摩擦系数	感度下限	
			压力（N）	能量（J）
烟火药剂	单基药	0.08	1513	3.07
	双基药	0.07	1182	2.10
	改性双基药	0.15	692	2.64
推进剂	双基推进剂	0.08	2571	5.22
	改性双基推进剂	0.08	1605	1.26

2.1.4　炸药的爆轰感度测试

实际使用炸药时,通常是采用雷管爆轰来直接引起炸药爆轰。对于比较钝感的炸药或爆破剂,仅用雷管爆轰的强度还不够,还必须在雷管与炸药之间安装传爆药,即由雷管引爆传爆药,再由传爆药引爆炸药。被引爆的炸药、传爆药以及雷管中的猛炸药都存在爆轰感度（detonation sensitivity）的问题。由此可见,炸药的爆轰感度直接涉及雷管设计,如装药量、尺寸等,也还涉及使用炸药时传爆系列的设计与装配,以便在实际使用时,要求起爆和传爆系列既安全又可靠。

起爆药与猛炸药、传爆药与炸药装药相接时,在它们之间的引爆历程是强冲击波作用及爆轰产物作用,这与炸药爆轰过程中层层炸药引爆过程基本上相同,但比炸药爆轰传播过程还要复杂。

1. 雷管中猛炸药的爆轰感度

雷管中猛炸药爆轰感度的大小是以最小起爆药量(minimum initiation charge)或称极限药量来表示。

(1) 方法原理

雷管中猛炸药的装药质量、装药密度、装药直径一定时,改变起爆药的装药量,使猛炸药达到完全爆轰所需的最小起爆药量。

与上述方法相同,用不同品种的起爆药引爆猛炸药,其最小起爆药量就是该品种起爆药的起爆能力(起爆冲量)。

(2) 试验装置

最小起爆药量试验装置如图 2-1-24 所示。

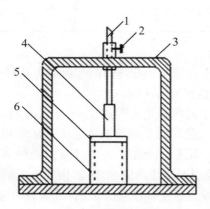

图 2-1-24　最小起爆药量试验装置
1. 导爆管;2. 固定螺丝;3. 钢架;4. 雷管;5. 铅板;6. 钢筒

(3) 试验步骤

压制雷管:称量 1g 猛炸药,装到 8 号雷管壳中,然后放到专门的压模中,用油压机压猛炸药,压强 49.0MPa。

用精密天平称量起爆药,在防护罩内将起爆药装入到已有 1g 猛炸药的雷管壳内,再放到压模内进行压药,压强 29.4MPa。然后在雷管的上口处插入导爆管用卡扣钳紧口,或采用电引火头用卡扣钳紧口。将装置放在爆炸室内进行铅板穿孔试验,爆炸后凡是铅板被穿孔,出现的穿孔直径大于雷管壳直径表明猛炸药完全爆轰。

起爆药量的变化采用内插法,药量在 10~100mg 之间,精度为 10mg,药量在 1~10mg,精度为 1mg。

(4) 试验结果

雷管中猛炸药爆轰感度的结果列在表 2-1-12 中。

表 2-1-12　几种炸药的最小起爆药量(mg)

起爆药	猛炸药			
	特屈儿	苦味酸	梯恩梯	三硝基苯甲醚
叠氮化镉	10	20	40	100
叠氮化银	20	35	70	260
叠氮化铅	25	25	90	280
叠氮化铜	25	45	95	375
叠氮化汞	45	75	145	550
雷酸镉	8	50	110	260
雷酸银	20	50	95	230
雷酸亚铜	25	80	550	320
雷汞	290	300	360	370

(5) 试验结果与方法讨论

a. 最小起爆药量的数据不仅取决于起爆药的起爆能力和猛炸药的性质,还取决于试验的条件,因此有关文献中发表的数据有所不同。

b. 根据本方法测量的最小起爆药量一般在 400mg 以内,如果用 400mg 的起爆药量不能引起猛炸药的完全爆轰,再加大起爆药量也不能引起被试猛炸药完全爆轰,因为在常用的 8 号雷管壳中,起爆药量为 400mg,压药的压强为 29.4MPa 的条件下,引爆后足以建立起稳定的爆轰。在稳定爆轰条件下尚不能引起猛炸药完全爆轰,则应改变试验条件。

c. 猛炸药的颗粒度对其爆轰感度有显著的影响,试验表明,随着炸药颗粒度的减小,它们的爆轰感度增大,见表 2-1-13。

表 2-1-13　猛炸药的颗粒大小对爆轰感度的影响

炸药	叠氮化铅的最小起爆药量(mg)	
	炸药颗粒在 100~250 目筛之间	炸药颗粒通过 250 目筛
三硝基苯	190	60
三硝基氯苯	140	50
三硝基苯胺	130	50
三硝基甲苯	100	40
三硝基苯甲酸	100	40
三硝基苯酚	80	30
三硝基苯甲醛	50	20
三硝基二甲基苯	340	80
三硝基三甲基苯	430	130
三硝基间苯二酚	40	20
三硝基间苯三酚	40	20

d. 装药的密度不同,爆轰感度不同,当装药密度增大时,其爆轰感度减小。

e. 通常用雷管号数表示猛炸药的爆轰感度,即测定能使 50～100g 猛炸药完全爆轰时所需的最小雷管号数。雷管号数一般以雷管中猛炸药的药量来划分,但各个国家的规定也不完全相同。判别猛炸药是否完全爆轰,可以根据铅柱被压缩的程度来判定,即类似于铅柱压缩法测猛度。有的国家规定铅柱压缩值大于或等于 8mm 时,认为完全爆轰。

2. 炸药的最小传爆药量试验

(1) 方法原理

测量被试炸药爆轰发生概率为 50% 时所需的传爆药的质量,为最小传爆药量,以此质量来表示被试炸药的爆轰感度。

这种试验一方面是测试被测炸药的爆轰感度,同时也是测量传爆药的起爆能力。这种试验是使传爆药产生强烈的、高度发散的冲击波作用于被试炸药,激发被试炸药发生爆轰并成长为稳定爆轰。

(2) 试验装置

试验装置如图 2-1-25 所示。

炸药试样为 $\varnothing$50.8mm×50.8mm 的圆柱,在一端磨成半球形凹腔,以填装糊状传爆药,其组分为 80 份的太安和 20 份未经催化过的硅酮树脂。选用此材料为了使传爆药容易装入凹腔内,并能在很小的直径内传播爆轰。

炸药柱的上边放置一块 12.7mm 厚的黄铜板,使炸药在限制条件下反应,同时又可固定和支撑定位导爆索,导爆索是将雷管爆轰传递给传爆药。

(3) 试验方法

按照试验需要,在被试炸药上制作不同直径的半球状凹腔,用此方法来改变传爆药的体积和药量. 传爆药的密度控制在 $1.53g/cm^3$。

用升降法试验程序求出被试炸药爆轰发生率为 50% 时所需的传爆药量。试验步长为 0.1 对数单位,试验时首先选用的半球形凹腔容积为 $1\mu l$,传爆药量为 1.53mg。

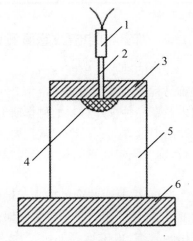

图 2-1-25　测试最小传爆药量的装置
1. 雷管;2. 导爆索;3. 黄铜板;4. 传爆药;
5. 炸药试样;6. 验证板

(4) 试验结果

试验结果列在表 2-1-14 中。

表 2-1-14　一些炸药的最小传爆药量

炸药	状态	密度(g/cm^3)	最小传爆药量(mg)
特屈儿	压装	1.692	小于 1.5
奥克托今/聚四氟乙烯(85/15)	压装	1.915	6.3
奥克托今/三氨基三硝基苯/聚氨蜡(95/2/3)	压 装	1.841	22.6

炸药	状态	密度(g/cm³)	最小传爆药量(mg)
奥克托今/氟橡胶(85/15)	压装	1.847	22.2
黑索今/蜡(94/6)	压装	1.647	26.5
黑索今/蜡(91/9)	压装	1.615	50.0
黑索今/蜡(91/9)	压装	1.644	51.9
太安/梯恩梯(50/50)	铸装	1.700	76.7
黑索今/梯恩梯(60/40)	铸装	1.727	245
奥克托今/梯恩梯(75/25)	铸装	1.818	292
梯恩梯	65℃压装	1.581	358
梯恩梯	65℃压装	1.605	383
梯恩梯	65℃压装	1.628	1260
黑索今/梯恩梯(64/36)	铸装	1.725	623
黑索今/梯恩梯(75/25)	铸装	1.749	785
黑索今/梯恩梯(70/30)	铸装	1.739	898
苦味酸	压装	1.646	1790

2.1.5　炸药的冲击波感度测试

炸药的冲击波感度(sensitivity to shock wave)是指炸药在冲击波作用下,炸药发生爆轰的难易程度。是炸药的一个十分重要性能,研究这个问题对炸药和弹药的安全生产、储运、使用以及新品种爆炸材料的科学研究都有重要的实际意义。不仅在安全方面要考虑这个性能,在冲击引爆方面也是个非常重要的性能。例如:设计聚能装药中调整爆轰波形状使用的塑料隔板;确定隔爆装置的尺寸、形状和材质等参数时,也需要掌握炸药对冲击波作用感度的有关规律。

近年来,凝聚炸药的冲击起爆已成为爆轰学研究中的一个重要课题,国内外学者采用电磁速度计、锰铜压阻计等测量方法对炸药的冲击起爆过程及爆轰的成长过程进行了深入的研究,采用轻气炮、电磁炮等加速飞片装置对冲击波起爆炸药的临界压强和临界能量进行了测量。此外,用计算机对冲击波起爆炸药的机理进行数值模拟也取得进展。这些研究对于冲击波起爆炸药的过程有了进一步的认识,但是凝聚炸药的冲击波起爆过程十分复杂,它包含非定常流体的流动,冲击波的碰撞、分离与加强,高速化学反应及快速燃烧等问题,需要进一步开展试验和理论研究。

测量炸药冲击波感度的方法有:隔板试验(gap test)、殉爆(sympathetic detonation)试验(见 2.1.6 炸药的殉爆距离测试)和对较钝感爆炸物的水中爆炸可变起爆剂试验等。

1. 隔板试验

隔板试验是测定炸药冲击波感度最常用的一种方法,该方法分为大隔板试验、小隔板试验、水中爆炸小型隔板间隙试验。

（1）方法原理

在主爆炸药和需要测定冲击波感度的受爆炸药之间，放上惰性隔板（如金属板或塑料板），通过改变隔板厚度后，使受爆炸药发生50%爆炸率的隔板厚度，评价受爆炸药的冲击波感度。

（2）试验装置

大隔板试验装置如图2-1-26所示。

小隔板试验装置与大隔板试验装置基本相似，只是药柱尺寸相对小，因此药柱需要采用厚壁钢管加强约束。

主爆炸药一般采用黑索今/蜡（95/5）或其他炸药，装药密度、药量及药柱尺寸都应严格控制，以保证冲击波波源的稳定。隔板可选用金属材料，如铜或铝等，也可选用非金属材料，如塑料、有机玻璃或醋酸纤维等制作，直径可与主爆炸药柱相同或稍大些，厚度则根据试验的需要变换，它的主要作用是衰减主爆炸药产生的冲击波的幅度或压力，以调节输入受爆炸药的冲击波强度；其次是阻挡主爆炸药的爆炸产物对被爆炸药的冲击加热作用。受爆炸药直径可与主爆炸药直径相同或小些，但必须等于或超过其爆轰极限直径，长度应为试样直径的2～3倍，以保证在受爆炸药中形成稳定的爆轰波；应严格控制炸药密度，密度差应不大于0.005g/cm³。验证板可采用普通钢制作，厚度约30mm，大小可根据具体情况确定，其作用是判断受爆炸药是否爆轰。若试验后验证板上留下一个明显的凹痕，则证明受爆炸药发生了爆轰，否则就没有发生爆轰；若试验后验证板上只留下一个不太明显的凹痕，则认为受爆炸药发生了半爆。为了更准确地判断爆轰的情况，可以安装压力传感器，能准确判别出受爆装药发生了高速爆轰还是低速爆轰。

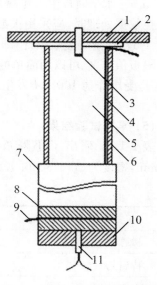

图2-1-26　隔板试验装置示意图
1. 验证板；2. 木塞支架；3. 压力传感器；4. 测连续爆速探针；5. 受爆炸药；6. 钢管；7. 隔板；8. 主爆炸药；9. 仪器触发探针；10. 雷管固定座；11. 雷管

（3）试验方法

按"升降法"进行试验，计算和判定规则见3.1.1小节中的"4. 升降法试验统计计算程序"。

根据被爆炸药的爆轰性能，首先选一个适当的隔板厚度进行试验，如在此隔板厚度上受爆炸药发生了爆轰，下次试验则增加一个步长（或称为间隔）；如在此隔板厚度上受爆炸药没有发生爆轰，则下次试验减少一个步长。如此增加或减少隔板厚度进行试验，共做10～20发，记录试验时的环境温度、每发试验的隔板厚度及炸药密度，若有必要还应记录测量验证板上的凹痕深度。

（4）数据处理

受爆装药爆炸率为50%时的隔板厚度值，即隔板临界值δ_{50}，由公式（2-1-5）求得：

$$\delta_{50} = \delta_0 + d\left(\frac{A}{N} \pm \frac{1}{2}\right) \tag{2-1-5}$$

式中：δ_{50}——爆炸率为50%的隔板厚度值，mm；

δ_0——零水平的隔板厚度，mm；

d—隔板步长,mm;

A—$\sum in_i$;

N—$\sum n_i$;

i—水平数,从零开始的自然数;

n_i—i 水平时爆炸或不爆炸的次数。

在数据处理时,应采用次数少的结果,如两种情况的次数相同,可任取一种,将数据代入公式(2-1-5)时,用爆轰数据计算时取负号,而用不爆轰数据计算时取正号。

隔板值 δ_{50} 也可以用简单的方法进行计算,若 δ_1 是受爆炸药 100% 发生爆轰的最大隔板厚度,δ_2 是受爆炸药 100% 不发生爆轰的最小隔板厚度,则临界隔板厚度可由公式(2-1-6)求得:

$$\delta_{50} = (\delta_1 + \delta_2)/2 \tag{2-1-6}$$

(5) 某些试验结果

表 2-1-15 列出了小隔板试验的 δ_{50} 值,主爆炸药为黑索今/蜡(95/5),炸药直径为 $\varnothing10mm$,密度为 $(1.673\pm0.0089)g/cm^3$,用 0.5mm 厚黄铜片做隔板测出的被爆炸药 δ_{50} 值。

表 2-1-15 一些炸药的隔板值

炸 药	状态	密度(g/cm³)	δ_{50} 值(mm)
梯恩梯	压装	1.608	3.44
特屈儿	压装	1.706	3.26
太安	压装	1.707	5.56
黑索今	压装	1.712	4.50
奥克托今	压装	1.815	3.75
黑索今/梯恩梯(65/35)(hexolite)	铸装、车制	1.698	2.49

表 2-1-16 的数据是以塑料黏结黑索今为主爆炸药,药柱尺寸为 $\varnothing20mm\times40mm$,装药密度为 $(1.727\pm0.002)g/cm^3$,用 LY12 铝做隔板测出的多种被爆炸药 δ_{50} 值。

表 2-1-16 一些炸药的隔板值

炸 药	状态	密度(g/cm³)	δ_{50} 值(mm)	温度(℃)	L 值(mm)
梯恩梯	压装	1.625	21.86±0.18	18	10.30
梯恩梯	压装	1.626	21.77±0.22	10	8.44
特屈儿	压装	1.698	22.40±0.19	20	6.56
塑料黏结黑索今	压装	1.719	22.90±0.11	18	6.50
塑料黏结奥克托今	压装	1.854	22.61±0.19	18	6.40
塑料黏结黑索今	压装	1.625	25.40±0.19	30	——
塑料黏结太安	压装	1.737	25.94±0.18	19	9.31

表 2-1-17 列出了一些炸药的小隔板和大隔板试验的 δ_{50} 值。

表 2-1-17 小型与大型隔板试验结果

炸 药	状态	密度(g/cm³)	小型隔板 δ_{50} 值(mm)	大型隔板 δ_{50} 值(mm)
苦味酸铵	压装	1.65	0.33	42.50
二氨基三硝基苯	压装	1.77	0.75	41.70
奥克托今	压装	1.07	—	70.70
硝基胍	压装	1.63	不爆	5.00
黑索今	水充满空隙	1.73	5.08	61.08
特屈儿	—	1.68	3.90	60.60
黑索今/蜡(91/9)	压装	1.62	2.16	54.60

(6) 试验结果与方法讨论

a. 小隔板和大隔板试验是测定炸药冲击波感度的一种简单易行的方法,测出的临界隔板厚度 δ_{50} 值比较精确,可以用来相对比较炸药的冲击波感度。但必须指出 δ_{50} 是一个相对值,它随试验条件的不同而改变,如主爆炸药的几何形状、尺寸、密度和包装外壳等;隔板材料的材质和规格;受爆炸药的粒径大小、压装或铸装、装药密度或孔隙率、有无外壳及外壳的材料与厚度、装药直径及长度。此外试验时的环境温度也有影响。

b. 临界隔板值 δ_{50} 只能表示炸药的相对冲击波感度,用冲击波起爆炸药所需的最小冲击波压强(临界压强),或冲击波的最小能量(临界能量),可以定量地表示炸药的冲击波感度。但这两个量的测量都比较复杂,需要专门的仪器设备,至于用什么数值来表示炸药的冲击波感度,应根据试验的需要和所具备的仪器设备而确定。

c. 定量测定炸药的冲击波感度时,可采用高速扫描相机、高速分幅相机、电探针—示波器以及锰铜压阻计等方法测定经隔板衰减后的冲击波压强与隔板厚度的关系。图2-1-27是使用高速分幅照相法测出的改进隔板试验标定曲线图,纵坐标表示冲击波压强,横坐标表示隔板厚度,隔板材料为有机玻璃,直径为 Ø70mm。用升降法测定受爆炸药50%爆炸概率的临界隔板值后,就可以从相应的冲击波压强与隔板厚度曲线上找到相应的冲击波压强或临界阀值。因此隔板试验不

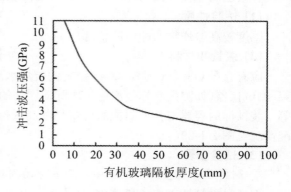

图 2-1-27 改进的隔板试验标定曲线

仅能给出 δ_{50} 值,而且能给出冲击波起爆的临界压强 P_C,表 2-1-18 是用 Ø40mm×100mm 的梯恩梯/黑索今(50/50)为主爆炸药,用 5～30mm 铜板做隔板测得的几种炸药的冲击波起爆的临界压强 P_C 值。

表 2-1-18　某些炸药的冲击波起爆临界压强

炸　药	状态	密度(g/cm³)	P_C(GPa)
黑索今	晶体	1.80	10
梯恩梯	铸装	1.62	~11.5
梯恩梯	液态	1.46	~11
硝化甘油	—	1.60	8.5
硝基甲烷	—	1.14	9
梯恩梯/黑索今(50/50)	铸装	1.68	3
梯恩梯/黑索今(50/50)	压装	1.70	2
梯恩梯	压装	1.63	2.2
黑索今	压装	1.74	1.5

d. 隔板试验还可以测量受爆装药的起爆深度 L 值，从 L 值可以进一步了解炸药在冲击波起爆时的爆轰成长特性。对炸药的冲击波感度进行排序，为薄饼式装药选择合适的炸药。

测定起爆深度的最简单方法是侧向板痕法，即将受爆炸药放在一块平整光滑的金属验证板上，验证板可以用铜板、铝板或钢板，爆轰后，测量金属板上的压痕来确定受爆炸药的起爆深度。

2. 水中爆炸的小型隔板间隙试验

日本学者对于评价 0 号雷管就可以完全引爆较敏感物质的冲击波感度试验方法，设计了水中爆炸小型隔板试验。它可以提供比 0 号雷管更弱的冲击波能量，即在 0 号雷管和试样之间放置聚乙烯隔板以减弱冲击波，通过改变隔板的数量(厚度)可以改变冲击波强度。

(1) 试验性质

感度较高爆炸物的冲击波感度。

(2) 装置和材料

应有直径 Ø3.0m、水深 2.0m 以上的抗爆水池，并配有可以安装试样及压力传感器等的框架，测试仪器(如测量爆炸气泡第一次脉动周期的压力传感器或微音器、数字记录仪或示波器)等。装试样的容器与弹道臼炮的可变起爆剂试验相同，试验系统如图 2-1-28 所示。试样的装配情况见图 2-1-29(a)。

(3) 试验步骤

① 测定 0 号雷管爆炸的第一次气泡脉动周期

把 0 号雷管插入聚乙烯筒内，将其沉入水下 1m 深处起爆，由设置在离爆点 1m 处的压力传感器测定气泡的第一次脉动周期。

② 测定试样爆炸的第一次气泡脉动周期

在聚乙烯内筒中称装 0.3g 试样，上面放置厚 1.0mm 或 2.0mm 的聚乙烯隔板若干片，再插入 0 号雷管，并用防水胶布做防水密封，然后将试样装配件沉入水下 1.0m 处起爆，测定第一次气泡脉动周期。

(4) 数据处理

由测得的爆炸气泡第一次脉动周期，求出气泡能量：

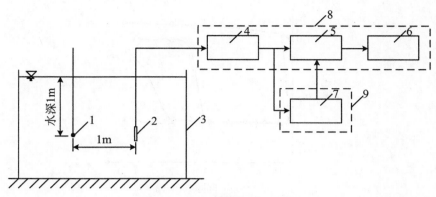

图 2-1-28　水下爆炸试验系统

1. 爆源；2. PCB 138A10 传感器；3. 爆炸水池；4. PCB 486D05 恒流源；5. A/D 变换器；
6. 计算机；7. TEAC. MR-10 记录器；8. 冲击波波形记录；9. 气泡脉动波形记录

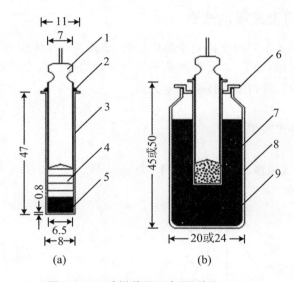

(a)　　　　　　　　(b)

图 2-1-29　试样装配示意图(单位：mm)

1. 0 号雷管；2. 防水胶布；3. 聚乙烯内筒；4. 聚乙烯隔板；5. 0.3g 试样；6. 聚乙烯盖；7. 太安炸药；8. 玻璃试样瓶；9. 5.0g 试样

$$E_b = 6.84 \times 10^3 p_0^{5/2} T_b^3 \tag{2-1-7}$$

式中：E_b—气泡能量，J；

P_0— 静水压力，Pa；

T_b— 第一次气泡脉动周期，s。

用气泡能 E_b 与隔板间隙长度作图得到气泡能曲线见图 2-1-30。气泡能 E_b 也可以用冲击波能 E_s 代替，但 E_s 的测试精度不如 E_b 高，且 E_b 的测定更简便。

(5) 结果判定

根据各种试样气泡能曲线位于图中的左或右判定其感度高低。

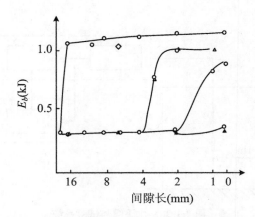

图 2-1-30　气泡能相对于隔板间隙长度的对数曲线

◇ 100%太安；△ 90%太安；□ 80%太安；● 70%太安；▲ 60%太安；稀释剂（水）

3. 水中爆炸的可变起爆剂试验

爆炸物因起爆药剂量不同而可能完全爆炸、部分爆炸或完全不爆炸。例如铵油炸药，用一发 6 号雷管不能完全起爆，加上 100g 传爆药后即可完全起爆。因此日本学者设计了较钝感爆炸物冲击波感度的水中爆炸可变起爆剂测定方法。

（1）试验目的

较钝感爆炸物的冲击波感度。

（2）装置和材料

同前述的水池、测试仪器、试样容器相同。准备 0 号、1 号、2 号、3 号与 6 号雷管，及调整起爆能用的粉状太安。

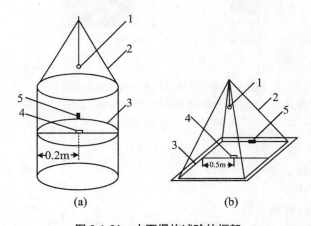

图 2-1-31　水下爆炸试验的框架

1. 微音器；2. 铁丝；3. 铁圈；4. 试样容器；5. 压力传感器

使用两种如图 2-1-31 所示的试样固定装置，试样固定在中间，用吊车将其沉入预定水深的位置后起爆。使用图 2-1-31（a）框架测起爆剂的气泡能时，水深 0.4m；使用图 2-1-31（b）框架做药量较大的可变起爆剂与可变试样量试验,水深1m,试样用细铁丝固定,计算时使用的大气压取所在地每隔一小时的实测值。

(3) 试验步骤

① 起爆剂和惰性物质的试验

在内筒内间隔装入0.1g太安,再把内筒插入装有惰性物质的15ml试样容器中,并用聚乙烯盖固定,再装上0号或6号雷管,然后沉入水中预定位置起爆,测定爆炸第一次气泡脉动周期。

② 可变试样试验

此试验系用于落球式撞击感度或小型隔板间隙试验判定为高感度的物质。取试样5.0g装入10.0或15ml的试样容器中,试样密度较大时,应选用10ml的容器,以使试样与内筒之间无间隙,试样装入后盖上带孔的聚乙烯盖。

在聚乙烯内筒里称取0.1~0.6g太安,但若用0号雷管时只能称取0.3g以下。

把内筒穿过盖上的孔插入试样容器中的试样里,再把雷管插入内筒中,用雷管脚线固定,试样装配见图2-1-29(b)。

把整套试样装到图2-1-31的框架上,连接雷管脚线与放炮线(连接点要做防水处理),然后把试样容器沉入水下1.0m深处,用起爆器起爆,数据记录仪记录第一次气泡脉动周期。

(4) 数据处理

由测得的爆炸气泡第一次脉动周期,按公式(2-1-7)计算出气泡能量。

试样爆炸后测得的气泡能量与起爆剂+惰性物质(滑石粉)爆炸后测得的气泡能量之差为净气泡能量(ΔE_b)。

把起爆剂+惰性物质的气泡能量换算为能产生同样大小的气泡能量的太安质量,此太安质量规定为太安当量(g)。采用该测试方法的起爆剂气泡能与太安当量结果见表2-1-19。从表中可以看出:起爆剂的起爆能量与E_b成正比。

表2-1-19　起爆剂的起爆能与太安当量

起爆剂	E_b(kJ)	太安当量(g)
0号雷管	0.20	0.18
1号雷管	0.32	—
0号雷管+0.1g太安	0.39	0.28
2号雷管	0.44	—
3号雷管	0.56	—
0号雷管+0.2g太安	0.58	0.38
0号雷管+0.3g太安	0.74	0.48
6号雷管	0.68	0.60
6号雷管+0.1g太安	0.88	0.70
6号雷管+0.2g太安	0.106	0.80
6号雷管+0.3g太安	1.24	0.90

(续)表 2-1-19

起爆剂	E_b(kJ)	太安当量(g)
6号雷管＋0.4g太安	1.42	1.00
6号雷管＋0.5g太安	1.60	1.10
6号雷管＋0.6g太安	1.78	1.20

把试样的 ΔE_b 与起爆剂的气泡能 E_b 作图,得到试样的净气泡能曲线,见图 2-1-32。

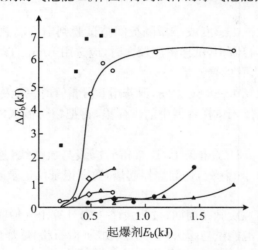

图 2-1-32　爆炸物及不安定物的净气泡能曲线
◇ AIBN；△ 黑火药；□ 含水炸药；● 一间二硝基苯；▲ ADCA；■ 铵猛炸药

(5) 结果判定

根据净气泡能曲线在图中的左右位置,可以判定感度的高低。

2.1.6　工业炸药的殉爆距离测试

炸药爆轰时引起其周围一定距离处的另一炸药发生爆炸的现象,称为殉爆。通常称首先发生爆轰的炸药为主爆炸药或主发炸药,被殉爆的炸药为受爆炸药或被发炸药。主爆炸药爆轰时使受爆炸药 100％发生殉爆的两炸药间的最大距离,称为殉爆距离;主爆炸药爆轰时使受爆炸药 100％不发生殉爆的最小距离,称为不殉爆距离,或殉爆安全距离。

研究炸药的殉爆,一方面是为炸药或弹药生产厂的车间之间布局提供安全距离数据,为工程爆破及控制爆破作业设计提供安全距离数据;另一方面是为保证工程爆破中爆轰连续性传递提供数据。实际爆破工程中,炮孔内装入的炸药包之间很可能被砂子、碎石或空气隔开,使炸药卷(包)之间不能保证紧贴接触,为了防止出现半爆或拒爆,要求炸药殉爆距离适当的大些为好。

殉爆是很复杂的现象,引起殉爆的原因一般有三种:

第一种:主爆炸药的冲击波引起受爆炸药发生殉爆。当主爆炸药与受爆炸药之间有惰性介质存在,如空气、水、砂石、土壤、金属或非金属板,主爆炸药爆轰时冲击波经过惰性介质衰减,其压力等于或大于受爆炸药的临界起爆压力,使受爆炸药发生爆轰。

第二种:主爆炸药爆轰产物直接冲击引起受爆炸药发生殉爆。当主爆炸药与受爆炸药距离很近时,它们之间没有密实介质如水、砂土、金属或非金属板等阻挡,受爆炸药的殉爆是由主爆炸药的爆轰产物直接冲击而引起的。

第三种:主爆炸药爆轰时抛射出的物体冲击受爆炸药而发生殉爆。当主爆装药有金属外壳包装,或掩埋在砂石中,爆轰时抛射出的金属破片、飞石以很高的速度冲击受爆炸药,引起殉爆。

这三种作用往往难以分开,而是三者共同作用的结果。

1. 殉爆距离测定——悬吊法(仲裁法)

(1) 方法原理

将半圆形塑料槽水平悬吊,被测炸药置于半圆形塑料槽内,距地面有一定高度,主爆药卷与受爆药卷相隔一定距离,引爆后根据受爆药卷有无残药来判断是否殉爆。

殉爆距离试验见图 2-1-33。

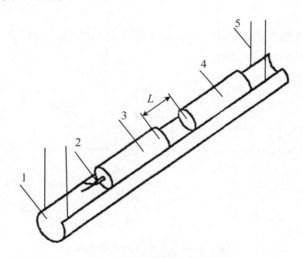

图 2-1-33　悬吊法试验示意图
1. 半圆形塑料槽;2. 雷管;3. 主爆药卷;4. 受爆药卷;5. 吊线;L. 殉爆距离

(2) 器材

a. 8 号雷管 (No. 8 detonator) 性能应符合 GB 8031—2015 或 GB 19417—2003;

b. 半圆形塑料槽,材质为聚氯乙烯(PVC);内径与受试药卷相同、长度不应小于 500mm、厚度 3mm。

c. 钢直尺;分度值 1mm。

(3) 试样制备

a. 散装工业炸药或直径大于 35mm 的药卷,应按规定的密度制成直径 32mm 或 35mm,质量为 150g 或 200g 的药卷后进行试验。

b. 含水炸药应切除药卷一端的包装外皮,主爆药卷长度约为 150mm,受爆药卷长度不应小于 150mm。

c. 含水炸药试验时药温不应低于 5℃。

(4) 试验步骤

a. 在爆炸容器内(或试验场)的沙地上,距离地面一定的高度(一般情况下要求距离地面 800mm 以上),将半圆形塑料槽水平悬吊。

b. 被测炸药置于半圆形塑料槽内,主爆药卷的捏头端插入一发 8 号雷管,插入深度为雷管长度的 2/3,受爆药卷的捏头端与主爆药卷的半圆穴相对应,两药卷应在同一轴心上;含水炸药将主爆药卷和受爆药卷切面相对置于半圆形塑料槽内,两药卷间不得有杂物,设定药卷间距离为 L(精确至 0.1cm,并以 1.0cm 为步长),以药卷间最短距离计算,然后进行起爆。

c. 起爆后,根据放置现场有无残药来判断是否殉爆。

d. 按上述方法进行重复试验,以三次平行试验都能够殉爆的最大距离作为被测炸药的殉爆距离(允许仅按产品标准规定的距离进行试验)。

2. 殉爆距离测定—沙地法

(1) 方法原理

将被测炸药置于沙地上的半圆形沟槽内,主爆药卷与受爆药卷相隔一定距离,引爆后根据受爆药卷有无残药来判断是否殉爆。

殉爆距离试验见图 2-1-34。

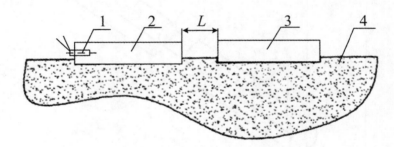

图 2-1-34　沙地法试验示意图
1. 雷管;2. 主爆药卷;3. 受爆药卷;4. 沙地;L. 殉爆距离

(2) 器材

8 号雷管、分度值 1mm 的钢直尺。

压沟板:直径与药卷直径相对应、长度不小于 500mm、宽度不小于 250mm;或采用直径 35mm,长度不小于 600mm 的半圆棒。

(3) 试样制备

同"悬吊法"中的(3)。

(4) 试验步骤

a. 在爆炸容器内(或试验场)的沙地上,用与试样药卷直径相同的压沟板(或半圆棒)将砂地压出一个水平的半圆形沟槽,把被测炸药置于沟槽内,主爆药卷的捏头端插入一发 8 号雷管,插入深度为雷管长度的 2/3,受爆药卷的捏头端与主爆药卷的半圆穴相对应;含水炸药将主爆药卷和受爆药卷切面相对置于半圆沟槽内,两药卷之间不得有杂物,设定药卷之间距离 L(精确至 0.1cm,并以 1.0cm 为步长),以药卷间最短距离计算,然后进行起爆(殉爆距离试验时一次只能试验一对)。

b. 起爆后,根据放置现场有无残药、且放置药卷处有无两个明显爆坑,判断是否殉爆。

c. 按上述方法进行重复试验,以三次平行试验都能够殉爆的最大距离作为被测炸药的殉爆距离(允许仅按产品标准规定的距离进行试验)。

(4)试验结果表述

试验结果用分数表示,分母表示试验次数,分子表示受爆药卷的殉爆次数;殉爆距离以厘米为计量单位,用加方括号的阿拉伯数字并置于分数之前表示。例如[5] 2/3 表示殉爆距离为 5cm 时,试验三次,殉爆两次。

3. 国外的殉爆距离测试方法

(1)欧盟国家的殉爆距离测定

欧盟国家采用 EN 13631—11—2003《Determination of transmission of detonation》试验标准(《传爆距离的测定》)。

① 方法原理

通过测量两个直径相同、有空气间隙分开、敞开、同轴的悬吊炸药卷传爆能力。

若炸药卷需被约束才能完全爆炸,可将被测炸药卷装入相同直径,且由空气间隙分开的钢管中,测定传爆能力。

② 试验装置

支架:一种细的木杆、金属杆或不影响爆速的其他装置,用于固定药卷。如药卷需用钢管约束,则支架应与插入药卷的钢管固定。

钢管:钢的质量应为 S235(非合金钢,相当于我国的 Q235 钢),钢管内径应可插入药卷且无环状缝隙,以避免发生管道效应。钢管的壁厚及内径见表 2-1-20。

表 2-1-20 钢管的尺寸

内径(mm)	壁厚(mm)	内径(mm)	壁厚(mm)
17.3	2.0	82.5	3.2
22.9	2.0	107.1	3.6
29.1	2.3	131.7	4.0
37.2	2.6	159.3	4.5
43.1	2.6	206.5	6.3
54.5	2.9	260.4	6.3
70.3	2.9	309.7	7.1

起爆方式:雷管起爆、起爆具起爆或导爆索起爆。

③ 炸药试样

主爆药卷与受爆药卷试样,应为同样直径和最小直径的商品炸药。

主爆药卷和受爆药卷的长度至少应为直径的 5 倍,若同时测量爆速(detonation velocity),则长度应按要求增加。

如药卷长度小,应使用两个(或以上)的药卷。

④ 试验步骤

有雷管感度药卷,按图 2-1-35 的无约束方式进行装配。

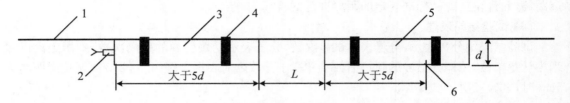

图 2-1-35　有雷管感度无约束的扁头药卷试验装置

1. 支架;2. 雷管;3. 主爆药卷;4. 胶带;5. 受爆药卷;6. 测量爆速的起点

对于无雷管感度圆头炸药,按图 2-1-36 的无约束方式进行装配。

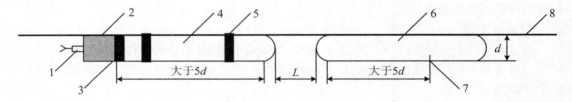

图 2-1-36　无雷管感度无约束的圆头药卷试验装置

1. 雷管;2. 起爆具;3. 起爆具与药卷接触面;4. 主爆药卷;5. 胶带;6. 受爆药卷;7. 测量爆速的起点;8. 支架

有雷管感度药卷,按图 2-1-37 的有约束方式进行装配。

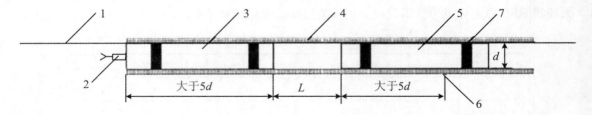

图 2-1-37　有雷管感度有约束的扁头药卷试验装置

1. 支架;2. 雷管;3. 主爆药卷;4. 钢管;5. 受爆药卷;6. 测量爆速的起点;7. 胶带

对于无雷管感度圆头药卷,按图 2-1-38 的有约束方式进行装配;

将雷管插入主爆药卷中,若使用起爆具,将雷管插入起爆具中,再将起爆具与主爆药卷固定,对于圆头药卷应先切平齐再与起爆具固定。起爆具的直径应小于或等于药卷直径。

试验允许同时测量受爆药卷的爆速。

改变距离 L 时,初始 L 变化量可以大些,逐步变为 1cm/次,试验结果为三次受爆药卷均能够爆轰的最大值 L_{max}。

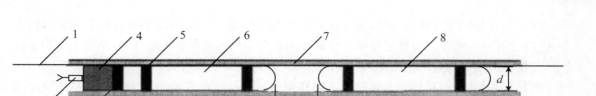

图 2-1-38 无雷管感度有约束的圆头药卷试验装置

1. 支架;2. 雷管;3. 起爆具与药卷接触面;4. 起爆具;5. 胶带;6. 主爆药卷;7. 钢管;8. 受爆药卷;9. 测量爆速的起点

⑤ **试验结果**

包括:试样温度、药卷尾端形状、药卷直径和长度、钢管内径,长度和厚度、起爆方式、测量爆速的方式及用厘米表示的 L_{max} 值。

(2) EXTEST 的殉爆距离试验方法之一

该方法是 EXTEST(International Study Group for the Standardization of the Methods of Testing Explosives 国际炸药测试方法标准化研究组织)已经制定的殉爆试验方法,用爆轰传播系数(C. T. D.)表示。

爆轰传播系数也可称为殉爆系数,是指 100% 殉爆的最大距离与 100% 没有殉爆的最小距离之和的算术平均值。

① **试验装置**

试样:新制备的炸药至少要在 48 h 后才能进行试验,试验前试样应在温度 20~25℃(温度变化不超过 1℃)条件下保持 20~40h。按照炸药的类型选择温度适应期的长短。主爆药卷和受爆药卷各为 100g,或者保持标准工业炸药包装的质量。药卷的直径为通常生产中最小的直径。试验装置见图 2-1-39。

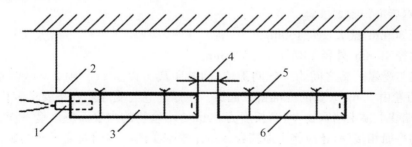

图 2-1-39 EXTEST 的殉爆距离试验方法之一装置

1. 雷管;2. 刚性杆;3. 主爆药卷;4. 殉爆距离;5. 固定药卷的金属丝;6. 受爆药卷

使用的雷管是 0.6g 太安的标准电雷管。一根刚性杆直径 4mm,长 500mm,此杆可使用软铁杆、木杆或塑料杆。固定药卷用的细金属丝可用雷管脚线。

② **试验方法**

用木制或铜制打孔器在主爆药卷的一端的中心沿轴向打孔,孔深 12mm,用以插入雷管。

用细金属丝把药卷固定在刚性杆上,每个药卷上固定两处,并使两个药卷沿着同一轴的方向。

将主爆药卷固定在杆的一端,雷管孔应在杆的顶端部位。受爆药卷固定在距离主爆药卷一定距离的部位,此距离应该是厘米的整数。如果药卷两端面形状不一样,应该把主爆药卷的凹面一端朝向受爆药卷的平面一端,见图 2-1-39。

药包安装结束后,将整个装置悬挂在爆炸室内。悬挂物距离墙至少为 50cm,悬挂点距刚性杆的每端为 1cm。检查两药卷的中心线应在一条直线上,准确测量两药卷之间的距离,允许误差 ±1mm。对于殉爆能力不同的工业炸药,药卷间距离测量单位如下:

殉爆距离 0~9cm 时,步长 1cm;

殉爆距离 10~20cm 时,步长 2cm;

殉爆距离 20cm 以上时,步长 5cm。

电雷管预先保持在一个大气压、20℃环境内。一切准备工作完毕后,把电雷管插入主爆药卷,插入深度 12cm,然后引爆。

测量:三次连续爆炸中,受爆药卷完全爆轰时两药卷之间的最大距离为 $d(+)$;三次连续爆炸中,受爆药卷全部拒爆时两药卷之间的最小距离为 $d(-)$。

将 $d(+)$ 和 $d(-)$ 代入公式(2-1-8),计算出爆轰传播系数

$$C.T.D. = \frac{d(+) + d(-)}{2} \tag{2-1-8}$$

注意事项:试验时动作应尽可能迅速,药卷在露天放置不应超过 10min 以上,也不能在恒温室内放 1 小时以上。

用这种方法测量对离子交换型工业炸药的殉爆结果不准确,应该把药卷密封包装后进行试验,见殉爆试验方法之二。

(3) EXTEST 的殉爆距离试验方法之二

EXTEST 对离子交换型炸药或需要加强包装炸药的殉爆试验方法做了规定。

试验方法:主爆药卷和受爆药卷放在煤/水泥管子里,两药卷之间为空气间隙,管子的两端用黏土堵塞,然后进行殉爆试验。

药卷直径 30mm,最大长度 150mm。

管子的内径 40mm,外径 140mm,长 500mm。

主爆药卷与受爆药卷之间为空气间隙,其间隙距离可以从 0cm 到 20cm,测量精度为 ±1mm。主爆药卷由 0.6g 太安的标准雷管起爆。主爆药卷与受爆药卷按要求装在煤/水泥管子里,管子两端装上黏土堵塞物,堵塞长度为 30mm,堵塞物的内表面应该呈平面。主爆药卷应与堵塞物的平面相接触,还应将主爆药卷装药比较密实的一端朝向受爆药卷装药不太密实的一端。

试验时,管子及炸药试样的温度不应低于 10℃。管子可用钢管或聚氯乙烯管代替煤/水泥管。钢管内径 40mm,外径 76mm,长 500mm。硬聚氯乙烯管内径 42mm,外径 50mm,长 500~1000mm,使用聚氯乙烯管时不用堵塞。

以连续三次试验中受爆药卷完全爆轰的最大距离表示殉爆距离。

4. 试验方法的讨论

我国对炸药殉爆距离测试采用 MT/T 932—2005 和 WJ/T 9055—2006 标准,以下简称

"行业标准"。欧盟成员国采用 EN 13631—11—2003 标准,以下简称"欧标"。EXTEST 规定的两种试验方法简称"EXTEST"法,纵观试验方法细节进行分析讨论。

(1) 炸药的放置环境

相对于沙地法,在距地面一定高度悬吊主爆和受爆药卷测定殉爆距离,不受自然环境影响。对于即使有足够安全距离的试验场,试验人员仍需做好对爆破噪声、钢管破片的安全防护措施。在爆炸容器内进行悬吊殉爆试验,可以有效控制爆破噪声,但高速破片对容器内壁的冲击损伤应特别关注。

沙地法应谨慎控制沙地条件的一致性,这些条件是:沙的含水量、松软程度、粒度等,使试验结果可重复。沙地可以吸收部分爆炸能量,在试验场仍需做好安全防护措施,但在密闭的爆炸容器内进行殉爆试验则相对很安全。

(2) 起爆方式

"行业标准"只规定了用雷管起爆,对无雷管感度炸药的起爆没有具体要求。"欧标"则由炸药制造厂以指定方式起爆,可以采用雷管、起爆具(针对无雷管感度炸药)或导爆索其中的一种。"EXTEST"法则明确规定用 0.6g 太安的标准雷管起爆,表明主爆药卷应具有 6 号雷管感度。

(3) 需采取约束措施的炸药

"行业标准"没有规定,"欧标"、"EXTEST"法则采用药卷插入一定壁厚的钢管或其他材质管材进行约束,以保证完全爆轰。

(4) 同时测量爆速(detonation velocity)

国内炸药制造厂对殉爆距离检测实践中,同时测量主爆药卷的爆速,测定数据是正式结果,不需再测爆速。而"欧标"规定允许测量受爆药卷的爆速,其含义是结合是否有残药,辅助判断是否发生了殉爆,殉爆时测出的爆速是否达到产品规定。

(5) 试验结果

包含进行试验时的环境条件、取得试验结果所采取的相应条件及方法(悬吊法或沙地法),以便对试验有较全面的了解,"欧标"规定的很细致。

5. 殉爆安全距离的计算

为了防止炸药在生产、加工、装药、贮存以及试验时发生殉爆,在设计及建造炸药制造工厂、车间、试验室及炸药存储仓库时,必须确定危险工房、库房之间的安全距离。根据 GB 50089—2007《民用爆破器材工程设计安全规范》,将小于 5000kg 梯恩梯当量炸药与殉爆安全最小允许距离的数据进行回归,得到图 2-1-40 和公式(2-1-9):

$$R = 1.2456W^{0.4956} \tag{2-1-9}$$

式中:R—最小允许距离,m;

W—梯恩梯当量炸药,kg。

由公式可以看出,殉爆安全距离与梯恩梯当量的 0.4956 次方成正比,可见药量大,发生殉爆的距离就增大,所以殉爆安全距离就应该大一些;其次,由于各种炸药的爆速、爆压、爆热等爆轰性能不同,它们的爆炸威力就不同,因此殉爆安全距离也不一样。根据爆炸物的敏感性和爆炸威力的大小,通常将生产、加工、贮存爆炸危险品的工房、仓库分成 1.1(含 1.1*)、1.2、

1.4等级。在1.1级危险工房内进行爆炸危险品生产、加工等作业时,一旦发生爆炸,不但工房被严重破坏,而且会使周围一定距离内的建筑物遭到严重破坏。1.1*是特指生产无雷管感度、硝铵膨化工序及在抗爆间(室)中进行的炸药准备、药柱压制、导爆索制索等建筑物危险等级。此外民用爆破器材尚无1.3级危险品,不设对应的1.3级建筑物危险等级。在1.2级工房内生产、加工爆炸危险品时,一旦发生爆炸,只造成局部破坏,对周围建筑物的破坏作用很小或几乎没有。表2-1-21列出了1.1级危险建筑物的最小允许距离。表2-1-22列出了常用火药、炸药的梯恩梯当量系数。

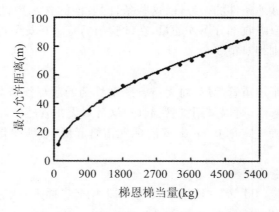

图 2-1-40　当量炸药与殉爆安全距离关系

危险品生产区内各建筑物之间的最小允许距离,应分别根据建筑物的危险等级及计算药量所计算的距离,取其最大值确定。最小允许距离应自危险性建筑物的外墙轴线算起。

1.1级建筑物应设置防护屏障,根据设置防护屏障的情况,不小于表2-1-21的规定,且不应小于30m;当相邻生产性建筑物采用轻钢架结构时,其最小允许距离应按表2-1-21的规定数值再增加50%,且不应小于30m。

表 2-1-21　1.1级建筑物距其他建(构)筑物的最小允许距离

建筑物危险等级	两个建筑物均无防护屏障	两个建筑物中仅有一方有防护屏障	两个建筑物均有防护屏障
1.1	1.8R1.1	1.0R1.1	0.6R1.1

注:(1) R1.1指单方有防护屏障、不同计算药量的1.1级建筑物与相邻无防护屏障的建筑物所需的最小允许距离值。R1.1值按公式(2-1-9)计算。

(2) 表中指标按梯恩梯当量等于1时确定;当1.1级建筑物内危险品梯恩梯当量大于1时,应按所计算的距离再增加20%;当1.1级建筑物内危险品梯恩梯当量小于1时,应按所计算的距离再减少10%。

表 2-1-22　常用火药、炸药的梯恩梯当量系数

种类	炸药名称	梯恩梯当量系数	种类	炸药名称	梯恩梯当量系数
炸药	梯恩梯	1.00	炸药	黑索今	1.20
	水胶炸药	0.73		太安	1.28
	乳化炸药	0.76	火药	黑火药	0.40

应当指出:安全距离的计算与设计,应根据具体情况,如地理、交通及建筑物结构情况综合考虑。

2.1.7　炸药的摩擦带电量测试

炸药一般是高绝缘物质,在炸药产品的研制、生产、运输、使用过程中,都可能与工装、容器、设备、包装材料等介质摩擦而产生静电,且不易泄露。如果不采取有效措施,会使静电电荷聚集,聚集的电荷表现出很高的静电电位,一旦有放电条件就会产生火花放电,当火花放电能量达到足以点燃炸药或周围易燃物质时就会发生燃烧或爆炸事故。

在爆破器材的生产过程中,能产生静电的部位或条件有很多。例如:各种具有爆炸燃烧性质药剂的球磨粉碎工序;炸药混合、轮碾、过筛、输送工序,管道中含有药粉的流动;散状炸药混装车用输送管道向炮孔装药;在雷管生产中,延期药(delay composition)、起爆药和黑索今的干燥及过筛;雷管装药及压药;导爆索生产中,原材料粉碎、过筛、细料混合等。其粉状的药粉与工具、物料、设备、人体、地面等之间都会发生不断摩擦,而产生静电积累(accumulation of static electricity)。因此测试炸药的摩擦带电量并采取相应安全措施是十分必要的。

1. 斜槽法测量静电量

(1) 方法原理

一定量的炸药试样,从斜槽上端滑下,在下滑的过程中与斜槽互相摩擦产生静电,测量静电带电量或测量出静电电压再计算出静电带电量。

(2) 仪器设备

试验装置含有目筛、分析天平、样品杯、漏斗、斜槽、法拉第筒、数字电荷仪、温度计、湿度表、毛刷。

斜槽长度根据要求确定,一般用铝、有机玻璃、橡胶板等材料制成,斜槽与支架间的角度称为斜槽倾角,通常为 30°。

数字电荷仪和法拉第筒是为测量粉体的电荷量而设计的,能够直接读出电荷量值。由于采用了大规模集成电路,高输入阻抗运算放大器和静电电容器等元件,使得测试结果准确度高,仪器测量范围宽、性能稳定、体积小、操作简单、使用方便等优点,试验装置如图 2-1-41 所示。

(3) 试验方法

称量 50g 粉状炸药试样,通过漏斗将炸药试样从斜槽的上顶端滑下,落入法拉第筒中,试样在下滑过程中与斜槽互相摩擦而产生静电荷,带静电荷的粉状试样落入内外层相互绝缘的

法拉第筒,由连接在内筒上的数字电荷仪直接测量出相对于外筒(接地端)的电荷量。

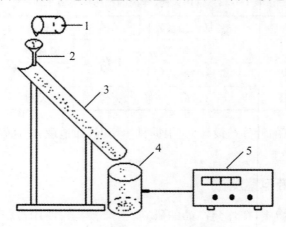

图 2-1-41　粉状炸药摩擦带电量试验装置
1. 试样杯;2. 漏斗;3. 斜槽;4. 法拉第筒;5. 数字电荷仪

如试验采用静电电压表和并联电容时,应按公式(2-1-10)、(2-1-11)计算。

先计算出仪器装置系统的电容 C_1,正式试验计算出静电带电量。

$$Q = C_1U_1 \qquad (2\text{-}1\text{-}10)$$

式中:Q—摩擦产生的静电带电量,C;

C_1—仪器装置系统的电容,F;

U_1— 试样摩擦时电压表指示的电压,V。

仪器装置安装完毕后,先测量或计算出 C_1,当仪器装置固定时,可以认为 C_1 是常数,合上开关 K,使外加电容 C_2 与仪器装置系统电容 C_1 并联,测得电压为 U_2。并联外加电容前后炸药所带电量相等,即:

$$Q = C_1U_1 = (C_1 + C_2)U_2$$
$$C_1 = \frac{C_2U_2}{U_1 - U_2} \qquad (2\text{-}1\text{-}11)$$

式中:C_2 为已知,U_1 和 U_2 由电压表指示出,由此可求得 C_1。

表 2-1-23 是采用静电电压表和并联电容测出的较敏感炸药试验结果,试验方法和计算同上所述。

表 2-1-23　用铝斜槽测量起爆药的静电荷

试　　样	平均静电荷(nC)	温度(℃)	相对湿度(%)
斯蒂芬酸钡(红色)	+3.65	29	68
斯蒂芬酸钡(紫色)	−5.62	29	68
斯蒂芬酸铅	−4.53	29	68
碱式叠氮化铅	+1.31	—	—

具体试验条件为:半圆形铝制斜槽,长 45cm,半圆形直径 25mm,倾角 45°,斜槽安装在有

机玻璃架上，斜槽上端装有铝制漏斗。斜槽和漏斗的内表面都很光滑，因此试样可平稳地滑下，没有任何附着，整个装置系统固定在木桌上。

(4) 试验方法与结果讨论

这个试验操作比较简单，但要得到较准确的结果不太容易，必须控制几个主要影响因素是：如斜槽的材料、尺寸、倾角，试样量和颗粒的大小，实验室的温度和湿度等。

炸药试样量在一定范围内颗粒度减小，测出的静电量将增加，这是因为既增加了摩擦力又增加了摩擦面的缘故。图 2-1-42 是采用法拉第筒和 EST111 型数字电荷仪测出的不同粒度的梯恩梯炸药在铝槽上摩擦带电量的曲线，曲线证明了粒度越大，带电量越小；倾角也与带电量有较大关系，在 52°倾角时，几种粒度的带电量都高，试验装置同图 2-1-41。

斜槽材料的不同，会影响带电量，这是因为物体摩擦带电现象是与物体本身的结构有关。斜槽的长度适当增长，摩擦带电量也增加。摩擦倾角的大小直接影响试样与斜槽的摩擦速度和摩擦力，必然会影响摩擦带电量。图 2-1-43 是纯黑索今与添加抗静电剂的黑索今在铝槽摩擦带电量与倾角曲线，对于纯黑索今在倾角增大时，带电量有下降趋势，而添加抗静电剂的黑索今在试验倾角范围内，带电量都几乎为零，说明抗静电剂对抑制摩擦起电有非常好的效果，试验装置同图 2-1-41。

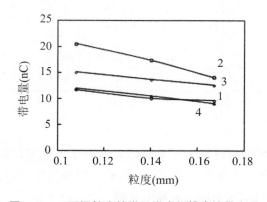

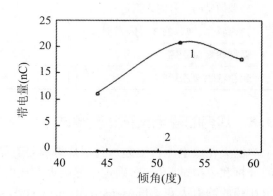

图 2-1-42 不同粒度的梯恩梯在铝槽摩擦带电量
1. 倾角 44°；2. 倾角 52°；3. 倾角 58°；4. 倾角 69°

图 2-1-43 黑索今在铝槽摩擦带电量与倾角关系
1. 纯黑索今；2. 添加抗静电剂黑索今

试验结果还表明当工房或实验室的湿度增大时，会增加试样表面的导电性，表现出带电量减少。因此为了降低粉体炸药的摩擦带电量，除了添加抗静电剂外，在生产过程允许的条件下，适当增加室内湿度也可以减少摩擦带电量。

2. 产生静电荷的模拟系统

模拟实际处理炸药时，可能受到水平的、垂直的振动或旋转，在这些过程中炸药与容器摩擦而产生静电，测量这种条件下的静电荷分布和静电量有一定的实际意义。

试验装置参见有关参考文献，容器是不锈钢/酚醛树脂制成，这是为了均匀混合而专门设计的。容器与其他部分对电绝缘。容器可旋转，转速分为(10、20、30、50、100)r/min，由皮带轮变换转速。容器的倾斜度可以调整，以使容器内的物料迅速倒出。

不锈钢盘子长 40cm，宽 20cm，深 2.5cm，装在有机玻璃架上，因此是对电绝缘的。盘子的

4个角上有4个弹簧支撑着,并能使盘子水平或垂直的振动,由酚醛树脂偏心轮实现振动。振动速率可控制25～100次/min,振幅约2.5cm。盘子上方安装静电探测器,用手柄控制使探测器沿槽子的长度方向水平运动,同时还安装了刻度尺,记录探测器的水平运动,因而可测量盘内试样的空间电荷分布。

(1) 试验方法

粉状试样要经过干燥,试样量10g,放在容器中,容器以不同的速度旋转。在旋转运动时,由于受到恒定的摩擦,粉状试样均匀地带电。此后慢慢地倾斜容器,把带电的试样倒在盘子里。为了测量静电电荷,把盘子与静电计的输入端连接,即可测出静电电荷。

(2) 试验结果

采用干燥试样10g,不锈钢容器转速20r/min,在模拟系统测量几种闪光剂、聚氯乙烯和均聚乙烯颗粒的静电电荷的结果见表2-1-24。

表 2-1-24　闪光剂和塑料颗粒的静电荷

试样	平均静电荷(nC)	温度(℃)	相对湿度(%)
枪药 G-20	−0.175	27	49
铬酸钡基的1号闪光剂	−1.240	27	49
锆、高氯酸钾基的2号闪光剂	−0.560	27	49
颗粒状聚氯乙烯	−7.20	28	62
颗粒状均聚乙烯	−19.3	28	62

2.1.8　炸药的静电火花感度测试

静电火花放电能否引起炸药爆炸事故是有争议的,近几十年来通过对国内外大量爆炸事故的分析和模拟试验研究,确定了静电火花放电在一定条件下能够引起炸药燃烧或爆炸,因此评价炸药的静电火花感度(sensitivity to electrostatic spark)是非常必要的。

评价炸药的静电感度应包括两个方面:一是炸药是否容易产生静电,静电带电量有多大?二是炸药对静电火花的敏感度如何?这需要根据实际情况来确定。有些炸药容易产生静电,而且静电带电量很大,但对静电火花并不十分敏感;相反,有些炸药相对来说不容易产生静电,但对静电火花却十分敏感;还有些炸药既容易产生静电,又对静电放电火花很敏感。

1. 工业火工药剂的静电火花感度试验

(1) 方法原理

火工药剂(含工业炸药)试样在一定的装药条件下,受到尖端放电的电火花作用,观察试样是否发火。

(2) 仪器设备及材料

a. JGY-50型静电火花感度仪:或其他型号的静电火花感度仪,感度仪应定期标定,见图2-1-44。

b. 击柱:同"2.1.3 炸药的摩擦感度测试"中的滑柱,技术要求见图2-1-45。

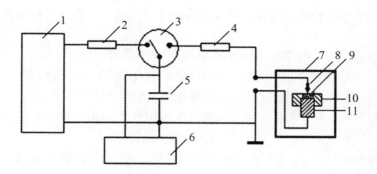

图 2-1-44 火工药剂静电火花感度试验装置示意图

1. 直流高压电源；2. 充电电阻；3. 真空放电开关；4. 串联电阻；
5. 电容；6. 静电电压表；7. 爆炸防护箱；8. 极针；9. 药剂试样；10. 绝缘套；
11. 击柱

c. 绝缘套：技术要求见图 2-1-46。

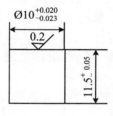

图 2-1-45 击柱

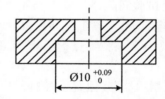

图 2-1-46 绝缘套(材料：聚乙烯)

d. 极针：应满足尖端放电要求。

e. 标定用起爆药：结晶三硝基间苯二酚铅(正盐)(LTNR)。

f. 其他设备和材料

水浴烘箱；防护罩；干燥器；无水乙醇；汽油；天平(分度值 0.001g)。

(3) 试验准备

a. 将试样药剂放入烘箱内，在(45±5)℃烘 4h，烘好后置于干燥器内冷却 2h 以上方可称量。

b. 将击柱用汽油清洗干净后，再用无水乙醇清洗一遍，置烘箱内干燥(55～60℃烘 30min)。

c. 将绝缘套用无水乙醇清洗干净后，置烘箱内干燥(38～42℃烘 10min)。

d. 将烘好的绝缘套趁热与烘干的击柱牢靠配合成药池，置于干燥器内备用。

e. 每发试样质量为(25±5)mg。

(4) 试验条件

① 环境要求

温度(25±5)℃；相对湿度 45%～65%。

② 放电电路参数

以试样临界发火为原则，依次选用下列测试条件：

电容(500±25)pF,间隙0.12mm,串联电阻0 Ω,极针(上电极)极性:负或正(依试样容易发火而定)。

电容(2000±100)pF,间隙0.12mm,串联电阻0 Ω,极针极性:负或正。

电容(10000±500)pF,间隙0.12mm,串联电阻0 Ω,极针极性:负或正。

电容(10000±500)pF,间隙0.25mm,串联电阻0 Ω,极针极性:负或正。

电容(10000±500)pF,间隙0.18mm,串联电阻(100±5)kΩ(碳质电阻一只),极针极性:负或正。

电容(10000±500)pF,间隙0.50mm,串联电阻(100±5)kΩ(碳质电阻一只),极针极性:负或正。

(5) 试验步骤

a. 按仪器说明书正确连接仪器各引线,检查真空高压开关电压应为(27±1)V,确定输出极性。

b. 根据试验要求安装放电电容,选择确认"输出极性"。

c. 将仪器"零点指示器"旋钮置"测量"位置,装好极针和击柱(不配绝缘套),将上下电极的间隙先调零再调至试验间隙;将"零点指示器"旋钮置"放电"位置,给电容逐步升高充电电压,进行空载电极放电试验,观察电极间是否产生火花。

d. 关闭高压电源开关,将"零点指示器"旋钮置"短路"位置,放掉线路中的电压后再卸下极针和击柱。

e. 将仪器"零点指示器"旋钮置于"测量"位置,安装新的极针和药池,将上下电极的间隙先调零再调至试验所选择的放电间隙。

f. 将仪器"零点指示器"旋钮置于"短路"位置,提起上电极,取出药池,在防护罩下用定容勺取药剂,用导电橡皮板刮平后导入药池内,装配成试样。

g. 将试样放回下电极中,关闭发火箱,缓慢放下上电极。将"零点指示器"旋钮置"放电"位置,然后打开高压电源,缓慢升高充电电压至预定值,按下放电按钮。观察并记录试样是否发火。

h. 关闭高压电源,将"零点指示器"旋钮置"短路"位置,准备下一发试验。残余试样及浮药应及时清理妥善收集,试验后统一销毁处理。

i. 发火与不发火的判断原则:

• 发火:

全爆:有明显爆炸声、冒烟、药剂爆炸完全。

半爆(incomplete explosion):有爆炸声、冒烟、有剩余药剂,药池中有燃烧残渣和少量剩余药剂。

燃烧(combustion):有火焰、冒烟、药剂燃烧完全或不完全,击柱面留有燃烧残渣。

分解(decomposition):看不见冒烟、药剂变色,药池中有大部分药剂,击柱面有轻微黑色反应物残渣。

• 不发火:

没有爆炸声、不冒烟、药剂不变色。

j. 采用升降法试验(见3.1.1小节中的"4. 升降法试验统计计算程序"):被测试样应不少

于 30 个有效数。

　　k. 固定电压试验：规定作两组试验，每组 25 发。

（6）结果表述

① 升降法试验

计算 50% 发火电压 V_{50}、样本标准偏差 S 及 50% 发火能量 E_{50}。

50% 发火能量计算：

$$E_{50} = \frac{1}{2} C V_{50}^2 \tag{2-1-12}$$

式中：E_{50}—50% 发火能量的数值，J；

　　C—放电电容的数值，F；

　　V_{50}—50% 发火电压的数值，V。

② 固定电压试验

发火概率计算：

$$x = \frac{m}{25} \tag{2-1-13}$$

式中：x —发火概率的数值；

　　m —一组试验的发火次数。

　　取两组试验结果的算术平均值，作为药剂的静电火花感度值。两组结果中只要有一组结果落在另一组结果的置信区间内就可以认为两组试验结果是可信的，在 0.95 置信水平下的感度测定结果，见 2.1.2 中的表 2-1-2 发火概率置信区间（P_1，P_0）表。

（7）结果报出

① 升降法

报出试验条件及结果：

放电电容量、放电间隙、输出极性、实验室温度、湿度；

V_{50}、S、E_{50} 等数值并修约到两位小数。

② 固定电压法

报出试验条件及结果：

放电电容量、放电间隙、输出极性、实验室温度、湿度；

发火概率、置信区间。

表 2-1-25 中列出一些炸药发火率为 50% 时的静电火花能量。

表 2-1-25　一些炸药的 50% 静电火花能量

炸药	E_{50}(J)	炸药	E_{50}(J)
梯恩梯	0.050	特屈儿	0.071
黑索今	0.288	黑索今/蜡(95/5)	0.165

（8）静电火花感度仪标定

a. 经过标定的静电火花感度仪方可用于试验，标定周期为一年。

b. 标定选用试样为结晶三硝基间苯二酚铅（正盐）。

c. 标定试验条件为：放电电容量(500±25)pF，间隙 0.12mm，串联电阻 0 Ω，输出极性为负极，试验步长选择 0.05kV。

e. 按"(5)试验步骤"进行试验，并计算出试验结果。其50%发火电压标定值应在0.81kV～1.05kV 范围之内。如有超差，允许复试一次，复试仍不合格，应找出原因，解决后重新标定。

2. 国外的静电火花感度测试方法

(1) 欧盟国家的静电火花感度测定

欧盟国家对火箭推进剂采用 EN 13938—2—2004 Determination of resistance to electrostatic energy(抗静电能力的测定)试验标准，而对炸药的静电火花感度没有规定，该方法不适用黑火药。

① 试验仪器

a. 装药小室和盖板：

包括一个塑料圆盘(材质可用聚氯乙烯)；一个厚度约 1mm 的下铜盘盖板；用粘胶剂沿下铜盘盖板外边缘与塑料圆盘粘接在一起，构成药室底座。一个厚度约 0.1mm 的上铜盘盖板；用双面胶带固定在塑料圆盘的上部(其余尺寸及装配见图 2-1-47)。

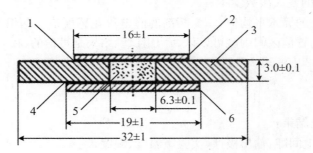

图 2-1-47 装药小室和盖板

1. 双面胶带；2. 上铜盘盖板；3. 塑料圆盘；4. 黏结边；5. 被测试样；6. 下铜盘盖板

b. 静电火花感度试验装置：

静电火花感度试验装置见图 2-1-48，系统包括：能连续提供 10 kV 的高电压源、三个电容器(容量见图 2-1-48)、长度为 1.85m 的同轴电缆，其特征阻抗为 50Ω，电缆电容为 100pF/m、两个黄铜电极、选择开关和真空放电开关等。

② 试样准备

将 100g 试样进行筛分，取通过 1.0mm 筛网且质量不少于 5g。试样应在温度为(20±5)℃，相对湿度为 60%±10% 条件下保存 24h，方可用于试验。

③ 静电火花感度试验装置标定

试验前应对试验装置的元器件进行标定，标定后应符合：

a. 电容器的最大误差应为标称值的 ±10%。

b. 电压的最大误差应为标称值的 ±5%。

c. 放电回路的总电感不应超过 5μH。

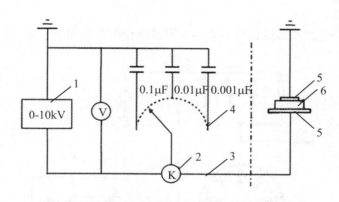

图 2-1-48　推进剂静电火花感度试验装置示意图

1. 高压电源；2. 真空放电开关；3. 同轴电缆；4. 选择开关；5. 电极；6. 装药小室和盖板

d. 电容器加载 10 kV 电压时，放电回路的总动态电阻应为 $(5\pm0.1)\,\Omega$。

如有系统线路中附加模拟人体放电的串联电阻 R_0（$330\,\Omega$），电阻值应为 $R_0\pm5\%R_0$。

对试验装置整体标定：

选用化学纯的太安炸药，粒径分别为小于 $20\,\mu\mathrm{m}$ 和 $0.125\sim0.5\,\mathrm{mm}$。

用"④"条规定的试验步骤进行标定，标定结果为最小粒径（小于 $20\,\mu\mathrm{m}$）太安的极限反应能量小于 0.05J，最大粒径（$0.125\sim0.5$ mm）太安的极限反应能量为 0.5J，表明试验装置功能正常。

④ 试验步骤

用试样将样品槽（塑料圆盘中间孔）填满，保证在不施压情况下，上盖板就能接触到试样。放上盖板，用双面胶带固定，并使整个装置处于温度为 $(20\pm5)\,℃$，相对湿度为 $30\%\pm10\%$ 的环境。

将样品槽放在下电极上，使上电极与盖板接触。选择一个电容器，用电源为其充电，然后通过上、下电极放电。

在试验过程中和收集残余试样时，只要观察到反应（出现爆炸、爆裂声、火花或燃烧现象）；部分反应（颜色发生变化、产生开裂或表面有热反应现象）即记为"＋"，否则为"－"。

样品槽不能重复使用，每次试验都使用新的样品槽。首批试验的能量水平为 5J（10kV 电压，0.1μF 电容。放电能量＝$1/2\times C\times V^2=0.5\times0.1\times10^{-6}\,\mathrm{F}\times10\times10^3\,\mathrm{V}=5\mathrm{J}$），试验 20 组。如果观察到有一次反应或部分反应，改为 0.5J（10kV 电压，0.01μF 电容）的能量水平继续试验 20 组。如果还能观察到有一次反应或部分反应，继续以 0.05J（10kV 电压，0.001μF 电容）的能量水平再试验 20 组，直到不发生反应。

以极限能量的方式给出测试结果，即在 20 组试验中不出现反应和部分反应的最大能量，例如：在 0.05J 的能量水平下观察到一次反应和部分反应，表明其极限能量小于 0.05J。

⑤ 试验结果

报告包括被测物质的所有性质（含粒径分布）、每次测试的结果（"＋"或"－"）、极限能量。

（2）美国的静电感度试验

① 美国矿务局静电感度试验

美国矿务局于 1946 年首次公布了静电感度试验装置和方法，1956 年提出了修改，1972 年颁布了标准试验方法。

美国矿务局的静电火花感度试验装置示意图及电极组件见图 2-1-49、图 2-1-50。

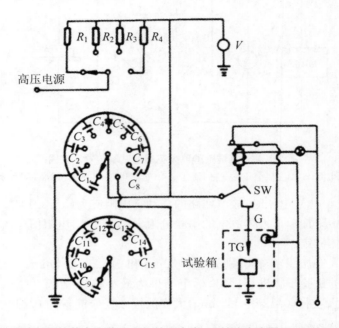

图 2-1-49　美国矿务局的静电火花感度仪的充电电阻、储能电容器组、开关及试验箱示意图

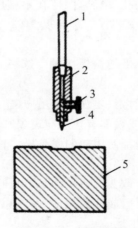

图 2-1-50　电极组件

1. 黄铜轴；2. 黄铜套；3. 调整螺钉；4. 电极针；5. 钢块

装置包括 15 个电容器、针—板型渐近电极。产生能量为 0.0005～12.5J。

试验时,将经干燥处理的 0.05g 试样放在钢块上面的浅槽中,用不产生电火花的小勺刮平。将充电后的电极迅速下降,直至放电。通过调整电容器值的方法改变能量,从而确定发火概率与能量的关系。通常在一个能量水平上做 10 次试验,以 10 次连续不发火的最大能量表示静电感度。

② 美国匹克汀尼兵工厂静电感度试验

匹克汀尼兵工厂早期有渐近式电极和固定间隙式两种静电感度试验仪。1965 年将静电感度试验加进了修改的标准试验方法中,试验示意图见图 2-1-51。

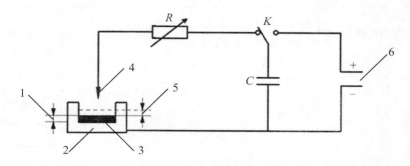

图 2-1-51　美国匹克汀尼兵工厂静电感度试验示意图
1. 试样高度;2. 试样座;3. 炸药试样;4. 可移动针电极;5. 间隙;6. 接直流高压电源

该装置主要由电容器、可移动针电极、试样座及其他电器控制开关组成。

1976 年,匹克汀尼兵工厂提出了一种改进的渐近式电极静电感度测试仪。该装置由高压电源、电容器放电线路、静电电压计、渐近电极组件和快速扫描示波器组成。该装置可对炸药的各种情况下的静电感度进行测试,诸如振荡、电弧和电火花放电等。

③ 美国海军标准静电感度试验

美国海军军械试验室使用了两种静电感度试验装置。1959 年公布了第一种渐近电极静电感度仪。该设备的电容固定在几个特定值上,最高电压为 7500V,试验时由最高递减(极差一般为 500V)来改变电量。1969 年公布了第二种固定间隙静感度试验装置。设计思想是要求简单、重复性好。其试验结果具有相对静电感度意义。该装置固定间隙的距离是 1.27mm,固定电容为 0.01μF,串联电阻 100Ω,试验电压为 1000~15000V,以电压递减的方式进行试验。目前该装置被用作美国海军扩爆药中间鉴定的标准静电感度试验装置。

表 2-1-26 为美国海军起爆药、传爆药和主装药中间鉴定的标准静电感度试验方法。

表 2-1-26　美国海军的标准静电感度试验方法

炸药类型	起爆药	传爆药	主装药	
设备类型	海军军械试验室渐近电极静电感度仪	海军军械试验室固定间隙静感度仪	海军武器中心渐近电极静电感度仪	海军军械站渐近电极静电感度仪
试样制备	松散状,在 65℃条件下烘至恒定质量	30mg 粉碎性试样	50mg 试样	固体发射药 50mg 粉状颗粒状 50mg 浇铸炸药 150mg 液体炸药 25mg

炸药 类型	起爆药	传爆药	主装药	
试验 程序	从 7500V 开始递减试验	调试、漏电试验用 35mg 叠氮化铅进行 10 次校验		一般从最高能量 6.25J 起按规定作递减试验
基本 条件		相对湿度≤40%	$C=0.02\mu F$, $U=5000V$; $E=0.25J$, $T=17\sim32℃$	$U=5000V$ $C_{max}=0.5\mu F$
发火 判据	可闻噪声(非火花)及可见烟雾	可闻噪声(非火花声)及可见烟雾		
验收 标准	无确定的验收标准,要求在同一条件下对斯蒂芬酸铅和糊精叠氮化铅进行试验比较	被试炸药如果连续 20 次不发火即算通过	在 0.25J 的能量水平下连续 20 次不发火	

(3) 其他国家的静电感度试验

① 英国炸药研究与发展局(ERDE)静电感度试验

英国炸药研究与发展局从 20 世纪 50 年代开始研究炸药的静电感度问题,该机构的 Moore 等人是最先区别接触放电(电弧)和气体放电(火花)的研究人员。他们在 1958 年发表的部分研究结果,都为各国研究者所引用。ERDE 标准电火花试验装置见图 2-1-52。

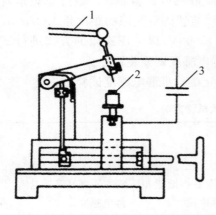

图 2-1-52　ERDE 电火花试验装置
1. 高压电源;2. 炸药试样;3. 电容

试验时,使用的三个能量水平是 4.5J、0.45J 和 0.04J,在任何能量水平下连续 50 次试验无一发火即结束试验,试验结果给出最大不发火能量水平。

② 日本东京工业试验所的静电感度试验

日本的中野义信和永岛容二朗于 1963 年首次发表了日本炸药静电火花感度试验的情况。与其他不考虑线路等造成的能量损失的试验方法不同,而是直接测定火花放电时的电压—时间曲线和电流—时间曲线,由公式(2-1-14)求出火花实际耗散能量。

$$E = \int_0^\infty iv\,\mathrm{d}t \qquad (2-1-14)$$

试验时,使用快速双通道脉冲示波器,同时记录放电过程中试样两端的电压、电流随时间的变化过程,然后将图形放大,用图解积分的方法计算起爆能,做出感度曲线,求出最小发火能量。这种试验方法实际应用比较复杂。

③ 德国的静电感度试验

采用高低两种试验电压:电压在 600V 以下时,采用渐近电极试验;高电压时,采用固定间隙试验法。

3. 试验方法的讨论

我国对工业火工药剂(含工业炸药)的静电火花感度采用 WJ/T 9038.3—2004 标准,欧盟国家对火箭推进剂的静电火花感度采用 EN 13938—2—2004 标准。为了相互比较和借鉴,进行以下分析讨论。

比较结果见表 2-1-27。

表 2-1-27　两个试验标准的比较

试验标准 比较项目	WJ/T 9038.3—2004 《静电火花感度试验》	EN 13938—2—2004 《抗静电能力的测定》
测试样本	工业火工药剂(含工业炸药)	推进剂
试验装置	基本相同	基本相同
试验条件	6 种	3 种
电容容量	3 种	3 种
放电间隙	4 种	无
串联电阻值	(100 ± 5) kΩ	330Ω(模拟人体电阻)
试样质量	(25 ± 5) mg	$\varnothing$6.3mm$\times$3.0mm 的空间
试验状态	上端面敞开,距极针有一近距离	密闭在装药小室内
电极	针—板型(击柱端面为极板)	板—板型
放电电压	以试样临界发火为起始电压(需已知起始电压)	10kV
标定方法	试样为结晶三硝基间苯二酚铅,按 2.1.8小节"1-(6)-①升降法试验"计算出 V_{50}、S、E_{50}	试验装置的元器件符合最大误差和允许值,及试验装置整体用两种粒径太安标定,得到两个极限反应能量
试验方法	升降法或固定电压法选其中之一	以最大能量 5J 开始,视结果逐步降低至 0.05J
每一样品试验次数	升降法:不少于 30 个有效数 固定电压法:两组,每组 25 发	至少一组,最多三组,每组 20 发
结果判断	基本相同(发火、不发火)	基本相同(反应、不反应)
结果计算	升降法、固定电压法	直接判断
试验报告	升降法:试验条件;V_{50}、S、E_{50} 等数值。 固定电压法:试验条件;发火概率、置信区间	被测物质的所有性质(含粒径分布)、每次测试的结果、极限能量

表 2-1-27 中仅有两个项目基本相同,其余都有差异。

EN 13938—2 的试样量(以装药小室空间和松装密度计算)远大于 WJ/T 9038.3,板—板型电极较针—板型电极不易产生放电火花,但一般情况下,推进剂的火花感度较炸药高,所以放电能量也大,WJ/T 9038.3 的最大电容是 10000pF,如以 10 kV 电压放电,其放电能量仅为 0.05J。

WJ/T 9038.3 中的升降法和固定电压法都属于概率统计方法,EN 13938—2 的直接判断相对简单直观。

静电火花感度的仪器原理基本相同,都是用一个充了高压直流电的电容器对试样放电,测量引起试样一定发火率的火花能量或 50% 发火电压,相对比较其静电火花感度。在直流电压较高时,真空放电开关接通瞬间产生的火花有能量损失,此外对试样一次放电后,电容上还有残余电压,这些现象对计算火花能量或 50% 发火电压都会产生误差。为了避免这些误差,应在两个电极上接入高阻抗输入且有记忆功能的高压电表(或存储示波器),测量放电瞬间两个电极间的电压值,以此数值计算火花能量或 50% 发火电压,例如日本东京工业试验所采用的方法。

由于测试样品不同,表 2-1-27 的分析讨论仅作参考。

美国、英国等国家采用固定电极使得放电间隙是不变的,试验重复性好于渐进电极。此外放电高压与放电能量可以根据公式 $E=1/2(CV^2)$ 互相转换(E 的单位是焦耳,C 的单位是法拉,V 的单位是伏特)。

2.1.9　炸药的激光感度测试

在激光应用技术研究过程中,发现激光可以起爆各种药剂,如起爆药、延期药、猛炸药、烟火药等。试验研究炸药对激光的感度不仅为安全生产、使用炸药提供感度标准,同时将激光作为一种起爆源也为利用多大激光能量就能可靠引爆炸药提供有用的参数。

激光的特点是亮度极高,比太阳表面亮度高 10^{10} 倍,能量高度集中,为平行光束,颜色极为单纯,比目前最好的单色光源—氪灯纯几万倍。

近年来,利用激光能量引起炸药爆炸技术发展很快,特别是固体激光发生器产生的脉冲再经过 Q 开关突变技术,可产生强功率,短持续时间的冲击波,而引起猛炸药的爆炸。固体激光器常用的三种工作介质是:红宝石、钕玻璃和镱铝石榴石,镱铝石榴石晶体的组分很复杂,焙制工艺较困难,但由于具有良好的激光性能促使它发展很快,尤其导热性较好,适用于重复频率的激光器。红宝石和钕玻璃的制造工艺比较成熟,适用于单次脉冲激光器,目前应用在爆破器材上研究的固体激光器多为红宝石和钕玻璃。

当激光在光学共振腔内往复振荡时,由于受激辐射而被放大,克服共振腔内的衰减损耗而形成激光,共振腔的品质因子叫做 Q 值,增加 Q 值时,积累的能量便以极快的速度在很短的时间内释放出来,从而得到很大的激光功率,这就是 Q 突变技术。

Q 突变技术可以将激光的输出脉冲调整到宽度为几毫秒至几十毫秒、峰值功率为几兆瓦的巨脉冲激光。

1. 激光起爆机理

激光起爆炸药的机理国内外学者都正在研究中,对激光起爆的机理曾经有过多种解释,如:光冲击、电击穿、光化学激励等,但这些假设与试验结果不完全相符。比较集中倾向于热机理的解释,该解释认为:照射到炸药上的一部分激光被反射并损耗,剩余部分被一定深度的药层吸收而转变成热能,在炸药中形成热点,吸收层的深度与激光的强度成指数关系。

在激光脉冲辐射的临界密度中心点,最高温度可达 1500℃,吸收光能的起始中心大小为 10^{-2}mm。在短时间内引入较高的能量到引爆中心,必然产生压力增加,压力甚至可达 10^3 MPa。热机理的解释还认为:炸药受激光辐射起爆时,在起爆中心的压力和温度与其他方法所获得的这些参数是相当的。

2. 激光起爆试验装置

使用固体激光器产生的脉冲再经过 Q 开关突变技术引起猛炸药发生爆炸的试验装置如图 2-1-53 和 2-1-54 所示。

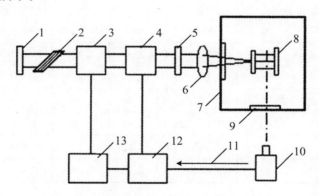

图 2-1-53　激光起爆装置及光学系统示意图

1. 反射镜;2. 偏振光镜;3. 电池组;4. 红宝石激光器;5. 正面反射镜;6. 透镜;7. 钢制爆炸室;8. 试验炸药装置;9. 丙烯树脂窗;10. 高速相机;11. 同步触发脉冲;12. 闪光灯电源;13. 时间延迟脉冲发生器

红宝石激光系统有一个最大的 Q 开关,在 25ns 能量为 4.5J。红宝石晶体直径 14.3mm,长 76mm,由凸透镜聚焦,焦距为 300mm,高速相机 1000r/s。玻璃窗上有真空镀膜的铝薄膜,厚度 100nm,激光脉冲进口直径为 3mm,钢块放在炸药末端作为验证板,炸药试样的颗粒应小于 40μm。

3. 试验结果

国内学者采用图 2-1-53 和图 2-1-54 装置对几种炸药试验结果见表 2-1-28。

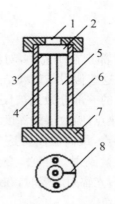

图 2-1-54 试验炸药装置

1. 激光进口孔;2. 玻璃窗;3. 铝薄膜;4. 炸药柱;5. 玻璃毛细管;6. 黄铜柱;7. 钢块;8. 狭缝

表 2-1-28 几种炸药的激光起爆结果

炸药	密度 (g/cm³)	激光能量 (J)	窗口材料	药柱尺寸 (mm)	总时间 (μs)	测量爆速 (mm/μs)	理想爆速 (mm/μs)	凹痕深度 (mm)	瞬间时间 (μs)
太安	1.64	1.0	铝	Ø3.80×20.6	2.90	7.228	8.078	0.61	0.43
太安	1.72	2.0	平板玻璃	Ø3.80×20.6	2.86	7.379	8.394	0.76	0.36
黑索今	1.18	1.0	铝	Ø3.05×25.4	3.98	6.374	6.728	0.38	0.10
黑索今	1.18	3.5	铝	Ø1.00×25.4	4.90	5.393	6.728	0.13	0.35
黑索今	1.18	3.8	铝	Ø2.70×20.6	3.62	6.741	7.946	0.53	0.72
特屈儿	1.08	4.0	铝	Ø3.05×25.4	5.58	5.609	5.858	0.23	1.45

美国的喷气推进实验室对五种炸药作了测定,其激光感度的排序为:(A)太安;(B)黑索今;(C)特屈儿;(D)HNS(2.2′,4.4′,6.6′一六硝基酯,耐高温炸药);(E)Dipam(3.3′-二氨基六硝基联苯)。研究认为:太安是对激光最敏感的一种炸药,在装填压力为 34.475MPa 时,所需的最小爆轰能量为 1.0J,装填压力提高,能量也随之提高。激光起爆获得的爆轰速度接近于理论爆轰速度。

上述试验采用了 KDP 普克尔盒和偏振镜电光开关的 Q 突变技术,Ø1.43cm×7.6cm 的红宝石棒产生的激光能量为 0.5~4.2J,激光脉冲宽度为 25ns,炸药试样压装在一个内径为 0.3cm 的圆柱体内,药柱底部放在一个钢砧上,爆炸后根据钢砧上留下的凹坑验证药柱试样是否完全爆轰。药柱上部放一块厚 0.5cm 的玻璃,玻璃上镀以厚 1000Å[①] 的铝膜,因为固体对光的吸收是在 200~1000Å 厚的表层深度中进行的,厚于 1000Å 则消耗能量,薄于 1000Å 则过快蒸发,铝膜在低的光能级时极易反射,在高能级时则吸收。

该实验室还用钕玻璃激光器测定了 22 种药剂,其中有起爆药、点火药、延期药烟火药、猛

---

① Å 为被废弃的计量单位,1Å=10⁻¹nm。这里是引用国外资料,故未作规范化处理。

炸药和推进剂的激光感度。在感度排列顺序中,点火药和延期药之类的烟火药剂对激光最敏感,比常用的糊精氮化铅和斯蒂芬酸铅还要敏感,为研制激光直接起爆这类药剂的雷管提供了条件;太安是猛炸药中对激光最敏感的炸药,这也为研制激光直接起爆太安炸药提供了条件。

4. 试验方法的讨论

a. 国内外的研究结果都证明了太安是对激光最敏感的炸药,余下排序是黑索今、特屈儿。

b. 炸药试样的粒度、形状、颜色及表面光洁度等都对激光的反射率有关,而反射率对起爆有很大影响。当激光辐射能量相同时,每种炸药对激光的反射率不同,被吸收的能量会不相同,试验结果见表 2-1-29。

表 2-1-29　炸药对激光的反射系数

炸药	红宝石激光器(波长 694.3(nm))	玻璃激光器(波长 1060(nm))
太安	0.79	0.81
叠氮化铅	0.78	0.85

c. 炸药表面的状态,例如颗粒大小,装药密度等对引爆也有影响。炸药装药密度增大,引爆所需的激光辐射密度也应增大。

d. 太安和黑索今是半透明的晶体,反射率大。太安在小于 $0.2\mu m$ 波长的光中强烈吸收,在大于 $0.2\mu m$ 波长的光中吸收率从 100% 降到 12%～18%,因此在不影响炸药试样其他性能的情况下可以增加一些添加剂,以增加吸收光的能力。

e. 国外的一些研究采用光导纤维传输激光到炸药试样上。光导纤维具有很好的韧性,可以弯曲、打结,能经受振动、坠落,且完全不受电磁场的干扰。它只传输相干性的激光,高至5000J 的非相干光聚焦到光导纤维上,没有任何影响。光导纤维的接收角最大为 7°～9°,如果超过 9°,便不能接收外来的相干光。

2.1.10　煤矿许用炸药可燃气与煤尘—可燃气安全度试验

1. 爆破作业引起可燃气与煤尘—可燃气爆炸的方式

煤矿许用炸药(permissible explosive)是工业炸药系列中的一个特殊品种,其使用范围是针对煤矿井下采矿爆破、或基础设施建设的隧道掘进中含有可燃气岩体爆破,由于爆破作业不当会引起可燃气(inflammable gas)与煤尘—可燃气(grime-inflammable gas)发生意外爆炸。由炸药本身引起爆炸的主要原因有以下几个因素:

a. 炸药爆炸形成空气冲击波的绝热压缩;

b. 炸药爆炸生成的炽热或燃烧的固体颗粒直接作用;

c. 炸药爆炸气体产物的二次火焰直接点火。

爆破作业时,引起可燃气与煤尘—可燃气爆炸是上述 3 种方式各自单独作用或共同作用的结果,其原因十分复杂,与矿井或隧道的空气成分、爆炸生成气体组成、冲击波强度、固体颗粒的性质与数量、感应期等原因有关,因此对煤矿许用炸药有特殊的要求。

2. 煤矿许用炸药的基本要求

a. 在保证炸药一定作功能力（strength）前提下，炸药的爆炸能量必须加以限制。炸药的爆炸能与爆温（explosion temperature）、爆热（heat of explosion）密切相关，通常炸药的爆炸能越低，爆温、爆热、冲击波的强度也越低，引爆瓦斯、煤尘的可能性也就降低。

b. 炸药的爆炸反应必须完全。爆炸反应越完全，爆炸产物中未反应的炽热固体颗粒和残渣以及爆炸性气体如 NO_2、H_2、O_2 等就少，炸药的安全性也就越高。

c. 炸药的氧平衡（oxygen balance）必须接近零。正氧平衡的炸药爆炸时会产生 NO_2 及游离基氧，对可燃气、煤尘的爆炸起到催化作用；而负氧平衡的炸药会产生爆炸性气体 CO 及 H_2 等，会导致二次火焰，容易引起可燃气的燃烧爆炸。

d. 炸药中要加入消焰剂（flame-depressant）。根据可燃气引火的游离基反应过程，加入消焰剂可以起到阻化作用，使反应过程中断，从根本上抑制可燃气爆炸。

e. 炸药中不允许含有易于在空气中燃烧而产生高温的物质或外来的夹杂物。明火对可燃气长时间加热，常常能引燃可燃气并导致爆炸。因此炸药中不允许含有易燃的金属粉末，也不允许使用铝壳雷管起爆。

煤矿许用炸药可燃气安全度与煤尘—可燃气安全度是两个有相互关联、又有不同要求的两个试验方法。为了区分，将分别介绍。

3. 煤矿许用炸药可燃气安全度试验

（1）安全度等级和适用范围
煤矿许用炸药可燃气安全度（Safety）分为一、二、三级。各级半数引火量（sample mean）标准值（m_{50}）见表 2-1-30。

表 2-1-30　煤矿许用炸药可燃气安全度等级

等级	一级	二级	三级
m_{50}（g）	100	180	400
试验方式	发射臼炮	发射臼炮	发射臼炮
适用范围	低甲烷矿井岩石掘进工作面	低甲烷矿井煤层掘进工作面	高甲烷矿井；低甲烷矿井高甲烷采掘工作面； 煤油共生矿井；煤与煤层气突出矿井

（2）试验方法
煤矿许用炸药的可燃气安全度试验是模拟煤矿井下的条件、通过试验巷道的方法来实现。试验适用于煤矿许用炸药的可燃气安全度测定。

（3）方法原理
在规定条件下，采用小样本升降法（small sample up-and-down method），将受试炸药置于发射臼炮炮孔内爆炸。根据试验巷道内可燃气—空气混合气体引火结果，计算半数引火量，以此判定炸药的可燃气安全度。

(4) 试验设计

a. 样本大小：$n=6$。

b. 步长（interval）：$d=50\text{g}$。

c. 初始试验水平：$M_0=m_{50}+d$。

d. 升降规则：试验在 M_0 水平引火，下一次试验水平减少一个步长 d；否则增加一个步长 d。不许跳过中间的步长或保持试验水平不变。

(5) 仪器、设备与材料

① 仪器

甲烷测定器：分度值应不大于 0.02%。

温度计：分度值应不大于 $1℃$。

湿度计：分度值应不大于 5%。

天平：感量应不大于 1g。

② 设备

可燃气安全度试验装置，主要由试验巷道、气体混合管路、发射臼炮、混合通风机、排烟通风机及控制系统组成，见图 2-1-55。

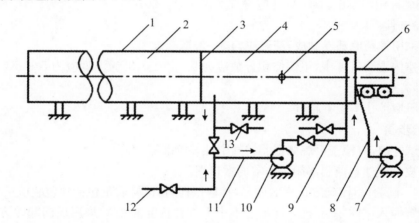

图 2-1-55　煤矿许用炸药的可燃气安全度试验装置

1. 试验巷道；2. 延长室；3. 封闭装置；4. 爆炸室；5. 测量孔；6. 发射臼炮；7. 排烟通风机；8. 排烟管；9. 进气管；10. 混合通风机；11. 回气管；12. 进可燃气管；13. 阀门

试验巷道为钢制圆筒，分爆炸室和延长室两部分，水平放置，内径为 1.8m，爆炸室长度为 5m。爆炸室的封闭端中心开有圆口，敞口端设有封闭装置。延长室长度为 15m，与爆炸室敞口端相衔接。

气体混合管路由进气管、回气管及控制阀门等组成。进气管由靠近爆炸室封闭端上部引入，回气管由靠近爆炸室敞口端下部引出，在进气管路和回气管路上应分别装有阀门。

发射臼炮为钢制圆柱体，由内筒和外套构成。其内筒凸出，套有密封胶垫，中心轴向开有炮孔。外套材料可选用普通碳钢，内筒材料宜使用 PNi3CrMoV 炮钢，规格尺寸见图 2-1-56。

混合通风机和排烟通风机应为防爆型。

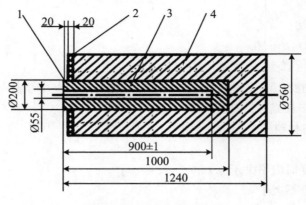

图 2-1-56　发射臼炮结构图
1. 凸台；2. 密封胶垫；3. 内筒；4. 外套

③ 材料

试验用气源：甲烷体积分数应不小于 90％，其他可燃气体积分数的总和应不大于 1％。

雷管：煤矿许用瞬发电雷管，性能应符合 GB 8031—2015。

(6) 试验条件

a. 试样采用炸药原药卷制成，药温应为 5～35℃。

b. 爆炸室内混合气体中，甲烷体积分数应为 9.0％±0.3％，温度应为 5～35℃，相对湿度应不大于 80％。

c. 发射臼炮扩孔率应不超过 25％。

(7) 试验步骤

a. 每次试验前，应检查甲烷测定器的气密性并校准零点。

b. 用牛皮纸或塑料薄膜封闭爆炸室的敞口端。

c. 按"(4)试验设计"确定试样的质量，称取试样时，试样质量包括外包装质量。

d. 将雷管插入试样一端，插入深度应不小于雷管长度的 2/3，采用反向起爆方式，用木质炮棍将试样装入发射臼炮炮孔底部。

e. 将发射臼炮推至爆炸室封闭端并压紧，使凸台进入封闭端圆口，其端面与封闭端内壁齐平。

f. 开启混合通风机，向爆炸室充入试验用气，测量混合气体的温度、湿度和甲烷浓度。

g. 当爆炸室内气体混合均匀，甲烷含量达到要求时，停止充气，关闭混合通风机及相关阀门，同时打开卸压阀。

h. 连接起爆线路，在关闭混合风机后的 2min 内起爆。

i. 检查受试炸药是否全爆，如未爆或半爆，本次试验作废，重做该水平试验。

j. 观测混合气体是否引火，做好记录。

k. 开启排烟通风机，同时打开混合通风机进气阀门，开启混合通风机，排除巷道内的炮烟，排烟时间应不少于 3min。

l. 将各阀门复位到试验初始状态。

(8) 结果表述

① 试验记录

试验结果按表 2-1-31 示例的格式记录。"引火"记为"1","未引火"记为"0"。

表 2-1-31　小样本升降法试验记录

i	M_i	试验结果							k_i
		1	2	3	4	5	6	7	
1	M_0+d					1		×	2
0	M_0	1			0		0		2
−1	M_0-d		1		0				2
−2	M_0-2d		0						1

注:表中"1"表示前两次试验因结果相同,在计算半数引火量时应舍去。第7次试验水平的"×"是根据第6次试验结果虚拟的,即第6次试验"引火",则降一个步长,反之升一个步长。

② 数据处理

取试验序列中自试验结果相反开始的连续6次试验结果,并虚拟第7次试验结果。按下式计算半数引火量,并将最终结果修约到个数位。

$$M_{50} = \sum k_i \frac{M_i}{7} \tag{2-1-15}$$

式中:M_{50}—半数引火量,g;

k_i—M_i试验水平下的试验次数;

M_i—第 i 次试验水平,g。

(9) 结果判定

a. 若 M_{50} 大于或等于 m_{50} 判定该试样安全度合格(m_{50} 为半数引火量标准值)。

b. 若 $m_{50}-M_{50}$ 大于40g,判定该试样安全度不合格,否则,根据第6次试验结果,继续做6次试验,再虚拟第13次试验结果,计算13次试验水平的平均值作为半数引火量。若 M_{50} 大于或等于 m_{50},仍判定该试样安全度合格;反之,判为不合格。

c. 若试验水平升至 $m_{50}+3d$ 仍未引火,停止试验,以 M_{50} 大于 m_{50}(相应安全等级半数引火量)作为试验结果,判定该试样安全度合格。

4. 煤矿许用炸药煤尘—可燃气安全度试验

(1) 安全度等级和适用范围

煤矿许用炸药煤尘—可燃气安全度分为一、二、三级。各级半数引火量标准值(m_{50})见表2-1-32。

表 2-1-32　煤矿许用炸药煤尘—可燃气安全度等级

等级	一级	二级	三级
m_{50}（g）	大于或等于 80	大于或等于 150	大于或等于 250
试验方式	悬吊	悬吊	悬吊
适用范围	低甲烷矿井岩石掘进工作面	低甲烷矿井煤层掘进工作面	高甲烷矿井；低甲烷矿井高甲烷采掘工作面；煤油共生矿井；煤与煤层气突出矿井

（2）试验方法

煤矿许用炸药的煤尘—可燃气安全度试验也是模拟煤矿井下的条件、通过试验巷道的方法来实现，试验适用于煤矿许用炸药的煤尘—可燃气安全度测定。

（3）方法原理

在规定条件下，采用小样本升降法，将受试炸药悬吊于巷道爆炸室中心位置爆炸。根据试验巷道内煤尘—可燃气混合气体引火结果，计算半数引火量，以此判定炸药的煤尘—可燃气安全度。

（4）试验设计

步长：$d=25$g，其余的样本大小、初始试验水平和升降规则同"煤矿许用炸药可燃气安全度试验"。

（5）仪器、设备与材料

① 仪器

天平：感量应不大于 0.5g，其余的甲烷测定器、温度计、湿度计技术参数同"煤矿许用炸药可燃气安全度试验"。

②设备

煤尘—可燃气安全度试验装置的爆炸室尺寸可以采用两种，一种同图 2-1-55，另一种内径 1.5m、长度 6m。发射白炮改为堵车，其余同"煤矿许用炸药可燃气安全度试验"。

堵车：用来封堵排烟孔，可前后移动的钢制车体，放置在图 2-1-55 中发射白炮位置。

③ 材料

煤尘：挥发分应不小于 35％，灰分应不大于 12％，水分应不大于 3％，粒度取在 100μm、74μm 和 50μm 组成的标准筛系统中，74μm 和 50μm 两层筛上部分，且 74μm 标准筛通过率不低于 75％。

炸药：GB 18095，三级煤矿许用乳化炸药。

试验用气源、雷管要求同"煤矿许用炸药可燃气安全度试验"。

（6）试验条件

a. 爆炸室内混合气体中，甲烷体积分数应为 4％±0.3％，，煤尘的浓度为 100g/m³（采用内径 1.5m、长度 6m 爆炸室，相当于煤尘量 1.0kg；当采用内径 1.8m、长度 5m 爆炸室，相当于煤尘量 1.27kg）。

b. 飞扬煤尘用 20g 三级煤矿许用乳化炸药。

试样采用炸药卷、环境温度、相对湿度要求同"煤矿许用炸药可燃气安全度试验"。

(7) 试验步骤

a. 称取煤尘质量 1.0kg±1g,三级煤矿许用乳化炸药(20±0.5)g,将一发 8 号雷管插入(20±0.5)g 药卷中,将其埋入 1.0kg±1g 的煤尘中制成煤尘包。

b. 按"(4) 试验设计"确定试样的质量,称取试样时,试样质量包括外包装质量。将一发 8 号雷管插入试样一端,制成受试药包。

c. 将煤尘包悬吊在爆炸室中间偏下位置,在煤尘包上方爆炸室中心位置悬吊受试药包,两者相距 0.5m。

d. 用牛皮纸或塑料薄膜封闭爆炸室的敞口端。

e. 将堵车推至爆炸室封闭端并压紧,使凸台进入封闭端圆口,其端面与封闭端内壁齐平。

f. 开启混合通风机,向爆炸室充入试验用气,测量混合气体的温度、湿度和甲烷浓度。

g. 当爆炸室内气体混合均匀,甲烷含量达到要求时,停止充气,关闭混合通风机及相关阀门,同时打开卸压阀。

h. 连接起爆线路,在关闭混合通风机后的 2min 内起爆煤尘包,0.5s 后立即起爆受试炸药。

i. 检查受试炸药是否全爆,如未爆或半爆,本次试验作废,重做该水平试验。

j. 观测煤尘—混合气体是否引火,做好记录。

k. 开启排烟通风机,同时打开混合通风机进气阀门,开启混合通风机,排除巷道内的炮烟,排烟时间应不少于 3min。

l. 将各阀门复位到试验初始状态。

(8) 结果表述

试验记录、数据处理同"煤矿许用炸药可燃气安全度试验"。

(9) 结果判定

a. 若 M_{50} 大于或等于 m_{50} 判定该试样安全度合格。

b. 若 $m_{50}-M_{50}$ 大于 20g,判定该试样安全度不合格,否则,根据第 6 次试验结果,继续做 6 次试验,再虚拟第 13 次试验结果,计算 13 次试验水平的平均值作为半数引火量。若 M_{50} 大于或等于 m_{50},仍判定该试样安全度合格;反之,判为不合格。

c. 若试验水平升至 $m_{50}+3d$ 仍未引火,停止试验,以 M_{50} 大于或等于 m_{50} 作为试验结果,判定该试样安全度合格。

5. 试验方法的讨论

试验方法参照两个标准:GB 18097—2000《煤矿许用炸药可燃气安全度试验方法及判定》,MT/T 934—2005《煤矿许用炸药煤尘—可燃气安全度试验方法及判定》。

尽管在机械化采煤方面取得很大进展,但是爆破作业在有可燃气和煤尘的煤矿开采中仍占有较重要地位。随着采矿向深部拓展,爆破作业条件会更加苛刻,对煤矿许用爆破器材要求也越来越严格。

可燃气和煤尘—可燃气意外爆炸是对正常生产秩序的重大威胁,因此对煤矿许用爆破器材必须经过安全性检验合格,方准许在地下采矿爆破、或地面含有可燃气的隧道掘进爆破中使用。

可燃气和煤尘爆炸条件和特征及两个试验方法比较见表 2-1-33、表 2-1-34。

表 2-1-33 可燃气和煤尘爆炸的条件和特征

条件和特征	可燃气（甲烷）	煤尘
爆炸条件	a. 浓度处于爆炸极限范围 b. 混合气体中的氧浓度 c. 具备一定条件的引火源	a. 存在本身具有爆炸性的煤尘 b. 煤尘悬浮在空中的质量浓度达到爆炸极限 c. 存在能点燃煤尘爆炸的高温热源 d. 空气中氧气浓度大于 17%（体积百分比）
爆炸上限	16%	1000～2000g/m³
爆炸下限	5%	30～50g/m³
最小点火能	0.28mJ（3.5%浓度时）	4.5～40mJ
最低点火温度	538℃	580～610℃（悬浮状煤尘）
爆炸压力	72×10^4 Pa	$(0.7～0.8) \times 10^6$ Pa
爆炸感应期	150ms（甲烷体积分数 9%）	～280ms（挥发分含量为 40%）

表 2-1-34 煤矿许用炸药可燃气和煤尘—可燃气安全度试验比较

试验标准 比较参数	GB 18097—2000 《可燃气安全度》	MT/T 934—2005 《煤尘-可燃气安全度》
m_{50}(g)（一级许用炸药）	100（发射臼炮,适用范围相同）	大于或等于 80（悬吊,适用范围相同）
m_{50}(g)（二级许用炸药）	180（发射臼炮,适用范围相同）	大于或等于 150（悬吊,适用范围相同）
m_{50}(g)（三级许用炸药）	400（发射臼炮,适用范围相同）	大于或等于 250（悬吊,适用范围相同）
爆炸室尺寸	Ø1.8m×5m	Ø1.8m×5m 和 Ø1.5m×6m
延长室尺寸	相同	相同
试验装置其他设备	发射臼炮,其余相同	堵车,其余相同
方法原理	相同	相同
试验设计	梯距 50g,其余相同	梯距 25g,其余相同
试验用气源、起爆雷管	相同	相同
被测炸药试样位置	发射臼炮炮孔底部	爆炸室中心位置悬吊
混合气体中甲烷体积分数	9.0%±0.3%	4%±0.3%
煤尘包	无	1.0kg±1g,在受试炸药下方 0.5m 处
起爆次数	一次	二次（先起爆煤尘包,0.5s 后起爆受试炸药）
结果表述	相同	相同
结果判断	$m_{50} - M_{50}$ 大于 40g,其余相同	$m_{50} - M_{50}$ 大于 20g,其余相同

　　甲烷是无色、无味、可燃、有毒、质量比空气轻的气体,在爆炸极限范围内,微小的点火能就可以引燃,是煤矿井下的重大安全隐患。煤矿许用炸药可燃气安全度试验设计成极限要求的

条件：用发射臼炮模拟含有甲烷矿井的岩石和煤层的不堵塞炮孔爆破，受试炸药爆炸的冲击波、气体产物和炽热雷管破片将全部冲出炮孔，射向爆炸室中处于最敏感浓度的甲烷混合气体，以连续 6 次试验的半数引火量来认定许用炸药的等级。可见经过试验合格的许用炸药对煤矿爆破安全是有保障的。

煤尘是指在热能作用下能够发生爆炸的细粒煤粉，粒径为 1mm 及更小的煤尘都能参与爆炸，但爆炸的主体是粒径小于 0.075mm 的煤尘，如果同时有甲烷存在，可以相互降低两者的爆炸下限，从而增加甲烷、煤尘爆炸的危险性，这样的爆炸危险性更大，其破坏程度更严重。

挥发分在 8% 以上的煤尘都具有爆炸危险，煤尘不仅可以单独爆炸，还可参与甲烷爆炸。

煤矿许用炸药煤尘—可燃气安全度试验也设计成极限要求的条件：爆炸抛洒煤尘，使达到爆炸极限的悬浮煤尘和甲烷充分混合 0.5s 后，被悬吊在该环境中的受试炸药直接引爆，尽管甲烷浓度没有达到爆炸极限，但有文献表明：甲烷浓度为 3.5% 时，煤尘浓度只要达到 6.1g/m³ 就可以发生爆炸。此外，煤尘燃烧、爆炸也释放出甲烷，如 1kg 挥发分为 20%～60% 的焦煤，在高温下可以释放出 290～350L 的甲烷、一氧化碳、氢气等可燃气体。无疑在煤尘—可燃气爆炸过程中，又提高了甲烷浓度。

试验模拟的另一种现象是：煤矿井下甲烷发生了爆炸，跟随火焰阵面的爆炸气流沿着巷道传播，所到之处卷扬起地面、壁面的沉积煤尘，大颗粒煤尘很快沉降下去，微小颗粒悬浮在巷道空间，当悬浮煤尘达到爆炸极限又混合了残留的甲烷气体，在往复振荡传播的火焰阵面引爆、阵面后的炽热残渣达到最小点火能、或残渣温度达到最低点火温度，就形成二次及多次爆炸。很多煤矿井下爆炸事故调查报告也证实了这一特征，我们曾利用 Ø0.16m×46m 的透明管道观察到：火焰阵面沿管道向未燃甲烷气体传播时，阵面后气体被稀疏、冷却形成负压，将火焰阵面向回拉，形成前进几米又退回来一段距离的往复振荡传播现象。这种现象恰恰会成为悬浮煤尘的二次及多次点火源。

比较表 2-1-34 可以看出：煤尘—可燃气安全度比可燃气安全度的试验要求更严格，前者应更适合煤层掘进、煤与煤层气突出矿井爆破的许用炸药检测，而后者适合矿井岩石掘进、或地面隧道仅含有可燃气的岩体爆破掘进许用炸药检测。

表 2-1-35 列出了一些国家对试验气源及爆炸室甲烷含量的要求，供参考。

表 2-1-35　一些国家对试验气源及爆炸室甲烷含量的要求

国家	试验用气	国家	爆炸室内甲烷含量（%）
中国	甲烷含量大于或等于 90%，其他可燃气大于或等于 1%	中国	9.0±0.30
日本	甲烷含量大于或等于 90%，其他可燃气大于或等于 3%	日本	9.0±0.30
美国	甲烷含量大于或等于 90%，其他可燃气大于或等于 3%	美国	8.0
法国	甲烷含量大于或等于 98%，其他可燃气大于或等于 3%	法国	8.8
苏联	甲烷含量大于或等于 85%，其他可燃气大于或等于 3%	苏联	9.0±0.50
英国	甲烷含量大于或等于 90%，其他可燃气小于或等于 3%	西德	9.0±0.50
……	……	波兰	9.5

2.2 炸药的爆炸性能测试

2.2.1 炸药的爆速测试

爆速是爆轰波(detonation wave)在炸药中的传播速度,炸药爆速的高低与许多因素有关,首先取决于炸药自身的性质(能量),其次与装药的直径、密度及颗粒度、外壳、附加物等有关。

炸药的爆轰是一种很独特的现象,它涉及复杂的物理、化学和流体动力学问题。经过大量研究表明爆轰过程是爆轰波沿炸药一层一层地进行传播的过程,是一个带有高速化学反应区的强冲击波。在爆轰波计算的参数中,爆速是目前唯一用较简单的方法就能准确测量的参数。试验研究爆速与爆炸条件和装药性质之间的关系就可以为爆轰机理、爆炸产物状态方程以及炸药产品质量等方面的研究提供重要的依据。

爆速是炸药的重要参数之一。常用猛炸药的爆速为 3000~9000m/s,工业炸药的爆速通常为 2500~5500m/s,爆速可以通过经验公式计算,也可以通过试验测定。

1. 爆速的计算

(1) 理论计算公式

根据质量守恒定律、动量守恒原理、能量守恒定律、理想气体状态方程和稳定爆轰简化条件可建立起爆轰波参数的关系式:

$$\left.\begin{array}{l} D = \sqrt{2(\gamma^2-1)Q_V} \\[2mm] P_2 = \dfrac{1}{\gamma+1}\rho_0 D^2 \\[2mm] u_2 = \dfrac{1}{\gamma+1}D \\[2mm] T_2 = \dfrac{2k}{\gamma+1}T_0 \\[2mm] \rho_2 = \dfrac{\gamma+1}{\gamma}\rho_0 \end{array}\right\} \qquad (2\text{-}2\text{-}1)$$

式中:P_2——爆轰压力,$10^5\,\text{Pa}$;

$\quad$ D——爆速,m/s;

$\quad$ u_2——爆轰产物质点运动速度,m/s;

$\quad$ T_2——爆轰结束瞬间产物的温度,K;

$\quad$ ρ_2——爆轰产物的密度,g/cm^3;

$\quad$ ρ_0——炸药原来的密度,g/cm^3;

$\quad$ Q_V——炸药的定容爆热,J/g;

$\quad$ T_0——计算爆轰产物的定容温度,K;

$\quad$ γ 绝热指数,对一般工业炸药 $\gamma=3$。

在上述方程的各参数中,唯有爆速是可以用简单方法准确测定的参数。

（2）经验计算公式——康姆莱特公式

$$D = 0.7062\varphi^{1/2}(1 + 1.30\rho_0) \\ \varphi = n \cdot M_r^{1/2}Q^{1/2} \quad\Big\}$$

$$(2\text{-}2\text{-}2)$$

式中：D——密度为 ρ 时炸药的爆速，km/s；

ρ——炸药的密度，g/cm³；

n——每克炸药爆轰时生成气态产物的物质的量；

M_r——气态爆炸产物的平均相对分子质量；

Q——炸药的定容爆热，J/g；

φ——炸药的特性值。

若炸药的分子式为 $C_aH_bO_cN_d$

则负氧平衡的炸药：

$$n = \frac{2c + 2d + b}{48a + 4b + 56c + 64d}$$

$$M_r = \frac{56c + 88d - 8b}{2c + 2d + b} \qquad\Bigg\}$$

$$(2\text{-}2\text{-}3)$$

$$Q = \frac{120.1b + 196.8(d - b/2) + \Delta H_f}{12a + b + 14c + 16d} \times 1000$$

式中：ΔH_f——炸药的生成摩尔焓，kJ/mol。

正氧平衡炸药：

$$n = \frac{b + 2c + 2d}{48a + 4b + 56c + 64d}$$

$$M_r = 1/n \qquad\Bigg\}$$

$$(2\text{-}2\text{-}4)$$

$$Q = \frac{120.1b + 196.8a + \Delta H_f}{12a + b + 14c + 16d} \times 1000$$

康姆莱特公式适用于装药密度大于 1.0g/cm³ 的碳氢氧氮（C-H-O-N）有机炸药。但对太安和含太安的混合炸药计算误差较大。

混合炸药的体积加和公式、余容公式等经验计算见有关参考文献。

2. 工业炸药爆速测定方法

方法适用于工业炸药及其他炸药的爆速测定。

（1）方法原理

在保持炸药原装药状态，或按规定方法改装散装炸药后，将两根漆包圆铜线并行缠绕作为传感元件（丝式断—通靶线，简称靶线），按规定方法安装在炸药中（或炸药装药表面），利用爆轰化学反应区能使靶线两端电阻瞬间变小的特征，测量稳定爆轰波在 A、B 两点间（长度为 L）炸药中传播所用的时间 t，计算测量段中炸药的平均爆速 D。

爆速试验装置见图 2-2-1。

（2）仪器、设备与材料

a. 爆速测量仪：测时精度不低于 0.1μs；按 WJ9046—2004 爆速仪校准的要求校准合格。

b. 传感元件：采用丝式探针做传感元件，一般采用断—通式，特殊情况可采用通—断式，

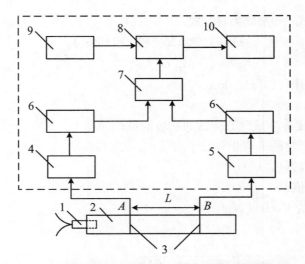

图 2-2-1 爆速试验装置示意图(虚框部分为爆速测量仪)

1. 雷管;2. 炸药试样;3. 靶线;4. 启动信号;5. 停止信号;6. 倒相整形器;7. 控制器;8. 计数器;9. 晶体振荡器;10. 数码显示器

用线径为 0.12～0.15mm 范围内的漆包线(圆铜芯)制作。

　c. 游标卡尺:分度值不大于 0.02 mm。

　d. 天平:量程 500g,精度 0.5g。

　e. 钢直尺:300mm,最小刻度 1mm。

　f. 纸筒:用炸药卷纸或纸袋纸卷成直径 32mm 纸管,一端封口后制成,纸筒长度不小于 20cm。

　g. PVC 塑料管:公称外径 110mm,壁厚 4.2～5.3mm。塑料管长 1000mm,在塑料管外壁距一端 100mm 和 500mm 处,各钻一对直径为 2mm 穿孔,作为安装靶线用的穿线孔。各对穿孔的孔心连线应穿过并垂直塑料管的轴线。

　h. 无缝钢管:外径 48mm,壁厚 4mm。钢管长度 400mm,在钢管外壁距一端 50mm 和 150mm 处,各钻一个直径为 2mm 的穿孔作为安装靶线用的穿线孔。用绝缘胶带密封穿线孔,并在绝缘胶带上标注孔心位置。

　i. 起爆器材:8 号雷管,性能应符合 GB 8031—2005 或 GB 19417—2003 要求。

　j. 钢针、胶布和其他辅助用品。

　k. 信号传输线:根据传感元件和测时仪选定,应能有效、可靠传输信号并保证试验精度的要求。

(3) 试验样品准备

① 试验样品量

试验样品量应满足三个有效试验数据的要求。

② 有雷管感度卷状包装工业炸药

在检验样品中随机抽取外观无明显变形的药卷作为试验样品,按 WJ/T 9056.1 标准测量药卷密度,已知药卷密度的检验样品可不测。

长度小于 15 cm 的药卷,可将两根药卷对接为一根药卷进行测试。

每次试验只允许测一个爆速值。

③ 有雷管感度大包散装工业炸药

用纸筒改装成长度不小于 18cm 的药卷作为试验样品。测量药卷密度,密度应控制在产品标准规定的药卷密度中间值±0.03g/cm³ 范围内。

④ 多孔粒状铵油炸药(blasting agent)和黏性粒状铵油炸药(黏合剂不大于 15%)

用无缝钢管改装炸药。将牛皮纸和胶带在靠近预留孔一端的钢管封口,再将炸药缓缓装入管内,同时用木棍轻轻敲打钢管外壁,使装药上表面不再下沉为止,装药长度为 350mm。称量装药质量,计算装药密度。

将爆速为(3.5~5.0)×10³ m/s、有雷管感度的炸药装在钢管内炸药上部作为传爆炸药(boosting agent),装药应紧密,长度为 50mm,用牛皮纸和胶带将钢管封口。

⑤ 含乳胶基质的无雷管感度工业炸药(黏合剂大于 15%)

用 PVC 塑料管改装炸药。将双层塑料薄膜在靠近穿线孔一端的 PVC 塑料管封口,再将炸药缓缓装入管内,并保证管内装药连续、无空洞,装药长度为 90cm。

将爆速为(3.5~5.0)×10³ m/s、有雷管感度的炸药装在塑料管内炸药上部作为传爆炸药,装药应紧密,长度为 10cm,用双层塑料薄膜将 PVC 塑料管封口。

(4) 靶线制作和安装

① 确定靶线安装位置

测量段长度 L 应按被测炸药爆速而确定,使测长相对误差不大于 2%,系统测时相对误差不大于 1%。一般情况下取测量段长度 L 为 50.0mm。对爆速在 5.0×10³ m/s 以上的试验样品,适当增加 L 长度,使测得的时间不小于 10μs。在同次测定中测量段长度应相同。

靠近试验样品起爆端的靶线安装位置应远离起爆端,靠近试验样品末端的靶线安装位置视药卷装药情况而定,一般离试验样品末端 15~25mm。

在同次测定中靶线安装位置一致,两根靶线安装位置的连线与药卷轴线平行。

② 有雷管感度卷状包装和大包散装工业炸药

截取一根直径为 0.12~0.15mm 的漆包线,长度不小于 60cm,穿过钢针一端的小孔,在中间位置将漆包线并行缠绕,缠绕部分长约 5cm。

在已确定的靶线安装位置,用钢针将靶线垂直于药卷轴线、并通过药卷中心径向穿透药卷。在靠针处将漆包线剪断,取下钢针,并将两根线头分开。靶线的首、尾均折向药卷尾端并用胶布或固定在试验样品起上。

药卷中的靶线应并行缠绕,并拉直,两组靶线应保持平行。靶线安装好后,每组靶线的两根引出电性能上应彼此保持断开状态,用砂纸磨掉引线接线端的绝缘漆。

③ 多粒状铵油炸药和黏性粒状铵油炸药(黏合剂不大于 15%)

截取的漆包线长度不小于 100cm,其余同上,保留缠绕部分长约 3.5cm。

在绝缘胶带上所标的孔中心位置,用钢针扎一个穿过且垂直于无缝钢管轴线、孔深大于 3.5cm 的孔,将并行缠绕部分的靶线插入孔中,引线折向钢管尾端并用胶带固定。保持每组靶线断开状态,用砂纸磨掉引线接线端的绝缘漆。

④ 含乳胶基质的无雷管感度工业炸药(黏合剂大于 15%)

靶线安装应在装药前进行。

截取的漆包线长度不小于 160cm,其余同上,保留缠绕部分长约 20cm。将靶线穿过 PVC

塑料管壁上的预留孔用胶带捆扎固定,并将预留孔密封。安装好的两组靶线在 PVC 塑料管内应直,且平行。保持每组靶线断开状态,用砂纸磨掉引线接线端的绝缘漆。

（5）系统连接和爆炸试验

① 在爆炸试验场按爆速测量仪接线要求将安装在试验样品上的靶线与仪器信号传输线连接,检查试验系统应正常。

② 将雷管插入试验样品的起爆端,插入深度为 2/3 雷管长度。对于铸装或压装工业炸药,需用带雷管孔的支架固定雷管。调整爆速测量仪使之处于待测状态,起爆。记下爆速测量仪测出的数据。

（6）爆速值计算

按公式(2-2-5)计算各次试验的爆速值。

$$D_i = \frac{L}{t_i} \tag{2-2-5}$$

式中:D_i——第 i 次试验的爆速值(精确至整数),m/s;

L——测量段的长度,mm;

t_i——第 i 次试验测量时间的数值(精确至 0.1),μs。

按公式(2-2-6)计算平均值 $\bar{D}$,并修约成整数。

$$\bar{D} = \sum_{i=1}^{n} \frac{D_i}{n} \tag{2-2-6}$$

式中:$\bar{D}$——平均爆速的数值(精确至两位有效整数),m/s;

n——有效测试数据个数,$n=3$。

按公式(2-2-7)计算爆速极差值 R_D:

$$R_D = D_{max} - D_{min} \tag{2-2-7}$$

式中:R_D——爆速极差的数值(精确至整数),m/s;

D_{max}——三个爆速值中最大值的数值,m/s;

D_{min}——三个爆速值中最小值的数值,m/s。

（7）试验数据处理

① 爆速极差值规定

爆速极差值应符合表 2-2-1 的规定。

表 2-2-1　爆速极差值

炸药类别	要求
有雷管感度卷状包装和大包散装工业炸药	平均爆速<4.0×10³m/s 时,爆速极差值 R_D 应<150m/s
	平均爆速>4.0×10³m/s 时,爆速极差值 R_D 应<200m/s
用无缝钢管和 PVC 塑料管改装的工业炸药	爆速极差值 R_D 应<300m/s

② 数据有效性判定

当爆速极差值符合表 2-2-1 规定时,判定三次试验数据有效;否则应进行补充试验。

③ 补充试验方法

当一个与另外两个爆速值偏离,且极差值超差时补充一次试验,取三个相近的爆速值计算爆速极差。

当任意两个爆速差值均不符合表2-2-1规定时,重新进行补充试验。

补充试验数据符合表2-2-1规定时,以补充试验数据为有效试验数据。

④ 测定结果表述

爆速测定结果应包括:

试验样品(或药柱)的密度范围、爆速范围及平均爆速值(精确至两位有效数值)。

对测定结果有显著影响的其他内容。

3. 国外的炸药爆速测定方法

欧盟国家的 EN 13631—14—2003《Determination of velocity of detonation》(爆速的测定)试验标准,适用于药卷或散装炸药。原理是:测出起爆后爆轰波通过两个传感器之间已知距离所需的时间。

(1) 试验装置

a. 起爆方式:雷管起爆、起爆具起爆或导爆索起爆。

b. 钢管:具体规格尺寸见"2.1.6 中的表 2-1-20 钢管的尺寸",在管中钻适合插入传感器的孔。

c. 温度计:精确到±10℃。

d. 试验仪器:带有两个传感器的试验仪器,爆速精确到 100m/s。传感器可选择光纤、断路、电离和压电探针。

(2) 试样准备

a. 试样药卷长度至少应大于或等于 $5d+L$(5 倍的药卷直径 d 再加上爆速测量距离 L,L 的取值应大于或等于 100mm)。

b. 如药卷长度小于 $5d+L$,可将两支药卷连接在一起。连接端应切成平面对接。

c. 当药卷的最小直径不能起爆时,应使用钢管约束。

d. 钢管内径应能将试样药卷完全装入,不应留有环形缝隙,以避免出现管道效应。

(3) 起爆方法

① 雷管起爆

装配图如图 2-2-2 所示。

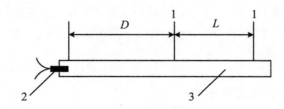

图 2-2-2　用雷管起爆试样装配图

D 为雷管与第一个传感器之间的距离,D 的取值应大于或等于 $5d$;d 为药卷直径

1. 传感器;2. 雷管;3. 被测炸药试样

② 起爆具起爆(primer initiation)

装配图如图 2-2-3 所示。

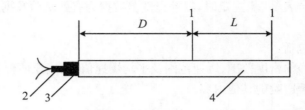

图 2-2-3　用起爆具起爆试样装配图

D 为起爆具与第一个传感器之间的距离,D 的取值应大于或等于 5d;d 为药卷直径

1. 传感器;2. 雷管;3. 起爆具;4. 被测炸药试样

若需切掉的药卷,则药卷的一端应切成平面,然后连接起爆具。

③ 导爆索起爆(detonating fuse initiation)

装配图如图 2-2-4 所示。

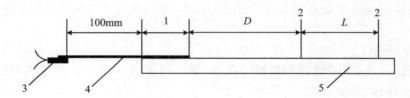

图 2-2-4　用导爆索起爆试样装配图

D 为导爆索与第一个传感器之间的距离,D 的取值应大于或等于 5d;d 为药卷直径

1. 重叠部分;2. 传感器;3. 雷管;4. 导爆索;5. 被测炸药试样

重叠部分长度应大于 50mm 加上两倍药卷直径,使用胶带连接固定。

(4) 试验步骤

测量炸药的温度。

起爆炸药,记录爆轰波通过两个已知距离传感器的时间,计算爆速。

对同一炸药试样进行三次爆速测定,允许爆速测定与三种起爆方式测定同时进行。

(5) 试验结果

环境温度(℃);炸药的温度(℃);测定爆速的仪器;两个传感器之间的距离(mm);约束钢管的类型(厚度,直径等);炸药的直径(mm);爆速值(m/s);起爆方式。

4. 试验方法的讨论

(1) 我国与欧盟国家试验方法比较

我国采用 GB 13228—2015《工业炸药爆速测定方法》标准,欧盟国家采用 EN 13631—14—2003《Determination of velocity of detonation》(《爆速的测定》)标准。

分析两个爆速测定方法具体条款,有关参数比较列于表 2-2-2。

表 2-2-2 我国与欧盟成员国爆速测定有关参数比较

试验标准 比较参数	GB 13228—2015《工业炸药爆速测定方法》	EN 13631—14—2003《爆速的测定》
方法适用范围	工业炸药或其他炸药	药卷或散装民用炸药
方法原理	相同	相同
爆速测量仪	测时精度不低于 $0.1\mu s$	精确到 $100m/s$
传感元件	采用断—通式、特殊情况可采用通—断式丝式电离探针	可选择光纤、断路、离子化和压电探针
测量段长度(靶距)	50mm	大于或等于 100mm
起爆端距第 1 靶线距离	起爆端的靶线安装位置应远离起爆端	起爆端距第 1 靶线的距离最少应为试样直径的 5 倍
第 2 靶线距试样末端距离	15~25mm	没有明确规定
起爆方式	8 号雷管(电雷管或非电雷管)起爆、自制起爆具起爆	雷管起爆、起爆具起爆或导爆索起爆
对无雷管感度炸药试样	钢管约束	钢管约束
含乳胶基质无雷管感度炸药	用 PVC 塑料管改装炸药	—
测定次数	三次	三次
爆速计算	平均爆速 $\bar{D}$、爆速极差值 R_D	平均爆速 $\bar{D}$
爆速极差允许值	有具体规定	—
与爆速同时测量的其他参数	—	允许与起爆方式的测定同时进行

分析表 2-2-2 可以看出：大部分参数或要求相同，有些参数各有特色，如 GB 13228—2015 规定用 PVC 塑料管改装含乳胶基质无雷管感度炸药、计算爆速极差值 R_D 并以极差允许值作为产品合格，或补充试验的依据等。EN 13631—14—2003 则规定除离子化探针外，还可选择光纤、断路探针、和压电探针作为传感元件、导爆索也可作为起爆源、爆速与起爆方式测量可同时进行等。

(2) 爆速测量仪测时精度与靶距

靶距应按爆速测量仪精度和被测炸药爆速而定，设被测炸药的爆速为 3000m/s，当靶距取 50mm 时，爆轰波传播时间为 $t_i = 50 \times 10^{-3}/3000 = 16.7\mu s$；而仪器的测时精度应不低于 $0.1\mu s$，则测时相对误差 0.1/16.7 小于 1%，如果靶距过小，测时误差增大。对爆速在5000m/s 以上的炸药，应适当加长测距。

断—通式丝式探针引出线断开的标志是电阻值应大于 $100k\Omega$。小于此值会出现测时数据异常。

(3) 药卷直径及不稳定爆轰区长度

药卷直径对爆速有影响，只有药卷直径大于极限直径时测出的爆速才是稳定的极限爆速。

同时在炸药引爆时，引爆点附近一段距离内爆轰是不稳定的，只有经过一段距离后爆轰才趋于稳定传爆，这一段距离称为不稳定爆轰区或爆轰成长区。为了准确测出极限爆速，药卷直径应大于极限直径，而且应在稳定爆轰区进行测试。

对于散装或密度不高的炸药，极限直径为(20～30)mm，不稳定爆轰区长度为 3～5 倍直径，GB 13228—2015 要求：起爆端的靶线安装位置应远离起爆端，没有规定具体数值；而 EN 13631—14—2003 明确规定：起爆端距第 1 靶线的距离最少应为试样直径的 5 倍，使试验操作便于执行。

研究表明，大部分炸药随着密度的增加极限直径将减小；爆速较高的炸药压装药柱密度达到理论密度的 95％以上时，极限直径小于8mm。表 2-2-3 给出了密度对梯恩梯及钝黑-1 极限直径的影响。

表 2-2-3　两种单质炸药的密度与极限直径数据

炸药名称	装药密度(g/cm³)	相对密度(%)	爆速(m/s)	极限直径(mm)
梯恩梯	1.392	84.2	6233	≈22
梯恩梯	1.591	95.0	6884	<8
钝黑-1	1.413	82.8	7343	≈25
钝黑-1	1.550	88.7	7868	<15
钝黑-1	1.661	97.3	8341	<8

对于以氧化剂和可燃物为主组成的混合炸药，通常存在一个最佳密度，在最佳密度时，装药的爆速达到最大值，其他密度时，爆速都减小。有时会出现密度大到一定值时爆轰熄灭、"压死"的现象。

当用雷管直接引爆炸药时，不稳定爆轰区长度可达 3～6 倍药柱直径。

某些工业炸药的爆速见表 2-2-4。

表 2-2-4　工业炸药的爆速

炸药名称/代号	装药密度(g/cm³)	爆速(m/s)	装药直径(mm)
岩石水胶/T220	1.18～1.28	≥3200	Ø35
二级煤矿水胶/T320	1.03～1.23	≥3200	Ø35
二级煤矿水胶/T320N	1.09～1.17	≥2500	Ø27
三级煤矿水胶/PT473	0.98～1.18	≥3000	Ø35

5. 其他爆速测定方法

(1) 连续示波器法

该方法的试验装置如图 2-2-5 所示。

该方法的原理是：在药柱中心沿轴向安装两根直径相同的电阻丝，爆轰波通过时就将电阻丝接通，随着爆轰波的移动，电阻随之发生变化，测定电阻随时间的变化就可求出炸药的爆速。

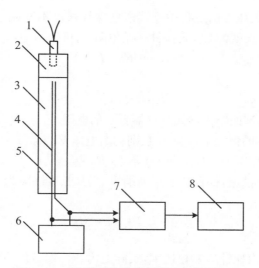

图 2-2-5 连续示波器法测爆速装置示意图

1. 雷管;2. 传爆药柱;3. 炸药试样;4. 镍铬丝;5. 锰铜丝;6. 恒流源;7. 电压放大器;8. DSO

试样分散装和压装两种。对散装试样,可采用一根内径为 2mm 左右的玻璃管,从底部中心穿入一根镍铬丝和一根锰铜丝(或其他电阻丝),电阻丝的直径为 0.05～0.10mm,一端短接,拉直引出,然后向管中装入炸药试样。对于压装试样,可将若干块半圆形短药块粘成一长条,在药块中心放置一端短路的两根电阻丝,拉直后再合上另一长条半圆形药块,然后粘牢。将电阻丝与恒流源及电压放大器连接,引爆试样,用数字存储示波器(Digital storage oscillo-scope,简称"DSO")记录电阻随时间的变化过程。

该方法适合于测量迅速变化的各点爆速,主要用于研究不稳定爆轰。

加拿大 MREL 公司的一款便携式单通道连续爆速仪见图 2-2-6,这种爆速仪适合测量连续装药炮孔的爆速。连续速度探针由镀绝缘层的电阻丝和细铜管组成,电阻丝长度为 0.9 m,电阻为 360.9 Ω/m,细铜管直径为 1.5 mm。典型的爆速波形见图 2-2-7。由于使用专用0.9m长的刚性电阻传感器,使得测试成本高。

图 2-2-6 连续爆速仪

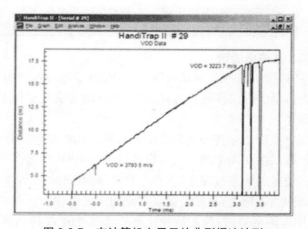

图 2-2-7 在计算机上显示的典型爆速波形

测试原理是:在爆轰波压缩的过程中连续速度探针长度不断减小,电阻值也不断减小,当电阻丝电阻率为 R_0,探针长度为 L_0,则探针初始电阻 R_I 可表示为:

$$R_I = R_0 \cdot L_0 \tag{2-2-8}$$

回路总电阻为:

$$R = R_I + C \tag{2-2-9}$$

式中:C 为常量,其值为测试回路中导线和仪器自身的电阻。

测试过程中仪器提供的恒定电流值为 I,则初始电压 V_0 为:

$$V_0 = I(R_I + C) = I \cdot R_0 \cdot L_0 + I \cdot C \tag{2-2-10}$$

随着爆轰波阵面往前推进,探针长度逐渐缩短,当其长度缩减为 ΔL 时,单位时间内 Δt 的电压下降值 ΔV 为:

$$\frac{\Delta V}{\Delta t} = \frac{I \cdot R_0 \cdot \Delta L}{\Delta t} \tag{2-2-11}$$

式中:$\Delta L / \Delta t$ 为单位时间内探针的缩短速率,实际上为炸药爆轰传播的速度 D,则:

$$D = \frac{\Delta L}{\Delta t} = \frac{1}{I \cdot R_0} \cdot \frac{\Delta V}{\Delta t} \tag{2-2-12}$$

国内有学者使用 MREL 连续爆速仪测试了铵油炸药的爆速和临界直径,结果见表 2-2-5。其中爆速值为连续爆速曲线经拟合后数值。

表 2-2-5　铵油炸药的爆速与爆轰临界直径

装药密度(g/cm^3)	0.9	0.9	0.9
平均爆速(m/s)	3209	3299	3275
测试时间(μs)	211	202	203
探针头部炸药直径(mm)	75	75	75
探针尾部炸药直径(mm)	5	5	5
探针电阻(Ω)	310	317	321
爆轰临界直径(mm)	11.8	12.8	12.9

(2) 高速摄影法

该方法的原理是:当炸药爆轰时,将爆轰过程发出的光投射到底片上,同时令底片以垂直于爆轰传播的方向作垂直运动,两个速度的合成在底片上得到一条曲线,根据曲线的斜率即可求出爆速。

高速摄影法分转鼓式和转镜式两种。其系统原理分别见图 2-2-8、图 2-2-9。

转鼓式主要用于测量低速燃烧过程,转镜式则适合于测定单质炸药的高速爆轰过程。

转镜式的测量过程是:引爆药柱后,爆轰波由 A 经 B 传至 C,爆轰波阵面所反射出的光经过物镜到达转镜上,再经转镜反射到固定的胶片上。由于转镜以一定的角速度旋转,因此当爆轰波由 A 传至 B 时,反射到胶片上的光点就由 A'移动到 B',这样在胶片上就得到一条扫描曲线—与爆轰波沿炸药的传播相对应。

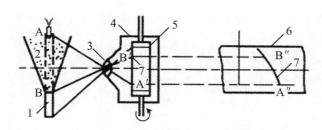

图 2-2-8 转鼓式高速相机测爆速示意图

1. 炸药试样;2. 爆轰产物;3. 相机镜头;4. 相机暗箱;5. 转鼓;6. 胶片;7. 爆炸过程的时间-距离扫描线

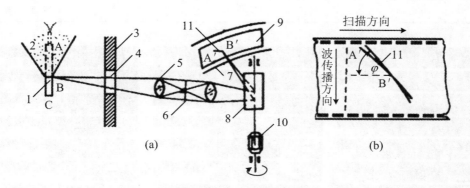

(a)   (b)

图 2-2-9 转镜式高速相机测爆速示意图

1. 炸药试样;2. 爆轰产物;3. 防护墙;4. 防爆玻璃;5. 物镜;6. 狭缝;7. 相机框;8. 转镜;9. 胶片;10. 高速电动机;11. 爆轰过程的时间—距离扫描线

若相机的放大系数为 β(一般 β 小于 1),反射光点在底片上的水平扫描的线速度为 v,光点垂直向下移动的速度应为爆速 D 的 β 倍,故得:

$$D = \frac{v}{\beta}\tan\varphi \tag{2-2-13}$$

式中: v、β 和 φ 是已知或可从曲线上测量出,即可由此算出爆速。

该方法的优点是可以求得爆轰波的瞬时速度,从而有利于更深入地研究爆轰的本质。

缺点是仪器昂贵,操作比较复杂,如"2.2.2 炸药的爆轰压力测试"中的图 2-2-12,在判读试样药柱爆速时。需将底片放在读数工具显微镜上,以 0.1mm 的步长测定扫描线上各点的 x 坐标和 y 坐标,然后在方格坐标纸上放大,画出扫描线,确定扫描线上直线部分的长度,因此测量精度比测时仪法低。

近年来随着高速大规模集成芯片的迅猛发展,出现了数字式高速摄像机并不断更新换代,已经在爆炸测试领域有很多应用。数字化的图像由专用计算机软件进行处理,提高了测量精度和效率。

但这类高速摄像机随着拍摄帧速率的提高,像素分辨率在降低,见表 2-2-6。如:NAC Memrecam HX-3 High Speed Camera,最高拍摄帧速率为 130 万 fps(frame per second)时,像素分辨率只有 384×8 个像素。因此用于拍摄较高爆速的炸药试样会受到限制。

表 2-2-6　NAC Memrecam HX-3 High Speed Camera 的一些参数

帧速率（fps）	像素分辨率	全分辨率的拍摄时间（s）	
		32G 内存	64G 内存
2000	2560×1920	3.42	6.84
4000	1920×1080	4.05	8.10
10000	1280×720	3.65	7.29
100000	384×208	4.21	8.41
1,300,000	384×8	8.50	17.10

图 2-2-10　导爆管爆炸图像

图 2-2-10 是利用 NAC HX-3 High Speed Camera 拍摄导爆管爆速的部分图像（拍摄条件：帧速率 40 万、像素分辨率 320×40、电子快门 $1\mu s$、图像间隔 $2.5\mu s$），图像处理后得到爆速为 1810m/s。由于每幅图像只有 12800 个像素，使得分辨率很低。

（3）光导纤维法

方法原理及装置可参见"4.1.3 导爆管爆速测定（光电法）"及图 4-1-9。利用炸药在爆轰过程中，伴随强烈的光效应，测试试样中定长的二点间发光的时差，就可测得炸药的爆速。试验时，将光导纤维插入炸药装药中，通过光纤端部将爆轰波阵面的闪光信息向外传导，然后由光电管将其转换为电信号。再由爆速仪进行记录，从而获得爆速。每次试验光纤都会炸掉一段，再次试验需将光纤端面剪切平齐。

图 2-2-11 是中北大学研制的高精度多段光纤爆速仪试验装置，可测试 10 段爆速，由于采用 50MHz 的晶体振荡器，计时的绝对误差为 $\pm0.02\mu s$。表 2-2-7 是利用某型号的三台单段电探针爆速仪与多段光纤爆速仪（20m 长光纤）测量导爆索的对比数据，从表中看出一致性较好。

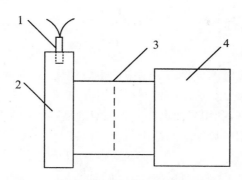

图 2-2-11 光纤法测多段爆速装置的示意图

.1雷管;2. 炸药试样;3. 11 根光导纤维;4. 高精度多段光纤爆速仪(含光电转换、峰值保持等电路)

表 2-2-7 实测导爆索爆速结果对比

某型号的爆速仪测定结果(m/s)	多段光纤爆速仪结果(m/s)
7047.32	7034.79
7036.95	7027.91
7052.84	7047.93

光导纤维法不会受到电磁干扰,光纤直径小,可以准确确定爆轰波传播的具体位置。采用高精度多段测试,可以缩短测试距离利于研究爆轰成长过程及爆轰波阵面形状。

2.2.2 炸药的爆轰压力测试

炸药受到冲击波压缩时,被压缩的炸药薄层内激发高速化学反应,所以炸药的爆轰是带有高速化学反应的强冲击波,以大于介质声速沿炸药传播的动力学过程,爆轰压力测试的目的是研究爆轰波的结构及各爆轰参数间的相互联系。

在工程设计和应用上,通常采用经验公式来估算炸药的 CJ 爆压,不但计算简单,而且计算的结果具有一定的精确度。常用的爆轰压力计算方法有:取多方指数 $K=3$ 的计算法、卡姆利特(Kamlet)经验公式计算法、佩佩金(Пепекнh)经验公式计算法,这些计算方法见有关文献。

炸药的爆轰压力(detonation pressure)是指爆轰波反应区终了时的 CJ 面(C-J face)上的压力,因此又称为炸药的 CJ 爆压。

爆压是炸药的一个重要的爆轰性能参数,由于爆轰过程的复杂性,用计算方法得到的爆压值都是作了各种假设以后的计算结果,要从理论上精确计算炸药的爆压还存在一定困难。因此,用试验方法精确测定炸药的爆压,一直是爆轰物理研究中的一个十分重要的课题。

长期以来,由于各国爆轰物理研究工作者的努力,已建立了一系列测定炸药爆压的试验方法,例如:水箱法、电磁法、锰铜压阻计法(见 3.2.3 雷管爆炸冲击波压力测试—锰铜压阻法)、自由表面速度法、空气冲击波法、黑度法及阻抗匹配法等。

1. 水箱法测爆轰压力

(1) 方法原理

测定药柱端面与水相接触的分界面处水中冲击波速度,由水的冲击雨果尼奥方程求出水的质点速度,推算出炸药的爆压,这是一种间接测定方法。

根据爆轰流体力学原理,利用界面上压力和质点速度连续的条件及声学近似理论,可以得到炸药爆轰波与水相互作用的界面上的冲击阻抗方程:

$$P = P_w \frac{\rho_{0w} D_w + \rho_0 D}{2\rho_{0w} D_w} \tag{2-2-14}$$

或

$$P = \frac{1}{2} u_w (\rho_{0w} D_w + \rho_0 D) \tag{2-2-15}$$

式中:P—炸药的 CJ 爆压,GPa;

$\quad P_w$—水中冲击波的压力,GPa;

$\quad \rho_0$—炸药的密度,g/cm^3;

$\quad \rho_{0w}$—水的初始密度,g/cm^3;

$\quad D$—炸药的爆速,km/s;

$\quad D_w$—水中的冲击波速度,km/s;

$\quad u_w$—水的质点速度,km/s;

当水中冲击波的压力 P_w 小于或等于 45GPa 时,水的冲击雨果尼奥方程为:

$$D_w = 1.483 + 25.306 \lg \left(1 + \frac{u_w}{5.19}\right) \tag{2-2-16}$$

所以只要测定炸药在水中爆轰后所形成的冲击波初始速度 D_w,就可以求出水的质点速度 u_w。将 D_w、u_w 代入 2-2-15 式,即可求出被测炸药的 CJ 爆轰压力 P。

(2) 试验装置

水箱可用木板或有机玻璃板制成,形状为长方体或正方体,尺寸大小可以根据试验药量来确定。通常用的水箱宽、高均为 100mm,长约 150mm。在水箱的左右两个面上各开一个长方形窗口。在右边窗口上装一块光学玻璃或优质平板玻璃,厚度为 1~1.5mm;在左边窗口上装一个玻璃透镜,直径约 85mm。爆炸背景光源是用两段 Ø25mm×25mm 的药柱及套在药柱一端的厚白纸筒。药柱可用梯恩梯或纯黑索今炸药压制。厚白纸筒用来防止光散射,提高光源的亮度。纸筒出口端的木栏板上有一个 Ø4mm 的小孔,从小孔出来的光经过透镜后变成平行光,照亮水箱中的水。高速扫描摄像机的狭缝对准药柱的轴线。摄像机的镜头距试验装药约 5m,狭缝宽 0.4mm,光圈 16。可以用 GSJ 型、SJZ-15 型或 Hadland Photonics Imacon790 等具有高速扫描功能的摄像机进行试验。水箱法测爆轰压力的试验装置如图 2-2-12 所示。

试样药柱的下端浸入水中位于照相光路上方一定距离处。炸药起爆后,爆轰波沿药柱从上向下传播,到达药柱端面时,向水中传入冲击波。受到冲击波压缩的水层密度立即增大,使左边的光不能透过,因而形成一个暗层自上向下传播,高速摄像机将此暗层的运动扫描在底片上,于是就得到了水中冲击波的运动轨迹,由此轨迹可以求出水中冲击波的初始速度。

典型扫描图像见图 2-2-13,轨迹示意见图 2-2-14。

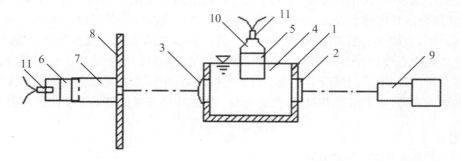

图 2-2-12　水箱法测爆轰压力试验示意图

1. 水箱；2. 光学玻璃；3. 光学透镜；4. 蒸馏水；5. 试样药柱；6. 光源药柱；7. 白纸筒；8. 木栏板；9. 高速扫描摄像机；10. 平面波发生器；11. 雷管

图 2-2-13　典型扫描图像(图左边是扫描图像,右边是起爆前的静止像)

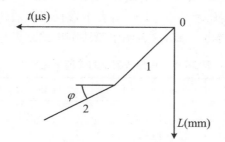

图 2-2-14　水箱法测爆轰压力的扫描轨迹示意图

1. 爆轰波轨迹；2. 水中冲击波轨迹；φ. 夹角

(3) 数据处理

从图 2-2-13 可以看出,水中冲击波轨迹扫描线开始部分斜率很大,相应于冲击波高速运动的区域,因受到药柱端面爆轰产物的影响,这部分扫描线不很清楚,无法精确测量,可以略去。

在高速区之后,有一段斜率逐渐变小的扫描线,边缘清楚。这段扫描线对应逐渐衰减的水中冲击波的运动,其中开始的一小段近似为直线,对应水中冲击波的初始运动。为了提高测量精度,采用"坐标斜率法"读数。将底片放在读数工具显微镜上,以 0.1mm 的步长测定扫描线上各点的 x 坐标和 y 坐标,然后在方格坐标纸上放大,画出扫描线,确定扫描线上直线部分的长度。试验结果表明,这个长度随试验药柱的直径不同而变化。例如:药柱直径在 40mm 以上时,直线部分的长度约 3.0mm;药柱直径为 25mm 时,直线部分的长度约为 2.5mm;药柱直径为 10mm 时,直线部分的长度约为 2.0mm。将扫描线上的这段直线各个点读数,用最小二乘法拟合成最佳直线,求出其斜率,由此即可求得水中冲击波的初始速度。采用"限长角度法"测量比较简单,在确定了扫描线上直线部分的长度以后,用读数工具显微镜测量出该直线部分与水平轴线的夹角,即可求得其斜率,由此可以求得水中冲击波的初始速度。计算公式为:

$$D_w = \frac{v}{\beta} \tan \varphi \qquad (2\text{-}2\text{-}17)$$

式中:D_w—水中冲击波的初始速度;

　　v—高速摄像机的扫描速度;

　　β—图像放大比,即像与水平线的尺寸比;

　　φ—扫描线直线部分与水平线的夹角。

由水中冲击波速度 D_w,代入公式(2-2-16)可求出水的质点速度 u_w。也可采用里格登(Rigdon)提出的拟合公式:

$$u_w = 0.0283D_w^2 + 0.372D_w - 0.607 \qquad (2\text{-}2\text{-}18)$$

将所得到的 D_w、u_w 代入计算冲击阻抗的(2-2-15)式,就可以求得被测炸药的 CJ 爆压。

应当指出,水的动力阻抗较小,阻抗失配比较大,因而反射回爆轰产物的稀疏波较强,在这种情况下利用声学近似原理推导出的阻抗公式来计算炸药的爆压,存在一定误差。

(4)试验方法与结果讨论

表 2-2-8 列出了水箱法测出的几种炸药的爆压值。表 2-2-9 列出了水箱法与自由表面速度法测出的梯恩梯炸药爆压值,为了便于比较,将表中的测算值换算到统一密度,即:$\rho_0 = 1.587\text{g/cm}^3$,换算公式为 $P_1/P_2 = (\rho_1/\rho_2)^2$。由表中数据可以看出水箱法测出的梯恩梯炸药爆压与自由表面法的结果基本上一致,这表明水箱法测出的结果是可信的。

表 2-2-8　水箱法测出的炸药爆轰压力

炸药试样	$\rho_0(\text{g/cm}^3)$	$D(\text{km/s})$	$P(\text{GPa})$
梯恩梯	1.587	6.827	18.86±0.28
	1.587	—	18.5
	1.638	6.920	20.1
黑索今	1.700	8.415	29.39±0.68
奥克托今	1.751	8.542	32.46
梯恩梯/黑索今(35/65)	1.708	7.909	28.57±0.74
黑索今/钝感剂(95/5)	1.655	8.358	26.19±0.43

表 2-2-9　水箱法与自由表面法结果的比较

炸药试样	$\rho_0(\text{g/cm}^3)$	$P(\text{GPa})$	$P(\text{GPa})$ $(\rho_0=1.587\text{g/cm}^3)$	试验方法
梯恩梯	1.587	18.86±0.28	18.9±0.3	水箱法
	1.587	18.5	18.5	水箱法
	1.634	19.08	18.0	自由表面法
	1.637	18.91	17.8	自由表面法

水箱法是一种比较简单易行的爆轰压力测试方法。它的优点在于试验装置简单,试验结果可靠,重复性较好,精度约 2%,试验药量小。这对新炸药及新的炸药配方研究很有利。由于可以连续地记录水中冲击波的运动轨迹,有利于研究冲击波的衰变过程和运动规律。近年来,采用透镜获得的平行光光源,使扫描照相底片的清晰度大大提高,也提高了水箱法的测量精度。

水箱法的主要问题是水的动力阻抗与炸药的动力阻抗差别大,因而阻抗失配现象较严重。要解决这个问题,必须用其他透明液体来代替水,使阻抗达到匹配。研究表明,用二碘甲烷(CH_2I_2)溶液代替水,可以达到阻抗匹配的条件。

此外,水箱法试验装置复杂,图像处理方法也陈旧。

2. 电磁法测爆轰压力

该方法是将一个或多个金属箔 Π 框形传感器直接嵌入炸药柱内,以测试爆轰波 CJ 面上的产物质点速度,然后利用动量守恒定律计算被测炸药的爆轰压,这是一种直接测定方法。

(1) 方法原理

由动量守恒定律:

$$P = \rho_0 D u \qquad\qquad (2\text{-}2\text{-}19)$$

可以看出,只要能直接测出爆轰波 CJ 面上的产物质点速度 u,炸药的 CJ 爆压就由(2-2-19)式直接算出,因为爆速 D 容易准确测出。由法拉第电磁感应定律得知,当金属导体在磁场中运动切割磁力线时,与导体两端相接的电路中将会产生感应电动势,电动势的大小由公式(2-2-20)确定:

$$E = HLv \qquad\qquad (2\text{-}2\text{-}20)$$

式中:E—感应电动势,V;

　　H—磁感应强度,T;

　　L—切割磁力线部分导体的长度,mm;

　　v—导体的运动速度,km/s。

如果将厚度为 0.01~0.03mm 的金属箔做成矩形框 Π 传感器并嵌入炸药试样内,再将炸药试样放在均匀的磁场中,则当爆轰波传播到传感器处时,Π 框形传感器就和产物质点一起运动。由于传感器的质量很小,所以惯性也小,因此,可以假定传感器的运动速度 v 和 CJ 面上的产物质点速度 u 相等,即:$v=u$,代入公式(2-2-20),便得到:

$$u = \frac{E}{HL} \qquad\qquad (2\text{-}2\text{-}21)$$

再代入公式(2-2-19),就得到被测炸药的 CJ 爆压:

$$P = \rho_0 D \frac{E}{HL} \tag{2-2-22}$$

由此得知,电磁法就是测定感应电动势 E,再由公式(2-2-22)计算出被测炸药的爆轰压力 P。

(2) 试验装置

图 2-2-15 是电磁法测爆轰产物质点速度的试验装置示意图。

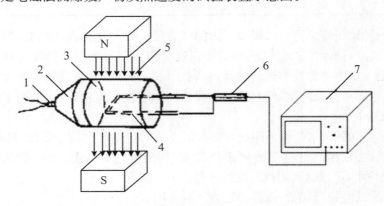

图 2-2-15   电磁法测爆轰压力示意图

1. 雷管;2. 平面波发生器;3. 试验药柱;4. Ⅱ框形(箔式)传感器;5. 均匀磁场;6. 传输电缆;7. DSO

在试验装置中,Ⅱ框形传感器是关键元件。通常用厚度为 0.01～0.03mm 的铝箔剪成 1～5mm 宽的条,然后折成框底边宽为 5～10mm 的传感器,嵌在炸药中,使框底与炸药端面平行。起爆后,平面爆轰波沿炸药轴向传播,当爆轰波传至 Ⅱ框形传感器的底边时,底边立即随产物质点一起运动,切割匀强磁场的磁力线,同时在与传感器连接的外部电回路中产生感应电动势 E 输入到 DSO,就得到了如图 2-2-16 所示的感应电动势随时间变化的曲线。

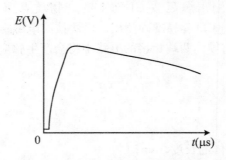

图 2-2-16   感应电动势随时间变化曲线

(3) 数据处理

判读 DSO 记录的图形,测量出曲线上最大的感应电动势的数值,或将电动势曲线外推到零时刻,取这一点的电动势值,代入公式(2-2-21),即可求出 CJ 面的产物质点速度。再利用试验测定的爆速就得到被测炸药的爆轰压,该方法的精度一般为 2%～5%。表 2-2-10 列出了电磁法测得的几种炸药的质点速度和爆轰压。为了便于进行比较,表中同时列出了自由表面速度法的测量结果。

表 2-2-10　电磁法测出的质点速度和爆压

炸药试样	ρ_0(g/cm³)	u(km/s)	P(GPa)	自由表面速度 u(km/s)
梯恩梯	1.60	1.81	20.272	1.84
	1.55	1.77	18.573	1.80
	1.47	1.71	16.389	1.73
	1.31	1.58	12.522	1.59
	1.00	1.32	6.732	1.30
梯恩梯/黑索今（50/50）	1.68	2.03	26.090	2.07
黑索今/钝感剂（95/5）	1.67	1.97	27.700	……

从表中数据可以看出，电磁法测得的质点速度与自由表面速度法的结果基本是一致的。但电磁法的结果比自由表面速度法的结果偏低约 1.7%。

（4）试验方法与结果讨论

a. 电磁法即电磁速度传感技术是一种直接测量爆轰波和冲击波后质点运动速度随时间变化历程的重要方法。它只运用了法拉第电磁感应定律，因此，电磁法试验结果的真实性比自由表面速度法、水箱法高。但是电磁法首先假定了 Π 框形传感器有效部分的运动速度等于爆轰产物的质点速度，并且认为嵌入药柱中的传感器对爆轰波剖面没有影响，这两个假定是合理的，测量精度约为 5%。此外，从波与导体的相互作用规律来看，只要经过 10^{-8} 秒数量级的时间，金属导体就可以与其所在的介质达到平衡状态，即它的压力和质点速度与其所在介质的压力和质点速度相等。由此得知，假定传感器的运动速度与产物质点速度相等，引入的测量误差相对于测量系统的其他误差来说可以忽略不计。德列明（Дреидн）等人的研究表明，嵌在药柱中的传感器对爆轰波剖面没有明显的影响。

b. 影响电磁法测量精度的因素是传感器的尺寸、安装位置、磁场强度及其均匀性、爆轰波的平面性及 DSO 的上升时间等。

传感器可以用铝箔、铜箔或银箔制作，这些材料都有良好的导电性。在研究炸药的爆轰特性时，铜和银比铝更好些，因为在高温高压的爆轰产物作用下，铝可能发生反应。为了防止爆轰波对传感器的绕流，传感器的框底的尺寸不能太小，一般底边长 5～10mm，箔条宽 1～5mm，厚度 0.01～0.08mm。底边是切割磁力线的有效部分，应安装在磁场恒定且均匀的范围内，并与爆轰波阵面平行。

为了获得较大的工作间隙，可以采用如图 2-2-17 所示的 C 字形和 E 字形的电磁铁，铁芯磁极的截面积为 8cm×6cm，工作间隙的大小可以根据具体情况选择，例如可选取 7cm 间隙。电磁铁的激励线圈，用 0.9mm 的漆包线绕 5000 匝而成。对 E 字形电磁铁，当用两个线圈串联激磁且通过的电流为 5A 时，能产生 0.5T（特斯拉）的均匀磁场。对 C 字形电磁铁，若也用两个线圈串联激磁，当通过 2A 电流时，产生的磁感应强度为 0.085T；当通过 5A 电流时，产生的磁场感应强度为 0.12T。为了保护线圈，试验时要加防护装置，例如木板或套筒等。

为了精确地测量传感器两端的初始电动势，要求 DSO 的上升时间越小越好。

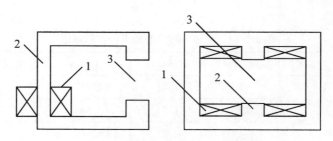

图 2-2-17　C 字形和 E 字形电磁铁

1. 线圈；2. 铁芯；3. 工作间隙

应采用平面波发生器起爆试验药柱，以使爆轰波阵面与传感器的底面平行。此外传感器的引线要短，对传输电缆的衰减应进行补偿，提高信噪比。

c. 一种用亥姆霍兹线圈产生高强瞬态磁场的方法。将一个储能大电容器（约 $4000\mu F$），充电到 1000V 左右，然后对半径为 75mm，约 10 匝的一对线圈放电，产生的最大脉冲电流可超过 5000A，在线圈的中心附近可获得 0.6T 以上的瞬态强脉冲磁场，而且磁场的均匀区大。用这种脉冲大电流产生的高强均匀磁场代替电磁铁进行爆轰测量有很多优点：制成简单，成本低，一次性使用不需要防护设备，试验药量不受限制，信噪比高。

d. 电磁法还可以用来测定反应区的宽度，研究理想炸药和非理想炸药的冲击起爆过程及爆轰波的形状等重要课题。一次性使用的亥姆霍兹线圈可以进行大尺寸药柱的试验。在一个直径 203.2mm 的药柱内，如图 2-2-18 所示的那样安装 10 个传感器，以研究炸药的平面波冲击起爆过程和平面定常态爆轰过程。

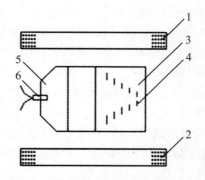

图 2-2-18　多个电磁速度计测爆轰压力示意图

1、2. 亥姆霍兹线圈；3. 试样药柱；4. 十个电磁速度计安装位置；5. 平面波发生器；6. 雷管

2.2.3　工业炸药的爆热测试

在一定条件下单位质量炸药爆炸时放出的热量称为炸药的爆热。爆热分为定容爆热和定压爆热，因为炸药爆炸变化极为迅速，可看作是在定容条件下进行的，因此定容爆热是衡量炸药能量的一个重要特性，它与炸药的爆速、爆温和作功能力都有密切关系。用爆热弹测出的爆热可以认为是近似的定容爆热；根据热化学数据表的数据计算出的爆热是定压爆热（部分工业炸药的爆热计算值见"5.3 工业炸药作功能力测定——水下爆炸法"中表 5-3-9），定容爆热和

定压爆热之间还可以进行换算。

1. 方法原理(绝热法)

在爆热弹内无氧环境中引爆被测炸药,并使量热系统与环境的热交换等于零,以蒸馏水为测温介质,测定水温升高、利用量热系统的能当量,求出该过程的总热量,然后进行修正,即可得到单位质量的被测炸药在给定条件下的爆热。

2. 仪器、设备与材料

(1) 仪器、设备

a. 绝热式量热计:见图 2-2-19,其技术指标为:

• 试验系统的标定精度,相对标准偏差不大于 0.60%;

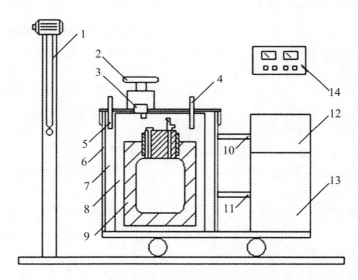

图 2-2-19　绝热式量热计示意图

1. 电动提升;2. 手动提升;3. 内循环装置;4、5. 温度计;6. 绝热罩;7. 外筒;8. 内筒;9. 爆热弹;

10、11. 连接管;12. 外循环装置;13. 冷却器;14. 电子控制器

• 爆热弹内容积为 5L;

• 电子控制器跟踪速度:当内筒温度比外筒温度高 1K 时,启动跟踪后,5min 之内,控制内筒与外筒的温度小于 0.04K。引爆 10min 的主期内,控制内筒与外筒的温度差小于 0.06K;

• 冷却器对外筒水冷却均匀,速度大于 0.05K/min。

b. 温度计 0~5℃,分度值 0.01℃或测温仪精度不小于 10^{-3}℃,棒式温度计。

c. 工业天平:称量 20kg,感量 1g;分析天平;称量 200g,感量 0.0001g。

d. 真空泵、氧气表、压片机。

e. 压力表:量程 0.5MPa~1.0MPa,分度值 10kPa,水银压力表。

f. 读数放大镜。

（2）材料

a. 蒸馏水、苯甲酸：二等以上量热标准物质。

b. 氧气：氧气中不含有氢或其他可燃物，禁止使用电解氧；氮气：纯度 99％以上。

c. 金属丝：直径小于 0.2mm 燃烧热值已知；干燥棉线：用酒精煮洗脱脂，燃烧热已知。

d. 石英坩埚或铂坩埚。

e. 梯恩梯 性能应符合 GJB 338 要求；太安：性能应符合 GJB 552 要求。

f. 8 号电雷管：铜壳或铁壳，性能应符合 GB8031—2015 要求。

g. 装药玻璃管（以下简称药管）：药管直径 32mm，壁厚 2mm，底端封口，管长 110～130mm，根据所取用的药量及密度而定。上盖内直径 36.3mm，壁厚 2mm，高 10mm，中心留有直径 8.5mm 的雷管孔。

3. 量热系统能当量的测定

量热系统的能当量为量热系统各部分热容量的总和，用相当量水的热容量 J/K 表示。用量热标准物质苯甲酸在 2.5MPa～3.0MPa 氧气中完全燃烧来测定。

（1）试验准备

a. 将苯甲酸在 70～80℃下烘干 3～4h，放入干燥器中冷却至室温后，称取 8～10g，压制成片后，称其质量，精确至 0.002g。

b. 称取长为 100～150mm 的金属丝线，精确至 0.0002g。

c. 称取长为 150～200mm 的干燥棉线，精确至 0.0002g。

d. 将金属丝中间绕几圈，缠上棉线，放入坩埚内，再小心地用苯甲酸片压住棉线，然后将坩埚挂在弹盖上。

e. 盖好弹盖抽真空，至剩余压力不大于 667Pa，然后向弹内缓慢充氧至 2.5MPa～3.0MPa。

f. 检查弹的密封性及电极导通是否良好。

g. 将弹吊入量热筒中，接上点火导线，向筒中注入蒸馏水至淹没全弹为止。水的质量事先用工业天平称量，精确至 1g。在测定雷管及炸药爆热时，所加水量应与标定时相同。

内筒水每次试验必须更换；

外筒注满蒸馏水，定期更换。

h. 盖好量热计上盖，合盖时注意盖内装置与爆炸弹体各装置空间位置的配合。

i. 装好内筒和外筒的温度计（用石英晶体温度计时注意探头不要接触量热计）。

（2）试验步骤

a. 开动循环装置，使内、外筒水循环。利用"平衡调节"调节各机能如冷却、加热、跟踪等，使内外筒很快达到平衡，至内筒温度 15min 内变化 不大于 0.003K，即为初始平衡。记下温度 T_0（读数至 0.001K）。

b. 将控制旋钮旋至"点火"档，点燃苯甲酸。

c. 点火后，内外筒温度同时不断升高，约 30min 后可开始记录温度。直到内筒温度 15min 内变化不大于 0.003K，即为终点平衡，记下温度 T_1（读数至 0.001K）。

d. 取出温度计，停止内、外循环器循环，打开量热计的上盖，检查弹是否漏气，如漏气，则该次试验作废。

e. 关闭电子控制器。

f. 吊出爆热弹,放出气体,打开弹盖。检查是否有积碳,点火丝是否燃尽。如有积碳,则试验作废;如有未燃尽的金属丝,经清洗干净并烘干后称其质量精确至 0.002g,以便对燃烧热值进行修正。

(3) 能当量的计算

a. 系统的能当量按公式(2-2-23)计算:

$$W = \frac{Q_1 + Q_2 + Q_3 + Q_4}{\Delta T} \tag{2-2-23}$$

式中:W—系统能当量,J/K;

Q_1—苯甲酸燃烧放出的热量,J;

Q_2—由水、氧、氮、生成硝酸的反应热量,J;

Q_3—金属丝的发热量,J;

Q_4—棉线燃烧放出的热量,J;

ΔT—修正后的实际温升,K。

b. 苯甲酸燃烧放出的热量 Q_1 按公式(2-2-24)计算:

$$Q_1 = q_1 m_1 \tag{2-2-24}$$

式中:q_1—苯甲酸的燃烧热,J/g;

m_1—苯甲酸的质量,g。

c. 由水、氧、氮、生成硝酸的反应热量 Q_2 按公式(2-2-25)计算:

$$Q_2 = A m_1 \tag{2-2-25}$$

式中:A—经验系数,其值为 4J/g。

d. 金属丝的发热量 Q_3 按公式(2-2-26)计算:

$$Q_3 = q_3 m_3 + \frac{V^2 \tau}{R} \tag{2-2-26}$$

式中:q_3—金属丝的燃烧热,J/g;

m_3—已烧掉的金属丝质量,g;

V—点火时加在金属丝上的电压,V;

τ—通电时间,s;

R—金属丝的电阻,Ω。

R 与 V 值用万用表直接测量,τ 值由电子控制器上的定时器直接指示。

e. 棉线燃烧放出的热量 Q_4 按公式(2-2-27)计算:

$$Q_4 = q_4 m_4 \tag{2-2-27}$$

式中:q_4—棉线的燃烧热,J/g;

m_4—棉线的质量,g。

f. 修正后的实际温升 ΔT 按式(2-2-28)计算:

$$\Delta T = \delta(T_1 - T_0) \tag{2-2-28}$$

式中:δ—温度计的平均分度值,此值在贝克曼温度计检定证书中可以查到。如使用石英晶体温度计时,可不必修正。

　　T_1—终点平衡时内筒温度,K;

　　T_0—初始平衡时内筒温度,K。

　　标定量热系统能当量时,试验次数不少于 5 次,取其算术平均值,并按下式求出标准偏差。

$$S = \left[\frac{1}{n-1} \sum_{i=1}^{n} (W_i - \bar{W})^2 \right]^{\frac{1}{2}} \tag{2-2-29}$$

式中:S—标准偏差,J/K;

　　n—试验次数;

　　W_i—第 i 次标定得到的能当量,J/K;

　　$\bar{W}$—n 次试验得到的能当量的算术平均值,J/K。

　　相对标准偏差按下式计算:

$$H = \frac{S}{\bar{W}} \tag{2-2-30}$$

式中:H—相对标准偏差。

　　温度计或测温仪定期鉴定,量热系统水当量 1～2 年标定一次,相对标准偏差不得大于 0.6%。

4. 雷管平均爆热的测定

　　a. 测定炸药爆热时必须采用 8 号铜壳(或铁壳)电雷管。将雷管的脚线剪短至 150～200mm,并去掉绝缘层,再将 30～50 个雷管捆在一起,取其中两个并连接于电极上,使雷管自由悬挂在弹的中部。

　　b. 盖好弹盖使之密封,抽真空至剩余压力不大于 667Pa(即 5mmHg),然后缓慢向弹内充氮。压力为 1.0MPa～1.5MPa,再抽真空至剩余压力不大于 667Pa,然后按 3./(1)中的“f”～3./(2)中的“e”所述的试验步骤进行测试。仅在 3./(2)中的“b”“点火”改为“起爆”。试验后吊出弹体,放出气体,打开弹盖,进行清洗。试验时注意起爆前应将温度计取出,起爆后立即插入。起爆时工作人员必须离开量热室。

　　c. 雷管平均爆热的计算:

　　雷管的平均爆热按公式(2-2-31)计算:

$$Q_d = \frac{\bar{W} \cdot \Delta T}{n} \tag{2-2-31}$$

式中:Q_d—雷管的平均爆热,J;

　　ΔT— 修正后实际升高的温度,K;按公式(2-2-28)计算;

　　n —雷管个数。

5. 工业炸药爆热的测定

(1) 试验准备

　　a. 称量:称取被测炸药 80～100g,精确至 0.0002g。

　　b. 装药密度:将称好的炸药均匀地装入玻璃管内,粉状炸药的密度为(1.0±0.1)g/cm³。

含水炸药保持原密度。每种样品平行试验装药密度相差不得大于 0.1g/cm³。对不具有雷管感度的炸药，则在紧靠雷管底部装为被试药量 2%～5% 的传爆药太安引爆。太安的爆热值为 6200J/g(参考值)，最后对被测炸药的爆热值进行修正。

c. 装药方式：粉状炸药均匀装入药管，并根据所需的密度压紧。含水炸药必须形成连续相。液体炸药(liquid explosive)直接倒入药管中即可。

(2) 试验步骤

将装好药的药管自由悬挂于弹的中部。把雷管脚线接于电极上，在接线时，注意将电极"短路"，待盖好弹盖后，再拆除短路，然后抽真空，剩余压力不大于 667Pa(也可采用二次充氮置换空气的方法，充氮压力为 1.0MPa～1.5MPa)。然后按 3./(1) 中的"f"～ 3./(2) 中的"e"所述的试验步骤进行测试，仅在 3./(2) 中的"b""点火"改为"起爆"。试验后吊出爆热弹，放出气体，打开弹盖，进行清洗。测试时注意起爆前应将温度计取出，起爆后立即插入。起爆时工作人员必须离开量热室。

若需要计算比容和进行爆炸产物分析时，在吊出爆热弹后，测定气体产物的压力和进行气体取样。

(3) 试验结果的计算

爆热值按公式(2-2-32)计算：

$$Q = \frac{\overline{W} \cdot \Delta T - Q_d}{m} \qquad\qquad (2\text{-}2\text{-}32)$$

式中：Q——工业炸药的爆热，J/g；

　　　$\overline{W}$——系统的平均能当量，J/K；

　　　m——被测炸药的质量，g。

(4) 测定精密度和准确度

a. 每个试样做两发平行试验，取两发结果的算术平均值作为测定结果。两发结果的相对误差不得大于 ±0.3%。若超过此值，则进行第三发试验，取其在允许误差范围内的两发试验结果的算术平均值作为测定结果。若第三发试验结果与前两发结果的相对误差都在允许误差范围内，则取三发结果的算术平均值作为测定结果。

b. 为了鉴定测定方法的准确性，采用梯恩梯作为标准炸药，1～2 年鉴定一次。试样量为 50g，粉状散装，过筛孔基本尺寸为 0.250mm 的试验筛，密度(1.0±0.1)g/cm³ 在本标准规定的条件下，爆热值应在 3380～3580J/g 范围内。

6. 试验方法的讨论

(1) 爆热弹容积

炸药爆炸时具有很大的压力和破坏作用，试验装置中应选择结构设计合理、适当试验当量的爆热弹。目前国内、外已设计出多种爆热弹，最小的爆热弹内腔容积只有数百毫升，而大型爆热弹内腔容积达数百升，弹体均由优质钢制成。

测量工业炸药的爆热弹，除了 5L 外，还有 20L 爆热弹(内径 200mm，外径 350mm，高 650mm)，采用铅垫进行密封。量热桶直径 415 mm，高 1000mm，壁厚为 1.4mm，外面包有绝热层。

(2) 爆炸环境

在测定爆热时,爆炸产物在弹内膨胀,产物在弹体内长期处于较高的温度和压力环境中,如果试验时弹内有空气,则爆炸产物就可能与空气中的氧发生反应放出附加热量。所以进行爆热测定时弹体要抽成真空。使用液体炸药或含水炸药(如水胶炸药和乳化炸药),抽真空会造成液体蒸发和炸药被抽出的现象,为此可以采用向爆热弹中充填氮气的办法测定爆热。美国的一些实验室采用充填氮气或采用极薄的聚乙烯和尼龙薄膜(厚 $10 \sim 20\mu m$)将试样封死的办法;以及采用带盖玻璃药管装含水炸药,也可以解决炸药被抽出的问题。

(3) 试样药柱直径及长度

试验表明,只要试样药柱直径大于极限直径(limiting diameter),药柱直径对爆热的影响就很小。为了减轻爆炸时对弹体的破坏,应尽量使药柱处于弹体的中央,药柱也不宜过长,当试样质量为 $25 \sim 30g$ 时,药柱直径为25mm。

(4) 外壳材料及厚度

正确测定炸药爆热应采用合适的惰性外壳。

在测定炸药爆热时,产物在弹内缓慢冷却,试验终了时的温度接近于室温,压力一般为 $0.3MPa \sim 0.5MPa$,在产物缓慢冷却的过程中,由于温度和压力的变化,反应产物之间的平衡发生移动,产生附加热效应(一般是吸热)。含氧量多的炸药,爆炸产物中的氧还要与弹壁及雷管管壳材料发生氧化反应。实际爆炸中,如工程爆破、炮弹中炸药的爆炸,都是在有牢固限制的情况下爆炸,产物对介质做功而很快冷却,即使是薄外壳或裸露装药的爆炸,产物在空气中也会因自由膨胀而迅速冷却,在这些情况下附加热效应都受到抑制,不会影响爆炸效果。因而在考虑测定爆热的试验条件时,应采取合适的措施尽量抑制冷却过程附加热效应的影响。

试验发现,负氧炸药的外壳及外壳的厚度对测出的爆热值有显著的影响。表 2-2-11 是黄铜外壳对梯恩梯炸药爆热的影响。

表 2-2-11　外壳厚度与梯恩梯炸药的爆热(液态水)

黄铜外壳的厚度（mm）	0	0.5	2.0	4.0	6.0
爆热（MPa/kg）	2.549	2.621	4.355	4.497	4.477

表 2-2-12 是外壳材料对梯恩梯、黑索今炸药爆热的影响。

表 2-2-12　外壳材料对梯恩梯、黑索今炸药爆热的影响(汽态水)

炸药名称	密度（g/cm³）	外壳情况	爆热（MPa/kg）
黑索今	1.78	2mm 玻璃外壳 4mm 黄铜外壳	5.334 5.964
梯恩梯	1.60	2mm 玻璃外壳 4mm 黄铜外壳	3.528 4.538

从两个表的数据中可以看出负氧炸药没有外壳时,测出的爆热较低,加外壳后,爆热增加,随着外壳的厚度的增加到某一数值后,爆热达到极限值。例如用软钢作外壳时,厚度达到 6.4mm后继续增加厚度,爆热也不再增加。梯恩梯在 4mm 厚度黄铜外壳时,爆热达到极

限值。

太安、硝化甘油等接近零氧平衡的炸药,外壳对爆热没有明显的影响。

外壳对负氧炸药爆热的影响的原因可以归结为温度和压力对爆炸产物之间平衡的影响。

有研究发现:在测量正氧炸药爆热时,无外壳正氧炸药的爆热值明显偏高,甚至超过了按最大放热原则求出的最大热值。

外壳的作用在于吸收爆炸产物的能量,因而外壳的影响主要决定于外壳的质量。而与外壳材料的密度及机械性能关系不大。例如,采用金、三氧化二铝及硬质玻璃三种材料做成外壳,测定梯恩梯的爆热,尽管材料的密度相差5～8倍,机械性能也有很大差别(金是延展性很好的金属,而玻璃是脆性材料),但测出的爆热值很接近。

炸药爆炸时,金属外壳破片以高速(达1500m/s)向外飞散,会造成弹壁损坏。当采用3～4mm厚的不锈钢板作弹壁防护层时,破片仍能贯穿不锈钢板,使弹壁变形。

用厚陶瓷作炸药试样的外壳,可以起到抑制平衡反应的作用,陶瓷在爆炸时被炸成粉碎,弹壁不会有重大损坏。

而用无外壳药柱测得的相对值(无外壳情况下某炸药的爆热与参比炸药爆热的比值)不能代表炸药的相对能量。

(5) 试样密度对炸药爆热的影响

负氧炸药的爆热随着试样密度的提高而增加,负氧越严重,密度对爆热的影响越大,这种影响是由于爆轰压力对反应平衡的影响造成的。

图2-2-20是不同密度黑索今炸药的爆热试验结果,试验用药柱的直径为20～30mm,质量为30～50g,装入3～4mm厚的黄铜外壳中。黑索今的熔点为202～203℃,低密度黑索今由细沉淀的黑索今制作,试验误差小于1%。密度对含铝炸药爆热的影响比同样氧平衡的不含铝炸药的影响要小得多,这是因为含铝炸药爆轰时,铝既可以和一氧化碳,也可以和二氧化碳反应,因而平衡反应的影响较小。此外密度对爆热的影响与炸药的氧系数有关,氧系数愈小,密度的影响愈大。

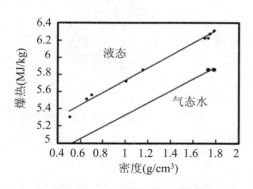

图 2-2-20 密度与黑索今爆热关系

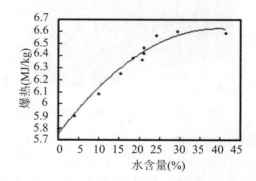

图 2-2-21 水含量与黑索今爆热关系

(6) 附加物对炸药爆热的影响

该影响主要取决于附加物的性质,炸药中加入铝粉、铍粉、镁粉可以使爆热显著增加,是提高炸药爆热的一个主要途径。爆热增加的主要原因在于金属粉能和爆炸产物中的一氧化碳、水、二氧化碳发生反应,放出巨大的热量。

炸药中加入惰性附加物时,一般爆热降低,在一定的范围内,爆热降低与惰性附加物加入量成正比。

炸药中加入水时,包括水在内的单位质量混合炸药的爆热虽然降低,但不包括水的单位质量炸药的爆热却增加,图2-2-21列出了水对黑索今爆热的影响的试验结果,所用的颗粒尺寸为$63\sim250\mu m$,未加水时的密度为1.14 g/cm³。爆热为液态水的结果。

由图可以看出,当水的含量小于24%时,爆热与水含量成正比,超过24%后,继续增加水含量,爆热不再增加。往炸药中加入煤油、石蜡油等同样可使炸药的爆热增加;而加入氧化剂如硝酸铵、硝酸钠、高氯酸盐的水溶液具有重要的实际意义,由于氧化剂水溶液的加入,爆热可以成倍增加。

7. 全自动爆热测量仪简介

DCA 5 美国 IDEA SCIENCE 公司生产的一种高精度,高自动化,安全可靠的大型量热仪,见图2-2-22。可用于测试含能材料(火炸药、推进剂、烟火剂等)的爆热,爆容、爆炸体系的压力和燃烧热值。试验可在空气、氮气、氧气和真空环境中进行。爆炸容器配有两种盖子分别用于爆热和燃烧热测试,见图2-2-23。

图 2-2-22　DCA5 型全自动爆热测量仪

图 2-2-23　25g 梯恩梯当量爆炸容器

(1) 技术参数

a. 量热范围:0~165kJ;量热精度:0.1%。

b. 量热系统:一体化不锈钢结构,铜制带温度补偿恒温夹套,ENVI 夹套和爆炸减震材料构成;温度精度:0.00005℃。

c. 试样量:小于或等于 25g 梯恩梯当量。

d. 爆炸容器:由抗震耐腐蚀的低碳不锈钢制成,内腔形状为特殊球体结构,使冲击波均匀分布在整个球体而避免集中负荷在某个部位,能抑制冲击波破坏作用。

e. WMS 水管理系统：全自动控制恒温夹套水路，测试水路和 ENVI 夹套水路。每条水路独立控制，可保证特定的量热条件以获得高精度的试验结果。

f. 气氛环境：空气与氮气（0～2.0MPa）、氧气（0～3.0 MPa）、真空（0MPa），内置真空泵。

g. 点火系统：可抵抗爆轰波的冲击，高温、高压和活跃的氧气环境的影响。2 个点火头，点火电压 4kV（气动操作）。三种点火方式包括铁丝点燃，Kanthal 线点火和雷管引爆。

h. 进气和排气系统：由活塞，活塞支撑，弹簧和密封件组成，可与外界气源快速连接。

i. 测试时间：标准测试过程为 75min，可自定义测试时间和选择动态测量模式。

j. 数据采集系统：最高采集频率 2MHz，用于记录爆轰和燃烧试验的压力数据、量热系统的温度数据、信号放大器、调节器。

k. 高压动态、恒定基线压电传感器：（0～69MPa）、（0～30MPa），精度为 0.14kPa。适用于爆炸试验，具有防水性。频响大于 400kHz，响应时间小于 1.5μs。

l. Blast IT 软件：软件功能强大，智能管理，使用简单直观。基础参数设置容易，主视窗以图形显示试验状态、爆炸体系压力曲线。

（2）典型测试结果

表 2-2-13 是梯恩梯炸药的测试结果，平均偏差为 0.07％。

表 2-2-13 测试结果

序号	试样量（g）	升温（K）	爆热（J）	比热（J/g）	比热（cal/g）[1]	偏差（％）
1	24.90	1.234522	127050.94	4631.60	1106.98	0.03
2	24.98	1.238606	127471.25	4633.60	1107.46	0.07
3	24.92	1.284010	126998.29	4625.77	1106.59	−0.10
平均值				4630.32	1106.67	0.07

[1]cal 为废弃计量单位，1cal＝4.184J。

2.2.4 炸药的爆温测试

炸药爆轰时，爆轰区中的化学反应放出的热量将爆轰产物加热到最高温度称为爆温。

爆温也是炸药的一项重要的爆轰参数，在起爆、传爆过程、爆轰理论及爆轰产物状态方程研究中都有特殊的意义；此外还有一定的实际意义在于某些军用炸药要求有较高的爆温，而煤矿许用炸药则要求严格控制爆温，以防止引起煤矿井下的可燃气体及煤尘爆炸。

1. 炸药爆温的理论计算

试验测定爆温有很大困难，所以爆温的理论计算显得非常重要。为了使计算简化，可以假定：

爆轰反应时间很短，此时间内爆轰产物来不及膨胀，可以认为爆轰过程是定容过程。

爆轰过程进行得很快，爆轰过程放出的热量全部用来加热爆轰产物，可以看作是绝热过程。

爆轰产物的热容只是温度的函数，与爆轰产物的压力（密度）无关。这一假定只在压力较低时正确,当计算高密度炸药的爆温时将带来一定误差。

(1) 根据爆轰产物平均热容计算爆温

根据上述假定,爆轰放出的热量全部用来加热爆轰产物,因而有:

$$Q_v = \int_{T_1}^{T_2} c_v \mathrm{d}t = \bar{c_v}(T_2 - T_1) = \bar{c_v}t \qquad (2\text{-}2\text{-}33)$$

式中:Q_v——炸药的爆热,kJ/mol;

　　　t——爆温,℃;

　　　T_1——炸药的初始温度,K;

　　　T_2——炸药爆轰时的最高温度,K;

　　　c_v—— 爆轰产物的分子热容之和,kJ/(mol·K);

　　　$\bar{c_v}$—— 温度由 0℃~t℃ 范围内爆轰产物平均分子热容之和,kJ/(mol·K);

$$\bar{c_v} = \sum n_i \bar{c}_{ui} \qquad (2\text{-}2\text{-}34)$$

式中:n_i——第 i 种产物的摩尔数,1mol 炸药;

　　　$\bar{c}_{ui}$——第 i 种产物的平均分子热容。

卡斯特(Kact)提出,平均分子热容与温度 t 之间有如下关系:

$$\bar{c_v} = a + bt \qquad (2\text{-}2\text{-}35)$$

所以

$$Q_v = \bar{c_v}t = (a + bt)t = bt^2 + at$$

$$t = \frac{-a + \sqrt{a^2 + 4bQ_v}}{2b} \qquad (2\text{-}2\text{-}36)$$

爆轰产物的 a、b 值见表 2-2-14。

表 2-2-14　爆轰产物的 a、b 值

产物	二原子气体	水蒸气	三原子气体	四原子气体	五原子气体	汞蒸气	碳	食盐	三氧化二铝
a	20.08	16.74	37.66	41.84	50.21	12.55	26.10	118.41	99.83
$b(10^{-4})$	18.83	89.96	24.27	18.83	18.83	0	0	0	281.6

(2) 根据爆炸产物内能值计算爆温

根据热力学第二定律:

$$-\mathrm{d}E = \mathrm{d}Q + p\mathrm{d}v \qquad (2\text{-}2\text{-}37)$$

爆轰过程为定容过程,$\mathrm{d}v=0$,反应放出的热量全部用于使产物的内能增加,因此根据不同温度时产物内能的变化就可以求出爆温。计算时,首先假定一个温度,按此温度求出全部爆轰产物的内能,将此数值和爆温值比较,如果两数值相差较大,再假定一个温度值重新进行计算,直至基本符合时为止。

对工业炸药的爆温进行计算时,可以采用表 2-2-15 的经验公式。

表 2-2-15　工业炸药爆温的近似计算式

炸药类型	爆温近似式
含硝化甘油的非安全炸药	0.607Q+280
含硝化甘油的安全炸药	0.423Q+430
含梯恩梯的非安全阿莫尼特	0.449Q+560
含梯恩梯的安全阿莫尼特	0.416Q+470

注:阿莫尼特—硝铵炸药。

2. 炸药爆温的试验测定

炸药爆温的试验测定是一件十分困难的工作,因为爆轰时的温度很高,温度达到最大值后,在极短的时间内迅速下降,而且伴随着爆轰的破坏效应,这些都使得不能用一般的方法测定爆温,直到上世纪中期才首次测出炸药的爆温。

阿宾(A. Я. АПИН)等人用色光法测定了一系列炸药的爆温。这种方法是将炸药的爆轰产物看作是吸收能力一定的灰体,它辐射出连续光谱,测定出光谱的能量分布或两个波长的光谱亮度的比值计算炸药的爆温。

波长为λ的绝对黑体的相对光谱亮度,可以用普朗克公式表示:

$$b_{\lambda,T} = c_1 \lambda^{-5} (e^{c_2/(\lambda T)} - 1)^{-1} \tag{2-2-38}$$

式中:$c_1 = 3.7 \times 10^{-12} \text{J} \cdot \text{cm}^2/\text{s}$;

$c_2 = 1.433 \text{cm} \cdot \text{K}$。

当 T 小于 6000K 时,光谱的可见光部分 $e^{c_2/(\lambda T)} \gg 1$,因此:

$$b_{\lambda,T} = c_1 \lambda^{-5} e^{-c_2/(\lambda T)} \tag{2-2-39}$$

爆轰产物可看作吸收能力为 a 的灰体,所以:

$$b_{\lambda,T} = a c_1 \lambda^{-5} e^{-c_2/(\lambda T)} \tag{2-2-40}$$

温度为 T 时两个波长的光谱亮度的比可以表示为:

$$\ln \frac{b_{\lambda 1 T}}{b_{\lambda 2 T}} = 5\ln \frac{\lambda_2}{\lambda_1} + \frac{c_2}{T} \cdot \frac{\lambda_1 - \lambda_2}{\lambda_1 \lambda_2} \tag{2-2-41}$$

由公式(2-2-41)可以得到:

$$T = \frac{c_2 \dfrac{\lambda_1 - \lambda_2}{\lambda_1 \lambda_2}}{\ln \dfrac{b_{\lambda 1} T}{b_{\lambda 2} T}} - 5\ln \frac{\lambda_2}{\lambda_1} \tag{2-2-42}$$

试验装置见图 2-2-24,为了消除空气冲击波的发光,固体炸药要压到接近理论密度,然后放入水中;液体炸药则放置在有透明底的有机玻璃容器中,爆轰时发出的光经过狭缝后,被半透明玻璃分光,再经过滤光片得到一定波长的光束,经光电倍增管转换成电讯号后,由 DSO 进行记录。测量结果的误差为:液体炸药±150K,固体炸药±300K。试验结果见表 2-2-16。

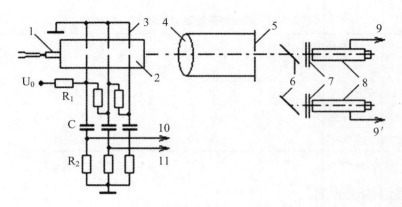

图 2-2-24　色光法测爆温装置示意图

1. 雷管；2. 炸药试样；3. 靶线；4. 目镜；5. 狭缝；6. 半透明玻璃；7. 滤光器；8. 光电倍增管；9、9'. DSO 爆温输入；10. DSO 触发输入；11. DSO 爆速输入

表 2-2-16　某些炸药的爆温

炸药名称	黑索今	太安	硝基甲烷	硝化甘油
密度(g/cm³)	1.80	1.77	1.14	1.60
爆温(K)	3700	4200	3700	4000

何贤储等采用光导纤维传输爆轰中形成的光辐射，用瞬时光电比色法测定了液体炸药的爆温，其测量系统见图 2-2-25。

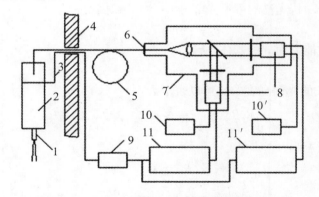

图 2-2-25　瞬时光电比色法测爆温装置示意图

1. 雷管；2. 炸药试样；3. 靶线；4. 防爆墙；5. 光导纤维；6. 光导纤维夹持器；7. 分光器；
8. 光电倍增管；9. 脉冲形成器 10、10'. 高压电源；11、11'. DSO

光导纤维的一端插入试样中，接受和传导爆轰的光辐射，传出的光被分光器分成二束狭光谱带的光束，经光电倍增管进行光电变换后的信号用 DSO 记录，根据两光谱带输出电压之比，按公式(2-2-43)计算爆温：

$$\ln \frac{u_i}{u_I} = a + b\left(\frac{1}{T}\right) \tag{2-2-43}$$

式中：u_i、u_I——两个光谱带辐射亮度产生的电压，V；

　　a、b——常数；

　　T——爆温，K。

每次试验前，用标准温度灯对测温装置进行标定，采用 BW—2500 型二级标准温度灯作标准光源，调节稳流器给出一定的电流，对应于此电流值的标准温度灯有一确定的温度值，在 2000～2500℃ 范围内标准温度灯有六个分度值，可得到六组 T、u_i、u_I 数据，

用 $\ln(u_i/u_I)$ 和 $1/T$ 作图可求出公式(2-2-43)中的常数 a、b，由爆轰时测得的 u_i 和 u_I 即可求出爆温。

固体炸药应进行预处理，以除去夹杂在药柱中的空气后，才可以测定固体炸药的爆温，表 2-2-17 给出了用这种方法测定的结果。

表 2-2-17　固体炸药的爆温

炸药名称	梯恩梯			特屈儿			奥克托今	太安
密度(g/cm³)	1.489	1.560	1.607	1.559	1.631	1.700	1.763	1.700
爆温(K)	2514	2587	2589	2933	3054	3248	3038	3816

南京理工大学在上述测温方法基础上，利用原子发射双谱线测温法原理，设计了对炸药爆轰的瞬态温度实时测量的光纤光谱测试系统，可对爆轰全过程温度随时间的变化进行实时瞬态测量，测温的时间分辨率达 $0.1\mu s$，并给出温度随时间的变化分布曲线。为了避免光纤损坏，采用望远镜收集炸药爆轰时的发射光，再经光纤传输，而不影响光纤的物理和光学特性。利用该测试系统测出 2 号岩石乳化炸药爆轰的瞬时最高温度为 1900～2100K。为炸药爆温的测量提供了一种简单有效的方法。

2.2.5　炸药的猛度测定

炸药爆炸时粉碎与其接触介质的能力称为炸药的猛度(brisance)。炸药爆炸作用仅表现在和炸药接触或与炸药接近的部位，在这些部位，爆炸产物的压力和能量密度都很大，随着距爆炸点距离的增加，破坏作用迅速减弱。在球面对称的情况下，爆炸产物压力的降低与距爆炸点距离的 9 次方成比例，当介质处于爆轰波传播的垂直方向时，破坏作用最大。

虽然猛度这一名称的物理概念还不十分清楚，但却是炸药使用性能中的一项重要特性，它与炸药的破甲作用、粉碎作用等都有很密切的关系。其大小取决于炸药释放气体产物的猛烈程度，而爆速是决定猛度的主要因素。

炸药的猛度测定方法有：铅柱压缩法(lead cylinder compression test)、铜柱压缩法(copper cylinder compression test)、平板炸孔试验和猛度弹道摆试验。

1. 猛度的理论计算

炸药的猛度是一个复杂概念，研究者们多年来一直试图从理论上阐明猛度的物理概念，如有人认为可以用爆轰产物的动能表示猛度，有人提出用炸药的爆轰压表示猛度，还有人提出用炸药的功率表示猛度。这些方法虽然也得出了一些与实际情况比较符合的概念，但都不够严

格和全面,因而只能在一定范围内适合。

目前认为比较合适的观点是用爆轰产物作用在与传播方向垂直的单位面积上的冲量—比冲量代表炸药的猛度。

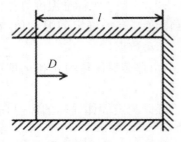

图 2-2-26　爆轰波对刚性面的作用

爆轰产物对目标的破坏与作用的时间有关。当作用时间较长(和目标本身的固有振动周期比较)时,对目标的破坏作用主要取决于爆轰产物的压力;而当爆轰产物对目标的作用时间较短时,对目标的破坏作用不仅取决于爆轰产物的压力,而且取决于压力对目标的作用时间。

假设一维平面爆轰波从左向右传播,在垂直于爆轰波传播方向的右方有一刚性面,见图2-2-26。

理论计算表明,爆轰产物作用在壁上(目标上)的压力 P 为:

$$P = \frac{8}{27} P_{cj} \left(\frac{l}{D\tau} \right)^3 \tag{2-2-44}$$

式中:P_{cj}—爆轰压,MPa;

l—爆轰波传播的距离,m;

D—炸药的爆速,m/s;

τ—作用时间,s。

当爆轰波在壁面反射时,作用在壁上的总冲量 I 为:

$$I = \int_{\frac{l}{D}}^{\infty} SP \, \mathrm{d}\tau = \frac{64}{27} SP_{cj} \left(\frac{l}{D} \right)^3 \int_{\frac{l}{D}}^{\infty} \frac{\mathrm{d}\tau}{\tau^3} = \frac{32}{27} SP_{cj} \cdot \frac{l}{D} \tag{2-2-45}$$

式中:S—炸药装药横截面的面积,cm^2。

将 $P_{cj} = 0.25 \rho_0 D^2$ 代入公式(2-2-45)得:

$$I = \frac{8}{27} Sl\rho_0 D = \frac{8}{27} MD \tag{2-2-46}$$

式中:M—炸药的质量,kg。

作用在壁(目标)上的比冲量为:

$$i = \frac{I}{S} = \frac{8}{27} mD \tag{2-2-47}$$

式中:i—作用在壁(目标)上的比冲量,(kg·m/s);

m—单位横截面上炸药的质量,kg。

需要指出炸药爆轰时爆轰产物存在侧向飞散,并不是全部产物都作用在目标上,所以公式(2-2-47)中的炸药质量不应是整个炸药装药的质量,而是指爆轰产物朝着给定方向(图 2-2-26 为向右)飞散的那一部分装药的质量。这一部分质量称为有效装药量,而远离目标的装药爆轰产物对目标没有作用。

理论计算表明,对于圆柱形装药,当装药长度超过直径的 2.25 倍时,有效装药量为:

$$M_e = \frac{2}{3} \pi r^3 \rho_0 \tag{2-2-48}$$

$$m_e = \frac{2}{3} r\rho_0 \tag{2-2-49}$$

式中：M_e—有效装药量，kg；

　　m_e—单位横截面的有效装药量，kg；

　　r—装药半径，cm；

　　ρ_0—装药密度，g/cm³。

当装药长度小于直径的 2.25 倍时，有效装药量为：

$$m_e = \left(\frac{4}{9}l - \frac{8l^2}{81r} + \frac{16l^3}{2187r^2}\right)\rho_0 \tag{2-2-50}$$

根据公式（2-2-47）和（2-2-50）就可计算已知爆速的不同装药尺寸炸药的比冲量，表 2-2-18 给出了不同尺寸梯恩梯药柱比冲量计算值与试验值的比较。

表 2-2-18　梯恩梯药柱的比冲量

| 药柱尺寸 | | 密度 | 爆速 | 比冲量（kg·m/s） | |
直径（mm）	长度（mm）	（g/cm³）	（km/s）	试验值	计算值
20.0	80	1.40	6.300	0.162	0.178
23.5	80	1.40	6.320	0.217	0.208
31.4	80	1.40	6.320	0.305	0.280
40.0	80	1.40	6.320	0.378	0.360
20.0	70	1.50	6.640	0.205	0.200
23.5	70	1.50	6.640	0.266	0.234
31.4	70	1.50	6.640	0.325	0.314
40.0	43	1.30	6.025	0.296	0.272
40.0	67	1.30	6.025	0.316	0.305
40.0	67	1.30	6.025	0.318	0.310

从表中的结果可以看出，计算值和试验值一致性较好。

2. 铅柱压缩法

铅柱压缩法又称黑斯猛度试验法，于 1876 年提出。

(1) 方法原理

方法要求在规定参量（质量、密度和几何尺寸）条件下，炸药装药爆炸对铅柱进行压缩，以压缩值来衡量炸药的猛度。

(2) 仪器、设备与材料

a. 天平：感量 0.1g；游标卡尺：分度值 0.02mm。

b. 钢片：优质碳素结构钢（参照 GB699 优质碳素结构钢钢号和一般技术条件），硬度 HB150～200，尺寸和粗糙度如图 2-2-27 所示。

c. 压模：黄铜，允许冲子使用硬木，见图 2-2-28；允许采用其他形式的压模，但应保证装药的几何尺寸和装药密度的精度范围。

d. 铅柱:按图 2-2-29 的规定执行。

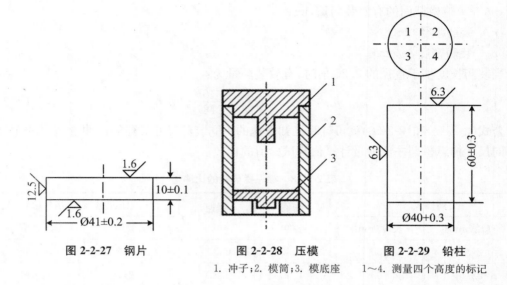

图 2-2-27 钢片   图 2-2-28 压模   图 2-2-29 铅柱

1. 冲子;2. 模筒;3. 模底座   1~4. 测量四个高度的标记

e. 钢底座:中碳钢板,厚度不小于 20mm,最短边长(或直径)不小于 200mm,粗糙度 $R_a=6.3\mu m$,硬度 HB150~200。钢底座四周分布有四个小钩。

f. 带孔圆纸板:采用标准纸板,厚度 1.5~2.0mm,外径(39.5±0.2)mm,孔径(7.5±0.1)mm。

g. 纸筒:将牛皮纸裁成长 150mm,宽 65mm 的长方形,粘成内径为 40mm 的圆筒,用同样的纸剪成直径为 60mm 的圆纸片,并沿圆周边剪开,剪到直径为 40mm 的圆周处(形似锯齿状),再将剪开的边向上折,粘到圆筒的外面。

h. 雷管:8 号雷管(可选用电雷管或导爆管雷管),性能应符合 GB 8031—2015 或 GB 19417—2003 要求。

i. 梯恩梯炸药:标定铅柱用。

j. 放炮线、导通表、起爆器。

(3) 试验步骤

a. 试样准备:

粉状炸药:称量(50±0.1)g 炸药,倒入纸筒中,放上带孔的圆纸板,然后再将纸筒放在专用铜模中,进行压药,控制密度为(1.00±0.03)g/cm³。拔去冲子,在炸药装药中心孔内插入雷管壳,插入深度为 15mm,然后退模,再将纸筒上边缘摺边。允许粉状炸药按使用密度进行试验,报出结果时应予注明。

颗粒状炸药:称量(50±0.1)g 炸药,倒入纸筒中,自然堆积。在炸药上放上带孔的圆纸板,在炸药装药中心处内插入雷管壳,插入深度为 15mm,测量装药高度,计算装药密度。

膏状炸药:先称量纸筒,然后再纸筒中称量(50±0.1)g 炸药,炸药上放上带孔的圆纸板,用手轻压,使装药直径达到 40mm,在炸药装药中心处内插入雷管壳,插入深度为 15mm,测量装药高度,计算装药密度。

b. 测量铅柱:

先在铅柱一端面处，经过圆心用铅笔轻轻画十字线，并注明序号，见图 2-2-29。

在十字线上距交点 10mm 处，再轻轻画上交叉短线，用游标卡尺沿十字线依次测量（精确到 0.02mm），测量时游标卡尺应伸到交叉短线处。取四个测量值的算术平均值作为试验前铅柱高度的平均值，用 h_0 表示（精确到 0.01mm）。

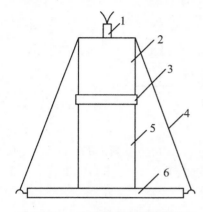

图 2-2-30　铅柱压缩法装置示意图

1. 雷管；2. 炸药试样；3. 钢片；4. 固定绳；
5. 铅柱；6. 钢底座

c. 爆炸试验：

按图 2-2-30 安放试验装置，钢底座放在硬基础（混凝土的厚度不小于 100mm）上，依次放置铅柱（画线端面朝下）、钢片、炸药装药，使系统在同一轴线上（目测），用绳将装置系统固定在钢底座上，取出炸药试样中心孔内的雷管壳，换成 8 号雷管，然后进行起爆。

d. 擦拭试验后铅柱上的脏物，用游标卡尺测量高度，按 b 条规定，依次测量四个高度（精确到 0.02mm），取其算术平均值作为试验后铅柱高度的平均值，用 h_1 表示（精确到 0.01mm）。

e. 按 c 条试验条件进行试验。铅柱压缩值大于 25mm，应采用减半装药量试验，即（25.0±0.1）g，雷管插入深度 5mm；或者装药量仍为（50.0±0.1）g，采用双钢片试验，试验步骤执行上述诸条的规定。

爆炸压缩后的铅柱见图 2-2-31。

图 2-2-31　爆炸压缩后的铅柱

（4）试验数据的计算和评定

a. 铅柱压缩值按公式（2-2-51）计算：

$$\Delta h = h_0 - h_1 \tag{2-2-51}$$

式中：Δh—铅柱压缩值，mm；

　　　h_0—试验前铅柱的平均高度值，mm；

　　　h_1—试验后铅柱的平均高度值，mm。

b. 每个试样做两个平行试验。对于粉状混合炸药，其平行试验的压缩值相差不得大于 1.0mm，对其他物理状态的混合炸药，其平行试验的压缩值相差不得大于 2.0mm。然后再取平行试验的算术平均值，精确至 0.1mm，该值即为试样的铅柱压缩值。

c. 若平行试验超差，允许重新取样，再做 2 个平行试验，按"（3）试验步骤"规定执行。若仍超差,则为不合格,应查找原因。

某企业生产的岩石乳化炸药,铅柱压缩值试验结果见表 2-2-19。

表 2-2-19　岩石乳化炸药的铅柱压缩值

序号	h_0 (mm)	h_1 (mm)	Δh (mm)
1	59.75	41.73	18.02
2	59.87	41.55	18.32
平均压缩值		18.2mm	

(5) 铅柱的标定

① 标定用梯恩梯炸药

梯恩梯凝固点不低于 80.2℃,粉碎后选取通过 Ø200×50/0.40-方孔,而留在 Ø200×50/0.14-方孔筛上的颗粒,在 50～60℃水浴烘箱中干燥,至水分小于 0.1%,作为标准样。凡是凝固点低于 80.2℃的梯恩梯炸药应精制以达到标准样的要求。

② 铅柱的标定

每批铅柱中任意抽 2% 进行标定,且一批抽检数不得少于 3 个,若一批抽检数多于 3 个时,取 3 的倍数进行标定。

按①、②条中规定的试验方法标定铅柱,3 个试验的压缩值在(16.5±1.0)mm 范围内,且最大压缩与最小压缩值之差不大于 1.0mm,则该批铅柱合格。

(6) 注意事项

a. 对于化学敏化的乳化炸药,装入纸筒的乳化炸药最好采取连续药柱,以减少密度的误差。

b. 对于无雷管感度的 2 号铵油炸药、3 号铵油炸药及多孔粒状铵油炸药,除加强约束条件外,还需加入 10% 的传爆炸药(传爆炸药可选用 1 号铵油炸药等),即 5g 传爆炸药,45g 被测炸药。

约束条件为:2 号、3 号铵油炸药采用内径 40mm ,壁厚 3～3.5mm ,高 60mm 的钢管装药,多孔粒状铵油炸药采用外径 50mm ,壁厚 5mm ,高 60mm 的无缝钢管装药。此条件下,钢片则采用直径为 Ø(44.0±0.2)mm,钢片其他尺寸及粗糙度同前。

3. 铜柱压缩法

此方法由卡斯特(Kact)于 1893 年提出,又称卡斯特法或冲量仪法。

(1) 试验方法

在钢底座上放置一空心钢制圆筒,将一质量为 680g 且研磨过的淬火钢活塞放入圆筒内,活塞直径 38.0mm,高 80mm,与圆筒紧密配合,活塞下方放置测压铜柱,活塞上方放有质量为 320g,厚 30mm 的镍铬钢垫块,垫块上方放有两块厚 4mm,直径 38mm 的铅板,铅板上放置装有雷管的炸药试样。垫板和铅板的作用是保护活塞免受爆炸产物的破坏。每次试验铅板均被炸坏,而垫板在经过一定次数试验后,如果发现发生变形,则应更换。

试样直径 21mm,高 80mm,药柱密度应严格控制并精确测定,当测定散装或低密度炸药时,可以采用纸筒或薄壁外壳。

常用的测压铜柱直径 7mm 高 10.5mm,用电解铜按规定的方法制作,也可采用其他规格的铜柱。试验前用螺旋测微计精确测定铜柱的高度,精确至 0.01mm;试验后用同样的方法测定铜柱的高度,用试验前后铜柱的高度差(铜柱压缩值)衡量猛度。试验装置见图 2-2-32。

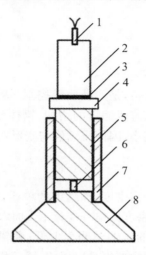

图 2-2-32　铜柱压缩法装置示意图
1. 雷管;2. 炸药试样;3. 铅板;4. 垫块;5. 活塞;6. 铜柱;7. 圆筒;8. 底座

(2) 试验结果

一些炸药的铜柱压缩值见表 2-2-20(铜柱规格:Ø7mm×10.5mm)。

表 2-2-20　炸药的铜柱压缩值

炸药试样	铜柱压缩值(mm)	炸药试样	铜柱压缩值(mm)
爆胶	4.8	硝化棉	3.0
硝化甘油	4.6	梯恩梯/铝粉(60/40)	2.9
特屈儿	4.2	梯恩梯/铝粉(50/50)	2.5
苦味酸	4.1	梯恩梯/铝粉(40/60)	2.1
梯恩梯	3.6	梯恩梯/硝酸铵(30/70)	1.6
二硝基苯	2.9	62%代那买特	3.9

4. 国外的猛度测试方法简介

国际炸药测试方法标准化委员会规定采用铜柱压缩法作为工业炸药的标准测试方法。

试样装在内径 21.0mm,高 80mm,壁厚 0.3mm 的镀锌管中,装药密度为正常使用时的密度,用 10g 片状苦味酸作传爆药柱(直径 21mm、高 20mm、密度 1.50g/cm³)放在镀锌管上面,用装有 0.6g 太安的雷管引爆。

用细结晶的苦味酸作参比炸药,密度为 1.0g/cm³。为了保证密度均匀,称取 27.7g 苦味酸,均匀地分为四等分,分四次装入镀锌管中,每装一次药后,用木棒压实,控制木棒的插入深度,使每份试样占据的高度为20mm。

猛度计安放在500mm×500mm×20mm的厚钢板上,每一炸药进行六次试验,测出压缩值后取平均值,并按换算表求出相应的猛度单位,将试样的猛度单位与参比炸药的猛度单位比值作为测定结果。

5. 试验方法的讨论

(1) 铅柱压缩法

方法简单,不需要贵重的仪器设备,是产品质量控制、特别是工业炸药产品检验的一种广泛应用的方法。该方法的缺点是:随着压缩量的增加,铅柱变粗,变形的阻力增大。当铅柱受到过度压缩而接近破碎时,阻力又变小,因而压缩值与变形功不成正比。此外对爆轰极限直径大的、爆轰成长期长的炸药不适用。

(2) 铜柱压缩法

不需要贵重的仪器设备,适用于高密度、高猛度的单质炸药测试;试验结果比较稳定。该方法的缺点是:灵敏度低,当炸药的密度或组分变化不大时,压缩值的变化很小,不易反映其差别;对于极限直径大于20mm,测出的压缩值明显偏低;和铅柱压缩法一样,当铜柱受到压缩后,截面变粗,随着截面积的增加,铜柱变得难以压缩,因而炸药的猛度与压缩值不成正比。

2.2.6 炸药的作功能力测试

1. 炸药作功能力的一般概念

炸药爆炸时生成高温、高压的爆炸产物,对外膨胀时压缩周围介质,使其临近的介质变形、破坏、飞散而作功,因而炸药的作功能力是评价炸药性能的一个重要参数。

炸药爆炸时所作的功是多种多样的,而对介质作用所需要的功(有效功)只是其中的一部分。例如:将一个炸药包埋入土壤中进行爆炸,其爆炸作功主要有以下几种形式:

a. 直接和炸药接触的介质(包括外壳)的粉碎和剧烈塑性变形。

b. 不和炸药接触但和炸药相距不远介质的压缩、变形、破坏和粉碎。

c. 在土壤中产生弹性波(地震波)。

d. 部分土壤被抛出并形成抛掷漏斗(炸药离地表面较近)。

e. 产生和传播空气冲击波(炸药离地表面很近)。

所有爆炸产生的功之和叫总功,总功是爆炸总能量的一部分,称为作功能力。

$$A = A_1 + A_2 + A_3 + \cdots + A_n = \eta E \tag{2-2-52}$$

式中:A—炸药的作功能力;

η—作功效率。

当爆炸的外界条件变化时,总功一般变化不大,但各部分功可能有很大的变化。为了充分利用炸药的能量,总希望创造合适的条件,使所需要的有用功占尽可能大的比例,这是炸药应用中需要研究解决的课题。

炸药作功能力的测定方法有:铅壔法(lead block test,此方法由特劳茨提出,曾经在1903

年第五次应用化学国际会议讨论通过,作为测定炸药作功能力的国际标准方法,又称特劳茨试验)、弹道抛掷法(ballistic projectile method)、水下爆炸法(underwater explosion test)、弹道臼炮法(ballistic mortar method)、弹道摆试验和抛掷漏斗试验。

2. 炸药作功能力的理论表达式

炸药爆轰时,高温高压的爆炸产物膨胀对外作功,根据热力学第一定律:

$$-\,\mathrm{d}u = \mathrm{d}Q + \mathrm{d}A \tag{2-2-53}$$

内能的减少部分 $-\mathrm{d}u$ 等于在膨胀过程中传给周围介质的热量 $\mathrm{d}Q$ 和在这种情况下所作的功 $\mathrm{d}A$。由于爆炸气体作功是在很快的条件下完成的,可以近似地认为和介质间没有热交换,即膨胀过程是绝热过程:

$$\mathrm{d}Q = 0$$
$$\mathrm{d}A = -\,\mathrm{d}u = -c_v\mathrm{d}T \tag{2-2-54}$$

产物由温度 T_1 膨胀到 T_2 时所作的功:

$$A = \int_{T_1}^{T_2}(-c_v)\mathrm{d}T = c_v(T_1 - T_2) \tag{2-2-55}$$

式中:T_1——未膨胀时的爆温,K;

T_2——膨胀终了时的温度,K;

C_v——在 T_1 到 T_2 温度区间内爆炸产物平均定容热容,J/K。

当具体计算某一膨胀过程的作功时,因为终了温度 T_2 很难确定,所以常用膨胀时体积和压力的变化代替温度的变化。爆炸产物膨胀可以认为是一个等熵膨胀过程,其压力 P 和体积 V 之间符合下列关系:

$$PV^\gamma = 常数 \tag{2-2-56}$$

式中:γ——等熵指数。

假定产物性质符合理想气体,状态方程为:

$$\frac{P_1 V_1}{T_1} = \frac{P_2 V_2}{T_2}$$
$$\frac{T_2}{T_1} = \frac{P_2 V_2}{P_1 V_1} = \left(\frac{V_1}{V_2}\right)^{\gamma-1} = \left(\frac{P_2}{P_1}\right)^{\frac{\gamma-1}{\gamma}} \tag{2-2-57}$$

式中:P_1、V_1——未膨胀时爆炸产物的压力和体积;

P_2、V_2——爆炸终了时爆炸产物的压力和体积。

$$A = c_V(T_1 - T_2) = c_V T_1\left(1 - \frac{T_2}{T_1}\right) = c_V T_1\left[1 - \left(\frac{V_1}{V_2}\right)^{\gamma-1}\right] = c_V T_1\left[1 - \left(\frac{P_2}{P_1}\right)^{\frac{\gamma-1}{\gamma}}\right] \tag{2-2-58}$$

$C_v T_1$ 可以近似地用炸药的爆热表示,所以

$$A = Q_V\left[1 - \left(\frac{V_1}{V_2}\right)^{\gamma-1}\right] = Q_V\left[1 - \left(\frac{P_2}{P_1}\right)^{\frac{\gamma-1}{\gamma}}\right] = Q_V\eta \tag{2-2-59}$$

式中:Q_v——炸药的爆热;

η——作功效率。

由公式(2-2-59)可以看出,爆炸产物所作的功小于炸药的爆热,其数值与产物的膨胀程度及等熵指数有关。爆热越大,爆炸产物膨胀程度越高,作功越大;当爆热与膨胀程度相同时,等熵指数越大,作功也越大。

3. 炸药作功能力的计算

(1) 经验公式法

约翰逊(C. H. Johansson)采用臼炮法测定的作功能力数据表明,作功能力 A 与特性体积 $Q_v V_g$ 之间有如下关系:

$$A = 3.65 \times 10^{-4} Q_v V_g \qquad (2-2-60)$$

式中:A—炸药的作功能力,kJ/g;

　　Q_v—炸药的爆热,kJ/g;

　　V_g—炸药气态爆炸产物的体积,cm^3/g。

常数值 3.65×10^{-4} 是根据所采用的仪器试验得出的,不同仪器得出的结果不一定相同。

表 2-2-21 是按公式(2-2-60)计算得出的几种常用炸药作功能力的计算值与试验值的比较。从表中数据可以看出,计算值和试验值比较一致。

表 2-2-21　几种炸药作功能力计算值与试验值的比较

炸药名称	Q_v(kJ/g)	V_g(cm^3/g)	A(kJ/g) 计算值	A(kJ/g) 试验值
奥克托今	5.46	908	1.810	1.726
黑索今	5.46	908	1.810	1.716
太安	6.12	780	1.742	1.701
黑索今/梯恩梯(60/40)	4.84	841	1.486	1.454
硝酸铵/梯恩梯(92/8)	3.95	890	1.283	1.216
梯恩梯	4.10	690	1.033	1.062

爆热 Q_v 和气态爆炸产物的体积 V_g 的数值可由试验方法确定,但试验测定这些数据比较困难,因而一般都是根据炸药的氧平衡用试验方法进行计算,这样做不仅繁琐,也不准确;进一步的研究表明,虽然采用不同的公式算出的爆热及气态爆炸产物体积的数值差别较大,但对其乘积的影响不大。为简化起见可以采用按最大放热原则(炸药中的氧使氢氧化成水、使碳氧化成二氧化碳)算出的最大热 Q_{max} 及相应的气态爆炸产物的体积 V_m 的乘积作为特性乘积,称为 $Q_{max}-V_m$ 法。

在试验测定炸药作功能力时,一般采用在同样条件下,被试炸药作功能力与一定密度下某一参比炸药作功能力的比值作为试样的相对作功能力。常用的参比炸药为梯恩梯,相对比较值称为梯恩梯当量。

用 $Q_{max}-V_m$ 法计算梯恩梯当量时只需计算某炸药的 Q_{max}、V_m 与梯恩梯的 Q_{max}、V_m 即可。

表 2-2-22 列举了几种常用炸药相对作功能力的计算值($Q_{max}-V_m$法)与试验值的比较。从表列结果可以看出,计算值与试验值是比较一致的。

表 2-2-22　炸药相对作功能力计算值与试验值比较

炸药名称	相对作功能力（梯恩梯当量%）	
	计算值	试验值
梯恩梯	100.0	100
硝酸铵	52.1	56
太安	148.6	145
黑索今	154.3	150
奥克托今	153.8	150
特屈儿	121.2	130
梯恩梯/硝酸铵（50/50）	129.4	124
太安/梯恩梯（50/50）	123.1	126
特屈儿/梯恩梯（70/30）	112.7	120

（2）威力指数法

如前所述，炸药的作功能力决定于炸药的爆热及气态爆炸产物的体积，而这两项数值又与炸药的分子结构有着密切的联系。对炸药分子结构与作功能力关系的研究结果表明，炸药作功能力是炸药分子结构的可加函数，每种分子结构对作功能力的贡献可以用威力指数 π 表示。用威力指数法计算炸药作功能力的公式为：

$$\left.\begin{aligned} A &= (\pi + 140)\% \\ \pi &= \frac{100 \sum f_i x_i}{n} \end{aligned}\right\} \tag{2-2-61}$$

式中：A—相对作功能力；

π—威力指数；

f_i—炸药分子中特征基和基团出现的次数；

x_i—特征基和基团的特征值；

n—炸药分子中的原子数。

4. 炸药作功能力测定——铅墙法

铅墙法适用于粉状和含水工业炸药以及军用单质炸药（pure explosive）作功能力的测定。

（1）方法原理

将一定质量、一定密度炸药放在规定的铅墙中爆炸，以铅墙孔体积的增量来表示炸药的作功能力。

（2）仪器、设备及材料

a. 铅墙：直径为 200mm，高为 200mm 的圆柱形铅墙，其中心有一直径 25mm，深 125mm 的内孔（参照 WJ/T 9030—2004.《炸药作功能力试验用铅墙》）。

b. 石英砂：经风干的石英砂，用规格为 Ø200×50/0.71—方孔的上筛及 Ø200×50/0.40 -

方孔的下筛进行筛选,取出留在下层筛上的石英砂备用。该砂的堆积密度为 $1.35\sim$
$1.37\mathrm{g/m^3}$。

c. 纸筒:由纸袋纸卷成(应符合 GB7968 纸袋纸规定),将纸裁成如图 2-2-33 所示的直角
梯形,在直径 24mm 的圆棒上,从直角边开始,卷成圆筒,下底应突出圆棒端面 15~20mm,将
突出部分向内折,形成筒底。

d. 带孔圆纸板:由纸板剪成,纸板如图 2-2-34 所示。规格:厚度(1.75±0.25)mm;外径
(23.75±0.25)mm;内孔径(7.5±0.7)mm。

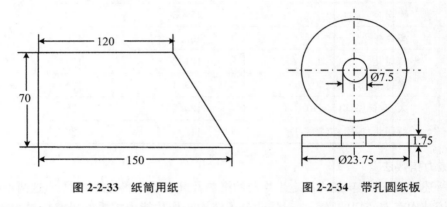

图 2-2-33   纸筒用纸   图 2-2-34   带孔圆纸板

e. 8 号铜壳瞬发电雷管:性能应符合 GB 8031—2015 的规定。

f. 试验筛:$\varnothing200\times50/0.40$一方孔和 $\varnothing200\times50/0.71$一方孔 (参照 GB 6003 试验筛)。

g. 其他:250ml、100ml 容量瓶各一个,分度值为一级;50ml 滴定管一根,分度值为 0.1ml;
天平:感量为 0.001g;玻璃温度计:测温范围为 $-30\sim+50℃$,分度值 1℃;$-50\sim0℃$,分度值
1℃;游标卡尺:分度值 0.02mm;毛刷;压膜。

装配好的试验装置如图 2-2-35 所示。

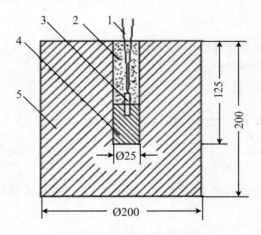

图 2-2-35   试验装配示意图

1. 雷管脚线;2. 石英砂;3. 电雷管;4. 试样药柱;5. 铅墙

（3）试验步骤

a. 试样准备：称取(10.00±0.01)g炸药，装入纸筒中再放上带孔圆纸板。将纸筒放在内径为(24.5±0.1)mm的专用铜模子中，用专用铜冲子（冲子中心有直径7.5mm、高12mm的突起部）将炸药压成中心有孔，装药密度为(1.00±0.03)g/cm³（计算值）的药柱。拔出冲子后，在中心孔内插入雷管空壳，试验时再换上电雷管。如果是含水炸药，应装入纸筒中称量，直接插入雷管。

b. 允许按其使用密度进行试验，但列出结果时要说明装药密度。

c. 对于无雷管感度的2号铵油、3号铵油以及多孔粒状铵油炸药，应使用10%以下的1号铵油或铵松腊炸药作为传爆炸药，即传爆炸药为1.0g，被测炸药为9.0g。

d. 以水为介质，用容量瓶和滴定管测量铅墙孔的容积，然后擦干备用。

e. 用温度计测量铅墙孔的温度，精确到±1℃。

f. 将装配了雷管的药柱放入铅墙孔内，并小心地用木棒将它送到孔的底部。铅墙孔内剩余的空间用石英砂填满（自由倒入，不准振动或捣固），刮平，起爆。

g. 爆炸后，用毛刷等清除孔内的残留物，按d条的方法测量铅墙孔的体积。

（4）结果表述

a. 炸药作功能力按公式（2-2-62）计算：

$$X = (v_2 - v_1)(1 + k) - 22 \tag{2-2-62}$$

式中：X——炸药作功能力（以铅墙孔扩大值表示），ml；

v_2——爆炸后铅墙孔的体积，ml；

v_1——爆炸前铅墙孔的体积，ml；

k——温度修正系数，见表2-2-23；

22——铜壳电雷管15℃时的作功能力，ml。

表2-2-23 温度修正系数表

铅墙温度(℃)	修正系数(%)	铅墙温度(℃)	修正系数(%)
−30	+18	+5	+3.5
−25	+16	+8	+2.5
−20	+14	+10	+2.0
−15	+12	+15	+0.0
−10	+10	+20	−2.0
−5	+7	+25	−4.0
0	+5	+30	−6.0

b. 每种试样平行作二次试验，取平均值，精确至1ml，平行测定误差不得超过20ml。假若超过20ml，则补做一发。取其结果与前面二个结果的平行误差较小的一组；若此组的平行误差小于20ml，则取其平均值，否则需要查找原因，重新试验。

实验室制备的含铝乳化炸药铅墙法测定结果见表2-2-24。

表 2-2-24 铅壔法测量含铝乳化炸药的作功能力

铝粉含量	v_1(ml)	v_2(ml)	k	X(ml)
20%	54.6	476.5	−5.0%	378.8
30%	55.1	483.7	−3.2%	392.8

5. 炸药作功能力测定—弹道抛掷法

弹道抛掷法适用于粉状和含水工业炸药作功能力的测定。

(1) 方法原理

将待测炸药试样放在特种钢制弹道抛掷装置的钢筒内,筒身固定在混凝土基座上,钢筒轴线与地平面呈45°角,筒上盖有一个已知质量圆形钢盖,炸药试样引爆后,钢盖在炸药爆炸能量作用下按弹道轨迹抛出,测出钢盖被抛出的水平距离。在抛射角和钢盖质量一定的条件下,根据抛掷距离衡量炸药的作功能力。

(2) 试验装置、仪器及技术要求

① 弹道抛掷试验装置

见图 2-2-36 与图 2-2-37。

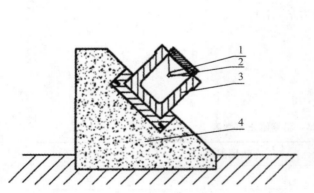

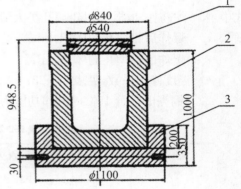

图 2-2-36 弹道抛掷法试验装置
1. 引爆线;2. 炸药试样;3. 钢体;4. 钢筋混凝土基座

图 2-2-37 钢体装配图
1. 钢盖;2. 钢筒;3. 钢底座

钢盖:质量为 200kg,直径 540mm,厚 115mm,材质为合金结构钢。

钢筒:质量为 2275kg,容积 128L,内径 500mm、外径 800mm、壁厚 150mm,材质为合金结构钢。

钢底座:质量为 2765kg,高 350mm、长 1100mm、宽 1100mm 的正方体,一面中心挖有直径 800mm,深 300mm 的圆形凹槽,材质为优质碳素结构钢。

钢筋混凝土基座:地下部分为高 2000mm、长 3000mm、宽 3000mm 的柱体,地上部分为高 1500mm,顶部长和宽均为 1500mm、底部长和宽均为 3000mm、剖面为直角梯形的柱体。

② 辅助器材

a. 起重量 1 吨的电动葫芦;起爆电源;感量 0.1g 的天平;小推车。

　　b. 8号金属壳电雷管:性能应符合 GB 8031—2015。

　　c. 分度值 0.1mm 的卷尺;L 型木支架;橡皮泥和橡皮筋;棉纱、毛刷;内经 50mm 圆纸筒,由牛皮纸卷成三层,一端面折紧并粘牢;材质为黄铜的压模。

　　d. 梯恩梯炸药:晶粒尺寸 0.3～1.0mm,性能应符合 GJB 338 要求。

　　e. 带孔圆纸板:用标准纸板,厚度 1.5～2.0mm,外径(49.5±0.2)mm、孔径(7.5±0.1)mm。

(3) 试验条件

　　试验应在风力不超过四级、非暴雨的气候条件下进行;在正常试验条件下,水标定钢筒容积应在 81～85L 范围内,超出此范围时应更换钢筒。

(4) 试样准备

　　① 粉状炸药装药

　　称取被测炸药(300.0±0.1)g,装入纸筒中,在炸药上放一个带孔圆纸板,然后压药,控制密度为(1.00±0.03)g/cm³。拔出冲子后,在炸药装药中心孔内插入雷管空壳,插入深度为15mm,然后退模。再将纸筒上边缘摺边。允许粉状炸药按使用密度进行试验,但报出结果时应注明。

　　② 颗粒炸药装药

　　称取炸药(300.0±0.1)g,倒入纸筒中,自然堆积。在炸药上放一个带孔圆纸板,并在炸药装药中心处插入雷管空壳,插入深度为 15 mm。测量装药高度,计算装药密度。

　　③ 含水炸药装药

　　先称量纸筒,在纸筒中称取炸药(300.0±0.1)g,然后在炸药上放一个带孔圆纸板,用手轻压,使装药直径达 50mm,密度达到使用密度,在装药中心处插入雷管空壳,插入深度为15mm,测量装药高度,计算装药密度。

　　④ 非雷管感度炸药装药

　　根据炸药状态,分别按①～③方法装入 300g 被测炸药,然后再在被测炸药上加 100g 密度为 1.00g/cm³、药卷内径为 50mm 的梯恩梯药柱。允许按其使用密度进行试验,但报出结果时要注明装药密度。

(5) 试验步骤

　　a. 用棉纱、毛刷将钢筒内杂物清理干净。

　　b. 将雷管脚线短路,取出药柱上的雷管空壳并将雷管插入,用橡皮筋将药柱固定在 L 型支架的指定位置上,将支架放入钢筒内,保持药柱在钢筒中心。

　　c. 雷管脚线由钢盖边沿的导线孔引出,并用橡皮泥固定导线。

　　d. 启动电动葫芦,缓慢地将钢盖盖上。

　　e. 接好引线,设置好警戒后起爆。

　　f. 用卷尺测量钢盖落地点与抛掷前钢盖中心的水平距离。

(6) 结果表述

　　炸药作功能力值用钢盖抛掷距离 L 表示,如图 2-2-38 所示,并注明钢盖质量和炸药试样密度;对于非雷管感度的工业炸药作功能力值还应注明含 100g 梯恩梯药柱的能量。

　　平行作两次试验,取其平均值,精确到 0.01m,平行试验误差应不超过 1.00m。如超过1.00m,则补作一个试验。若其结果同前两个结果的平行误差均没有超过 1.00m,则可取相差较小的二者的平均值。若有的结果超过 1.00m,则可取不超差的数值求其平均值。

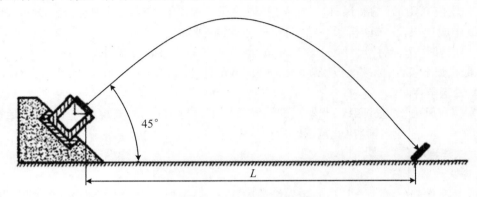

图 2-2-38　抛掷距离示意图

一些常用炸药采用弹道抛体法测量的作功能力见表 2-2-25。

表 2-2-25　弹道抛体法测量的炸药作功能力

炸药品种	作功能力(m)	炸药品种	作功能力(m)
梯恩梯	30.4	二级煤矿许用乳化炸药	26.82
岩石乳化炸药	31.62	三级煤矿许用乳化炸药	22.90
岩石粉状乳化炸药	33.24	三级煤矿许用水胶炸药	20.01

6. 炸药作功能力的其他测定方法

(1) 水下爆炸法

① 方法原理

炸药爆炸释放的能量在水中表现为气泡能、冲击波能和热损耗能三部分。测定气泡脉动周期计算出气泡能;测定远场冲击波压力时程曲线,计算出初始冲击波能(包含热损耗能及远场冲击波能)。所测得的气泡能与初始冲击波能之和即为炸药水中爆炸的总能量。

在相同试验条件下,对比待测炸药和参照炸药的冲击波能、气泡能和爆炸能量,得到待测炸药的冲击波能、气泡能和爆炸能量当量系数。

② 试验场地

试验场地水域条件应满足自由场测试的要求:即来自场地侧壁、底部和水面的反射不影响有效的冲击波压力时程曲线和第一次气泡脉动周期测量。

炸药梯恩梯当量为 1.0kg 时,试验水域直径一般不小于 9.5m,深度不低于 12.6m。

炸药梯恩梯当量为 5.0kg 时,试验水域直径一般不小于 16.2m,深度不低于 21.6m。

③ 试验炸药和火工品

参照炸药:选用梯恩梯炸药,形状应为球形或长径比为 0.9～1.1 的圆柱体,密度不低于 1.52g/cm³,原材料符合 GJB 338 要求。推荐质量为 1.0kg 或 5.0kg。

待测炸药:形状应为球形或长径比为 0.8～1.2 的圆柱体。推荐质量不低于 1.0kg。

传爆药柱:应能完全起爆受试炸药。

雷管:应能可靠起爆传爆药柱。

④ 测试系统

压力传感器:选用自由场压力传感器,满量程线性误差不大于 1.5%,固有上升时间不大于 4μs 谐振频率不小于 200kHz。传感器敏感元件尺寸不宜大于 6.0mm。

信号适调仪:具有整数倍放大功能,带宽不小于 100kHz,相对不确定度不大于 1%。

数据采集仪:采样频率不小于 10MSa/s①,垂直分辨力不小于 8bit,存储深度不小于 600kSa/通道。

信号电缆:噪声参考值不大于 1mV,单位长度的电容值不大于 95pF/m。推荐使用 STYV－2 电缆。

大气压力计:压力分辨力不大于 10Pa。

温度计:温度分辨力不大于 0.5℃。

起爆装置:根据所使用的雷管型号选择相应的起爆装置。

试验系统:当数据采集仪由炸药装置上的探针信号触发时,试验系统见图 2-2-39。

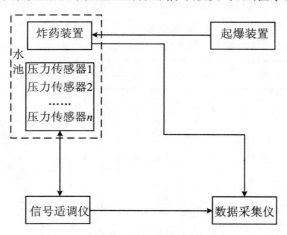

图 2-2-39 试验系统框图

⑤ 试验系统动态灵敏度标定

采用参照炸药标定测试系统,得到系统的动态灵敏度,标定试验的程序按⑥条执行。标定在待测炸药试验开始之前进行,当一轮试验数量较多时(大于 10 发),应在中间增加标定试验次数。

试验系统动态灵敏度 S 为参照炸药爆炸后,测点处的峰值电压 U_m 除以峰值压力的计算值 P_m,单位为 V/MPa。

⑥ 试验步骤

试验过程中应遵守炸药、火工品操作的相关安全规定。试验流程如下:

炸药装置装配→传感器布设→仪器参数设置→联试→炸药布放→试验→数据采集记录。

---

① Sa/s-Sample/second 每秒钟的采样数,即采样率。Sa/通道即每个通道的采样数。

炸药装置装配：

装配后的典型炸药装置见图 2-2-40，雷管与起爆电缆连接处应采取防水措施。

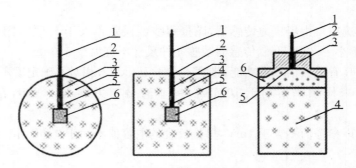

图 2-2-40 炸药装置安装示意图

1. 起爆电缆；2. 密封胶层；3. 雷管套；4. 试验炸药；5. 雷管；6. 传爆药柱

⑦ 试验布置

炸药装置入水深度及传感器布设见图 2-2-41。待测炸药水下爆炸有效试验数量不少于三发。

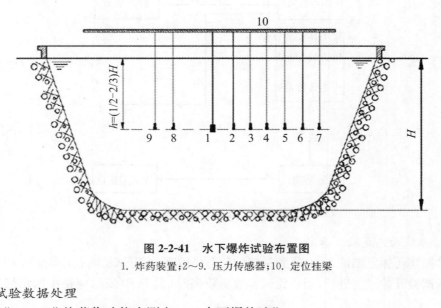

图 2-2-41 水下爆炸试验布置图

1. 炸药装置；2~9. 压力传感器；10. 定位挂梁

⑧ 试验数据处理

详见"5.3 工业炸药作功能力测定——水下爆炸法"。

⑨ 试验报告

报告内容应包括：峰值压力、冲量、气泡脉动周期、冲击波能、气泡能和爆炸能量等。

（2）弹道臼炮法

① 适用范围

方法适用于军用炸药（铝粉含量在 30% 以上的混合炸药除外）作功能力的测定。

② 方法原理

试样置于臼炮的爆炸室中引爆，爆炸产物膨胀作功将弹丸推出，同时炮体向反方向摆动一个角度,按能量守恒和动量守恒原理求出单位质量试样所作的功,以梯恩梯当量表示该试样作功能力。

③ 仪器、设备及材料

弹道臼炮:弹道臼炮由摆角测量系统、支架、摆绳、炮体和弹丸、支承刀口组成,见图2-2-42。应定期进行标定。

炮体和弹丸:图2-2-43,其中:炮体质量(480±15)kg;炮体的轴线应保持水平,且应与悬挂轴垂直;炮腔:直径0.11m,长0.21m;弹丸:材料为45钢。弹丸质量(9.1±0.1)kg,弹丸最大直径0.11m,长0.21m;爆炸室:直径0.056m、长0.095m。

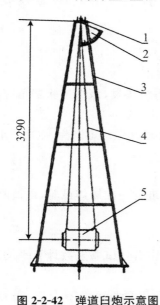

图 2-2-42 弹道臼炮示意图

1. 支撑刀口;2. 摆角测量系统;3. 支架;
4. 摆绳;5. 炮体和弹丸

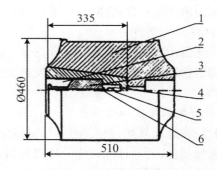

图 2-2-43 炮体和弹丸结构示意图

1. 炮体;2. 炮腔;3. 弹丸;4. 爆炸室;5. 雷管
和试样;6. 雷管座

摆绳:材料为圆股钢丝绳。摆绳直径6mm,摆绳质量(2.0±0.1)kg,摆绳长度(3.29±0.05)m。

支架摆动周期:(3.64±0.05)s。

8号工业电雷管:性能应符合GB 8031—2015。

梯恩梯炸药:性能应符合GJB 338。

其他:分度值为0.01g天平、专用铜模具、专用铜冲子、起爆电源。

④ 标定用梯恩梯炸药准备

称取(10.00±0.03)g梯恩梯,装入内径为20mm的纸筒中,再放上带有8号雷管孔的圆纸板,然后将纸筒放入专用铜模具中,用铜冲子(冲子中心有直径9mm、高12mm的突起部)将梯恩梯压成带有雷管孔、装药密度为(1.00±0.03)g/cm³的药包。用于散装试样的测定。

称取(10.00±0.03)g梯恩梯,压制成直径为20mm带有8号雷管孔(孔深10mm)、密度为(1.57±0.03)g/cm³的药柱。用于成型药柱试样的测定和系统标定。用作液体试样标定的梯恩梯药柱装入透明橡胶套中。

⑤ 试样准备

固体试样成型直径及药量要求同④条;液体试样则注入橡胶套中。

⑥ 标定试验步骤

将弹丸、炮腔清洗干净。

将雷管插入弹丸雷管座内,脚线由弹丸中心孔抽出。

复测标定用梯恩梯药柱质量应符合④条的规定,将雷管插入药柱或药包中。

小心将弹丸连同药柱或药包缓缓推入炮腔底部,推到位。

稳定炮体使之水平,角度盘指针回零位。

接好引线,发出即将起爆讯号、起爆。

由摆角测量系统记下摆角值。

⑦ 标定要求

每次试验前用符合④条要求的梯恩梯作标定试验,每组 4 发,该组试验摆角应在 $9°30'\sim 10°30'$ 内,摆角极差不大于 $20'$,若有超差则加试一组。

如测定散装试样作功能力,应采用符合④条要求的梯恩梯做标定试验,摆角要求相同。

⑧ 试样测定步骤

试样测定步骤同⑥条,每个试样均做一组 4 发试验。

在测定含铝炸药作功能力时,每发试验后,用梯恩梯进行一次爆炸试验,以清除炮膛内壁的残留物。

⑨ 试验数据处理和结果表述

试验数据处理概述:根据摆角计算梯恩梯的标定值,由有效试验发数计算平均值,计算试样的梯恩梯当量,最后计算试样的梯恩梯当量标准差。

标准差应符合:单质炸药的标准差不大于 2%、混合炸药的标准差不大于 4%;如果超差,应加试一组。

⑩ 结果表述

当标准差符合要求时,报出试样的梯恩梯当量平均值和标准差,所得结果保留三位有效数字,并注明试样密度。

7. 试验方法的讨论

铅壔法采用 GB 12436—1990《炸药作功能力试验 铅壔法》国家标准,弹道抛体法采用 WJ/T9061—2008《工业炸药试验方法 作功能力试验 弹道抛掷法》行业推荐标准,水下爆炸法试验采用 GJB 7692—2012《炸药爆炸相对能量评估方法 水下爆炸法》国家军用标准,弹道臼炮法试验采用 GJB 772A—1997《作功能力 弹道臼炮法》国家军用标准。

工业炸药试验方法标准中,国家标准为最高级别,行业标准次之,然后是行业推荐标准。而国家军用标准适用于军工炸药、药剂检验。

将四个炸药作功能力试验方法标准做横向比较,结果见表 2-2-26。

表 2-2-26　试验方法比较

比较参数 \ 试验标准	GB 12436—1990《铅墙法》	WJ/T 9061—2008《弹道抛体法》	GJB 7692—2012《水下爆炸法》	GJB 772A—1997《弹道臼炮法》
适用范围	工业炸药、单质炸药	工业炸药	单质炸药、战斗部	单质、含铝、液体炸药
试样量(g)	10	300	1000/5000	10
试验次数	2	2	大于或等于3	4
标定试验	有规定	有规定	有规定	有规定
无雷管感度试样	加1g传爆炸药	加100g梯恩梯炸药	加传爆药柱	—
作功能力表述	扩孔体积(ml)	抛掷距离(m)	比爆炸能量(MJ/kg)	摆角度数(°)
方法难易程度	简单	简单	稍复杂	简单
有否能量损失	有	有	有	有

▲ 铅墙法沿用了一百多年还在被国内外继续采用,是因为具有方法简单,操作方便,不需复杂仪器设备等特点。用过的铅墙还可以再次熔铸几次,但铅的纯度应符合 WJ/T 9030—2004《炸药作功能力试验用铅墙》的规定。该方法有以下不足:

a. 试样量太少。作功能力不是功的单位,而是一定条件下的扩孔体积,属于质量作功能力(weight strength)。

b. 不能对不同炸药作功能力做定量比较,铅的塑性变形与炸药实际使用时对岩石的破碎不同。

c. 熔铸铅墙产生的铅蒸气和长期接触铅制品会使操作人员产生积累性铅中毒。

d. 作功能力是试样爆炸冲击波和气体产物共同作用的结果。

▲ 弹道抛掷法是一种评价工业炸药作功能力的新方法,由于试样量大避免了某些炸药不能完全爆轰的缺陷,据文献报道,试验结果的重现性很好,是一种很有前景的试验方法。由于方法的局限性还有以下不足:

a. 作功能力不是功的单位,而是一定条件下的弹盖的抛掷距离。

b. 作功能力是试样爆炸冲击波和气体产物共同作用的结果,弹盖的抛掷与炸药实际使用时对岩石的破碎不同。

▲ 水下爆炸法的优点是试样量大,可以分别测出爆炸冲击波和气体产物的作功分量,计算依据比较严谨,测量结果重现性好。同前述一样,试样爆炸作用的是各向同性且不可压缩的水介质,这与炸药对非均质的岩石的破碎不同。此外试验需要具有一定直径和深度、且抗爆炸破坏和环境振动的水域,使得建造投入资金很大。天然水域做试验还需考虑对水中生物的保护。

▲ 弹道臼炮法试验成本低,可用于测量多种炸药,该方法的不足是:

a. 试样量太少,适用于军用单质和混合炸药。对临界直径大、感度低的炸药不适用。

b. 对含铝炸药和其他有类似性质的炸药,测出的作功能力明显偏低。

c. 作功能力不是功的单位,而是一定条件下的弹体的摆角。

d. 作功能力是试样爆炸冲击波和气体产物共同作用的结果,弹体的摆角与炸药实际使用时对岩石的破碎不同。

上述四种作功能力测定方法均属于间接法,而接近直接法的抛掷漏斗试验,受沙土条件影响,结果差别较大,可作为定性测试。结合表 2-2-26 可以得出:如果具备试验条件,弹道抛体法和水下爆炸法是测定工业炸药作功能力较理想的方法。

2.2.7　煤矿许用炸药抗爆燃性能测试

1. 煤矿许用炸药的爆燃现象及其危害

炸药的爆燃,是炸药迅速燃烧的现象,其反应区向未反应物质中推进的速度小于未反应区中的声速。实际上是一种伴有燃烧的爆炸。狭义地讲,爆燃是指爆破作业时由于爆轰波的衰减而引起的炸药燃烧现象。这种现象多发生在较为密闭的炮孔中,所产生的压力和温度较高,因此,燃烧过程远比在大气中激烈。实践证明,发生爆燃的炸药多半是感度较低或者失效的煤矿许用炸药。在煤矿井下的爆轰波衰减常常导致炸药爆燃,这对存在可燃气、煤尘爆炸危险的矿井是非常危险的,炸药燃烧的炽热颗粒由于压力增大而导致二次爆炸,从炮孔中喷出引起可燃气、煤尘爆炸。

我国煤矿许用炸药并不是完全抗爆燃,因此对爆燃问题必须有足够的认识,以便采取有效措施消除和减少爆燃的发生。

炸药爆燃的发生有内因和外因。内因主要是炸药本身的质量、爆轰感度、抗压缩性能等不足,炸药的质量越稳定、爆轰感度越高、抗压缩性越强,越不易引起爆燃。外因主要是爆炸介质条件,如起爆能的大小及煤岩炮孔的距离、炮孔间介质有无裂隙、裂隙的大小及介质的性质等。产生爆燃的原因可综合归纳为以下因素:

a. 雷管的起爆能力不足,雷管本身的质量不合格,如半爆、铅板穿孔小造成的起爆能力不足。

b. 炸药质量不合格,如炸药的爆轰感度低、粉状炸药吸潮硬化变质、乳化和水胶炸药破乳析晶等造成爆炸性能下降。

c. 炮孔未吹干净,药卷之间有煤粉、岩粉等异物。

d. 药卷严重破损,有煤粉等异物混入。

e. 炮孔中装药不规范,如药卷之间间距超过殉爆距离。

f. 相邻炮孔爆炸引起煤岩层龟裂,未爆炸药受到爆轰产生的高温高压作用。

g. 炮孔之间距离过近,雷管被爆轰波"压死"或变形、炸药被压缩或压死。

h. 炮孔中的管道效应使末端装药被"压死"。

我国已建立了煤矿许用炸药抗爆燃性能的试验方法,可对所使用炸药的爆燃性能进行评价,考查发生爆燃的原因,有利于采取消除爆燃的有效措施。

从爆轰流体动力学理论分析,爆燃是不同于爆轰的一种化学反应形式。这种爆燃很容易引燃煤矿井下可燃气、煤尘,是造成井下火灾与爆炸事故的重要原因。为减少这类事故,应从两个方面进行研究,其一是寻求合理的爆破参数(孔距、排距、延期时间等),其二是研究和使用抗爆燃炸药。

2. 抗爆燃性能试验方法

(1) 方法原理

将受测炸药卷置于密封的钢制爆燃臼炮炮孔中,经受黑火药燃烧产生的高温、高压环境,最后观察受测炸药卷的燃烧状态,并以此来判定炸药的抗爆燃性(anti-deflagrating property)性能。

(2) 环境条件、装置、器材

① 环境条件

温度为 10～30℃;湿度(RH)为不大于 80%。

② 装置

爆燃臼炮:钢制爆燃臼炮的外径为不小于 220mm;炮孔直径为(57±0.5)mm、长为(820±1)mm。炮孔的前、后两端均以带螺纹的密封塞封闭。前端的密封塞中间有导线孔,孔径不大于 3mm,以一块用螺钉拧紧的盖板密封导线孔,见图 2-2-44。

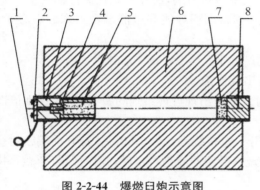

图 2-2-44 爆燃臼炮示意图

1. 导线;2. 盖板;3. 前端密封塞;4. 装药杯;5. 黑火药;6. 臼炮体;7. 受测药卷;8. 后端密封塞

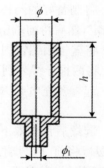

图 2-2-45 装药杯示意图

③ 器材

a. 密封胶圈:用(5±2)mm 厚橡胶板,按密封塞直径制作。

b. 卷制受测药卷纸筒的模具:直径(35.0±0.1)mm,中心有透气孔,孔径(3.0±0.1)mm。

c. 受测药纸筒用纸:符合 GB/T 1468 规定的描图纸。

d. 装药杯:装药杯形状见图 2-2-45,装药杯应符合下列要求:

• 材质:不锈钢,厚度:(3.0±0.1)mm。

• 装药杯一:直径(∅)(35.0±0.5)mm,高(h)(40.0±0.5)mm;中心孔直径(∅$_1$):(3.0±0.1)mm。

• 装药杯二:直径(∅)(35.0±0.5)mm,高(h)(20.0±0.5)mm;中心孔直径(∅$_1$):(3.0±0.1)mm。

e. 黑火药(black powder):黑火药应符合 GB 18450—2001 中规定的 3 号。

f. 电引火头(fuse head):电性能符合 GB/T 8031—2005 要求,引火头质量不超过 15mg。

g. 其他:直径为 0.10～0.15mm 的圆铜芯漆包线;感量为 0.1g 的天平。

（3）试验条件

a. 条件 1：主爆药(18.0±0.1)g；受测药(30.0±0.1)g，适用于一级、二级煤矿许用炸药。

b. 条件 2：主爆药(35.0±0.1)g；受测药(30.0±0.1)g，适用于三级煤矿许用炸药。

（4）试样准备

① 主爆药卷

将电引火头插入杯内底部中心孔，将称量好的黑火药倒入装药杯中，用描图纸封杯口，再用漆包线扎紧待用。

② 受测炸药卷

将 230mm×100mm 的描图纸，用卷纸筒模具卷制成一个带底的、高为 65mm 的双层纸筒。将称量好的 30g 受测炸药倒入纸筒，密度与原样品的密度保持一致，并将开口端封好待用。

（5）试验步骤

a. 将臼炮炮孔内壁以及前、后密封塞擦拭干净。

b. 在臼炮炮孔后端口内垫好胶皮垫圈，然后将后端密封塞固定好，并拧紧。

c. 将受测炸药卷由前端臼炮口轻轻推入至炮孔后端，药卷与炮孔保持轴向平行。

d. 将制备好的药杯与前端密封塞组合，即将两根导线穿过前端密封塞的中心孔，并将装药杯固定，然后将前端密封塞固定，拧紧。

e. 将盖板用螺钉固定在前端密封塞的端面上。

f. 将两根导线分别与起爆器的两个输出端连接。

g. 起爆器充电起爆。起爆时前后密封塞不应出现可观察到的漏气现象，否则该次测定为无效。

h. 起爆后首先取下起爆器开关，并断开一个接线端。等 2min 后，拧开前端密封塞上的盖板，再缓慢将前、后两端密封塞拧开。最后观察受测药卷是否全燃，并作记录（全燃是指受测炸药卷完全烧尽，只残留一片固体残渣）。

（6）结果判定

受测炸药连续试验 10 次，均未发生全燃为合格。有两次或两次以上全燃为不合格。出现一次全燃，允许复试 10 次。复试中不再发生全燃的为合格。否则，为不合格。

3. 国外的抗爆燃性能测试方法

（1）法国的炸药爆燃试验方法

法国煤炭研究中心采用"黑火药引燃法"判断炸药抗爆燃能力。试验在一个钢臼炮中进行，见图 2-2-46。

试验装置是一个长 550mm、直径 200mm 的钢圆柱体，中间有一个直径 38mm 的炮孔。炮孔两端用盖密封，炮膛长度 450mm，前盖装有一块厚 2mm 的铜板，铜板用一个能抗压力的带螺纹的密封圈压住。试验用黑火药，装药密度为 $0.8kg/cm^3$，受测炸药试样装入一个直径 30mm 的牛皮纸筒内制成药卷，药卷长 200mm，密度为炸药本身的装药密度。

臼炮用一个铜盖密闭，可抗 38MPa 左右的压力。炸药试样置于臼炮中，用一个电引火头发火的黑火药装药。装入臼炮里的黑火药在试验炸药卷 15cm 处引燃，受试炸药能否被引燃取决于黑火药量的多少。每次试验改变黑火药量，就可以确定引起炸药爆燃概率为 50％时的黑火药极限药量,该极限装量就是炸药的抗爆燃能力。炸药越难爆燃,这个极限药量也就越大。每次试验是否需要改变黑火药量要取决于:最大药量 m_1 条件下受试炸药连续三次试验都不发生爆燃,以及最小药量 m_2 条件下受试炸药连续三次试验都发生爆燃。极限药量 $m=(m_1+m_2)/2$。

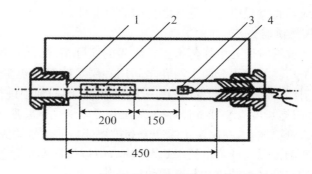

图 2-2-46 法国抗爆燃臼炮装置示意图
1. 铜板;2. 受测炸药试样;3. 黑火药;4. 点火装置

(2) 德国的炸药爆燃试验方法

试验装置如图 2-2-47。

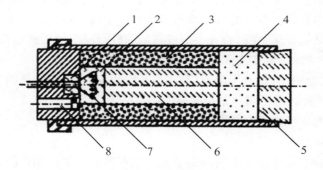

图 2-2-47 德国抗爆燃钢管装置示意图
1. 熟石灰;2. 点火药;3. 煤尘;4. 堵塞砂;5. 橡胶塞;6. 受测炸药试样;7. 加热丝;8. 喷嘴

德国的多德蒙特—德尔诺抗爆燃试验方法是在一个装有排放燃烧产物喷嘴的封闭管中进行,该方法可以测量一个用煤尘包覆炸药的引燃能力。试验装置为内径51mm、壁厚3mm、长500mm的钢管。钢管的一端用直径为40mm的橡皮塞堵塞,另一端用装有加热螺旋丝的钢塞封闭。钢塞中开有放气喷嘴,将直径28mm或30mm药卷置于钢管中,药卷用煤尘包覆,装药长度20～25cm。炸药是由一根加热旋丝和专门的点火剂点燃,以炸药不再燃烧的喷嘴最小直径来表征炸药的抗爆燃性质。

(3) 捷克的炸药爆燃试验方法

试验装置同德国的相同,见图 2-2-47,但是试验环境不同之处是:将装有炸药试样的试验钢管倾斜悬吊在巷道爆炸室的介质中,倾角约30°,其固定位置应使端部的橡胶塞指向爆炸室的底部。爆炸室内甲烷—空气混合物中的甲烷浓度为 9.0%±0.5%,温度为 15～20℃,相对湿度为50%～60%。钢管长 500mm、内径 51mm、壁厚 3mm,管的一端用 40mm 的橡胶塞封口,另一端用装有加热旋丝的钢塞和熟石膏封严。旋丝放入制备好的点火药剂中。钢塞中开有放气喷嘴,将直径 28mm 或 30mm 药卷置于钢管中,装药长度 20～25cm。药卷用煤尘包覆,煤尘的规格和巷道试验所用的规格相同。管子的其余部分充以干石英砂。向旋丝通入电流,测量从通电到喷出橡胶塞和沙堵塞物的时间,用这个时间作为描述炸药抗爆燃性能的参数。同时可以试验喷出物或药卷点燃甲烷—空气混合物的可能性。

(4) 英国的炸药爆燃试验方法

通过模拟煤矿井下放炮时炮孔中炸药不正常爆轰的实际情况,测量第一个炸药爆炸后产生的高温高压对第二个药卷的作用。两个药卷之间用一层足够厚的煤尘隔开,以确保第一个药卷爆炸后不会直接引爆第二个药卷。试验在一个密闭的钢制臼炮中进行。臼炮两端用螺纹密封钢塞加垫圈密封,臼炮长度为 900mm、内径 50mm,可以承受试验所需的高温高压。臼炮前端的螺纹钢塞中有雷管引线孔,在固定主爆药卷和被爆药卷的药量均为 52.5 g 条件下调整煤粉的长度。主爆药卷和被爆药卷均由被爆炸药制成,用被爆药卷是否被主爆药卷爆炸后一定时间内引燃和剩余的药量来判断该炸药试样的抗爆燃能力。

4. 试验方法的讨论

国外在 20 世纪 60 年代就开展了煤矿用炸药的抗爆燃性能的试验评价方法研究,取得了某些成果,一些国家现已建立了标准的测试方法,国外的各种测试装置尺寸、结构尽管不尽一致,但其试验原理基本相同。都是将被测炸药置于有一定抗压强度的试验管中,用黑火药点燃(燃烧法)或炸药爆炸(爆炸法)在试验管中形成高温、高压环境,然后观察被测炸药的抗爆燃性能。有些测试方法还考虑了煤矿实际爆破中煤尘的影响。

有些试验装置完全密闭,无泄压装置,有些则有泄压装置,试验结果的判别依据大致有:

a. 点燃药剂的质量和泄压膜片是否破裂。

b. 燃烧几率和燃烧残渣或再辅以装置内压力变化测试。

c. 泄压口(喷嘴)大小。

这些研究工作表明:爆炸法非密闭测试装置不能对所有煤矿许用炸药,尤其是抗爆燃性能差的炸药进行判别,同时试验结果本身亦缺乏良好的重现性。

我国自 20 世纪 80 年代中后期开始研究煤矿许用炸药及抗爆燃性能测试方法等问题,编制了 MT 378—1995《煤矿用炸药抗爆燃性测定方法和判定规则》行业标准。经过十多年的实践和逐步完善,以及对煤矿爆破安全问题的重视,该标准已提升为国家标准,即:GB/T 20061—2006《煤矿许用炸药抗爆燃性能测试方法及判定》。

法国的试验方法适用于一般煤矿炸药抗爆燃能力的测试,只要保证臼炮的密闭性能,试验的重现性就较好,但要得到被测炸药的极限药量,试验工作量较大。

德国的试验指出了给定试验条件下炸药的化学活性,同时也可以测出如抗爆燃添加剂之类的个别成分对爆燃性质的影响。与其他方法相比,试验简单,重现性好,但是钢管中的炸药所受的压力较小,可能会与实际的情况有差别。

捷克的试验方法是模拟爆燃产物从裂隙(喷嘴)喷出、或从炮口冲出(橡胶塞端)时能否引燃甲烷—空气的情况,可以同时评价一种炸药试样的爆燃能力和爆燃时引燃甲烷—空气混合物的危险性。试验装置与德国的相同,但试验条件要求更严格,尽管试验成本较高但比较接近实际条件。

英国的试验方法是模拟煤矿爆破时,同一炮孔两个药卷被煤粉间隔、或相邻两个炮孔装药时情况。主爆药卷不是其他国家采用的黑火药而是与被爆药卷相同的炸药,但爆炸产生的冲击波、高温高压气体产物会被煤粉衰减,如煤粉开始引燃,到造成被爆药卷爆燃的时间,与煤矿爆破允许的延期起爆时间显然不符。但符合炮孔之间距离过近,被爆药卷被压缩或压死、起爆后产生爆燃的条件。此外采用煤粉种类应保持一致才能使试验可重复。

德国、捷克和英国的试验是模拟"1. 中的 c、d、f、g"或类似条件。

我国的抗爆燃试验臼炮、原理同法国的相似,但臼炮空腔容积比其大 4 倍。试验次数和结果判定要求不同。比较空腔容积和黑火药与被测药卷距离,法国的试验条件可能更严格。是模拟"1. 中的 a、b、e、g、h"或类似条件。

安徽理工大学于 20 世纪 90 年代中期按照 MT 378—1995 标准的规定,建立了图 2-2-48 的抗爆燃试验装置。配备了动态压力测试系统,并进行了大量的试验,为科学地判定煤矿许用炸药抗爆燃性能积累了数据和经验。压力传感器获得的爆炸或燃烧压力信号经低噪声电缆、电荷放大器输送到数据记录与分析仪,并由打印机输出波形和试验数据,压力波形(见图 2-2-49)和数据有助于准确判定抗爆燃结果,

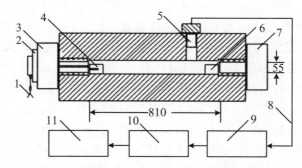

图 2-2-48 抗爆燃试验装置及压力测试系统

1. 雷管脚线;2. 压盖;3、7. 密封塞;4. 主爆药卷;5. 压力传感器;6. 受测药卷;8. 电缆;9. 电荷放大器;10. 数据记录分析仪;11. 打印机

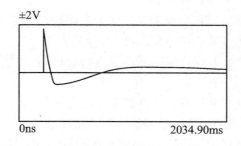

图 2-2-49　抗爆燃压力波形

由于受加工条件及选用管材规格的限制,空腔体积比图 2-2-44 所示体积小 8%。

表 2-2-27 是采用图 2-2-48 装置对几种粉状炸药的试验结果。

表 2-2-27 爆燃试验结果

被测炸药	连续试验次数	剩余(未燃)药量(g)	爆燃判定
铵木油	5	0~5.0	爆燃
铵油	10	24.5~27.5	不爆燃
抗爆燃炸药	10	26.0~28.0	不爆燃
抗爆燃炸药(主爆药量增加至20g)	10	22.0~24.0	不爆燃

综上所述,各国的试验装置和方法各有所长。煤矿井下的爆破环境复杂,发生爆燃的原因也千差万别,考虑主要原因并尽可能模拟实际环境,对研制抗爆燃的煤矿许用炸药有积极的意义。

2.2.8　乳化炸药抗静水压性能测试

1. 研究乳化炸药抗静水压性能的意义

乳化炸药抗静水压性能是检验在一定压力条件下的起爆感度(sensitivity to initiation)及持续爆轰稳定性。类似的压力条件在露天深孔爆破的含水炮孔,海洋或内河的水下深孔、炸礁、航道疏浚、爆破拆解沉船等水下爆破工程中经常遇到。涉及液体、粉体两相介质的爆破挤淤,爆破夯实工程同样需要考虑炸药的抗压性能。

适合这些爆破工程可选择的炸药有:含有单质炸药的熔铸或压装炸药,如炸礁弹、震源药柱(seismic charge)等;抗水的工业炸药,如化学或物理敏化的岩石型乳化炸药(emulsion explosive)、含有硝酸甲胺(MMAN)的岩石型水胶炸药(water gel explosive)、硝化甘油炸药等。从性价比和市场保有量来看,岩石型乳化炸药是首选。有文献表明:该种炸药在用于有水的炮孔和水下爆破时,效果良好。但也有实例证明:在很多有水环境的爆破工程中,出现了拒爆(misfire)、半爆现象,造成安全隐患并影响工程进度。

作为乳化炸药内形成"热点"的气泡载体,在压力作用下发生的变化会影响持续爆轰,在20世纪80年代就引起关注并得出了一些研究结果。

乳化炸药承载的外部压力来自于水下或含水深孔爆破在起爆前的静水压力,以及先起爆炸药爆炸后产生的水中冲击波或岩体中应力波,对相邻未爆炸药作用的动载压力。抗静水压能力是基本性能,因为在静水压载荷作用下还可以持续爆轰,才能对相邻未爆炸药产生动压效应。

目前绝大多数研究乳化炸药抗静水压文献采用的方法是:施加不同压力至一定时间,泄压后取出测试爆速和猛度(或只测爆速),根据结果评价抗静水压能力。我国工业炸药性能检测仅有2个标准涉及抗静水压(GB 15563—2005《震源药柱》;MT/T 931—2005《小直径药卷炸药技术条件》),也是泄压后测试其他爆炸性能。

实际爆破作业从开始装药至起爆需数小时,起爆与炸药爆轰也是在保持静水压载荷(以下简称"保压")条件下进行的。因此需要验证"泄压"与"保压"起爆究竟有何差异,对指导安全爆破施工或促进生产企业产品升级有积极的意义。

2. 试验装置及条件

(1) 试验装置及原理

参照欧洲标准 EN13631—6—2002《Determination of resistance to hydrostatic pressure》(《耐静压性能的测定》),结合具备的条件,建立了抗静水压试验装置,见图 2-2-50。

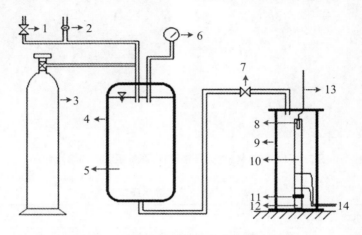

图 2-2-50　乳化炸药抗静水压装置示意图

1. 进水阀;2. 泄压阀;3. 压缩空气瓶;4. 压力容器;5. 水;6. 压力表;7. 单向阀;8. 电雷管;9. 爆炸管;10. 炸药试样;11. 钢片;12. 铅柱;13. 脚线;14. 测爆速探针

工作原理是:调节压缩空气使压力容器、连通管和爆炸管的水保持同一设定静水压(小于或等于 0.3MPa,可以模拟小于或等于 30m 水深的水压条件),当压力高于设定值时高出部分压力被泄压阀释放,安装了爆速和猛度测量装置的炸药试样在爆炸管中保压 2h,关闭单向阀然后起爆,同时测量爆速和猛度值(铅柱压缩法),根据试验结果、有否残药及爆炸管炸毁后的破片形状、数量判定炸药试样的抗静水压性能。

炸药试样为整卷化学敏化岩石型乳化炸药(质量为 160～170g/卷),爆速和猛度测定执行GB 13228—2015 和 GB/T 12440—90 标准。测爆速探针端头应做防水措施,猛度试验的炸药量虽远大于标准规定,但所有试验的炸药量均相同,可以做相对比较。对于圆头塑料包装或平头纸卷包装的药卷,均应将一端切平齐后直接放在钢片上。并使药卷与钢片、铅柱保持垂直。爆炸管放置在爆炸容器内 4cm 厚的钢底座上进行加压、保压、起爆,爆炸容器的操作规定见"1.3.4 中的 1. 爆炸容器"。

(2) 爆炸管

爆炸管采用透明材质以观察保压时药柱有否变化,为了避免"管道效应(channel effect)",管内径应大于或等于 6～7 倍炸药试样直径,高度应大于炸药试样、钢片和铅柱高度之和,还应能承载大于或等于试验的最大静水压力,见图 2-2-51。

(3) 试验条件

0.1Mpa 静水压相当 10m 水深,某些有水环境爆破工程的装药深度可达 30m,参考欧洲标准的要求,试验条件设定如表 2-2-28。

图 2-2-51　爆炸管(左图是空管,右图是组装后的爆炸管)

表 2-2-28　乳化炸药抗静水压试验条件

静水压力(MPa)	0.0	0.1	0.2	0.3
保压时间(h)	2	2	2	2
测爆速	✓	✓	✓	✓
测猛度	✓	✓	✓	✓

(4)雷管的耐压性能测定

采用欧洲标准 EN13763—12—2003《Determination of resistance to hydrostatic pressure》(《耐静压性能测定》),采用 0.3MPa 静水压力、保压时间 48h、室温条件下测试了 8 号电雷管(electric detonator)和非电雷管(shock detonator)的耐静压性能,然后进行起爆能力测试(铅板穿孔法)。电雷管全部合格,非电雷管因封口塞问题不合格,故选用电雷管作起爆源。

3. 试验结果与分析

爆速和猛度试验结果见表 2-2-29。

表 2-2-29　爆速和猛度试验结果

静水压(MPa)	D_0(m/s)	D_i(m/s)	η_D(%)	H_0(mm)	H_i(mm)	η_H(%)
0.0	4637.00	—	0.00	11.52		0.00
0.1	—	1517.00	67.28		6.17	46.44
0.2	—	263.00	94.32		1.42	87.67
0.3	—	46.60	98.99		0.13	98.87

猛度试验的典型结果图 2-2-52。

如果以 0.0MPa 静水压数据为基准,与其他静水压数据的相对降低程度表征爆速和猛度

图 2-2-52 猛度试验(铅柱压缩法)的典型结果

的改变,可由公式(2-2-63)和(2-2-64)进行计算:

$$\eta_D = \frac{D_0 - D_i}{D_0} \times 100\% \qquad\qquad (2\text{-}2\text{-}63)$$

$$\eta_H = \frac{H_0 - H_i}{H_0} \times 100\% \qquad\qquad (2\text{-}2\text{-}8\text{-}2)$$

式中:η_D—乳化炸药爆速降低程度,%;

D_0—0.0MPa 静水压的平均爆速值,m/s;

D_i—保压爆炸的平均爆速值,m/s;

η_H—乳化炸药猛度降低程度,%;

H_0—0.0MPa 静水压的平均猛度值,mm;

H_i—保压爆炸的平均猛度值,mm。

将计算结果绘制的曲线见图 2-2-53。

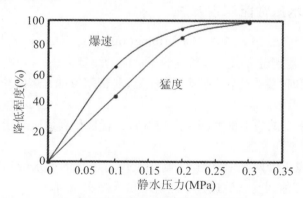

图 2-2-53 爆速与猛度降低程度曲线

　　分析以上图表可以得出:乳化炸药试样 0.0MPa 无压力起爆(相当于仅浸水 2h),爆速值符合产品指标,而 0.1MPa 保压起爆的爆速值转为低速爆燃,0.2MPa 接近拒爆,0.3MPa 则完全拒爆。从铅柱压缩结果也可证明这一分析。说明试样承受 2h 静水压载荷后,爆炸性能随压力增加明显下降。拒爆的乳化炸药试样见图 2-2-54。

　　化学敏化的乳化炸药均匀分布大量微气泡,依靠气泡形成热点而具有起爆感度,在静水压持续作用下,这些气泡会缩小、变形、坍塌或者逃逸,随着静水压增大,气泡压缩越严重。部分

图 2-2-54　拒爆的乳化炸药试样

或完全失去雷管爆炸能量传递的起爆感度,不能持续爆轰。

热点减少,使得炸药密度增大,不仅降低了起爆感度,也延长了爆轰成长期,感度降低使其难以被起爆,而爆轰成长期延长消耗了更多的能量,达到稳定爆轰时间变长,使稳定爆轰波速度变小,猛度下降。当气泡小于成为热点的极限最小半径时,气泡成为"无效热点",出现拒爆和半爆现象。

如果泄压后再起爆,泄压后使试样内的气泡迅速弹性复原,又基本恢复了原有密度和起爆感度。也有文献指出:乳化炸药在受压状态时爆轰感度会下降,而当压力解除后,由于表面张力的作用,水相与油相回复到原来状态,爆轰性能也就随之复原。此外泄压起爆也不符合爆破工程的实际情况。

4. 国外的抗静水压性能测定方法

欧盟国家的 EN13631—6—2002《Determination of resistance to hydrostatic pressure》(《耐静压性能的测定》),规定了工业炸药抗静压性能的测定方法。

试验适用于散装和包装炸药,不适用于常压下、非密闭条件起爆的炸药。

(1) 试验装置

a. 点火管:应能承受试验中最大静压力的材料。管长和直径应易于安装炸药试样和观测窗,管体或封头应装有泄压系统。

b. 水压密封:在点火管两端配有封头,封头上应有密封的进水管和起爆系统的电线。装配好的点火管和封头应能耐受试验过程中出现的最大静水压力。

c. 观察窗:应能判定炸药样品起爆。

d. 压力系统:在点火管内注入设定的静水压力。

e. 起爆装置:在试验要求的静水压力下,起爆装置应能正常工作。

f. 温度测定装置:精确到±1℃。

(2) 试样

对于包装炸药,在静压条件下,从最小直径炸药中取三个药卷作为试样,测定三次。

对于散装炸药,准备三个试样进行测试。试样的直径等于产品上标明的最小炮孔直径,试样长度应至少为直径的五倍。

（3）试验步骤

按照图 2-2-55 连接压力系统。

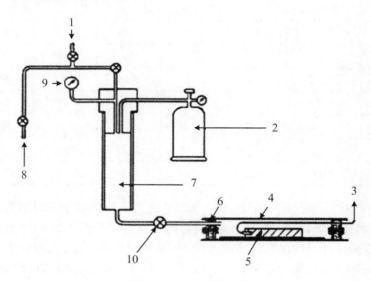

图 2-2-55　压力系统装置图

1. 安全阀；2. 压缩空气；3. 起爆电线；4. 点火管；5. 炸药试样；6. 封头；7. 压力水；8. 进水口；9. 压力表；10. A 阀

将炸药试样放入观察窗中，插入起爆雷管，装入点火管中，接入进水管和起爆电线。向点火管中充满水，测量水温，加压至指定的最大压力（0.3MPa），压力值不超过最大压力的 5%，保持压力 2 小时。然后隔离压力系统（关闭图 2-2-55 中的 A 阀），同时保持点火管中的静水压力。

起爆炸药试样，连续进行三次试验。

（4）试验结果

每次试验前的水温；炸药试样直径；试验时的静水压；起爆方式；结果："合格"（三次药卷均起爆）或"不合格"（药卷出现一次未起爆）。

5. 试验方法的讨论

由于参照了 EN13631—6—2002，图 2-2-50 与图 2-2-55 两个试验装置原理基本相同，但前者增加了爆速和猛度测量装置，使试验结果判定更可靠和定量化。也适应于其他爆破器材的抗静水压的试验与研究。一些在高流体压力条件下使用的爆破器材检测，如：深水雷管、石油射孔弹（perforating charge）等也都采用模拟加压的方法。

图 2-2-51 的爆炸管属于一次性试验用品，还可承受小于或等于 1.0MPa 的静水压和更长的保压时间，意味着能模拟小于或等于 100m 的深水环境。

国内有技术人员利用略大于药卷直径的压力管，对实验室制备的六种乳化炸药也做了抗静水压试验，结果见表 2-2-30。

表 2-2-30　六种乳化炸药的爆速测定结果

炸药种类	空气中试验	受静水压 8h 后取出试验 压力（MPa）			受静水压保压 8h 试验 压力（MPa）		
		0.1	0.2	0.3	0.1	0.2	0.3
Aa 化学敏化（m/s）	5406	3747	3115	2763	3485	2882	拒爆
A 珍珠岩（m/s）	3922	2986	2841	拒爆	2950	2786	拒爆
A 玻璃微球（m/s）	4220	3268	3040	2874	3247	3049	2874
Bb 化学敏化（m/s）	5264	3789	3059	2874	3522	3059	2874
B 珍珠岩（m/s）	3937	2900	2778	拒爆	2909	2763	拒爆
B 玻璃微球（m/s）	4186	3379	2959	2902	3367	2967	2825

由表 2-2-30 的数据总结出：受静水压后取出能正常起爆的化学敏化乳化炸药，在受静水压保压起爆时有可能拒爆，原因是解除压力后炸药中原有气泡变大、炸药密度变小，提高了炸药的起爆感度，受静水压后取出乳化炸药进行试验存在误判的可能；三种敏化方式乳化炸药的抗静水压性能为：玻璃微球优于珍珠岩，化学敏化的配方不同抗静水压性能也不同。

由于试验条件不尽相同，表 2-2-29 与表 2-2-30 的数据存在一定差异，但可以表明乳化炸药"泄压"与"保压"起爆的结果是不同的。

也有研究人员采用钢制细长圆筒容器，通过改变静水表面的压力来模拟深水装药环境，对不同静压作用下两类含水炸药（乳化炸药和煤矿许用水胶炸药）的爆速进行测试。结果表明：含水炸药的爆速随着压力的增大而降低；乳化炸药受静态压力的影响较大，在静压力为 0.3MPa 时会发生拒爆，水胶炸药爆速下降率比较平缓稳定。

针对静水压产生的影响，有单位研制的耐压乳化震源药柱和采取塑料套管装药的抗压措施也取得很好效果。安徽雷鸣科化股份有限公司生产的深水爆破用水胶炸药，能承受不超过 50m 水深（0.5MPa）的静水压力，能正常起爆，且爆轰完全，为水下爆破和含水深孔爆破用炸药提供了新的选择。

抗静水压能力试验可以促进业界研制抗静水压力性能优越的乳化炸药品种，以满足不同有水环境爆破施工时选用合适的炸药。为了和国外先进标准接轨，我国应尽早制定乳化炸药抗静水压试验标准。

参 考 文 献

[1]　工业火工药剂试验方法 第 4 部分：爆发点试验：WJ/T 9038.4—2004［S］.北京：兵器工业出版社，2004.

[2]　炸药热感度试验铁板加热法：MT/T 982—2006［S］.北京：煤炭工业出版社，2006.

[3]　工业炸药感度试验方法 第 3 部分：含水炸药热感度：WJ/T 9052.3—2006［S］.北京：兵器工业出版社，2006.

[4]　工业炸药感度试验方法 第 2 部分：撞击感度：WJ/T 9052.2—2006［S］.北京：兵器工业出版社，2006.

［5］　工业火工药剂试验方法 第1部分:撞击感度试验:WJ/T 9038.1—2004[S]. 北京:兵器工业出版社,2004.

［6］　Determination of sensitiveness to impact of explosives:EN 13631—4—2002[S]. Brussels, 2002.

［7］　工业炸药感度试验方法 第1部分:摩擦感度:WJ/T 9052.1—2006[S]. 北京:兵器工业出版社,2006.

［8］　工业火工药剂试验方法 第2部分:摩擦感度试验:WJ/T 9038.2—2004[S]. 北京:兵器工业出版社,2004.

［9］　Determination of sensitiveness to friction of explosives:EN 13631—3—2002[S]. Brussels, 2002.

［10］　金子良昭、吉田信生、松永猛裕,等. 用水下爆炸评价炸药的爆炸特性(I)[J]. 工业火药,1988,49(3):176.

［11］　和田有司,松永猛裕,刘荣海等. 用水下爆炸评价炸药的爆炸特性(IV)[J]. 工业火药,1989,50(3):162.

［12］　工业炸药密度、水分、殉爆距离的测定:MT/T 932—2005[S]. 北京:煤炭工业出版社,2005.

［13］　工业炸药殉爆距离试验方法:WJ/T 9055—2006[S]. 北京:兵器工业出版社,2006.

［14］　Determination of transmission of detonation:EN 13631—11—2003[S]. Brussels, 2003.

［15］　民用爆破器材工程设计安全规范:GB 50089—2007[S]. 北京:中国计划出版社,2007.8.

［16］　刘钧,张立,费颖. RDX炸药摩擦静电带电量测试研究[J]. 煤矿爆破,2006(3):1-4.

［17］　工业火工药剂试验方法 第3部分 静电火花感度试验:WJ/T 9038.3—2004[S]. 北京:兵器工业出版社,2004.

［18］　Determination of resistance to electrostatic energy:EN 13938—2—2004[S]. Brussels, 2004.

［19］　田雨馥,吴腾芳,庞纯朴,等. 中国民用爆破器材应用手册[M]. 北京:煤炭工业出版社,1997:432.

［20］　煤矿许用炸药可燃气安全度试验方法及判定:GB/T 18097—2000[S]. 北京:中国标准出版社,2000.

［21］　煤矿许用炸药煤尘-可燃气安全度试验方法及判定:MT/T 934—2005[S]. 北京:煤炭工业出版社,2005.

［22］　高玉刚. 管道中可燃气体燃爆特性研究[D]. 安徽理工大学,2011.5.

［23］　吴红波,郭子如,张立. 瓦斯火焰传播规律及其加速机理的实验研究[J]. 矿业安全与环保,2007,34(6):15-18.

［24］　李雪交. 不同管道瓦斯火焰传播特性研究[D]. 安徽理工大学,2013.6.

［25］　吴红波,张立,郭子如. 点火能对瓦斯火焰传播影响的实验研究[J]. 煤矿爆破,2004,(1):5-7.

［26］　吴红波,陆守香,张立. 障碍物对瓦斯煤尘火焰传播过程影响的实验研究[J]. 矿业安全与环保,2004,31(3):6-8.

［27］　吴红波,陆守香,张立. 瓦斯火焰诱导沉积煤尘燃烧爆炸机理的实验研究[J]. 火工品,2009,(1):52-56.

［28］　标准编制工作组. 煤矿许用炸药瓦斯安全度试验方法[Z]. 1999.8.

［29］　曹欣茂. 世界爆破器材手册[M]. 北京:兵器工业出版社,1999:1155-1188.

［30］　郑孟菊,俞统昌,张银亮. 炸药的性能及测试方法[M]. 北京:兵器工业出版社,1990:79-107.

［31］　工业炸药爆速测定方法:GB 13228—2015[S]. 北京:中国标准出版社,2015.

［32］　Determination of velocity of detonation:EN 13631—14—2003[S]. Brussels, 2003.

［33］　曹欣茂. 世界爆破器材手册[M]. 北京:兵器工业出版社,1999:1125-1127.

［34］　缪玉松,李晓杰,闫鸿浩,等. 基于连续压导探针的炸药爆速和临界直径测试方法[J]. 爆破器材,2016,45(6):61-64.

［35］　Memrecam HX-3 High Speed Camera 使用手册[R]. nac Image Technology 公司,2013.

［36］　姜爱华,焦宁,王高,等. 新型高精度多段光纤爆速仪的设计[J]. 爆破器材,2013,42(6):29-31.

［37］　黄正平. 爆炸与冲击电测技术[M]. 北京:国防工业出版社,2006:107-127.

［38］　工业炸药爆热测定法:WJ/T 9004—1992[S]. 北京:兵器工业出版社,1992.

[39]　DCA 5 全自动爆热测试仪[EB/OL].[2016-12-08].http://www.ideascience-group.com/.

[40]　周新利,李燕,刘祖亮,等.炸药爆轰瞬态温度的光谱法测定[J].光谱学与光谱分析,2003,23(5):982-983.

[41]　炸药猛度试验 铅柱压缩法:GB/T 12440—199[S].北京:中国标准出版社,1990.

[42]　郑孟菊,俞统昌,张银亮.炸药的性能及测试方法[M].北京:兵器工业出版社,1990:172-263.

[43]　炸药作功能力试验 铅䂬法:GB/T 12436—1990[S].北京:中国标准出版社,1990.

[44]　炸药作功能力试验用铅䂬:WJ/T 9030—2004[S].北京:兵器工业出版社,2004.

[45]　工业炸药试验方法 作功能力试验 弹道抛掷法:WJ/T9061—2008[S].北京:兵器工业出版社,2008.

[46]　炸药爆炸相对能量评估方法 水下爆炸法:GJB 7692—2012[S].北京:总装备部军标出版发行部,2012.

[47]　作功能力 弹道臼炮法:GJB 772A—1997[S].北京:兵器工业出版社,1997.

[48]　汪旭光.乳化炸药(2 版)[M].北京:冶金工业出版社,2008:867~871.

[49]　王肇中,李国仲.工业炸药作功能力测试标准方法探讨[C]//2007 中国国防工业标准化论坛论文集.2007:63~66,.

[50]　田雨馥,吴腾芳,庞纯朴,等.中国民用爆破器材应用手册[M].北京:煤炭工业出版社,1997:434.

[51]　GB/T 20061—2006 煤矿许用炸药抗爆燃性能测试方法及判定[S].北京:中国标准出版社,2006.

[52]　郭子如,张立,胡企强,等.煤矿许用炸药爆燃倾向测定方法[J].爆破器材,1996,25(4):1-5.

[53]　吴洁红,夏斌,周平.煤矿许用炸药爆燃倾向测试方法综述[J].煤矿爆破,2005,69(2):25-27.

[54]　陈正衡,等译.工业炸药测试新技术:国际炸药测试方法标准化组织第八届会议论文集[C].北京:煤炭工业出版社,1982:20-33.

[55]　张立,熊苏,刘洁,等.乳化炸药抗静水压力实验研究[J]//张志毅.中国爆破新技术Ⅳ[M].北京:冶金工业出版社,2016:1027-1031.

[56]　Determination of resistance to hydrostatic pressure:EN13631—6—2002[S].Brussels,2002.

[57]　Determination of resistance to hydrostatic pressure:EN13763—12—2003[S].Brussels,2003.

[58]　吴红波.动压作用下乳化炸药减敏机理研究[D].淮南:安徽理工大学,2011.

[59]　解立峰.乳化炸药受压钝化问题的探讨[J].爆破器材,1991,(2):6-9.

[60]　卢良民.乳化炸药在水下爆破中抗水抗压性能的实验与机理探讨[J].低碳世界.2016:246-247.

[61]　汪齐,胡坤伦,王猛,等.深水静压作用下含水炸药爆炸性能的研究[J].火工品,2017,42(3):41-44.

[62]　深水爆破用水胶炸药[EB/OL].[2017-08-01].http://www.lmkh.com/info/1029/3520.htm.

[63]　张立.爆破器材性能与爆炸效应测试[M].合肥:中国科技大学出版社,2006.

[64]　民用爆破器材术语:GB/T 14659—2015[S].北京:中国标准出版社,2015.

第3章 起爆器材的感度及爆炸性能测试

3.1 起爆器材的特性参数与感度测试

3.1.1 电雷管电性能参数测试

工业电雷管按用途分为：普通电雷管、煤矿许用电雷管、地震勘探用电雷管。按起爆方式分为：电力起爆和非电起爆。按起爆药类型又分为：有起爆药雷管和无起爆药雷管，而无起爆药雷管按起爆机理又分为：冲击非片式和燃烧转爆轰式。其他分类方式见相关文献。

1. 桥丝式电雷管的发火过程

电雷管的金属桥丝在电流作用下发火是非常复杂的过程，大致可以分为下列三个阶段。

第一阶段：输入电流时桥丝加热，桥丝升温到药剂的发火点。

第二阶段：桥丝周围的薄层药剂升温到发火点，药剂经过一段燃烧传递过程（延滞期）后发火。

第三阶段：药剂的火焰，传给起爆药使其爆炸，并瞬间引爆与其相邻的猛炸药，能量的转换与传递完成了桥丝式电雷管的作功。

各阶段之间不存在明显的界限。如在桥丝加热的同时，药剂也就开始了升温。特别是在输入的电流比较小，桥丝加热时间比较长，上述前三个阶段的作用同时存在的可能性就很大。如果输入电流比较大，桥丝升温极快，爆炸瞬间发生。药剂加热部分只限于和桥丝接触的薄层，这时药剂传热阶段不明显，而且延滞期也很短。

（1）桥丝加热

电流通过电桥丝，电能按焦尔—楞次定律转为热能：

$$Q = 0.24I^2Rt \tag{3-1-1}$$

式中：Q—桥丝放出的热量，J；

I—通过桥丝的电流强度，A；

R—桥丝电阻，Ω；

t—电流通过桥丝的时间，s。

桥丝放出的热量除了自身加热,使桥丝温度升高外,还要加热与桥丝接触的引燃药。此外,一部分热量通过脚线而导出损失掉。因此,桥丝全长上的温度在中间部分最高,两端低。随着通电时间的增长,温度升高。

桥丝电阻由下式计算:

$$R = \rho \frac{l}{s} = \rho \frac{4l}{\pi D^2} \tag{3-1-2}$$

式中:ρ—桥丝材料的比电阻,$\Omega \cdot mm^2 / m$;

$\quad$ l—桥丝长度,m;

$\quad$ S—桥丝截面积,mm^2;

$\quad$ D—桥丝直径,mm。

将公式(3-1-2)代入公式(3-1-1),得:

$$Q = 0.306 \frac{\rho l}{D^2} I^2 t \tag{3-1-3}$$

如果沿导线而散失的热量可以忽略不计,全部用以提高桥丝的温度,那么桥丝得到的热量和温度关系,由公式(3-1-4)表示:

$$Q = CV\gamma(T - T_0) \tag{3-1-4}$$

式中:C—桥丝材料的比热,$J/(g \cdot ℃)$;

$\quad$ V—桥丝体积,cm^3;

$\quad$ γ—桥丝密度,g/cm^3;

$\quad$ T—桥丝被加热达到的最高温度,℃;

$\quad$ T_0—桥丝初始温度,℃。

由于

$$V = sl = \frac{\pi D^2}{4} l \tag{3-1-5}$$

将公式(3-1-5)代入公式(3-1-4),得:

$$Q = C \frac{\pi D^2}{4} l\gamma(T - T_0) \tag{3-1-6}$$

公式(3-1-3)和公式(3-1-6)相等,即:

$$0.306 \frac{\rho l}{D^2} I^2 t = C \frac{\pi D^2}{4} l\gamma(T - T_0) \tag{3-1-7}$$

在电引火头发火时,桥丝温度 T 可达几百摄氏度,而 T_0 是室温,二者相差很大,因此 T_0 可以忽略不计,公式(3-1-7)可简化为:

$$T = 0.39 \frac{\rho}{C\gamma D^4} I^2 t \tag{3-1-8}$$

$$I^2 t = 2.56 \frac{C\gamma}{\rho} D^4 T \tag{3-1-9}$$

由公式(3-1-8)可以看出,桥丝被加热的温度与桥丝材料的比电阻、比热、密度、直径有关,同时与电流强度和时间也有关。

在电流强度和时间一定时,对某一选定直径的桥丝,温度 T 正比于 $\rho/(C \cdot \gamma)$,它是由桥丝材料性质决定的,把 $(C \cdot \gamma)/\rho$ 称为材料的特性值。很明显,桥丝材料的特性值越小,桥丝温度将越高,即桥丝材料的比电阻 ρ 越大,比热和密度越小。桥丝温度会越高。

表 3-1-1 列出一些金属及合金的比电阻、比热和密度及其特性值。

表 3-1-1　一些金属和金属合金的物理特性

金属或合金的名称	ρ（300℃时）	C	γ	$(C \cdot \gamma)/\rho$
铂(Pt)	0.144	0.033	21.2	4.86
铂铱合金(85%Pt+15%Ir)	0.355	0.032	21.4	1.93
铜镍合金(60%Cu+40%Ni)	0.485	0.098	8.9	1.79
钨(W)	0.114	0.039	19.3	6.60
镍铬合金(65%Ni+15%Cr+20%Fe)	1.200	0.120	8.2	0.82
因瓦合金(36%Ni+64%Fe)	1.200	0.126	8.1	0.85
铁(Fe)	0.255	0.120	7.9	3.72
铜(Cu)	0.034	0.090	8.9	23.50

由表中可见,用镍铬合金桥丝最好,铁镍合金(因瓦合金)、铜镍合金(康铜)、铂铱合金其次,铜最不好。因为铜的特性值最大,需要较大的电流强度,才能使电桥丝达到足够高的温度(即达到引火头的爆发点)才能发火,所以铜桥丝通常用于抗杂散电流雷管。

从公式(3-1-8)中还可看出,桥丝直径 D 非常明显地影响桥丝温度。桥丝温度与直径的四次方成反比,桥丝直径的微小变化,都会大大改变电引火在电流作用下的敏感度。直径越小,温度越高。所以桥丝都是很细的合金丝,一般为 0.03~0.05mm。如果过细,会因强度小而给操作带来困难,同时,也易于过早熔断而不能引燃引火头。而抗杂散电流电雷管的电桥丝要求粗一些,一般为 0.06~0.07mm。

公式(3-1-9)中的 I^2t,即电流强度的平方乘以通电时间,叫做发火冲能,是衡量桥丝加热到温度 T 时,桥丝单位电阻所消耗的电能的尺度。

发火冲能可以理解为:如桥丝电阻为 R,电流强度为 I,在 t 时间内,桥丝上消耗的电能为 I^2tR。(瓦·秒=焦耳),因此单位电阻所消耗的电能就是 $(I^2tR)/R = I^2t$,单位是 $(J/\Omega = A^2s)$。

由公式(3-1-9)中还可看出:桥丝加热到规定温度 T 时,桥丝电阻所需电能量—发火冲能,随 $(C \cdot \gamma)/\rho$ 的减少而减少,也随直径的减小而减少。细的镍铬桥丝加热到温度 T 时所需的发火冲能就较小。发火冲能与电流强度的平方成正比,即受电流强度的影响很大。

(2) 药剂加热和燃烧

桥丝温度上升时,附在桥丝周围的药剂也随着升温,传给药剂的热量以及被加热药层的厚度,与药剂的性质有关。对引燃药来说,要求有一定的药量(或药层厚度)被加热到爆发点,以使化学反应开始进行。在"热点理论"中,对热点体积、热点温度和热点维持时间都有一定的要求。桥丝加热引燃药剂的过程也与这种情况相类似,而温度、加热的体积,传给药剂的热量等都和时间有关。在短时间内,和桥丝接触的药剂有足够厚度被加热到爆发点温度,引火头就开始燃烧。这个厚度与"热点理论"相近,约为 10^{-4}cm。这一厚度值很容易达到。同时要求散热损失要足够小,以便热量积累。从药剂开始发火到全部燃烧,需要一个延迟时间,该时间决定于药剂的化学反应速度。同时又受到开始反应时的初始温度、反应过程中的温度、热量向外传递及反应压力的影响。这在电雷管特性参数中将反映在传导时间上。

从电引火头发火过程可以看出：桥丝及引燃药决定电雷管的感度。当外界作用条件（通入雷管的电流强度与通电时间）一定时，选用桥丝材料特性值$(C \cdot \gamma)/\rho$越小，桥丝炽热的程度越高，产生的热量也越大，即温度越高，电引火头发火延迟时间就越短。其次，选用爆发点较低的引燃药，有利于提高电引火的敏感度和保证雷管准爆。桥丝和引燃药的结合决定了电雷管的特性参数和性能。

电雷管电性能参数的试验采用的"升降法"，是一种以估计临界刺激量平均值及标准差的试验设计和统计方法，这种方法统计计算简单，可利用较少的试样求得比较正确的结果，如对50％发火电流（firing current）的估计可以用20～50发试样就能得出结果。

2. 电性能参数试验项目及步骤

表示电雷管电性能参数有：全电阻、最大不发火电流、最小发火电流、发火冲能（activation impulse）、串联起爆电流（series firing current）、桥丝熔化冲能、6毫秒发火电流。

（1）全电阻试验

全电阻是电雷管桥丝和脚线在常温下的电阻之和。在电雷管的爆破网路中，知道此数值，可以正确计算网路电阻分布情况，以提供所有雷管都能100％发火的电流。

桥丝电阻与材料、长度和电阻率有关。电阻的大小对最小发火电流、发火冲能都有明显影响。

实际生产中不仅要控制桥丝长度，还要控制桥丝直径，焊结点大小，双桥丝，桥丝尾巴过长等缺陷造成的电阻不均匀。这些因素造成的电阻改变，实际上改变了桥丝直径，直径的微小变化极大地影响发火感度。当桥丝断路，电阻值表现为无限大；双桥丝则表现为电阻值小于规定范围。

脚线材料或长度不同，电阻也不一样。电阻越大，对总功率一定的起爆器来说，能同时起爆的电雷管数量将减少。

测定全电阻是起爆器材生产厂、爆破作业人员在使用前逐个检验电雷管质量的有效方法，测量应使用专用的电雷管电阻测定仪。仪器的工作电流不得大于30mA（欧盟国家规定不大于15mA），电阻误差不大于0.1Ω，测量时电雷管应置于防爆箱内（允许使用电引火头替代）。

雷管的全电阻不可能完全一样，因此规定了一个范围，超出范围即视为不合格产品。全电阻大于3.0Ω时，相对误差不大于名义值的±15％；全电阻小于3.0Ω时，相对误差应不大于名义值的±25％。

试验步骤如下：

使电阻测量仪处于工作状态，将试样脚线与电阻测量仪接通，先测出全电阻，再用刀片等锋利工具短路引火头引线，测出脚线电阻，根据$R_{全}＝R_{脚}＋R_{桥}$计算出桥丝电阻。如使用IT系列电雷管参数测量仪时，按下〈电阻－电流〉转换按钮，显示的数字即是雷管全电阻，再按上述方法测出脚线电阻。读取电阻数值并记录。并将测得结果填入表3-1-2。

表 3-1-2 电阻测定记录表

测量序号	全电阻(Ω)	脚线电阻(Ω)	桥丝电阻(Ω)
1			
2			
3			
4			
5			
电阻范围			
平均值			

(2) 最大不发火电流试验

电雷管制造和使用过程中不可避免遇到一定量的电流,如测量电阻;外部环境产生的电流(雷电、杂散电流、感应电流、射频和静电),这些电流数值对不同类型的雷管都必须控制在某一范围内,否则就会引起意外爆炸事故,这就是最大不发火电流的意义。

① 试验方法

向工业电雷管通以符合表 3-1-3 规定的恒定直流电,通电时间 5min,不应发生爆炸。

表 3-1-3 工业电雷管的电性能指标

项目	技术指标			
	普通电雷管、煤矿许用电雷管			地震勘探用电雷管
	Ⅰ型	Ⅱ型	Ⅲ型	
最大不发火电流(A)	≥0.20	≥0.30	≥0.80	≥0.20
最小发火电流(A)	≤0.45	≤1.00	≤2.50	≤0.45
发火冲能(A²·ms)	≥2.0	≤18.0	80.0~140.0	0.8~5.0
串联起爆电流(A)	≤1.2	≤1.5	≤3.5	≤3.5
静电感度(kV)	≥8	≥10	≥12	≥25

注:静电感度以脚线与管壳间静电电压表示,见"3.1.6 工业电雷管抗静电放电能力的测定"。

试验允许将雷管试样串联进行。

② 试验步骤

经电阻测量合格后的 20 发电雷管(允许使用电引火头替代)串联连接,接入 IT 型雷管电参数测试仪的电流输出端,电流表的分辨率应不小于 0.01A。通电时间设定为 5min。仪器设置为:〈时间设定〉置于"30000"位置,按下〈时基选择〉开关的"0.01s"键,〈控制转换〉开关置于〈电控〉位置,再连接脚线,复位通电。

如对Ⅰ型电雷管,20 发串联后通以 0.25A 恒定直流电流 5min 未爆炸,说明最大不发火电流合格。

(3) 最小发火电流试验

任何一发电雷管的引火头都存在"最小的发火电流"。当通入桥丝的电流小于该电流时，无限长的通电时间也不能使该电引火头发火。此时桥丝产生的热量与热损失相等，桥丝的温度也就不可能升高到发火温度，也达不到"热点理论"的三个要求。

通入桥丝的电流正好等于"最小发火电流"时，长时间（理论上是无限长）通电，桥丝达到热平衡时，温度正好达到引燃药的爆发点，故引火头发火。

如果通入桥丝的电流大于"最小发火电流"，则引火头必定发火，而且通入的电流比"最小发火电流"越大，引火头发火越快。

最小发火电流参数与电桥丝材料、直径和长度以及引燃药剂成分和电引火头的物理结构有关。减小桥丝直径，桥丝比电阻系数和长度的增大都会使最小发火电流降低。

① 适用范围与方法原理

适用于工业电雷管最小发火电流试验。其他灼热桥丝式电火工品的试验可参照使用。

基于电流的热效应原理，向雷管试样（允许使用电引火头替代）提供恒定直流电流，按升降法试验程序测定。在 0.95 置信水平下，计算出的试样发火概率为 99.99% 的电流值。

② 仪器、设备及材料

IT 型雷管电参数测试仪，该仪器具有直流恒流输出电源和控制电流通断的定时开关；恒定直流电流在 0～2A 内连续可调；显示的电流满量程相对误差不大于 0.5%；负载电阻在 1～10Ω 内变动时，引起输出电流的相对误差不大于 0.5%；定时范围不小于 20s，定时误差不大于 0.1s。

防爆箱。

40 发经电阻检验合格的电引火头试样。

③ 试验步骤

试验按照 3.1.1 小节中的"4. 升降法试验统计计算程序"的规定进行。

按仪器的使用说明书操作，接通电源，进行预热、调试，使仪器处于正常工作状态。再将定时开关设定在 30s 档上。

取一发电引火头试样置于爆炸箱内，将电流调到预定值，电流控制开关拨到电流输出档。将试样两根脚线分别接到仪器的电流输出端。

按下仪器的通电按钮，向雷管通电。根据试验现象，判定雷管发火或不发火。

根据上一发试验结果，将试验电流减少或增加一个步长，重复上述试验步骤，直至获得不少于 40 发的有效数据。

按升降法进行试验数据记录和整理。

每发电引火头只可受试一次，不准重复试验。对不发火的电引火头，在试验电路断开后应停留一定时间，方可从爆炸箱内取出，集中销毁处理。

④ 结果表述

按升降法计算发火概率为 50% 时试样的发火电流（$\bar{x}$）和样本标准差（S）。

按公式（3-1-10）计算最小发火电流。

$$x_p = \bar{x} + 3.719S \tag{3-1-10}$$

式中：x_p——发火概率为 99.99% 时试样发火电流的数值，A；

$\bar{x}$—发火概率为 50% 时试样发火电流的数值，A；

3.719 —置信水平为 0.95、发火概率为 99.99% 时对应的数值；

S —样本发火电流值的标准差，A。

$\bar{x}$、S 计算精确至 0.001A，x_p 精确至 0.01A。

⑤ 注意事项

固定通电时间 30s，选择第一发试验电流水平 h 应尽量接近 50% 发火电流。确定两次试验的电流水平之间的步长 d，一般以试验水平数为 4~6 个为宜，d 值可确定为 25mA。如第一发发火，第二发则在 $h-d$ 水平点试验；如第一发未发火，第二发就在 $h+d$ 水平点试验，依次类推（一般试验量为 20~50 发），并将结果进行记录，发火用"1"表示，不发火用"0"表示。

IT 型雷管电参数测试仪设置为：〈时间设定〉开关置于"03000"位置，按下〈时基选择〉开关的"0.01 秒"键，〈控制转换〉置于〈电控〉位置，再连接脚线，复位通电。

（4）发火冲能试验

发火冲能是在给定置信水平下，使工业电雷管发火可靠度满足规定要求的电冲能最小值。知道发火冲能的大小，就可求出在规定时间内发火的电流强度。此外发火冲能还可用来计算引爆全部串联电雷管网络所需的最小电流强度。

发火冲能的大小决定于桥丝材料、直径和引燃药性质，以及桥丝和引燃药接触情况。桥丝性质和直径决定桥丝的温度，引燃药性质决定引火药头对温度的敏感度，二者接触情况决定桥丝热量传递给引燃药的难易程度。直径相同的镍铬桥丝和康铜桥丝，前者发火冲能小，后者大；材料相同，直径细的桥丝，发火冲能也小；桥丝相同，热敏感度高的二硝基重氮酚作引燃药，将比氯酸钾和木炭引燃药，发火冲能要小。在电流强度小的情况下，随着发火电流强度的增大，发火冲能将减少。这是因为发火电流增大，减少了热损失。当电流强度足够大时（约相当于 2 倍百毫秒电流），发火冲能成为常数。

① 试验方法与适用范围

工业电雷管发火冲能试验有两种方法：百毫秒电流法和电容放电法，其中百毫秒电流法为仲裁法。试验样品为工业电雷管（允许使用电引火头替代），试验和数据处理按升降法试验程序进行，其他电火工品发火冲能的试验可参照使用。

② 方法原理

测出试样的百毫秒发火电流，再以 2 倍百毫秒发火电流值的恒定直流电流向试样通电，为试样提供起爆电冲能，在给定置信水平下，分别计算出试样发火概率为上限 P_U 和发火概率为下限 P_L 的发火时间，然后计算发火冲能和安全冲能（safe impulse），即在给定置信水平下，使工业电雷管不发火可靠度满足规定要求的电冲能的最大值。

③ 仪器、设备及材料

IT 型雷管电参数测试仪，除上述介绍的功能参数外，定时范围不小于 0.1~999.9ms，定时误差不大于 ±0.1ms。

防爆箱。

100 发经电阻检验合格的电引火头试样。

④ 百毫秒发火电流试验步骤

试验按照 3.1.1 小节中的"4. 升降法试验统计计算程序"的规定进行。

a. 试验总次数取 50,确定电流初始值和步长。

b. 按所用测试仪器的使用说明,将仪器通电预热,输出电流的时间固定设定为 100ms。

c. 取一发电引火头试样置于防爆箱内,调节仪器输出直流电流至选定的电流值。将试样两根脚线分别连接到仪器的电流输出端,向被测试样通电。观察并记录电引火头是否发火,并根据试验结果将下一发试样的试验电流减少或增加一个步长。

d. 重复上述试验步骤,直至完成规定的试样数。

e. 按照升降法规定的统计计算方法,计算发火概率为 50% 时的发火电流 $\bar{x}$ 和样本标准差 S,并计算出给定置信水平的发火概率上限 P_U 对应的发火电流,作为百毫秒发火电流;计算结果精确至 0.001A。

⑤ 2 倍百毫秒发火电流的发火时间试验

试验按照 3.1.1 小节中的"4. 升降法试验统计计算程序"的规定进行。

a. 试验总次数取 50,确定通电时间初始值和步长。

b. 按所用测试仪器的使用说明,将仪器通电预热,并将仪器输出电流设定为 2 倍百毫秒发火电流值,保持不变。

c. 取一发被测试样置于防爆箱内,调节仪器输出直流电流的时间至选定的时间值,然后将试样脚线连接到仪器的电流输出端,向被测试样通电试验。观察并记录电引火头是否发火,并根据试验结果将下一发试样的通电时间减少或增加一个步长。

d. 重复上述试验步骤,直至全部试样完成试验。

e. 按照升降法规定的统计计算方法,计算发火概率为 50% 时的发火时间 $\bar{x}$ 和样本标准差 S,并根据给定置信水平的发火概率上限 P_U 和发火概率下限 P_L,分别计算出发火概率为 P_U 的发火时间和发火概率为 P_L 的发火时间;计算结果修至 0.01ms。

⑥ 结果表述

分别按公式(3-1-11)和(3-1-12)计算发火冲能和安全冲能。

$$K_a = I^2 \cdot t_a \tag{3-1-11}$$

式中:K_a——发火冲能的数值,$A^2 \cdot ms$;

  1——2 倍百毫秒发火电流的数值,A;

  t_a——发火概率为上限 P_U 的发火时间数值,ms。

$$K_s = I^2 \cdot t_s \tag{3-1-12}$$

式中:K_s——安全冲能的数值,$A^2 \cdot ms$;

  t_s——发火概率为下限 P_L 的发火时间数值,ms。

⑦ 注意事项

计算结果精确至一位小数。

IT 型雷管电参数测试仪设置为:〈时间设定〉开关置于"00100"位置,按下〈时基选择〉开关的"1ms"键,〈控制转换〉开关置〈电控〉位置,再连接脚线,复位通电。

(5) 串联起爆电流试验

爆破作业中,电雷管采用串联连接时,一定强度的电流通过桥丝,电能转化为热能,电引火头发火,并引爆起爆药及整个雷管。但由于雷管的电学性能不均匀性或热传导、热散失等原因造串联网路的个别雷管可能会发生拒爆,因此电雷管串联准爆试验决定电雷管的实用性能。

　　将 20 发某类型电雷管(允许使用电引火头替代)串联连接,测量电阻后,对串联网路输入符合该类型雷管的恒定直流电流(见表 3-1-3)进行测定。电流表的分辨率应不小于 0.05A。时间设定为不少于 20ms,IT 型雷管电参数测试仪为:〈时间设定〉置于"03000"位置,按下〈时基选择〉开关的"0.01s"键,〈控制转换〉开关置于〈电控〉位置,再连接脚线,复位通电。

　　用电雷管做串联起爆电流试验应在爆炸容器内进行,操作规程见 1.3.4 小节中的"1. 爆炸容器"。

　　观察和记录试验结果。

　　如通入的恒定直流电流使 20 发雷管全爆,说明串联起爆电流合格。

(6) 桥丝熔化冲能试验

　　电流通过桥丝,使桥丝发热,如果加热迅速,在引燃药未点火前,桥丝已熔断,那么使桥丝熔断的电流冲能,称为桥丝熔化冲能。

　　当电流强度减小时,因散热影响大,熔化冲能增加,在大电流作用下,熔化冲能逐渐减小趋于一个定值,这就是最小熔化冲能,表示桥丝熔断时,桥丝单位电阻所需要的最小能量。

　　很明显,电引火头的最小熔化冲能应大于最小发火冲能,才能保证桥丝在熔断前,电流冲能已达到最小发火冲能,而使引火头发火。

　　熔化冲能与桥丝的直径有关,直径越细,熔化冲能越小。另外,也与桥丝材料比热、密度、电阻系数、熔点、熔化热有关。其次还与桥丝热量的散失条件有关。

　　测定时,应使用裸露的桥丝(没有引火药)。

　　测量桥丝熔化冲能首先需测出桥丝熔断时间(lag time)。

　　① 测定桥丝熔断时间

　　从通电开始至桥丝炸断和熔断为止的时间称为桥丝熔断时间。该时间随电流而变化,所以应在选定电流的条件下测试(推荐采用 2 倍百毫秒电流值),按升降法改变通电时间,在置信水平为 0.95、熔断概率为 99.99% 的通电时间为桥丝熔断时间。

　　② 桥丝熔化冲能计算

　　按下式计算桥丝熔化冲能:

$$K_R = I^2 \cdot T_R \tag{3-1-13}$$

式中:K_R—桥丝熔化冲能,$A^2 \cdot ms$;

　　　I—试验电流值,A;

　　　T_R—桥丝熔断概率为 99.99% 的通电时间,ms。

　　IT 型雷管电参数测试仪设置为:将〈时间设定〉置于"00100"位置,〈时基选择〉开关置于"1ms"键,〈控制转换〉开关置于〈电控〉位置,时间初始值及时间步长应根据试样的特性而设定,然后再连接脚线,复位通电。

(7) 6 毫秒发火电流试验

　　固定通电时间为 6ms,能使电雷管发火的最小电流。

　　这个数值的意义是在于:在煤矿井下使用许用瞬发和毫秒延期电雷管时,起爆的准爆电流,该参数亦可为研发、生产起爆器材的企业提供技术设计依据。

　　在有可燃气危险的矿井下使用电雷管都有通电时间的限制。这是考虑到炸药爆炸后,矿层发生破裂或振动,内部含有的可燃气就会释放出来,如果这时爆破网路的电源尚未切断,则脚线端头可能产生电火花而引起可燃气爆炸。通电时间限制是根据试验测得矿层开始移动的时间而制定的。我国规定通电时间不能超过 6ms,欧盟成员国规定不能超过 4ms。目前各种起爆器内均设有限制通电时间的装置。这就要求在设计起爆器前必须熟知电雷管的 6 毫秒发火电流,才能保证起爆器在通电时间内释放出足够的电流引爆雷管。

操作 IT 型雷管电参数测试仪:将〈时间设定〉置于"00600"位置,按下〈时基选择〉开关的"0.01ms"键,〈控制转换〉开关置于〈电控〉位置,再连接脚线,复位通电。

以上(6)、(7)两项均为国家或行业标准中尚未规定的试验项目,仅做性能分析用。

3. 试验方法的讨论

我国对电雷管的电学特性参数试验依 GB 8031—2015《工业电雷管》、WJ/T 9044—2004《工业电雷管最小发火电流试验方法》、WJ/T 9039—2004《工业电雷管发火冲能测试方法》等标准。

欧盟成员国采用 EN 13763—17—2003《Determination of no-fire current of electric detonators》(《电雷管不发火电流测定》)、EN13763—18—2003《Determination of series firing current of electric detonators》(《电雷管串联发火电流测定》)、EN13763—19—2003《Determination of firing impulse of electric detonators》(《电雷管发火冲量测定》)、EN13763—20—2003《Determination of total electrical resistance of electric detonators》(《电雷管总电阻值测定》)等标准。这些测定标准的主要特点及与我国试验标准的异同分析如下:

(1) 电雷管不发火电流测定

① 初步试验

选择 30 发具有相同桥丝和管壳的电雷管,采用布鲁斯顿法(升降法)进行初步试验,以获得 50% 发火概率的电流值和标准差。若制造商规定的不发火电流小于或等于 2A,电流脉冲持续时间为 10s(允许使用电引火头替代);若大于 2A,电流脉冲持续时间为 5min。

② 不发火电流试验

在 (10.5 ± 2.5)s 范围内选择 7~11 个电流值,对 20 发具有相同桥丝和管壳的电雷管,采用同初步试验相同的电流脉冲持续时间及方法进行试验。统计计算每一电流值对应的发火和不发火数,以及 0.01% 不发火概率和 95% 置信度下的不发火电流值。

③ 与我国同类试验方法比较

方法的个别试验条件类似 2. 中的(2)"最大不发火电流试验"。

以初步试验结果确定不发火试验的条件,两个步骤均采用升降法统计计算,整体测定方法设计严谨、要求较高。

(2) 电雷管串联发火电流测定

瞬发雷管:30 发测定断路电流时间,50 发测定串联发火电流,雷管结构、装药等均应相同。

延期雷管:100 发最短延期时间的雷管,50 发测定断路电流时间,50 发测定串联发火电流。

可调节电源:产生方形电流脉冲,可调节脉冲幅值(精度±1%)和周期。上升和下降沿均应小于 50μs。

时间测量装置:测量电流脉冲起始到断路电流或发生爆轰的时间间隔,测量精度为 10μs。

① 断路电流时间试验

由制造商规定的串联发火电流 I_s 和全发火脉冲 W_{aj} (J/Ω)，得出脉冲的最短持续时间 t_i (ms)：

$$t_i = 5\frac{W_{aj}}{I_s^2} \qquad (3\text{-}1\text{-}14)$$

测量出瞬发和延期雷管的断路电流时间 t_b (ms)、最短断路电流时间 $t_{b,min}$ (ms)，对瞬发雷管还需计算平均断路电流时间 $\overline{t_b}$ 和标准差 S_b。

② 串联发火电流试验

电流脉冲调节到制造商规定的串联发火电流 I_s，瞬发雷管按公式 (3-1-15)、延期雷管按公式 (3-1-16) 选择电流脉冲持续时间：

$$t_t = \min(t_{b,min}; \overline{t_b} - 3S_b) \qquad (3\text{-}1\text{-}15)$$

$$t_t = 0.8 t_{b,min} \qquad (3\text{-}1\text{-}16)$$

将 5 发雷管串联后接到电源上，通以电流 I_s，持续时间 t_t，记录没有发火的雷管数量。

对剩余雷管重复上述步骤。

③ 与我国同类试验方法比较

该测定方法采用不同于 2. 中的 (5)"串联起爆电流试验"设计思路，从公式 (3-1-15) 和 (3-1-16) 可以看出串联发火电流要求较严格。断路电流时间类似 2. 中的 (6)"桥丝分断时间"，或 3.1.2 小节 5/(2) 中的"传导时间测定"。

(3) 电雷管发火冲量测定

一种测定电雷管全发火冲量（输入的最小电能除以整个发火回路的总电阻）和不发火冲量（输入的最大电能除以整个发火回路的总电阻）的方法。

要求被测雷管结构、装药等均应相同。对于延期雷管，则延期时间应尽可能均匀分布，对磁电雷管，应拆除耦合单元，允许使用电引火头替代完整雷管。

方形电流脉冲仪器的稳定电流误差为 ±1%、持续时间误差为 ±1%，输出电流过冲应小于 10%、过冲时间应小于 50μs。

① 初步试验

选择 30 发雷管用布鲁斯顿法（升降法）进行试验，以获得 50% 发火概率对应的脉冲持续时间 t_{50} 和标准差 S_{50}。为使持续时间小于雷管热常数的 1/3（该热常数为：制造商规定的不发火冲量与不发火电流的比值），应将电流脉冲幅值调节到串联发火电流的 2～3 倍。

② 发火冲量试验

在 $t_{50} \pm 2S_{50}$ 区间内选择 7～10 个脉冲持续时间，电流脉冲幅值同初步试验。

设定第一个脉冲持续时间值，测量第一发雷管是否发火并记录。对余下 19 发雷管重复上述步骤进行试验。

对剩余 6 个脉冲持续时间按上述要求和步骤进行试验。

用布鲁斯顿法（升降法）统计计算不发火冲量，不发火概率设为 0.01%，置信水平设为 95%。

统计计算全发火冲量，全发火概率设为 99.99%，置信水平设为 95%。

③ 与我国同类试验方法比较

该方法与 2. 中的(4)"发火冲能试验"不同,但数据处理相同。

用初步试验结果确定发火冲量试验的条件,以固定电流脉冲幅值改变脉冲持续时间进行试验,及两个步骤均采用升降法统计计算,很显然整体测定方法设计严谨、试样数量大,结果可信度较高。

(4) 电雷管总电阻值测定

利用欧姆表测量电雷管两根脚线间的电阻。测量精度为 0.05Ω,最大测量电流不超过 15mA。

选择脚线材料、长度与引火头结构均相同的 50 发试样,在防爆箱内进行单发测量。对磁电雷管,应拆除耦合单元。

与我国同类试验方法比较:与 2. 中的(1)"全电阻试验"基本相同。

4. 升降法试验统计计算程序

电雷管最小发火电流以及发火冲量试验采用升降试验法,按下列程序进行。

程序中发火刺激量 h 分别表示发火电流、发火时间或发火电压,$\bar{X}$ 分别表示发火概率为 50% 时的发火电流、发火时间或发火电压

(1) 试验设计

① 初始刺激水平(h)的选定

可根据同类产品资料选择,或用数发试样进行试验,找出最小发火刺激量和最大不发火刺激量,然后取两者的中位数作为初始刺激水平(h)。

② 试验刺激量步长(d)的确定

根据找出的最小发火刺激量和最大不发火刺激量差值,确定刺激量步长。一般应使试样刺激量水平数为 4~6 个,并使试验结果步长 d 大于 S(样本标准差)且小于 $1.5S$。

③ 发火的判据

以电雷管爆炸或不爆炸进行判定(或以电引火头发火或不发火进行判定)。

④ 升降规则

在 $h_j(j=1,2\cdots\cdots)$ 水平下发火,在 h_{j+1} 水平应减少一个步长 d,反之要增加一个步长 d。每次升降幅度不应超过一个步长,也不应采用不相等的步长。

⑤ 注意事项

每发雷管(或电引火头)只可受试一次,对不发火的雷管,与试验电路断开后应停留一定时间,方可从防爆箱内取出,置于安全地点统一爆炸销毁。对不发火的电引火头,取出后应剪下药头,统一燃烧销毁。

(2) 试验记录和整理

① 格式

试验记录和数据整理应用表 3-1-3、表 3-1-4 的格式和符号(两表中列举了某类型电雷管发火电流试验的实例)。

② 数据取舍规则

试验记录中,应从出现相反符号结果的前一发开始记录为有效。如表 3-1-3 中从序号 2

记为有效,前一发舍弃不用。这一规则也适用于处理记录的尾段。

③ 有效样本量(N)的确定

在正常试验记录中,发火总数($\sum n_i$)与不发火总数($\sum n'_i$)应相等或差一发。相等时任选一个,不相等时选数值较小的一个作为有效样本量(N),有效样本量(N)应不少于 20 发。

④ 统计量 A、B 的计算

应与有效样本大小的计量一致,当用发火数时 $A = \sum i n_i$,$B = \sum i^2 n_i$;当用不发火数时 $A = \sum i n'_i$,$B = \sum i^2 n'_i$。其中 i 为各试验刺激量水平构成的等差数列的序号,刺激量最小值 h_0 对应 $i=0$。

(3) 统计计算

a. 发火概率为 50% 时的发火刺激量按公式(3-1-17)计算:

$$\bar{X} = h_0 + d\left(\frac{A}{N} \pm \frac{1}{2}\right) \tag{3-1-17}$$

式中:$\bar{X}$—发火概率为 50% 时的发火刺激量;

h_0—对应于 i 等于 0 的最小刺激量;

d—步长;

A—统计量;

N—有效样本量。

"—"或"+"符号的选用规则:有效样本大小(N)是以发火数计算时取"—"号;以不发火计算时取"+"号。

b. 样本标准差(S)按公式(3-1-18)计算:

$$\begin{aligned} S &= 1.620(M + 0.029)d \\ M &= (NB - A^2)/N^2 \end{aligned} \tag{3-1-18}$$

式中:S—样本标准差;

B—统计量。

c. 发火刺激量上下限按公式(3-1-19)计算:

$$X_p = \bar{X} + U(p)S \tag{3-1-19}$$

式中:X_p—发火刺激量上、下限;

$U(p)$— 计算发火刺激量上限时,$U(p)$ 取正值,计算发火刺激量下限时,$U(p)$ 取负值。

若规定置信水平为 0.95,发火概率上限 P_U 取 99.99% 时,$U(p) = 3.719$;发火概率下限 P_L 取 0.01% 时,$U(p) = -3.719$。

(4) 升降法试验举例

① 试验设计

某类型电雷管做最小发火电流试验。发火电流初始水平值取 $h = 0.325A$,试验步长取 $d = 0.025A$,样本量取 $n = 50$,试验记录及结果整理见表 3-1-3 和表 3-1-4。

表 3-1-3　升降法试验记录

序号 发火电流(A)	1	2	3	4	5	6	7	8	9	10	11	12	13	14	15	16	17
$h-2d=0.275$			0				0										
$h-d=0.300$		1		0		1		0		0		0		0			
$h=0.325$	1				1				1		1		1		0		1
$h+d=0.350$																1	

序号 发火电流(A)	18	19	20	21	22	23	24	25	26	27	28	29	30	31	32	33	34
$h-2d=0.275$		0														0	
$h-d=0.300$	1		0				0				0		0		1		0
$h=0.325$				0		1		0		1		1		1			
$h+d=0.350$					1				1								

序号 发火电流(A)	35	36	37	38	39	40	41	42	43	44	45	46	47	48	49	50
$h-2d=0.275$			0												0	
$h-d=0.300$		1		0		0		0		0				1		1
$h=0.325$	1				1		1		1		0		1			
$h+d=0.350$												1				

注：发火用"1"表示；不发火用"0"表示；

　　实际样本大小：$n=49$（第一发舍去）；

　　试验最小电流值：$h_0=0.275$(A)。

表 3-1-4　试验结果统计

发火电流(A)	i	校验结果		结果整理			
		n	n'	in	i^2_n	in'	$i^2 n'_i$
$h-2d=0.275$	0	0	6	0	6	0	0
$h-d=0.300$	1	7	14	7	14	14	14
$h=0.325$	2	14	4	14	4	8	16
$h+d=0.350$	3	4	0	4	0	0	0
$\sum$		$N=\sum n_i=25$	$N=\sum n'_i=24$	$A=\sum in_i=25$	$B=\sum i^2 n_i=24$	$A=\sum in'_i=22$	$B=\sum i^2 n'_i=30$

② 数据计算

50%发火电流($\overline{X}$)计算：

取 $N=24$（不发火总数，为较小的一个），括号中取"0"号。

$$\overline{X} = h_0 + d\left(\frac{A}{N} + \frac{1}{2}\right) = 0.275 + 0.025\left(\frac{22}{24} + \frac{1}{2}\right) = 0.310 \, (A)$$

样本标准差(S)的计算：

$$M = \frac{NB - A^2}{N^2} = \frac{24 \times 30 - 22^2}{24^2} = 0.409$$

$$S = 1.620(M + 0.029)d = 1.620(0.409 + 0.029) \times 0.025 = 0.0177 \, (A)$$

发火电流计算：

发火电流上限

$$X_{P_U} = \overline{X} + U(p)S = 0.310 + 3.719 \times 0.0177 = 0.3758 \, (A)$$

发火电流下限

$$X_{P_L} = \overline{X} - U(p)S = 0.310 - 3.719 \times 0.0177 = 0.2442 \, (A)$$

3.1.2 工业雷管延期时间测定

在爆破作业中,通常使用不同延期时间的雷管来控制炮孔内炸药的起爆顺序,延期时间(delay time)和延期精度(delay time accuracy)是决定爆破效果的关键环节之一。

电雷管的延期时间包括电引火头发火、延期药燃烧、起爆药爆炸、猛炸药爆轰的时间;导爆管雷管的延期时间包括导爆管传爆、延期药燃烧、起爆药爆炸、猛炸药爆轰的时间。所以工业雷管延期时间是一个集总参数,它是决定产品特性和功能的重要指标之一。

当雷管受到外界能量激发后,产生爆燃并逐步达到爆轰,爆轰成长过程需要一定时间,时间的长短取决于雷管内部各层装药的种类、密度、药量及外壳等条件所决定,将雷管从输入端接收给定的外部能量激发到完全爆炸所用的时间定义为延期时间。

目前国内常用的工业雷管按作用时间分为瞬发雷管(instantaneous detonator)和延期雷管(delay detonator),延期雷管又分为毫秒延期和1/4秒、1/2秒和秒延期雷管,时间范围从10^{-3}s~10s。这个时间范围内的测时仪器必须具备较高的响应和测时精度。

1. 方法原理

工业雷管的延期是指向雷管输入激发能开始至雷管爆炸所经历的时间。延期时间测定是依据时间间隔测量原理,即测定起始电压脉冲信号和截止电压脉冲信号之间时基脉冲数。方法适用于工业雷管延期时间测定(determination of delay time of industrial detonator)。

2. 仪器、设备与材料

(1) 仪器

测时仪器应具有直流恒流输出电源,计时和电控开关装置,光电或压电信号接收装置。

a. 输出电源:电流0~4A内连续可调;负载电阻在1~10Ω内变动时,输出电流的相对误差不大于±5%。

b. 起爆电流(恒定直流电流)应符合下列要求：

Ⅰ型雷管:1.2A;

Ⅱ型雷管:1.5A;

Ⅲ型和地震勘探用电雷管(seismograph electric detonator):3.5A。

c. 电流表:量程0~4A,精度1.0级。

d. 时间测量仪:分辨率应不小于0.1ms。

(2) 爆炸装置

压电传感器安装在爆炸箱(见1.3.4中的4.雷管爆炸消音器)外侧。试验雷管到传感器的距离应不大于0.5m。

(3) 传感器

光电传感器:响应时间不大于10^{-7}s;压电传感器、压电晶体或压电陶瓷元件。

(4) 雷管试样

工业电雷管:性能应符合GB8031—2015要求;导爆管雷管:性能应符合GB 19417—2003要求。

3. 试验步骤

(1) 试样准备

外观及电阻检查合格的试样可用于试验,样本大小按GB 8031和GB 19417规定抽取。

(2) 调试仪器检查爆炸装置

先接通仪器电源,进行预热、调试,然后对装置进行检查。

a. 电雷管测时:可用一个与雷管等效的电阻接到仪器上的电流输出端,将电流调到适当大小,接通通电开关,数码管计数开始。然后可用锤击方法使爆炸箱产生一次振动,数码管停止计数,装置正常。

b. 导爆管雷管测时:起爆一段导爆管,数码管计数开始,然后可用锤击方法使爆炸箱产生一次振动,数码管停止计数,装置正常。

(3) 时间测定

依据待测雷管的延期时间及测时精度规定,选择时基开关,并接通,再将雷管放入爆炸箱内。

a. 电雷管:电流调到规定数值,然后将脚线分别接到仪器上的电流输出端,按下复位按钮,接通起爆开关,起爆雷管。待雷管爆炸后,记录数码管显示的时间数值。

b. 导爆管雷管:将导爆管拉直后固定在光电传感器插座上,光电管与起爆端距离不大于1m,然后按下复位按钮,用电火花激发器(或其他激发装置)激发导爆管。待雷管爆炸后,记录数码管显示的时间数值。

c. 允许延期时间试验与起爆能力的铅板试验(lead plate test)合并进行。

4. 结果计算与处理

(1) 计算平均值和标准差

按公式(3-1-20)和(3-1-21)计算平均值和标准差。

$$X = \frac{1}{n}\sum_{i=1}^{n}X_i \tag{3-1-20}$$

$$S = \sqrt{\frac{1}{n-1} \sum_{i=1}^{n} (X_i - X)^2} \qquad (3\text{-}1\text{-}21)$$

式中：X—样品延期时间平均值，ms 或 s；

X_i—第 i 发样品的延期时间，ms 或 s；

n—被测雷管样品数量；

S—样品延期时间标准差。

计算结果的有效数字位数选取应遵照相应产品标准规定。

（2）异常值的处理

异常值允许剔除不参加平均值和标准差的计算。异常值的判定可按 GB 4883《数据的统计处理和解释正态样本异常值的判断和处理》的规定进行。

延期时间异常值在光电法测定时，测试系统技术故障应视为缺陷，按 GB 2828 一次正常检查抽样方案表 AQL＝1.0 补足样本大小，试验后确定。

如能确认异常值是测量系统技术故障所造成，则不作为不合格品，应补足延期时间测定样本数量，重新判定。

5. 试验仪器操作步骤及测定实例

采用 IT-3 型雷管电参数测试仪，可以测量工业电雷管的全电阻，工业电雷管、电引火头、桥丝熔断、传导和导爆管延期雷管的时间参数。该仪器采用中规模 CMOS 集成电路，数字脉冲技术，输出电流采用电子开关控制，并具有恒流性能，测试结果由数码管显示，测量精度较高，操作也简便。

（1）仪器检验

a. 开机：接通电源，打开电源开关，数码管、符号管应发亮，且数码管显示"0000"，将电流转换开关置于"1A"位置，电流调节旋钮按反时针旋转到底，将〈工作—检验〉开关拨到〈检验〉位置。

b. 检验：完成上述开机程序后方可按以下步骤检验仪器的功能是否正常：

· 时基检验：将〈声控—电控〉开关拨到〈声控〉位置，按下〈时基选择〉开关的"0.01ms"键，按〈起爆〉钮，计数器应处于计数状态，且最高位按 0.1s 的速度计数，说明 0.01ms 时基正常，按〈清零〉钮，计数器停止计数并复零，再将"0.1ms"键按下，最高位应按 1s 的速度计数。以此类推，检验 1ms 和 0.01ms 时基。

· 声停信号检验：用压电传感器输出电缆连接到后面板的〈声停〉插座上，按下〈起爆〉按钮，轻轻敲击爆炸箱，安装在爆炸箱上的压电传感器感受到信号，计数器应停止计数并显示出计数值。

· 时间设定检验：将〈电控—声控〉开关拨到〈电控〉位置，按下〈时基选择〉的"0.01ms"键，〈时间设定〉除全零外可设定任意值，按动〈起爆〉按钮，数码管停止计时后的显示值应和设定数值一致，改变〈时间设定〉值反复操作，其显示值应与设定值均应相同。

以上三种检验中，当按下〈起爆〉按钮后，电流表应有显示并且〈有电〉指示灯亮，该灯表示输出端的状态。特别注意灯亮时，说明输出端有电流输出。当灯亮时不能接电雷管或其他电火工品，以免发生事故。而〈接通〉指示灯则指示输出端的负载（电雷管）是否接通，负载接通则发光，不通则熄灭。

• 测电阻功能检验：〈工作－检验〉开关在〈检验〉位置时，按下〈电阻－电流〉按钮，数字表应显示 10Ω（因内负载电阻为 10Ω），不按此按钮为测电流状态。

• 光启动功能检验：用光探头连接到后面板的〈光启〉插座上，将导爆管插入光电传感器内，激发导爆管，传感器感受到光信号，计数器进入计数状态。

• 电流调节：仪器输出电流大小由面板上的电流调节旋钮进行调节，调节时〈工作－检验〉开关置〈检验〉位置，〈时基选择〉的"0.01s"键按下，时间设定置"01000"按动〈起爆〉按钮，电流表应有显示，且〈有电〉指示灯亮，例如电流粗调开关在"1A"时，细调的最小值应小于 40mA，最大值大于 1A。粗调开关在"2A"时，细调的最小值应小于 1A，最大值应大于 2A。调节电流时，时间设定值不应超过 10s，否则机内元器件发热，时间过长甚至会烧毁元器件。

（2）工业雷管时间参数测定实例

① 电雷管全电阻

按下〈电阻－电流〉转换按钮，此时数字表显示的数字即是雷管全电阻，报出结果时应减去连接线电阻。

例如测量瞬发电雷管：

全电阻：5.87Ω，6.12Ω，5.22Ω，5.91Ω。

② 电雷管延期时间

延期时间（又称秒量）是随引爆电流不同而变化的量。

〈时间设定〉开关拨至"90000"位置，按下〈时基选择〉的"0.01ms"键，〈控制转换〉开关选择〈声控〉位置，起爆电流设定值应符合本小节"2./（1）中的 b 条"规定。

例如，测量 5 段毫秒延期电雷管：

起爆电流：1.2A；

延期时间：100.78ms，115.20ms，108.73ms，110.53ms。

③ 电引火头延期时间

从通电开始到电引火头（或延期元件）点燃所经过的时间称为电引火头（或延期元件）的延期时间，该时间也会随电流变化，因此起爆电流设定值应符合"2./（1）中的 b 条"规定。

仪器设置同电雷管延期时间，不同的是接上微音探头，电引火头脚线接电流输出端，电引火头放在微音探头内。

例如测量镍铬桥丝电引火头：

起爆电流：1.2A；

延期时间：6.32 ms，5.78ms，5.13ms，4.85ms。

④ 传导时间（propagation time）测定

从输入起爆电流到引燃药开始着火的时间，称为点燃时间或发火时间，用符号 t_B 表示。

引燃药发火之后，桥丝的通电情况就不再有影响。此时引燃药的燃烧情况完全由其性质和物理状态来决定。把从引燃药着火到引燃药火焰喷出，并达到雷管起爆药表面这一段时间称之为"传导时间"，用 t_C 表示。实际上可以认为，传导时间就是从引燃药开始着火到雷管爆炸这段时间，因为雷管爆炸的时间是微秒级，可以略而不计。

正是有了传导时间，才使得实际感度不一致的电引火头，有可能用超过某一设定值的电流串联起爆，即电雷管串联网路要经过一段传导时间才能炸断。这段时间大于串联线路中最钝感雷管的发火时间,即感度最小的雷管不会因其他雷管爆炸切断线路而拒爆。

作用时间的概念:是指从通电开始到电雷管爆炸的时间,用 τ 表示。

显然:$\tau = t_B + t_C$。

对于延期电雷管还要加上延期装置燃烧延迟的时间。

传导时间由电引火头引燃后的燃烧速度决定,而燃烧速度取决于引燃药的反应温度、压力、成分、密度和引燃药的混合均匀性。

因传导时间无法直接测量,而在大电流(10A 左右)时,点燃时间 $T \approx 0$,所以一般将大电流(10A 左右)测得的延期时间当作传导时间。

⑤ 导爆管雷管延期时间

测量时〈时间设定〉开关拨至"90000"位置(该时间设定应取决于被测雷管的延期段别),按下〈时基选择〉的"0.01ms"键,〈转换控制〉开关置〈声控〉位置,将光电传感器和压电传感器的输出电缆分别接入仪器,再将导爆管引线穿过光电传感器,然后击发导爆管,光电传感器接收到开始计时的光信号,压电传感器接收到雷管爆炸信号,测出的间隔时间为导爆管雷管延期时间。

例如测量 5 段导爆管雷管:

延期时间:100.73ms,115.56ms,108.07ms,110.65ms。

(3) 注意事项

a. 被测样品应放入爆炸箱后才允许连接放炮线。

b. 对到达规定延期时间却没有爆炸的雷管,应先切断起爆电源,停留一定时间后,方可从爆炸箱内取出,试验结束后集中爆炸销毁。

c. 如试验仪器中发生故障,应先将雷管脚线与放炮线断开,再排除故障。

d. 放炮线、传感器与仪器连接必须牢靠,接触良好。

6. 试验方法的讨论

(1) 试验方法依据及延期时间系列

我国对工业雷管延期时间测定依据 GB/T 13225—1991《工业雷管延期时间测定方法》标准。

GB 8031—2015《工业电雷管》规定的各类电雷管的延期时间系列要求见表 3-1-5,每发延期电雷管应有区分段别的明显标志。

表 3-1-5 电雷管名义延期时间系列

段别	第 1 毫秒系列(ms)			第 2 毫秒系列(ms)			第 3 毫秒系列(ms)		
	名义延期	下规格限	上规格限	名义延期	下规格限	上规格限	名义延期	下规格限	上规格限
1	0	0		0	0	12.5	0	0	12.5
2	25	12.6	37.5	25	12.6	37.5	25	12.6	37.5
3	50	37.6	62.5	50	37.6	62.5	50	37.6	62.5
4	75	62.6	92.5	70	62.6	87.5	75	62.6	87.5
5	110	92.6	130.0	100	87.6	112.4	100	87.6	112.5

(续)表 3-1-5

段别	第 1 毫秒系列(ms)			第 2 毫秒系列(ms)			第 3 毫秒系列(ms)		
	名义延期	下规格限	上规格限	名义延期	下规格限	上规格限	名义延期	下规格限	上规格限
6	150	130.1	175.0	——	——	——	125	112.6	137.5
7	200	175.1	225.0	——	——	——	150	137.6	162.5
8	250	225.1	280.0	——	——	——	175	162.6	187.5
9	310	280.1	345.0	——	——	——	200	187.6	212.5
10	380	345.1	420.0	——	——	——	225	212.6	237.5
11	460	420.1	505.0	——	——	——	250	237.6	262.5
12	550	505.1	600.0	——	——	——	275	262.6	287.5
13	650	600.1	705.0	——	——	——	300	287.6	312.5
14	760	705.1	820.0	——	——	——	325	312.6	337.5
15	880	820.1	950.0	——	——	——	350	337.6	362.5
16	1020	950.1	1110.0	——	——	——	375	362.6	387.5
17	1200	1110.1	1300.0	——	——	——	400	387.6	412.5
18	1400	1300.1	1550.0	——	——	——	425	412.6	437.5
19	1700	1500.1	1850.0	——	——	——	450	437.6	462.5
20	2000	1850.1	2149.9	——	——	——	475	462.6	487.5
21	——	——	——				500	487.6	512.4

(续)表 3-1-5

段别	第 4 毫秒系列(ms)			1/4 秒系列(s)			半秒系列(s)			秒系列(s)		
	名义延期	下规格限	上规格限	名义延期	下规格限	上规格限	名义延期	下规格限	上规格限	名义延期	下规格限	上规格限
1	0	0	0.6	0	0	0.125	0	0	0.25	0	0	0.50
2	1	0.6	1.5	0.25	0.126	0.375	0.50	0.26	0.75	1.00	0.51	1.50
3	2	1.6	2.5	0.50	0.376	0.625	1.00	0.76	1.25	2.00	1.51	2.50
4	3	2.6	3.5	0.75	0.626	0.875	1.50	1.26	1.75	3.00	2.51	3.50
5	4	3.6	4.5	1.00	0.876	1.125	2.00	1.76	2.25	4.00	3.51	4.50
6	5	4.6	5.5	1.25	1.126	1.375	2.50	2.26	2.75	5.00	4.51	5.50
7	6	5.6	6.5	1.50	1.376	1.625	3.00	2.76	3.25	6.00	5.51	6.50
8	7	6.6	7.5				3.50	3.26	3.75	7.00	6.51	7.50
9	——	——	——				4.00	3.76	4.25	8.00	7.51	8.50
10							4.50	4.26	4.74	9.00	8.51	9.50
11										10.00	9.51	10.49

注:1. 第 2 毫秒系列为煤矿许用毫秒延期电雷管。该系列为强制性。

2. 除末段外任何一段延期电雷管的上规格限为该段名义延期时间与上段名义延期时间的中值(精确到表中的位数),下规格限为该段名义延期时间与下段名义延期时间的中值(精确到表中的位数)加一个末位数;末段延期电雷管的上规格限为本段名义延期时间与本段下规格限之差,再加上本段名义延期时间。

若采用脚线颜色区别段别时其颜色一般应按表 3-1-6 的规定。

表 3-1-6 煤矿许用延期电雷管各段脚线颜色

段别	1	2	3	4	5
脚线颜色	灰、红	灰、黄	灰、蓝	灰、白	绿、红

GB 19417—2003《导爆管雷管》规定的各类导爆管雷管的延期时间系列要求见表 3-1-7。

表 3-1-7 导爆管雷管名义延期时间系列

段别	毫秒导爆管雷管(ms)			1/4 秒导爆管雷管(s)	半秒导爆管雷管(s)		秒导爆管雷管(s)	
	第一系列	第二系列	第三系列	第一系列	第一系列	第二系列	第一系列	第二系列
1	0	0	0	0	0	0	0	0
2	25	25	25	0.25	0.50	0.50	2.5	1.00
3	50	50	50	0.50	1.00	1.00	4.0	2.00
4	75	75	75	0.75	1.50	1.50	6.0	3.00
5	110	100	100	1.00	2.00	2.00	8.0	4.00
6	150	125	125	1.25	2.50	2.50	10.0	5.00
7	200	150	150	1.50	3.00	3.00	——	6.00
8	250	175	175	1.75	3.60	3.50	——	7.00
9	310	200	200	2.00	4.50	4.00	——	8.00
10	380	225	225	2.25	5.50	4.50	——	9.00
11	460	250	250	——	——	——	——	——
12	550	275	275	——	——	——	——	——
13	650	300	300	——	——	——	——	——
14	760	325	325	——	——	——	——	——
15	880	350	350	——	——	——	——	——
16	1020	375	400	——	——	——	——	——
17	1200	400	450	——	——	——	——	——
18	1400	425	500	——	——	——	——	——
19	1700	450	550	——	——	——	——	——
20	2000	475	600	——	——	——	——	——
21	——	500	650	——	——	——	——	——
22	——	——	700	——	——	——	——	——
23	——	——	750	——	——	——	——	——
24	——	——	800	——	——	——	——	——

段别	毫秒导爆管雷管(ms)			1/4 秒导爆管雷管(s)	半秒导爆管雷管(s)		秒导爆管雷管(s)	
	第一系列	第二系列	第三系列	第一系列	第一系列	第二系列	第一系列	第二系列
25	——		850	——	——	——	——	——
26	——		950	——	——	——	——	——
27	——		1050	——	——	——	——	——
28	——		1150	——	——	——	——	——
29	——		1250	——	——	——	——	——
30	——		1350	——	——	——	——	——

由表 3-1-5 看出:国内各段别电雷管延期时间系列的上、下限范围很大(即允许误差值大),延期雷管的精度主要取决于延期元件,鉴于大部分起爆器材生产厂的延期元件现状,表 3-1-7 的导爆管延期时间系列的上、下限也在此范围。

(2) 高精度导爆管延期雷管

国内第一家中外合资企业澳瑞凯(威海)爆破器材有限公司生产的 Exel™ 高精度孔内延期导爆管雷管系列见表 3-1-8 和图 3-1-1。可应用于露天矿山、采石场和地下矿山的各种爆破作业。

表 3-1-8　高精度孔内延期雷管延期时间参数

段别	1	2	3	4	5
名义延期时间(ms)	25	50	75	100	125
误差值(ms)	±2	±2	±2	±2	±3
段别	6	7	8	9	10
名义延期时间(ms)	150	175	200	225	250
误差值(ms)	±3	±3	±3	±4	±4
段别	11	12	13	14	15
名义延期时间(ms)	275	300	325	350	375
误差值(ms)	±4	±4	±5	±5	±5
段别	16	17	18	19	20
名义延期时间(ms)	400	425	450	475	500
误差值(ms)	±5	±6	±6	±6	±6

图 3-1-1　Exel™ 高精度孔内延期导爆管雷管

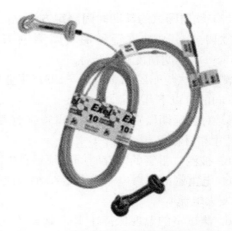

图 3-1-2　高精度地表延期雷管及 J 型钩

Exel™ 连接雷管是一种通过控制爆区地表毫秒延期时间，以实现孔与孔之间按一定顺序起爆的导爆管雷管，在 Exel™ 连接雷管的导爆管封尾端可以组装 J 型钩。使用 J 型钩可快捷、安全的将导爆管和导爆索连接在一起。J 型钩也具有特定颜色，其表面印刷有雷管延期时间，见表 3-1-9 和图 3-1-2。

表 3-1-9　高精度地表延期雷管延期时间参数

名义延期时间（ms）	误差值（ms）	J 型钩颜色	名义延期时间（ms）	误差值（ms）	J 型钩颜色
9	±1	绿色	42	±2	白色
17	±1	黄色	65	±2	蓝色
25	±1	红色	100	±2	橙色

Exel™ 系列雷管代表了目前国际最高水平的导爆管雷管，从延期时间的误差值就可以看出。高精度延期雷管可以精准采用逐孔起爆技术，对降低爆破振动、改善爆破效果具有重要作用。

近十年来国内一些起爆器材生产厂瞄准国际高精度导爆管延期雷管的技术指标，积极探索，自主研发出接近 Exel™ 雷管的产品，如阜新圣诺化工有限责任公司研制了高精度地表延期导爆管雷管，并在露天深孔爆破应用中取得很好的效果。该产品延期时间和精度见表 3-1-10。

表 3-1-10　高精度导爆管雷管延期时间及其精度

名义延期时间（ms）	实测平均值（ms）	极差（ms）	标准差（ms）
9	9.5	2.2	0.6
17	17.1	3.5	1.0
25	24.6	4.7	1.7
42	41.9	2.0	0.9
65	63.7	9.1	2.2
100	100.1	6.0	1.7

(3) 欧盟国家的延期时间测定方法

欧盟成员国对雷管延期时间测定采用 EN13763—16—2003《Determination of delay accuracy》(《延期精度测定》)标准。

测定方法与 GB /T 13225—1991《工业雷管延期时间测定方法》的大部分条款要求基本相同,不同的有以下几条:

a. 对各延期段别选取 30 发雷管或地表连接器雷管,要求具有相同的化学组成、相同的装药、尺寸和材料。

b. 被测试雷管的贮存时间必须是在生产日期以后的 2 周到 4 个月之间。

c. 电雷管的起爆电流应满足: i_s 小于或等于 i 小于或等于 $2i_s$,精度为 $\pm1.0\%$ (i_s 为雷管的串联发火电流)。

d. 测试室的温度保持在 15℃ 到 30℃ 之间,温度偏差为 $\pm2℃$ 。

e. 对磁电雷管(magneto electric detonator) ,在测试前应拆除雷管上的磁电耦合单元。

f. 计算名义延期时间校正值、名义延期时间差校正值;异常值检验等。

该测定方法的结果计算数据多,工作量较大,适应于编制专用计算软件对采集的延期时间数据进行处理。结合给出的理论验证指导,可为深孔爆破的地表雷管(truck-line surface detonator)延期网路进行设计。

3.1.3　铅芯延期元件喷火状态与延期时间测试

毫秒雷管是适应爆破工程的新技术—毫秒延期微差爆破而诞生的,多年来不仅用于岩石巷道掘进、土石方爆破,而且还用于有可燃气体和煤尘爆炸危险的矿井。毫秒延期电雷管的结构是工程雷管中比较复杂的一种产品,我国从 1958 年开始进行研究工作,当初的目的是为了减少一次起爆药量以降低爆破振动效应,通过实践发现,不仅达到了预期的降振效果,还得到几个意想不到的优点:

补充破碎作用:前一炮孔的炸药爆炸后,岩石正处于即将被抛离母岩时,紧接着相邻炮孔的炸药爆炸,因而增大了前一炮孔爆出岩石的破碎度。

残余应力作用:前一炮孔的炸药爆炸,除了破碎一部分岩石外,还对附近的岩石产生应力。在应力消除之前,相邻炮孔的炸药已经爆炸,有助于岩石进一步破碎,从而可以适当增大孔距或排距。

产生辅助自由面:前一炮孔炸药的爆炸,为相邻炮孔创造了辅助自由面,随着延期段别的增多,这种自由面也相应增加,有利于改善爆破效果。

20 世纪 70 年代煤炭系统的科研单位和爆破器材厂学习国外新工艺,研制成功并生产了用多根铅管延期药芯制作的延期元件(delay element),装配成"煤矿许用毫秒延期电雷管"产品,用于含有可燃气—煤尘的煤矿爆破,对安全生产起到了重要作用。以铅制延期药芯为基本结构,经过几十年生产和研发,目前已有单芯和多芯延期元件制作的多品种毫秒延期雷管(见表 3-1-5～表 3-1-7),产品质量也有所提高,应用范围逐渐扩大到非煤矿山和控制爆破。

1. 毫秒延期雷管爆炸时间分析

各种毫延期秒雷管的基本结构,都是在雷管的电引火头(或导爆管)和爆炸装药之间引入一个延期元件,该元件是装有一定燃烧速度和延期精度的延期药,被电引火头喷发的火焰或炽热颗粒点燃,经过一定延期时间传火给起爆药而爆炸。在通电之后,实际上经过了通入起爆电流到电引火头发火时间 t_1、传导时间 t_2、延期元件燃烧时间 t_3、起爆药和一、二遍猛炸药爆炸时间 t_4,如图 3-1-3 所示。因此,计时仪测出的毫秒雷管的延期时间,是这几个时间的总和。

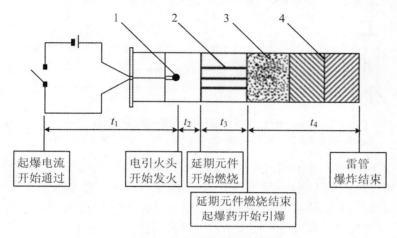

图 3-1-3　毫秒延期雷管示意图

1. 电引火头;2. 延期元件;3. 起爆药;4. 一、二遍猛炸药

毫秒雷管延期时间主要取决于 $t_1 \sim t_3$,因为电引火头和延期元件的延期时间是毫秒量级,起爆药和一、二遍猛炸药的爆炸事件 t_4 是微秒量级,如果起爆药和猛炸药都按照 15mm 的装药高度,起爆药(DDNP)的爆速取 3.5mm/μs,一、二遍猛炸药(钝化 RDX)的平均爆速取 6.0mm/μs,计算出起爆药爆炸需要 4.29μs,两遍猛炸药爆炸需要 2.50μs,则 t_4 的总时间仅为 6.79μs;可以忽略不计。因此只要准确测出 $t_1 \sim t_3$ 的时间,就可以代表毫秒雷管的延期时间(或称"秒量")。

2. 延期元件基本结构与试验方法

(1) 延期元件基本结构

以煤矿许用型毫秒延期电雷管为例,按延期时间和结构分五个段别,最长时间为 112.4ms(见表 3-1-5 中的第二毫秒系列)。雷管采用铅—锑合金,构成 3 个药芯呈三角形排列(或 5 个药芯呈五角形排列)的延期元件,这种结构的低段毫秒延期电雷管,是利用多芯铅延期体装药少,金属比例大的特点来降低药芯燃烧温度,达到雷管爆炸时不会引起煤矿井下可燃气体爆炸的目的。

根据药芯的化学药剂配比和长度可以实现延期时间的要求,延期药芯用 3 个(或 5 个)细药芯铅条,装入一个大铅管内拉拔加工而成,显然拉拔时各个药芯的线密度、直径、单位长度的药量都会有变化;由于段别不同,药芯的配比和铅管的长度的变化,会使 3 个(或 5 个)药芯燃烧喷出火焰的时间不可能完全一致,即每个药芯的燃烧速度会有所不同,而药芯喷火的时间基本决定了延期时间。

（2）试验方法

采用光电传感器、GDY-2 型光电测试仪、DSO 组成试验装置，同时用计时仪并联监测延期时间，见图 3-1-4。

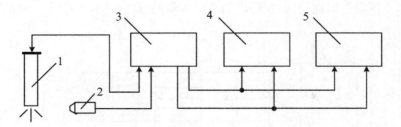

图 3-1-4　喷火状态与延期时间试验装置
1. 延期元件；2. 光电传感器；3. 光电测试仪；4. 计时仪器；5. DSO

试验装置工作原理是：光电测试仪提供的 1.2A 恒定起爆电流起爆延期元件，同时分别输给计时仪器开始计时信号、DSO 内触发信号，随后电引火头桥丝熔断波形被 DSO 记录，延期元件被引火头引燃，当延期药芯燃烧至底部时喷出火光被光电传感器接收，转换成正比于光强的脉冲电讯号，经光电测试仪又分别输出给计时仪关门信号、而各只延期药芯的喷火状态波形则由 DSO 存储。

计时仪接收的开门和关门信号即是延期时间；从 DSO 的两路波形信号可以得到：从通电到桥丝熔断的时间和电压幅值（结合恒定电流可确定试样全电阻）、延期时间（从通电到首先喷火药芯）、喷火状态（所有药芯喷火的持续时间、药芯间喷火时间间隔、单根药芯喷火的光强度）等数据。

当测量电引火头时，试验装置同图 3-1-4，可以测出桥丝通断时间、延期时间及喷火持续时间。

此外，为了检验试验方法的准确性，还可以从两个方向测量同一发延期元件或电引火头，即在底部增加一路光电传感器和转换装置，对比观察喷火状态，见图 3-1-5。

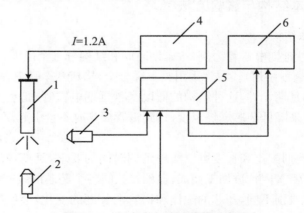

图 3-1-5　两个方向试验装置示意图
1. 延期元件或电引火头；2、3. 光电传感器；4. 恒流电源；5. 光电测试仪；6. DSO

3. 仪器、设备与材料

a. 计时仪:测时分辨率≤0.1ms 的时间间隔测量仪或类似仪器。

b. GDY-Ⅱ型光电测试仪,仪器参数应符合:

- 恒定直流电流 I 的输出应为 0.2～1.6A;
- 恒流时间≤37s,37s＜t≤180s 时间内,误差为 0.83％;
- 试验负载电阻(延期元件或电引火头)在 0～9.5Ω 时输出电流恒定;

可以接受光电或压电传感器输入的信号,即使在弱光(五段延期元件)条件下也能可靠接收到光信号;

- 1 路引爆信号和两路光电转换的输出信号,均应能达到计时仪或 DSO 的输入要求;
- 对起爆器的高频干扰有较好的抗干扰能力;
- 配接计时仪器可以测量电引火头、延期元件和延期电雷管的延期时间;配接 DSO 可以准确测出电引火头、单芯或多芯延期元件的发火波形和延期时间;
- 具有连续 20 发程控顺序引爆功能,方便连续测试。

c. 光电传感器:响应时间应≤10^{-5}s,可采用 3DU 型光电三极管。光电三极管性能参数见"4.1.2 光电转换器件及光学纤维"中的相关内容。

d. DSO:性能参数见"5.3 工业炸药作功能力测定—水下爆炸法"中的相关内容。

e. 2 段～5 段(三芯或五芯)铅芯延期元件。

4. 试验步骤

a. 按图 3-1-4 或图 3-1-5 连接试验装置。

b. 检查交流电源、使用环境、各仪器的开关、按钮位置是否符合说明书中的规定和试验要求,开机预热 10 分钟。

c. 安装延期元件或电引火头,连接放炮线。

d. 计时仪复位,DSO 处于待触发记录状态。

e. 按下光电测试仪〈引爆〉按键。

f. 记录计时仪显示的数据;观察 DSO 显示的波形、处理波形数据并存储,或打印输出;

g. 重复 c～f,进行下一发试验。

试验结束计算各样品的平均值、标准差、桥丝熔断时间、喷火持续时间和状态等。

5. 试验方法与结果的讨论

(1) 典型试验结果

用图 3-1-4 中的试验装置测量了某企业生产的 2、3、4、5 段五芯延期元件(系同一批产品)共 300 余发,典型数据见表 3-1-11。

表 3-1-11　延期元件延期时间的典型数据

段别	2 段					3 段				
序号	1	2	3	4	5	1	2	3	4	5
时间 1(ms)	21.15	24.45	22.80	22.30	24.35	48.80	47.40	46.40	44.40	47.75
时间 2(ms)	21.10	24.50	22.88	22.25	24.41	48.90	47.40	46.40	44.80	47.87
差值(ms)	0.05	−0.05	−0.08	−0.05	−0.06	−0.10	0	0	−0.08	−0.12
段别	4 段					5 段				
序号	1	2	3	4	5	1	2	3	4	5
时间 1(ms)	70.40	73.55	69.85	67.15	69.65	101.80	108.10	113.75	98.55	97.95
时间 2(ms)	70.50	73.66	69.86	67.16	69.77	102.09	108.09	114.44	99.22	98.05
差值(ms)	−0.10	−0.11	−0.01	−0.01	−0.08	−0.52	0.01	−0.69	−0.67	−0.10

注：时间 1 为 DSO 测出；时间 2 为计时仪测出。

典型波形见图 3-1-6。

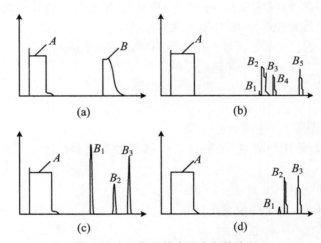

图 3-1-6　延期元件水平方向的波形

(a)、(b)、(c)、(d) 分别为 2、3、4、5 段延期元件；A. 通电到桥丝熔断时间；B. 喷火波形

图 3-1-6 的波形数据在表 3-1-12 列出。

表 3-1-12　图 3-1-6 波形的数据

图序	脉冲信号		桥丝熔断时间(ms)	延期时间(ms)	喷火持续时间(ms)	光强度	引爆电流(A)
	A(mV)	B(mV)					
a	193.51	193.51	5.2	22.3	5.90	5	1.2
b	193.51	483.78	8.2	48.8	7.65	2	1.2
c	193.51	193.51	7.0	69.5	6.25	2	1.2
d	193.51	193.51	8.2	113.75	3.00	1	1.2

图 3-1-6 中四个段别的 A 都是从通电到电引火头桥丝熔断的波形。B 都是药芯喷火波形,由于各段别喷火波形所设置的记录条件不同,B 的信号幅值与时间亦不相同。

2 段延期元件图(a)中的 B 表明 5 只药芯同时喷火,只有一个持续时间较长的波形。

3 段延期元件图(b)表明 5 只药芯分五次喷火,B_1、B_2、B_3、B_4、B_5 各为一个药芯。测量出 B_1 与 B_2 间隔 0.5ms,B_2 与 B_3 间隔 0.56ms,B_3 与 B_4 间隔 1.25ms,B_4 与 B_5 间隔 5.5ms。

4 段延期元件图(c)表明 5 只药芯分三次喷火,B_1 是两个药芯、B_2 是一个药芯、B_3 是两个药芯。测量出 B_1 与 B_2 间隔 3.63ms,B_2 与 B_3 间隔 2.25ms。

5 段延期元件图(d)表明 5 只药芯分三次喷火,B_1 是一个药芯,B_2、B_3 各为二个药芯。测量出 B_1 与 B_2 间隔 0.69ms,B_2 与 B_3 间隔 2.1ms。

电引火头的典型数据见表 3-1-13。

表 3-1-13 电引火头的典型数据

序号	桥丝熔断时间(ms)	延期时间(ms)		喷火持续时间(ms)
		时间 1	时间 2	
1	9.0	6.3	6.30	67.6
2	8.7	7.8	8.43	24.0
3	9.5	5.6	5.69	38.0

(2) 分析与讨论

a. 由水平方向测出的波形及数据可以看出:五芯铅管延期元件除 2 段外,其余各段均出现了单芯、两芯或多芯依次喷火的现象,即药芯燃烧速度是不同的。而且同一段的光强(脉冲幅度)也不尽相同,呈随机性。这是由于 3~5 段延期药成分发生了变化(硅增加、硫化锑加入所致),以及铅芯延期体长度增加,气室燃烧压力升高等因素造成的。但是,引爆起爆药必定是最先喷火的药芯。所有的药芯都没有发现未被点燃的现象,这一点与有关资料是一致的。

b. 垂直方向的光电传感器能观察出个别药量大的药芯、灼热残渣喷射发火的持续过程。在两个方向测得的脉冲前沿一致(即延期的起始时间),但在垂直的传感器光敏面极易被喷出残渣和烟雾污染,如图 3-1-7 中 B 的脉冲幅度、宽度略小于 A 就可以说明这一点,因此需要及时清理。

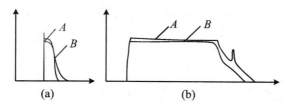

图 3-1-7 同一发延期元件或电引火头两个方向的波形
(a) 延期元件;(b) 电引火头;A. 水平方向;B. 垂直方向

c. 由表 3-1-11 和表 3-1-13 可以证明,DSO 与计时仪测出的时间相差无几,对于毫秒级的时间精度是足够的。由表 3-1-13 还可以看出,电引火头的桥丝熔断时间大于延期时间。

d. 若要减小时间的离散性,集中药芯输出能量,除加强均匀混药、拉拨铅管、定长切割等工序的质量控制外,应适当减少药芯数量。如制成三芯结构,这样使药芯喷火趋于一致。目前国内已有采用三芯铅管延期元件,用于煤矿许用和非煤矿山的毫秒延期电雷管、以及高段别的毫秒延期电雷管和导爆管雷管产品。Exel™高精度延期导爆管雷管系列采用的是单芯铅延期体。

e. 如果仅考虑延期时间,根据"1. 毫秒延期雷管爆炸时间分析",以延期元件替代成品雷管进行试验是可行的,但必须按照成品雷管的制造工艺加工,只是没有起爆药以下部分。由于管壳短,为了避免卡中腰时管壳底部翘边,可使用无底的成品管壳,光电传感器则应安置在垂直方向。

延期时间不仅是毫秒雷管的一个重要检测项目,也是判断雷管产品质量的主要指标之一,因此测量方法的可靠性和测量结果的精度,都与控制产品质量密切相关,显然具有良好性能的测试仪器,是生产和科研中必不可少的。

3.1.4　雷管药柱密度试验

目前工业雷管都是复合装药,装药均为起爆药和猛炸药。猛炸药决定雷管对炸药的起爆能力(ignition capacity),即为被起爆炸药提供足够的起爆能量和作用时间;起爆药决定雷管的爆轰感度并将爆轰传递给猛炸药。

雷管的内部作用实际上是一系列能量传递过程。如电雷管:起爆电流通过雷管脚线传输给镍铬(或康铜)桥丝,桥丝升温达到引火头爆发点使其燃爆,燃爆压力和火焰热能传递给起爆药,起爆药接受这个能量而爆燃,并迅速转为爆轰,并把爆炸能传递给猛炸药,使猛炸药完全爆轰,释放出更大的爆炸能。

由此可见,雷管的爆炸能量决定于装药的种类、性质和药量多少。

从压药程度方面考虑,装药密度变化直接影响雷管的起爆能力。当装药密度大时,起爆能力强。但是,爆轰敏感度却降低。因此压装猛炸药时,上层的炸药压力小些,下层的炸药压力大些。这样,上层的炸药敏感度高且易于爆轰,引起下层压力大的炸药爆轰能力强。鉴于上述原理,雷管中的猛炸药一般都采用两遍压装,一遍装药(管壳底部)应在最大可能的压力下装填,所以密度较大(为 $1.55\sim1.65\mathrm{g/cm^3}$);二遍装药既保持对起爆药的爆炸冲能敏感,又保证最大威力的压力下装药,密度较小(一般为 $1.3\sim1.4\mathrm{g/cm^3}$)。

但某些猛炸药还有"压死"(dead pressed)现象,即在一定的压药密度时,炸药未能完全爆轰而失去爆炸的能力。

1. 方法原理

用两遍不同密度压装猛炸药的雷管做铅板穿孔爆炸试验(见"3.2.1 工业雷管起爆能力试验"),以穿孔直径大小考核其不同密度条件下的起爆能力。

2. 仪器、设备与材料

(1) 仪器、设备及工具

a. 放炮线、导通表、起爆器;杠杆压力机、雷管气动卡口机。

b. 天平:感量为 1‰g;游标卡尺:分度值 0.02 mm 或测量装药高度的木棒。

c. 称药铜盘、装药铜勺、装药漏斗。

d. 刮起爆药用橡胶板、插药板条、盛药胶盒、压药模具。

(2) 炸药及材料

a. 一遍装药(纯黑索今与氯化钠比例为 85％:15％,外加 5％石蜡造粒的钝化黑索今)。

b. 二遍装药(纯黑索今外加 5％桃胶水溶液造粒)。

c. 假比重为 0.6~0.7g/cm³ 的起爆药(二硝基重氮酚)。

d. 覆铜或发蓝雷管壳;瞬发雷管电引火头;铅板直径 40mm,厚度为 5±0.1mm。

3. 试验条件与步骤

(1) 试验条件

猛炸药柱的一、二遍装药的压药密度,分下列四种条件:

a. 一遍药柱密度为 1.55~1.65g/cm³,二遍药柱密度为 1.30~1.40g/cm³。

b. 一遍药柱密度为 1.30~1.40g/cm³,二遍药柱密度为 1.55~1.65g/cm³。

c. 一遍药柱密度为 1.30~1.40g/cm³,二遍药柱密度为 1.30~1.40g/cm³。

d. 一遍药柱密度为 1.55~1.65g/cm³,二遍药柱密度为 1.55~1.65g/cm³。

按上述四种条件的两遍猛炸药装配成 8 号瞬发电雷管,经铅板穿孔试验比较轴向起爆能力。

(2) 试验步骤

a. 装药量:称量一遍药量 0.35g;二遍药量 0.35g。

b. 根据管壳内径、装药量及密度,计算出头二遍装药的压药高度。

$$\rho = \frac{W}{V} \tag{3-1-22}$$

$$V = \pi r^2 h - \frac{1}{3}\pi r^2 h' = \pi r^2 (h - h') \tag{3-1-23}$$

推导出一遍及二遍装药压药高度:

$$h_1 = \frac{G}{\rho \pi r^2} + \frac{1}{3}h' \tag{3-1-24}$$

$$h_2 = \frac{W}{\rho \pi r^2} \tag{3-1-25}$$

式中:h_1、h_2——一、二遍压装药高度,cm;

　　　h'——雷管壳底部聚能穴高度,cm;

　　　W——装药量,g;

　　　r——雷管壳内径,cm;

　　　ρ——压药密度,g/cm³。

c. 一遍压装药:用感量为 1‰g 天平称取或装药铜勺量取一遍药量,用装药漏斗装入事先插入压药模具内的管壳内。根据四种不同装压密度要求计算得出的压药高度,换算压力并调整杠杆压力的重砝,再将压药模具放在杠杆压力机上进行加压。退模后用游标卡尺或木棒测量压药高度,并记录。

d. 二遍压装药:用上述同样方法装药和压药,测量压药高度并记录。

e. 每组四种密度各压装 2 发。

f. 将压装好的四种密度药柱管,装入 0.3~0.4g 起爆药(根据起爆药假密度决定装药量)将经导通合格的电引火头插入管壳内,用气动卡口机卡口。再用导通表检验,经电阻检查合格后的雷管才允许进行铅板穿孔爆炸试验。

g. 仔细观察四种雷管爆炸结果,并用游标卡尺测量出铅板穿孔直径的数值,做好记录。

4. 数据记录与注意事项

(1) 数据记录

装配的 8 号雷管数据填入表 3-1-14。

表 3-1-14　雷管装配参数

管壳参数(mm)	装药参数(g)
管壳长度	一遍装药量
管壳内径	二遍装药量
管壳外径	起爆药量
电引火头高度	总装药量

不同药柱密度参数及爆炸结果填入表 3-1-15。

表 3-1-15　不同药柱密度参数及爆炸结果

序号	一遍药			二遍药			爆炸穿孔平均直径(mm)
	压力(MPa)	药高(mm)	密度(g/cm³)	压力(MPa)	药高(mm)	密度(g/cm³)	
1							
2							
3							
4							
5							
6							
7							
8							

a. 记录试验技术条件和结果以及出现问题和现象。

b. 对铅板穿孔直径小于雷管外径的数据,应从改变两遍压装药密度的角度进行分析,得出正确结论。

(2) 注意事项

a. 检查压药模具内孔和底座,不得有锈蚀,用丙酮清洗擦拭干净后再使用。

b. 装药、压药操作必须在防护罩内进行；药粉不能散落在操作台上（尤其是起爆药），如不慎散落应及时用湿布擦净，并在指定容器内洗净，清洗的水应集中处理。

c. 缓慢送入和拔出压药模具，避免炸药受到冲击或强烈摩擦作用。

d. 雷管卡口时操作人员头部必须在防护罩外面，两腿分开，不能伸在卡口机下面；管壳口与卡头顶面平齐再卡口。

e. 起爆器的起爆钥匙应由放炮人员随身携带，将雷管底部与铅板垂直固定后再连接放炮线，设置警戒后再接起爆器起爆。

f. 放炮后应清查试验现场，将半爆、未爆的雷管或残药收集到专门容器内，按有关规定集中销毁。

3.1.5　电雷管桥丝无损检测

电热响应是检验电雷管质量和性能的一种无损检测技术，它是一种瞬态脉冲试验，适用于测量桥丝式电雷管桥丝、药剂及它们界面的状态和电参数，对产品做出确定性的评价。电热响应适用于电雷管设计和生产的以下方面：

· 设计和评价新型电雷管的工具：

对于改进桥丝焊接形式或焊接工艺的新型电雷管，对改进低温点火性能等措施，都可通过与原产品比较热响应曲线来进行定量估计，而不必使用大量试样进行破坏性发火试验。

· 完善常规电雷管的长期贮存试验：

电雷管在长期贮存后，一般都会因化学—物理变化而使其性能发生变化，桥丝的电热性能在一定程度上可以反映这种变化。

· 环境试验后的分析检验：

在进行完一种环境试验后，如果电雷管电热响应曲线无显著变化，可进行下一种环境试验；对受环境试验影响的试件，可及时剔除。

· 实施自动检测：

在产品组装前的各个工序中用电热响应检测，可剔除或重新加工有疵病的电雷管，节省继续加工费用，生产出性能均匀的高质量电雷管。

1. 方法原理

采用正温度系数材料作桥丝的电雷管，当对桥丝通电温度升高时，电阻值也随之增加：

$$R = R_0(1 + \alpha\theta) \tag{3-1-26}$$

式中：R——桥丝升温后的电阻，Ω；

R_0——桥丝初始电阻，Ω；

α——桥丝电阻温度系数，$\degree\mathrm{C}^{-1}$；

θ——桥丝升温，$\degree\mathrm{C}$。

无损检测时，给电雷管输入一个安全的电流，使桥丝升温，加热与桥丝接触的引燃药，要求桥丝达到的温度远小于引燃药发火温度，一般控制桥丝从输入电流开始温度变化不大于75℃，否则会在桥丝和药剂界面产生永久性变化，影响电雷管的性能。

对桥丝输入一个恒流脉冲信号，电雷管脚线上就产生一个电压信号 $\Delta U = \Delta RI$，连续测取这个信号，可获得样品的电压—时间曲线，以此为基础可计算样品的电阻变化，并根据下式：

$$\Delta T = \frac{R - R_0}{\alpha R_0} = \frac{\Delta U}{\alpha I R_0} \qquad (3\text{-}1\text{-}27)$$

换算成温升—时间的关系,从而获得桥丝和药剂界面处潜在的电热特性。当通入的电流一定时,桥丝的升温与桥丝和引燃药的接触状态、物理性能、桥丝焊接质量等因素有关。

2. 试验装置

(1) 瞬态脉冲试验仪
脉冲试验仪主要由惠斯登电桥组成,见图 3-1-8。

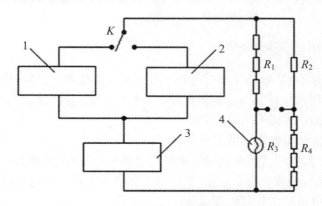

图 3-1-8　瞬态脉冲试验仪原理框图
1. 试验电流发生器;2. 调平电流发生器;3. 电流脉冲发生器;4. 桥丝

电流脉冲发生器有很多种类,包括单矩形脉冲、重复电流脉冲、半正弦电流脉冲、重复半正弦脉冲和全正弦脉冲等。重复脉冲虽然也可以达到使桥丝、药剂界面环境温度升高的目的,但它容易引起零点漂移,图 3-1-8 中采用的是升温效果比较好的单矩形脉冲发生器。调平电流发生器用于在试验前对电桥调平衡,使电桥在输出端的输出为零,调平衡后,即通过开关 K 切断与电桥的连接,使试验电流发生器与桥路接通。脉冲的幅值不能高于产品的不发火电平,幅值过大会引起被试样品内部性能变化而无法继续使用,幅值过小,样品内部疵病的响应信号很弱,不易被发现,特别是对常用的电阻温度系数较小的镍铬合金桥丝尤为重要。应该根据样品的不发火电流和通电时间选择适当的脉冲幅值和宽度。选择脉冲时间宽度时,既要保证能完整反应产品的电热响应曲线,又要使信号在达到稳定值后不再长时间加热样品。一般升温曲线的变化主要发生在通电开始的 5ms 范围内,因此脉冲宽度取在 10ms 左右比较合适。

惠斯登电桥的臂 R_1 上有三种不同阻值的电阻,它们分别是 1Ω、9Ω 和 10Ω,桥丝样品接在臂 R_3 上,平衡臂 R_4 上有 $1k\Omega$、500Ω 两个固定电阻和 $1k\Omega$、100Ω 两个可变电阻,通过调节可变电阻,可以测量阻值在 $0.1 \sim 5\Omega$ 的产品,更换电阻,还可以扩大测量阻值的范围。这种电桥结构的优点是:

a. 线路中没有电抗元件,电桥平衡只考虑电阻因素,即平衡时 $R_1 R_4 = R_2 R_3$。

b. 输出信号零点稳定性。从电路可以看出,$I = 500 I_2$,当桥丝通过 100mA 电流时,并联臂上的电流只有 0.2mA,因此并联电阻不会因变热而引起零点漂移。

c. 输入桥丝电流的稳定性。当输入 100mA 电流,桥丝因加热而引起电阻变化为 1Ω 时,

桥丝电流变化小于 $0.01 \mathrm{mA}$。

（2）瞬态脉冲试验系统

这是一种用计算机进行产品温升曲线定量分析和处理的试验系统。计算机对电热参数的计算根据集总参数电热方程

$$C_p \frac{\mathrm{d}\theta}{\mathrm{d}t} + r\theta = P(t) = I^2 R_0(1 + \alpha\theta) \tag{3-1-28}$$

式中：C_p—桥丝和界面处药剂的集总热容；

$\quad \theta$—桥丝及周围介质的温升；

$\quad r$—界面处集总热损失系数；

$\quad P(t)$—输入功率；

$\quad I$—刺激电流；

$\quad R_0$—桥丝初始电阻；

$\quad \alpha$— 桥丝电阻温度系数。

该方程假设输入脉冲产生的曲线是指数曲线，输入电脉冲后，桥丝样品内部不发生永久变化，因此不考虑产品的化学变化。试验中电雷管的响应曲线通常稍偏离指数曲线，但由于试验的目的主要是对样品进行比较，而不是必须获得绝对的电热值，因此使用集总参数方程是可行的。

DR-3 电火工品无损检测系统的基本原理结构示意图见图 3-1-9。

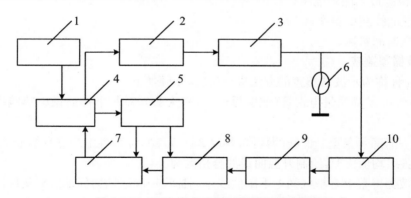

图 3-1-9　DR-3 电火工品无损检验系统框图

1. 计算机；2. 恒流幅度、宽度控制；3. 恒流电路；4. 接口；5. 采样控制；6. 桥丝样品；7. 数据缓存；8. A/D 转换；9. 程控放大器；10. 模拟电桥

图中计算机是仪器的控制核心，工作过程是：试验前，仪器有一个人机对话的准备过程，这个过程主要装入与试验有关的参数诸如样品型号、检测电流、通电持续时间、采样速率等。试验时首先由计算机发出指令，通过接口送到恒流幅度、宽度控制电路，再经过恒流电路，形成一个与预先设定值完全一样的瞬态脉冲施加于电雷管上，由接在雷管上的模拟电桥分离出雷管电热响应信号，经放大后送入 A/D 转换器，A/D 转换器再将放大后的电热响应信号变成数字量并按顺序依次存入数据缓存器的各个单元中。随后计算机发出读数指令，通过接口从数据缓存器中读出各单元中的电热响应信号数据，并进行必要的数据处理。

3. 试验步骤及注意事项

（1）试验步骤

a. 根据所测电雷管（或电桥丝、电引火头）样品电阻值确定惠斯登电桥各臂电阻值。

b. 把开关 K 拨到调平电桥发生器一端，接好样品，用小电流使电桥平衡，此时电桥输出为零。通过屏幕可以观察平衡状态。

c. 把开关 K 拨至试验发生器一端，使桥丝上获得一个规定幅度的恒流脉冲信号。

d. 存储并记录电热响应曲线，通过计算机计算桥丝及周围介质的温升、桥丝界面的热损失等参数，然后与计算机内设置的标准数值和误差进行比较，判断样品是否符合要求。

由公式（3-1-27）式推导出的其他公式：

$$\theta = \frac{\Delta U_m}{I R_0 \alpha} \tag{3-1-29}$$

$$r = \frac{\alpha R_0 I^3}{\Delta U_m} \tag{3-1-30}$$

$$C_p = \frac{\alpha R_0^2 I^3}{s} \tag{3-1-31}$$

$$\tau = \frac{0.5 \Delta U_m}{0.69} \tag{3-1-32}$$

式中：ΔU_m——检测最大误差电压；

s——加热曲线初始斜率；

τ——加热时间常数。

（2）示波器覆盖法

也可用一种称为示波器覆盖的方法进行试验，步骤如下：

a. 取 20～40 发高质量电雷管（或电桥丝、电引火头），对每个样品做电热响应试验，测出温升曲线。

b. 取同一时间每条温升曲线的数值，共取 25～50 组，计算各组均值和标准偏差 δ。

c. 根据各组均值$\pm 3\delta$，绘制升温曲线的合格区间。

d. 把示波器屏幕上合格区间上下限曲线连同标尺一起存储为标准图形文件。

e. 进行样品试验，将测出的波形与标准图形进行比较（标尺应一致），在$\pm 3\delta$曲线内为合格。

DR-3 电火工品无损检测系统自带测试分析软件。进入测试主界面后，主界面有 6 个菜单，分别是："参数设置"、"测试"、"显示曲线"、"数据管理"、"打印曲线"和"退出"。

（3）注意事项

a. 检测电流：是检测电火工品时所需的恒定电流，可设置的范围为 10～1800mA。用于无损检测时建议检测电流设置范围为 10～1200mA。用于研究电雷管发火过程时，检测电流最大可设置到 1800mA。

b. 电阻温度系数：不同桥丝式电雷管所用桥丝材料可能不同，而不同材料的电阻温度系数也不同。如常用的 6J20 型镍铬丝的电阻温度系数为 $0.00015℃^{-1}$，6J10 型镍铬丝的电阻温度系数为 $0.00035℃^{-1}$。

c. 通电时间:检测系统输出的恒定电流脉冲持续的时间,单位为 ms。通电时间设定值与检测时钟和内存有关,一般设定时略大于"检测时钟×内存"。例如:"检测时钟"设为 20μs,"内存"设为 8K,20μs×8192/1000＝163.84ms,"通电时间"可设为 170ms。通电时间的设定还要满足以下要求:仪器用于无损检测时,检测电流设置范围为 10～1200mA,通电时间不大于 220ms。仪器用于研究电雷管发火过程时,检测电流最大可设置到 1800mA,通电时间不大于 80ms。

d. 环境温度:环境温度有一定影响,在计算时可以根据环境温度对测试结果影响规律修正其影响。

e. 使用电雷管做无损检测时,为了保证检测安全,雷管必须放入爆炸箱内。

4. 电热响应曲线分析

几种典型电热响应曲线见图 3-1-10。

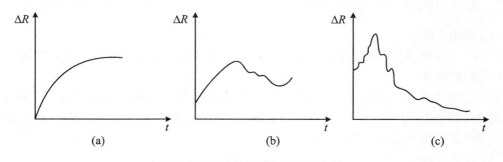

图 3-1-10　几种典型电热响应曲线

(a) 正常产品响应曲线;(b) 非线性曲线;(c) 非欧姆非线性曲线

正常样品的电热响应信号与指数曲线接近,从零点开始,稳定上升,具有连续变化的一阶导数,并趋近于某一固定值,见图 3-1-10(a)。非正常样品电热响应有热感应非线性响应和非欧姆非线性响应两种。图 3-1-10(b)响应信号连续变化,但上下摆动,只有当桥丝获得足够的升温时,这种非线性才能暴露出来。这种现象的产生一般是由于桥丝和药剂接触不紧密,热传递不稳定所致。图 3-1-10(c)的信号变化很不稳定,总在瞬间发生突然变化,这种非欧姆非线性响应信号产生在温升曲线的开始,通常是由于桥丝焊接疵病而引起。

为了给生产提供检验的依据,可采用两种方法:一种方法是人为制造各种疵病,然后做瞬态脉冲试验,另一种方法是在测试中发现反常情况时,解剖样品以确定疵病类型。

通常见到的样品疵病有下列几种:

a. 错装和漏装药剂造成的介质导热率不同。

b. 压药压力过大,响应信号幅值小;压药压力小,响应信号幅值大及出现波动。

c. 桥丝焊接疵病造成非欧姆非线性失真。

d. 桥丝损伤造成电阻不均匀。

e. 溶剂清洗不干净,使曲线上升到峰值又降下来。

3.1.6　工业电雷管抗静电放电能力的测定

静电放电特别是人体静电对电雷管的放电，是造成电雷管意外爆炸事故的重要因素，国内外都发生过因静电引爆雷管的意外事故。这些事故都给正常生产和人身安全造成了重大损失。经过对这些事故的研究分析，更进一步认识到静电问题的严重性，应引起足够关注。

国内有关院校、科研院所结合电火工品（含电雷管）的结构和品种具体状况，在 20 世纪 70 年代中期就开展了静电感度测定方法的研究，到 70 年代末通过了静电火花感度测定方法和仪器的成果鉴定，试验装置采用兵器工业总公司 213 所研制的 JGY - 50 型静电火花感度仪，该仪器与国外类似仪器的原理基本相同，直到现在仍在使用。先后颁布的试验标准有：GJB 736.11—1990《火工品试验方法　电火工品静电感度试验》、MT 379—1995《煤矿用电雷管静电感度测量方法》和 WJ/T 9042—2004《工业电雷管静电感度试验方法》。

1.　工业电雷管静电感度试验

（1）适用范围

适用于工业电雷管静电感度的试验，其他类电火工品静电感度的试验可参照使用。

（2）测试原理

对工业雷管静电放电作用，可以等效地看成充电至一定电压的电容器，在雷管的脚线对壳体之间进行的放电作用。以电容放电作用引爆电雷管发火概率为 50% 时所需的充电电压，或在固定条件下的发火数表示电雷管的静电感度。

（3）仪器、设备

① 静电感度仪

仪器原理见图 3-1-11。

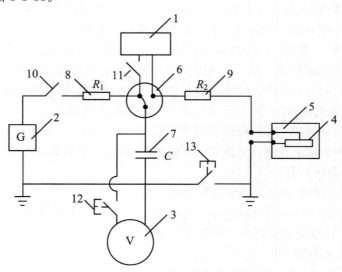

图 3-1-11　静电感度仪原理图

1. 低压控制电路；2. 直流高压电源；3. 静电电压表；4. 电雷管试样；5. 抗爆箱；6. 真空开关；7. 储能电容；8. 充电电阻；9. 串联电阻；10. 直流高压开关；11. 电源开关；12. 接电压表按钮；13. 引爆按钮

技术指标应符合如下要求：

a. 静电电压最高输出值不小于 30kV，最小电压分度值不大于 0.2kV。

b. 储能电容的相对误差不大于 5%。

c. 串联电阻的相对误差不大于 5%。

② 抗爆箱

(4) 试样准备

将试样置于(22±8)℃的环境条件下存放 2h 以上。

雷管脚线剪至(750±50)mm 后，将其两根脚线的端部约 30mm 长的绝缘层剥去并短接。

(5) 试验条件

试验条件应符合以下规定：

a. 仪器高压静电极性选择负极性输出。

b. 环境温度为(22±8)℃。

c. 环境相对湿度不大于 60%。

测量普通电雷管和煤矿许用电雷管时，储能电容器的电容为 2000pF，串联电阻为 0kΩ；测量地震勘探用电雷管时，储能电容器的电容为 500pF，串联电阻为 5kΩ。

(6) 试验步骤

① 仪器校准

a. 仪器的高压部分用无水乙醇以纱布擦拭并干燥。

b. 两输出导线间距应不小于 100mm。终端开路向电容器充电至 25 kV 时，闭合真空开关 1min 后电压应不低于 10kV。

c. 向储能电容器充电至 25kV 时，经 30min 后漂移量应不大于 5%。

② 试验步骤

a. 根据试验要求选择相应值的电容、电阻并装配在规定的放电回路上，选择"负极性"输出，正确连接仪器各引线，接通仪器电源预热。

b. 取一发雷管试样，管体放入抗爆箱内，两脚线接入线路的输出端，管壳与接地端接触良好。

c. 接通直流高压电源对储能电容进行充电，调整电压至设定值，并使其稳定，时间不少于 10s，启动真空开关对试样进行放电试验。

每发雷管试样只允许经过一次放电试验，每次试验完毕均应使储能电容的高压电压降至零，再进行下一发试样的试验。

采用固定电压法试验时，在固定某一电压值下依次循环试验下去。

采用升降法试验时，依据上一发试验"爆炸"或"不爆炸"的结果，确定下一发试验的电压设定值。试验应取样品数 n 不小于 30，各试验参数的选取和统计量的计算参见 3.1.1 小节中的"4. 升降法试验统计计算程序"。

(7) 结果表述

① 固定电压法

按样品标准要求，记录试验数据。试验结果应报出试验总次数和发火数。

② 升降法

计算 50% 发火电压 V_{50} 按公式(3-1-33)计算:

$$V_{50} = V_0 + d\left(\frac{A}{N} \pm \frac{1}{2}\right)$$
$$A = \sum in_i \quad 或 \quad A = \sum in_i'$$
(3-1-33)

式中:V_{50}—50%发火电压的数值,kV;

　　　V_0—试验序列"0"水平试验电压的数值,kV;

　　　d—试验电压间隙(步长)的数值,kV;

　　　A—统计量,选取状态时与 N 对应;

　　　N—有效样本数,即 $\sum n_i$ 或 $\sum n_i'$,两者相等时取任一状态,不相等时取小者;

　　　$\pm$—选取发火数时取"一",选取不发火数时取"十";

　　　n_i、n_i'—各试验水平所对应的发火、不发火数;

　　　i—各试验电压间隙(步长)所构成的等差数列的水平序号,最小值取 $i=0$。

计算标准差:标准差按公式(3-1-34)计算。

$$\left.\begin{array}{l} S = 1.620(M+0.029)d \\ M = \dfrac{NB - A^2}{N_2} \\ B = \sum i^2 n_i \quad 或 \quad B = \sum i^2 n_i' \end{array}\right\}$$
(3-1-34)

式中:S—样品标准差的数值,kV;

　　　M、B—统计量,选取状态时与 N 对应。

报出 50% 发火电压值和 V_{50} 标准偏差值。V_{50} 值修约到一位小数,s 值修约到二位小数。

(8) 典型试验结果

某检测部门对一些工业电雷管典型试验结果见表 3-1-15。

表 3-1-15　一些工业电雷管的静电感度

产品种类	桥丝材质及直径(mm)	产品结构	50%发火电压(kV)	50%发火能量(mJ)
			脚—壳	脚—壳
覆铜壳瞬发电雷管	镍铬丝,Ø0.04	桥丝直插式	25kV 不爆	……
覆铜壳毫秒 2 段电雷管	镍铬丝,Ø0.04	药头式	23.0kV	132.6
覆铜壳毫秒 3 段电雷管	镍铬丝,Ø0.04	药头式	25kV 不爆	……
覆铜壳毫秒 5 段电雷管	镍铬丝,Ø0.04	药头式	25kV 不爆	……

测试条件:储能电容 516pF、串联电阻 0Ω。

2. 国外的电雷管静电感度测定方法

国外静电放电引起的偶然事故,促进了抗静电雷管的研究及静电感度测定方法的建立。

(1) 欧盟国家对电雷管静电感度测定方法

欧盟成员国的雷管和继爆管系列测试标准中有两个与静电感度有关,分别是:EN

13763—13—2004《Determination of resistance of electric detonators against electrostatic dis-charge》(《电雷管抗静电放电爆炸能力的测定》)和 EN 13763—21—2003《Determination of flash-over voltage of electric detonators》(《电雷管击穿电压测定》)。

① 电雷管抗静电放电爆炸能力的测定

对桥丝型电雷管(不含磁电雷管)的脚线对脚线和脚线对外壳,施加静电放电作用时不发生爆炸能力的方法。

试验装置包括:静电放电发生器(储能电容为 500～3500pF);记录放电冲量的 DSO;温控室((20±2)℃恒温,湿度小于 60%)。

雷管试样(桥丝及电引火头组成均相同)50 发,脚线长度(3.50±0.05)m,剥去脚线端 10～20mm 的绝缘层,用以连接静电放电发生器。

两种静电放电形式分别试验 25 发,若 25 发延期雷管试样构成了延期序列,则要求每一延期时间至少对应一发雷管。

试验准备:

试验装置见图 3-1-12,其中电感耦合电流探针带宽大于或等于 10MHz;DSO 带宽大于或等于 20MHz(对电流—时间曲线进行积分和平方计算)。

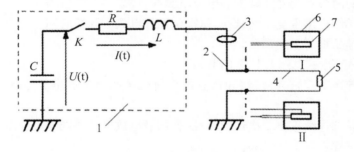

图 3-1-12　试验装置示意图

1. 静电放电发生器;2. 高压输出线;3. 电流探针;4. 脚线;5. 模拟桥丝电阻;6. 爆炸箱;7. 雷管试样;
C、R、L. 储能电容、串联电阻和电感;K. 开关;Ⅰ. 脚线对脚线放电;Ⅱ. 脚线对外壳放电

试验装置与地面距离应大于或等于 100mm,并不能与任何接地导体接触。

调试步骤:

a. 将电流探针穿入一根脚线或一根高压输出线上。

b. 选择初始电压,其电压值为被测雷管平均击穿电压的两倍。

c. 进行放电,DSO 采集电流—时间曲线(曲线应为弱阻尼振荡衰减)。

利用公式(3-1-35)计算静电放电冲量 W_{ESD}(ESD-Electrostatic discharge):

$$W_{ESD} = \int_{t_1}^{t_2} i(t)^2 \, dt \qquad (3\text{-}1\text{-}35)$$

式中:i—电流,A;

t_1—产生初始电流时对应的时间,s;

t_2—电流振荡衰减到小于雷管不发火电流时对应的时间,s。

重复上述步骤,直至得到的 W_{ESD} 达到表 3-1-16 的规定值。若电压值小于雷管试样的击穿电压,则更换电容。

表 3-1-16　静电放电冲量

雷管类型*	1类	2类	3类	4类
不发火电流(A)	$0.18 < L_{nf} < 0.45$	$0.45 \leqslant L_{nf} < 1.20$	$1.20 \leqslant L_{nf} < 4.00$	$4.00 \leqslant L_{nf}$
脚线对脚线的最小静电放电冲量 (mJ/Ω)	0.3	6	60	300
脚线对外壳的最小静电放电冲量 (mJ/Ω)	0.6	12	120	600

* 根据制造商提供的不发火电流进行分类。

▲ 试样测试:

每次试验都应用 DSO 对静电放电冲量进行监测。如放电冲量偏离规定值,应重新对静电放电发生器进行调试。

· 脚线对脚线形式(见图 3-1-12 的Ⅰ):

在雷管试样的两根脚线之间施加静电放电脉冲,观察是否发生爆炸。

每发雷管试样都连续重复 5 次试验,每次施加静电放电脉冲的间隔应至少为 10s。

对剩余被测样品重复上述试验。

· 脚线对外壳形式(见图 3-1-12 的Ⅱ):

将两根脚线拧在一起,在脚线端和雷管的金属壳体间施加静电放电脉冲,观察是否发生爆炸。

每发雷管试样都连续重复 5 次试验,每次施加静电放电脉冲的间隔应至少为 10s。

对剩余被测试样重复上述试验。

施加的电压应大于 99% 的电雷管击穿电压值。

▲ 测试报告:

每发雷管试样的类型(见表 3-1-16)、静电放电形式、是否发生爆炸。

若雷管脚线长度小于 3.5m,应给出试验时的实际长度。

② 电雷管击穿电压测定

在串联起爆的爆破网路中,为使网路中的雷管都能正常起爆,应给整个起爆网路施加超过 1kV 的起爆电压,同时因起爆网路中产生静电也会施加到雷管上。因此应对可能导致雷管脚线和管壳之间发生击穿时的直流电压值进行测定。

▲ 被测试样:

雷管试样 30 发,要求电引火头、起爆药和主装药的设计和化学成分均相同。若雷管处于某延期序列,则延期时间应尽可能均匀分布。

▲ 试验仪器:

· 高压电源:提供最高 10kV 的直流电压,精度为 ±50V,电压畸变不超过 3%,电压应能连续可调。最大输出电流不能超过 5mA,以防止形成电弧。

· 高压电表:用于检测击穿电压。

▲ 试验步骤：

将雷管试样两根脚线拧在一起连接到高压电源的一个接线端,再将雷管壳连接到高压电源的另一个接线端。以 50～200V/s 的速度连续增加输出电压,直至发生击穿,记录击穿时的电压值。

对剩余雷管试样重复上述步骤试验。

计算击穿电压的平均值和标准差,计算平均值与 2.33 倍上限标准偏差之和,及平均值与 -2.33 倍下限标准差之和。

▲ 测试报告：

击穿电压平均值,标准差上下限。

发生击穿而被引爆的雷管试样数量。

(2) 美国和日本对电火工品静电感度测定方法

美国于 20 世纪 60 年代初颁布的军事标准 IL—STD—322《引信用电起爆元件发展的基础鉴定试验》中首次列入了静电感度试验项目,此后经过大量的系统试验研究,70 年代初美国海军的军事标准 MIL—STD—23659C 和空军的 MIL—STD—1512 中,对静电感度测定及其相应的测试条件进一步做出了明确的规定,电火工品脚线对外壳的测试条件为:储能电容(500 $\pm$25)pF、放电电压(25$\pm$0.5)kV、串联电阻(5000$\pm$25)Ω,试样在(21$\pm$3)℃下保存 12h 后测定,测试装置见图 3-1-13。

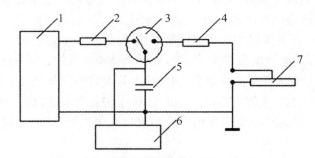

图 3-1-13 美国测定静电感度装置示意图

1. 直流高压电源；2. 充电电阻；3. 真空开关；4. 串联电阻；5. 储能电容；6. 静电电压表；7. 雷管试样

日本脚线对脚线形式的静电感度测定原理线路图见图 3-1-14。

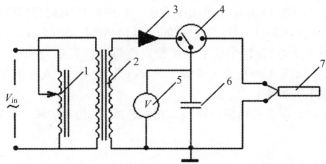

图 3-1-14 日本测定静电感度装置示意图

1. 交流电调压器；2. 变压器；3. 整流器；4. 真空开关；5. 静电电压表；6. 储能电容；7. 雷管试样

美国和日本确定的一些试验条件见表 3-1-17。

表 3-1-17　国外对电雷管静电感度试验条件

国家	雷管种类	电容器容量(pF)	充电电压(kV)
美国	大力神	2000	6～8
	氰胺公司	2000	12
	阿特拉斯	2000	10
	杜邦公司	2000	14～16
	海军、空军	500	25
日本	普通雷管	2000	1～4
	抗静电雷管	2000	8～10
	抗静电雷管(日本化药)	2000	50

3. 试验方法的讨论

电雷管静电感度试验是一种模拟试验,试验条件应尽可能模拟实际生产、运输和使用环境的静电源。国外大量的研究表明,人体静电是使雷管意外爆炸的最主要危险源,因此雷管静电感度试验一般都以人体静电为模拟对象,有些国家也有以工程设备的静电源为模拟对象。

20 世纪 40～50 年代美国民用炸药部门研究认为:人体静电可看成一个充电的电容器,人体电容平均为 300pF,最大静电积累为 10kV,此时人体静电能量为 15mJ。因此 50 年代比较广泛地引用 15mJ 作为人体静电放电能量。60 年代美国的研究又进了一步,人体静电参数试验为 500pF、20kV、5000Ω。人体电容以 500pF 计算存在安全系数,这是因为人体处于不同状态时,其数值在 150～4000pF 范围内变化。日本规定人体电容 140pF(双足站立)和 94pF(单足站立)。

国内有些单位对人体静电参数也进行了测试研究,如某生产厂测定人体电容为 200～300pF,某研究所测定为 150～300pF,穿皮鞋时为 300～500pF,原抚顺煤炭科学分院测定为 180～700pF,穿尼龙袜时高达 9700pF,人体电阻一般为几千至数兆欧姆;雷管生产常用工装设备的对地电容一般为数百至数千 pF。电容宜选用 CMY-5 型、C804 型和 CH32 型高压电容器(可耐压 30kV 以上),串联电阻宜选用功率大于 2W 的耐压电阻,高压开关选用 JT-6 型真空开关;放电回路电感小于 $2\mu H$,引线总长 1700mm(包括高压输出线和雷管脚线)。

GB 8031—2015《工业电雷管》中规定测量普通电雷管和煤矿许用电雷管静电感度时,充电电压为:大于或等于 8kV(Ⅰ型)、大于或等于 10kV(Ⅱ型)、大于或等于 10kV(Ⅲ型),大于或等于 25kV(地震勘探用电雷管)。

我国和欧盟国家对电雷管静电感度试验采用的标准、试验方法和要求的比较见表 3-1-18。

表 3-1-18　试验采用的标准、方法和要求比较

试验标准 / 比较参数	WJ 9042—2004《工业电雷管静电感度试验方法》	EN 13763—13—2004《电雷管抗静电放电爆炸能力测定》	EN 13763—21—2004《电雷管击穿电压测定》
静电发生装置	静电感度仪	静电放电发生器	静电放电发生器
装置原理	基本相同	基本相同	基本相同
最高输出值(kV)	不小于 30	10	10
储能电容	按试验要求选择	500～3500pF	500～3500pF
环境温度(℃)	22±8	20±2	未明确
环境相对湿度(%)	不大于 60	不大于 60	未明确
试验方法	固定电压法、升降法	由雷管类型确定的静电放电冲量	以 50～200V/s 的速度连续增加输出电压,直至发生击穿
放电形式	脚线对外壳	脚线对脚线、脚线对外壳	脚线对外壳
样品数量(发)	不小于 30	两种放电方式各 25	30
放电极性	负极	未明确	未明确
脚线长度(mm)	750±50	3500±50 或实际长度	实际长度
放电次数	1	5	1
试验结果	50%发火电压值、V_{50} 标准偏差值	两种静电放电方式的每发雷管是否发生爆炸	击穿电压平均值、标准偏差上下限;因发生击穿而被引爆的雷管数量

由以上可以看出:我国与国外的静电发生装置和原理基本相同,试验条件、放电形式、放电次数与试验结果表述有差异。EN 13763—21—2004 设计的试验方法对工程爆破及城镇拆除爆破中,采用电雷管起爆网路时的静电安全有积极意义。

4. 静电感度测定的主要影响因素

原抚顺煤炭科学分院和原淄博 525 厂根据安全生产的需要,通过大量的试验表明,影响电雷管静电感度结果的主要因素有:高压电源输出极性、串联电阻、储能电容、泄露等。

(1) 高压电源输出极性

电源输出极性不同,对电雷管静电感度有明显影响,试验结果见表 3-1-19。试验条件为:储能电压 25kV、充电电容 518pF、串联电阻 4.76kΩ、脚线对外壳放电、脚线长 200～600mm、高压输出线长 1200mm。

表 3-1-19　高压电源不同输出极性的试验结果

雷管名称	雷管脚线接正极性		雷管脚线接负极性	
	50％发火电压(kV)	标准差	50％发火电压(kV)	标准差
3♯-203 电雷管	25kV 发火率 0/20	—	4.47	0.40
3♯-K-12 电雷管	25kV 发火率 3/12	—	7.10	0.52
24-1 电雷管	11.35	0.70	7.14	1.59
LD-1 电雷管	2.69	0.27	1.36	0.12

试验表明:雷管脚线接高压电源负极的静电感度较敏感,所以规定脚线对外壳形式试验时,雷管脚线必须接负极。

(2) 串联电阻的影响

该电阻对桥丝式电雷管的静电感度影响显著,这是因为放电时串联电阻与桥丝电阻形成串联回路,消耗了电容放电的大部分能量,供给电桥丝的能量减少了。有研究表明:在放电时(串联电阻 2kΩ),相当于把电容从 2000pF 减少到 22.6pF,这与一般电路分压原理分析结果是一致的,试验条件为:储能电容 516pF、脚线长 1000mm。

结果见表 3-1-20。

表 3-1-20　串联电阻对电雷管静电感度的影响

串联电阻(Ω)	50％发火电压(V)	50％发火能量(mJ)
0.1	1129	0.32
200	1129	0.38
1000	1380	0.48
10000	1970	0.97
114000	2206	1.22

(3) 储能电容的影响

电容量不同对发火能影响很大,试验表明:同一试样,电容不同时,电雷管引爆所需的发火能也不同,试验条件:串联电阻为 0Ω、脚线长 1000mm。

结果见表 3-1-21。

表 3-1-21　储能电容的影响(脚线对脚线形式)

样品	电容量(pF)	50％发火电压(kV)	50％发火能(mJ)
电引火头	516	24.9	160.0
电引火头	2143	8.8	83.0
电引火头	10000	3.7	68.5
1 段毫秒延期雷管	516	26.5	181.2
1 段毫秒延期雷管	2140	10.5	118.1
1 段毫秒延期雷管	10000	3.5	61.3

（4）泄露的影响

　　静电感度测试的放电回路与被测样品并联存在一个泄露支路,这一支路是电容开关箱输出表面电阻、输出高压线表面电阻和输出端对地电阻的电晕放电等构成,由于存在支路,使电容器所释放的能量不能全部作用于被测试样,必然影响电雷管的静电感度。造成泄露支路的主要原因有环境温度、湿度、粉尘以及操作人员的汗液等。因此在试验过程中要求控制环境在一定的温度、湿度,引线及插头必须保持清洁无尘,操作人员要戴手套防止汗液沾手而影响绝缘性,从而降低表面电阻。

　　静电是外来电,其他还有雷电、杂散电流、感应电流和射频,这些非正常起爆的外来电在某种条件下都可能引起电雷管的意外爆炸,应引起足够重视,对这些外来电的检测条件和防护措施可参阅相应文献。

3.1.7　雷管的激光感度测试

　　固体激光器可以产生一种脉冲波,经过 Q 突变技术（或叫做调 Q、Q 开关）,可产生强功率、短持续时间的冲击脉冲波,因而,采用 Q 突变技术的固体激光器（或叫做大功率激光器）可以作为起爆源直接起爆雷管。

　　国内外在激光应用技术研究中发现,激光不仅能够起爆各种药剂,如起爆药、猛炸药、烟火药剂、延期药,而且可以把激光起爆作为一种类似冲击波感度、撞击感度的感度标准。雷管及药剂的激光感度测定,不仅可提供一个重要的性能参数,而且为研究设计激光起爆器时,从感度性能上加以考虑和选择提供了依据。

　　激光感度是指在激光能量刺激下,雷管及药剂引燃引爆的难易程度。用激光做刺激量,使雷管及药剂只对相干性很强的单色光敏感,而不受射频、杂散电流、静电等外来电的影响,可保证产品使用安全、可靠。试验的目的是掌握激光感度的测定方法和了解影响激光感度的各种因素。

1. 方法原理

　　激光感度与激光波长、激光输出方式有关。自由振荡激光器和调 Q 激光器输出的功率不同,对雷管作用的原理也不完全一样,因此激光感度也不同。目前一般认为自由振荡激光器输出的激光引爆雷管的机理基本上属于热起爆机理,而调 Q 激光器输出激光引爆雷管的机理除热起爆外,还可能存在光化学反应和激光冲击波反应起爆。当激光能量照射到起爆药表面,一部分光能被反射,另一部分被一定厚度的起爆药吸收,将光能变成热能使起爆药产生热分解,由燃烧转为爆炸。以自由振荡激光器热起爆机理为理论依据,建立雷管激光感度测试方法。

　　根据充电电压与激光能量输出在一定范围内呈线性关系,改变充电电压的大小,产生不同的激光能量刺激雷管的起爆药,利用升降法测定激光感度。不同雷管起爆药对激光能量的要求是不同的,例如以 50% 发火能量来衡量,细结晶斯蒂酚酸铅为 5.52mJ,而二硝基重氮酚为 16.6mJ。因此,在测试某种产品时,先估计一个激光能量,用改变充电电压和加衰减片的方法来改变激光能量,调到合适的能量值后,用升降法做试验。

2. 仪器设备

激光感度试验所用仪器设备如图 3-1-15 所示。

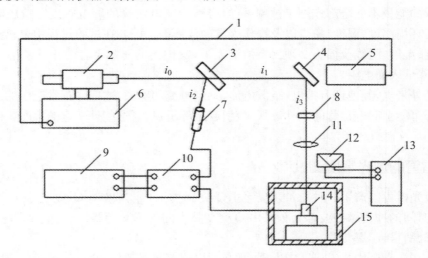

图 3-1-15　激光感度试验系统示意图

1. 信号传输线；2. 激光头；3. 分光镜；4. 45°反射镜；5. 光电能量计；6. 激光感度仪；7. 光电转换器；8. 衰减片；9. 时间测定仪；10. 放大器；11. 聚焦透镜；12. 碳斗能量计；13. 检流计；14. 雷管样品；15. 爆炸箱；

i_0. 激光输出总能量；i_1. 分光镜透过激光束；i_2. 分光镜反射激光束；i_3. 起爆用激光束

（1）激光感度仪

激光感度仪是试验系统的核心部分，用于产生一定能量的激光束 i_0，它包括充电电路、控制电路、激光头、水循环系统和电源等部分。常用的 YJG-1 型激光感度仪的主要技术指标如下：

输出波长：1.06μm（钕玻璃激光器）；

脉冲宽度：200～800μs；

输出能量：0.01～1J 和 1～25J；

重复频率：0.5 次/min；

输出稳定性：±2.5 %（标准差/平均值）；

光束发散角：0.01～1J 时，＜2mrad（毫弧度）；1～25J 时取 2～10mrad；

模式：横向多模；

聚焦直径：Ø1.0～1.5mm；

焦距：400～500mm。

（2）试验系统的其他设备

分光镜：把激光束 i_0 分成 i_1 和 i_2 两路。

光电转换器：把 i_2 光束转换成电信号，送到放大器。

45°反光镜：把 i_1 光束大部分反射成为 i_3 光束，用于起爆或点燃雷管样品药剂，少部分能量透过 45°反光镜的涂层，由光电能量计接收。

衰减片:采用中性滤光片,使光能量均匀衰减。

聚焦透镜:保证光束焦点在 ∅1mm 左右。

光电能量计:把接收的激光光束,经激光感度仪的控制部分送到打印机,记录每次输出的激光能量。

碳斗能量计:经计量标定后,放在 i_3 光路上,测量激光能量,标定激光感度仪充电电压与激光能量之间对应关系。

爆炸箱:雷管安装在箱内的底部,箱的顶端开一个小孔,使激光束直接作用在雷管样品的热敏感部位。

3. 试验步骤

(1) 仪器调整

a. 按激光感度仪使用说明书连接好各光学部件,使氦氖激光光束与钕玻璃激光器光束同轴;使激光光束、透镜及试样在同一光轴上。检验的方法可把曝光相纸放在试样位置上,用激光打一个光斑,判定激光系统光路的垂直性和重合性。

b. 调整激光器输出脉冲宽度,根据不同产品的要求进行调谐,一般调到 $200\mu s$。

c. 用激光能量计(或辐射计)测量激光器输出能量稳定性,每次重复 20 个数据,进行数理统计算出平均能量与标准差。计算公式如下:

$$n = \frac{\delta}{E} \times 100\% \qquad (3\text{-}1\text{-}36)$$

式中:n—稳定性;

δ—标准差,mJ;

E—平均能量,mJ。

稳定性一般在±2.5%。

d. 将曝光后的黑相纸放在试样位置上,在 20mJ 激光能量作用下,用工具显微镜(或千分尺)测量相纸上形成的焦斑直径。调整聚焦透镜,使斑点的直径在 ∅0.5~1.5mm 之间。

(2) 连接水源

使水泵正常工作后再接通电源,检查各仪器的工作情况,无问题后,方可进行试验。

(3) 调试激光输出能量

根据雷管样品药剂的种类,估计一个激光刺激能量,用改变充电电压和衰减片进行调试,寻找到一个合适的能量。

(4) 标定

对充电电压和激光能量进行标定,标定的方法是:

a. 用碳斗能量计或辐射能量计记录输出激光能量的大小。

b. 能量计应放置在所有激光能量进入的位置,但不能放在光束的焦点处,这样不仅会损坏能量计,测量结果也不准确。

c. 在每一个充电电压下重复测量 3 次,求出能量的平均值。

d. 用计算机绘图软件,画出电压与激光能量的关系曲线。

(5) 样品试验

a. 把雷管样品(无电引火头或导爆管的基础雷管)放到爆炸箱内激光焦点位置上,关闭防爆门后进行试验,观察雷管药剂的作用情况。

　　b. 选择不同步长,每隔 2 分钟做一次试验,直至做完所有试样。

　　c. 关闭所有电源及水源,集中销毁未爆或半爆试样。

4. 数据处理及结果

① 按升降法计算 50％发火电压及标准差,数值修约到 3 位有效数字,精确到小数点后两位,单位以 kV(或 V)计。进一步可计算 99.9％发火电压和 0.01％发火电压。

② 根据充电电压与激光能量的关系,找出 50％发火的激光能量。以 LH-32 雷管为例,取激光感度仪充电电容 $600\mu F$,脉冲宽度 $200\mu s$;雷管样品 30 发,用升降法做测试,初始电压选 1.60kV,步长 0.05kV。测试后,求得标准偏差 0.064kV;50％发火电压 1.7kV,发火能量 16.2mJ;0.01％发火电压 1.46 kV,发火能量 10.0mJ;99.99％发火电压 1.94kV,发火能量 24.2mJ。

参考有关文献,北京理工大学采用上述激光感度测试方法,对一些起爆药、延期药和雷管进行了测试,结果见表 3-1-22。

表 3-1-22　部分药剂和火雷管的激光感度(仅供参考)

序号	药剂名称	50％发火激光感度(mJ)	序号	火工品名称	50％发火激光感度(mJ)
1	石墨叠氮化铅	3.4	8	硅延期药	6.1
2	纯斯蒂酚酸铅	4.1	9	LH-5 火雷管	10.3
3	细结晶斯蒂酚酸铅	5.52	10	LH-3 火雷管	10.7
4	D·S 共晶	7.3	11	LH-10 火雷管	10.9
5	2 号针刺药	6.0	12	LH-30 火雷管	14.7
6	DDNP	16.6	13	LH-32 火雷管	16.2
7	延期药 101 号	4.6	14	LH-33 火雷管	19.7

3.1.8　工业雷管抗震动性能测试

工业雷管抗震动性能(anti-knock-property)测试其一是模拟产品在恶劣运输条件下,承受长时间、反复作用的冲击加速度状态;其二是模拟爆破作业时,先起爆炮孔炸药爆炸引起的振动,对尚未起爆的延期雷管的振动冲击。试样雷管经过特定条件的震动试验(jolt test)后,不应发生相对移动、变形、破坏、发火、药粉撒落和爆炸,以此考验雷管的运输和某些使用环境下的安全性及部件坚固性。

1. 工业雷管成品震动试验

(1) 方法原理

将工业雷管成品装在震动机的上板上,当震动机的偏心轮连续转动时,周期性抬起上板,上板绕铰链转动,在偏心轮转到最高点后,上板借助于自身和安装在板上的雷管自重,自由落下,撞击下板,然后再抬起,再撞击下板,周而复始,使试样雷管受到一定时间、一定频率和一定震动力的冲击。根据震动后的变化情况,评价其安全性。

(2) 试验条件

将经过电阻检查或外观检查合格的电雷管、导爆管雷管成品等试样,平放装入专用纸盒内,纸盒放入符合 WJ231－1977 规定的震动试验机专用木箱(220mm×400mm×400mm)底部中央,纸盒内外空隙塞紧,压紧箱盖,用频率1Hz,落高(150±2)mm ,连续震动10min,然后取出测量电阻及检测其他项目。

(3) 仪器设备

震动试验俗称为打板试验。常用的震动试验机有两种,一种是单活动臂式,另一种是多活动臂式,其工作原理基本相同,图 3-1-16 所示为常用的单活动臂式震动试验机。

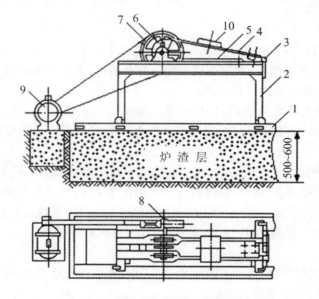

图 3-1-16　单活动臂式震动试验机结构图

1. 木质底座;2. 机身;3. 铰链;4. 上板;5. 下板;6. 凸轮;7. 皮带轮;8. 主轴;9. 电动机;10. 震动箱

震动试验机机身固定在垫有炉渣层的木质地板上,也可安放在铺有耐油橡胶板和普通橡胶板的水泥地基上。凸轮通过主轴和轴承固定在机身的一端。传动装置包括皮带轮、减速器和电动机,皮带轮装在主轴的一端,减速器和电动机安装在地基上。

电动机驱使皮带轮带动偏心轮转动,可使上板做周期性的起落。上板用铰链装在机身的另一端,通过辅助工具或震动箱将试样雷管固定在上板上。下板用螺丝固定在机身上。

装有雷管的辅助工具或震动箱随上板被抬到最高位置时,自上板下平面、辅助工具或震动箱的中心位置处,到下板上平面的垂直高度,为上板落下高度。

上板重 4.8～6.5kg,其突出部弧形半径不得大于 35mm,允许在突出部包牛皮纸或其他材料,但厚度不得大于 5mm,上板的总厚度不小于 33mm。凸轮的转速为 60r/min。

用象限仪或水平仪检查台架上表面凸轮端纵横方向的水平性,允许偏差不超过 10′。雷管和辅助工具或震动箱的总重量不得超过 8kg,如果对样品或辅助工具的总重量另有规定时,可按规定执行。

用手扳动皮带轮使凸轮转动,上板平滑升起,不能与凸轮发生碰撞或出现卡滞现象,上板突出部分与凸轮的弧形部接触后,不得歪斜,允许接触部分有不超过 18mm 长的缝隙,但缝隙宽度不得大于 0.15mm。

上板和下板应紧密配合,允许局部缝隙最大到 0.3mm,检查时可以用 50mm×100mm×0.3mm 的制图纸压在两板间,纸板被压的长度不应小于 50mm,用手轻轻向外拉纸板,如果拉不出来,则认为装配合格。

将装有铜柱的压电加速度计固定在震动机辅助工具上,其重量共(7.5±0.1)kg。先进行 5 次冲击加速度的测定,落高为(100±2)mm。震动机连续震动半小时后,再进行 5 次同样的测定,分别取平均值,两次的平均值都应在一定范围内,为(250±40)g。铜柱为 Ø6mm×9.8mm 锥形,预压值为 2MPa。

(4) 试验步骤

a. 电动机的转速调到 60r/min。

b. 检查震动机的各项指标,如上下板之间的配合情况,上板突出部分与凸轮的接触缝隙,样品及辅助工具的重量等是否符合要求。

c. 将雷管成品试样装在震动箱内,并按规定确认其牢固性。

d. 测量上板下平面、震动箱(或螺纹座)中心位置处到下板(或皮垫处)的高度,应为 150 mm。

e. 开启电动机并记录开机的时间,整个震动试验时间控制在 2h,在试验过程中,若发现有杂音或双响声,则立即停机检查,并将已震动的时间记录下来,待检修后继续做震动计时,直至达到规定时间为止。在试验中的杂音和双响不得超过 10 次,否则该试验数据无效。

f. 重复对下一组雷管成品试样做震动试验,并记录试验结果。

(5) 结果处理

整理试验数据,试样不得有结构损坏、撒药、变形,加强帽不得移动、拱起、破裂、爆炸,电雷管不得有断路、短路和电阻不稳等现象。

(6) 注意事项

雷管成品试样安装应紧固,不得有松脱现象。

震动过程中,操作人员不得远离,当发生杂音、机器出故障或停电时,应及时记下停机时间,并加紧对故障进行处理,待故障排除后,继续震动到规定时间。

震动试验机应安装在有防爆墙的房间内或场地,震动试验过程中,试验间或场地内不得有人。

2. 国外对雷管半成品抗震性能测定

雷管半成品(基础雷管)在使用和操作过程中可能受到许多外力作用,例如震动,会使雷管内装填的起爆药变得疏松,已松散的起爆药将容易因摩擦或其他刺激作用而被引爆。因此欧盟国家的 EN 13763—8—2003《Determination of the resistance to vibration of plain detonators》(《普通雷管抗震性能的测定》),规定了一种评估雷管半成品装填的药剂承受震动能力的方法。

（1）试验装置

① 震动台

带有一个水平震动盘和一个电磁震动器。当震动台空载时，震动器能使震动盘顶面的所有部位都产生一个频率为50Hz且幅值相等的垂直正弦震动，见图3-1-17。

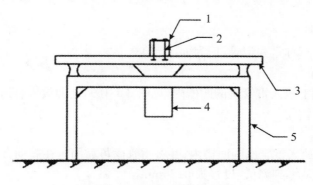

图3-1-17　震动台结构示意图

1. 雷管座；2. 雷管座固定支架；3. 震动盘；4. 震子；5. 底座

② 雷管座

材料采用金属或硬塑料，雷管座被可靠固定在震动盘中心，放置雷管的凹槽尺寸应与被测雷管的尺寸相匹配，并且，凹槽由旋入式插塞封闭，见图3-1-18。

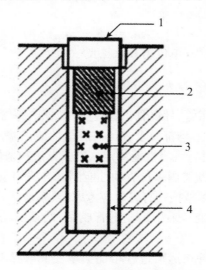

图3-1-18　雷管座凹槽示意图

1. 旋入式插塞；2. 垫片；3. 雷管装药；4. 雷管壳

③ 调节垫片

一组具有不同高度的垫片，用于对放置在雷管座内的雷管进行固定。

④ 称重器

用于称重，精度为±1mg。

(2) 被测试样

雷管样品 25 发,要求其结构设计、装药组成和压药压力均相同。

(3) 试验步骤

在试验前,先将 25 发雷管放置在相对湿度不超过 50%、温度为(20±2)℃的环境中,放置时间为 2 小时。

① 雷管称重

对每一发雷管进行称重并记录,记为 m_0(mg)。

② 雷管插入凹槽

每发雷管底部朝上放入雷管座的凹槽内(见图 3-1-18),上面放入合适尺寸的垫片,凹槽口部用旋入式插塞固定雷管。

③ 震动试验

a. 将 25 发雷管放入雷管座的凹槽内,并将雷管座可靠固定在震动台的中心位置。

b. 将最大震幅(从零到峰值)设置为 0.25mm:

启动震动器;

60min 后停止震动。

c. 将每发雷管从雷管座凹槽中取出,称重并记录最终质量,记为 m(mg)。

d. 仔细收集沉积在凹槽底部的散药。

(4) 结果计算

计算每发雷管损失的质量 m_L(mg):

$$m_L = m_0 - m \tag{3-1-37}$$

报出每一发雷管的质量损失(单位用 mg 表示)。

3. 试验方法的讨论

我国的工业雷管成品(电雷管、导爆管雷管、地震勘探电雷管、油气井用电雷管、工业数码电子雷管)在相应的产品标准中,均都要求进行抗震动性能试验。欧盟国家对雷管半成品(基础雷管 flash detonator)要求进行抗震性能测定。试验方法和条件比较见表 3-1-23。

由表 3-1-33 看出:我国与欧盟国家抗震动性能测试方法和条件差异较大。从起爆器材运输车辆允许行驶速度,和工程爆破振动有害效应考虑(频率越低,要求越严格,可参见 5.5 中的表 5-5-1 爆破振动安全允许标准),采用工业雷管成品、低频率、大振幅的试验条件要求高,比较符合实际情况。

此外,对工业电子数码雷管在运输过程可能会承受高频振动作用,以及雷管在组网使用时,先起爆炮孔的爆破振动对后起爆炮孔中的雷管会产生高频振动作用,可能会导致装药结构松散或电子部件结构损坏,使得后起爆的雷管失效,产生拒爆(misfire)。因此,还需采用 GJB 5309.32—2004《火工品试验方法 第 32 部分:高频振动试验》的相关规定进行试验。

表 3-1-23　我国和欧盟国家对工业雷管抗震动性能参数对比

试验标准 比较参数	GB 8031—2005	GB 19417—2003	GB/T 16625—1996	GB/T 13889—2015	WJ 9085—2015	EN 13763—8—2003
震动产品	工业电雷管	导爆管雷管	地震勘探 电雷管	油气井用 电雷管	工业数码 电子雷管	雷管半成品
震动试验数量(发)	20	32	由抽检确定	50	由抽检确定	25
雷管放置方向	管口向上					管口向下
震动频率(Hz)	1					50
震动方向	垂直					垂直
落高/振幅(mm)	150±2					0.25
震动时间(min)	10					60
结果判断	不允许发生爆炸、结构松散、损坏、电阻不稳或电子部件结构损坏					每发雷管质量损失

3.1.9　煤矿许用电雷管可燃气安全度试验

煤矿许用电雷管(permissible electric detonator)是允许在有可燃气和煤尘爆炸危险的矿井中使用的特种雷管。煤矿井下普遍存在可燃气和煤尘的爆炸危险,因此在这种环境下使用的雷管必须通过可燃气安全度试验。该项试验是衡量煤矿许用电雷管是否合格的特征性指标。除此外,其他电发火及爆炸性能均应符合相应普通电雷管标准。

目前我国允许使用的品种有:煤矿许用瞬发电雷管和煤矿许用毫秒延期电雷管。这两种雷管结构上具有以下特征:

a. 管壳采用发蓝钢壳和覆铜钢壳。

b. 雷管底部应无凹穴,以消除和减少聚能射流引燃可燃气的可能。

c. 管壳保持一定厚度,提高了约束力,缩短爆炸作用时间,同时也可避免电引火头处炸断后延期体残渣喷出。

d. 为保证可燃气安全性,在猛炸药中加入适量有机或无机复合消焰剂。

e. 延期雷管采用铅质三芯(或五芯)延期体,此种结构大大减少了延期药量,并能吸收燃烧热,还对延期药燃烧形成的残渣喷出有抑制作用。

应当指出,雷管的半爆或起爆能力不足,会导致炸药爆轰不完全,形成爆燃(deflagration),对可燃气、煤尘的安全危险性最大。

1. 方法原理

将受试电雷管置于充有可燃气—空气混合气体的特定装置内引爆,观察是否引起混合气体爆炸。在一组试验中,以混合气体的爆炸频数表示电雷管对可燃气的安全度。适用于煤矿许用电雷管安全度试验(Test method of safety of permissible electric-detonator in inflammable gas)

2. 仪器、设备与材料

a. 试验装置：如图 3-1-19 所示，爆炸箱为由钢板卷制而成的内径为(580±20)mm、长度为 1200mm 的圆桶，一端用钢板封闭，另一端敞口，侧壁连有气体循环混合系统等。

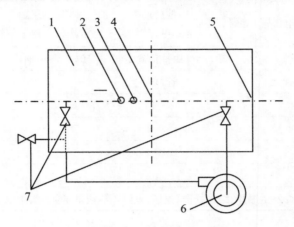

图 3-1-19 试验装置示意图

1. 爆炸箱；2. 温度检测口；3. 甲烷检测口；4. 雷管支架；5. 敞口端；6. 防爆型风机；7. 阀门

b. 温度计：分度值应不大于 1℃。

c. 甲烷测定器：分度值应不大于 0.02%。

d. 湿度计：分度值就不大于 5%。

e. 试验用气：甲烷体积分数应不小于 90.0%，其他可燃气体积分数的总和应不大于 1.0%。

3. 试验条件与步骤

(1) 试验条件

爆炸箱内混合气体中，甲烷的体积分数为 9.0%±0.3%，温度为 5～35℃，相对湿度应不大于 80%。

(2) 试验步骤

a. 检查、调试试验装置。

b. 将受试雷管水平放置在爆炸箱内雷管支架的中心位置上，雷管底部应朝向敞口端。

c. 用牛皮纸或塑料薄膜封闭爆炸箱的敞口端。

d. 启动循环混合系统。

f. 向爆炸箱内充放试验用气。

g. 待爆炸箱内气体混合均匀至甲烷含量达到试验条件规定的体积分数时，关闭循环混合系统。

h. 起爆受试电雷管，观察电雷管爆炸后引爆混合气体的情况，做好记录。

i. 清除炮烟，将试验装置恢复到初始状态。

如继续试验重复 b～i。

4. 结果表述

试验结果用引爆频数来表示,引爆频数按公式(3-1-38)计算:

$$A = B/C \tag{3-1-38}$$

式中:A—引爆频数;

B—每组试样的引爆数;

C—每组试样的总数。

5. 试验方法的讨论

(1) 试验用气源

① 国内外现状

关于煤矿许用电雷管可燃气安全度的试验方法,国内、外的相关标准试验原理基本一致,都采用模拟试验巷道。对试验条件和判定规则,则根据本国产品的质量水平和试验装置特点,制定相适宜的条件和规则。对试验用的气源,各国(或地区)也不相同。如法国规定使用天然瓦斯、美国规定使用纯甲烷、俄罗斯规定两者皆可使用。但对气源中甲烷含量都有定量的规定,一般不低于85%,以保证试验结果的一致性,见表3-1-24。

表 3-1-24　国外对试验用气源和爆炸箱内甲烷含量的要求

国家	试验用气源	国家	爆炸箱内甲烷含量
英国	99%的纯甲烷	英国	9.0%±0.25%
日本	甲烷含量≥90%,氢含量≤2%,二氧化碳含量≤2%	日本	9.0%±0.3%
美国	甲烷含量≥95%	美国	8.0%
法国	甲烷含量≥95%,其他可燃气≤3%	法国	8.8%
俄罗斯	甲烷含量≥85%,其他可燃气≤3%	俄罗斯	9.0%±0.5%
波兰	甲烷含量≥90%,不含氢	波兰	9.5%
捷克	甲烷含量≥95%,其他可燃气≤0.2%	德国	9.0%±0.5%

在 GB 18096—2000《煤矿许用电雷管可燃气安全度试验方法》颁布之前,国内并存两种试验方法,主要差异在使用的气源上。一种试验气源采用的是井下天然可燃气,对气源中甲烷含量没有定量的规定;另一种试验气源采用合成可燃气,规定甲烷含量应不小于95%。

井下天然可燃气因受环境条件的影响,很不稳定,各地的矿井差异也较大,会影响试验结果的一致性和可靠性。而人工合成可燃气甲烷浓度高,气体组分单一,代替井下天然甲烷进行试验一致性好、比较科学;但是煤矿许用电雷管可燃气安全度试验的装置、条件、方法是为模拟井下作业而建立的,采用井下甲烷能更好模拟井下条件,较真实地反映实际情况。

② 两种气源的试验结果

我国国内两个质检中心曾采用同一雷管样品,同一方法,进行二种气源的对比试验。考虑到提高试验的可比性,雷管样品主装药不加任何消焰剂,以提高对可燃气的引燃率。试验的结果见表 3-1-25。

表 3-1-25　雷管可燃气安全度试验结果统计表

雷管样品	引燃结果	
	1#气源	2#气源
煤矿许用 8 号瞬发电雷管(覆铜钢壳)	3/50	12/50
	5/50	9/50
	4/50	8/50
	3/50	12/50
	3/50	10/50
共　计	18/250	51/250
发火率	7.2%	20.4%

注:1#气源为 99.9%的合成甲烷;2#气源为 85.0%的井下甲烷;在每次试验时,甲烷浓度均稀释至 9%。

结果表明:试验用气源中甲烷含量的高低,对试验结果有显著影响。同为井下甲烷,含量不同,试验结果有较大差异。其主要原因是由于随着气源中甲烷含量降低,其他可燃气成分增加而引起的。

③ 试验气源的确定

由于试验用气源中各组分含量的大小,对试验结果影响很大。特别是甲烷浓度过低时,其他可燃气含量必然增大,将会严重影响试验结果的可靠性。因此,为提高试验结果的一致性和可靠性,根据实际情况,并参考国外同类测试标准,在现行抽样方案和判定规则不变的情况下,确定为:甲烷体积分数应不小于 90.0%,其他可燃气体积分数的总和应不大于 1.0%。

(2) 试验条件

① 爆炸箱内甲烷—空气混合气中甲烷浓度的要求

根据甲烷与氧反应的平衡方程,甲烷含量为 9.5%时与 90.5%的空气中的氧完全反应,由于实际井下可燃气并非纯甲烷,一般敏感点在 9.0%以下,参考表 3-1-24 国外对爆炸箱内甲烷气体含量的要求,规定爆炸箱内甲烷—空气混合气中甲烷浓度为 9.0%±0.3%。

② 试验温度和湿度

由于可燃气中主要成分为甲烷,温度过高容易引燃,引爆频数增加。反之,温度过低,引爆频数下降。根据有关资料,温度在小范围内波动时,对试验结果影响不大。因此,为保证试验结果的一致性,规定温度在 5~35℃范围内。

试验湿度的影响远大于温度的影响。湿度增大,会造成可燃气钝感。水在甲烷爆炸反应中是生成物,显而易见,生成物浓度增大,势必减小反应速度。因此,对相对湿度应加以限制。冬季空气相对湿度小,但温度低,对半数引火量的影响相互抵消了一部分,故只需对湿度上限做出规定。规定相对湿度为不大于 80%。

3.2 起爆器材的爆炸性能测试

3.2.1 工业雷管起爆能力试验

工业雷管对炸药的引爆,大部分情况雷管是和炸药直接接触的,炸药受到雷管爆炸后的冲击波、高温高压爆炸气体和高速破片的综合作用而被引爆,这是一个复杂的作用过程。当雷管底部与炸药直接接触时,主要起爆因素是从雷管底壳入射爆炸冲击波;当雷管与炸药有较小间距时,主要起爆因素是空气冲击波;当间隙较大时,爆炸气体落后于冲击波,然后冲击波也减弱下来,主要起爆因素是雷管底壳破片的冲击作用。

如果雷管的起爆能力(或称威力)不足,被起爆炸药可能出现爆速低或爆炸不完全的情况,甚至炸药根本就没有爆炸。这样的雷管作铅板穿孔试验时,穿孔直径一定小于雷管半径。

评价雷管的起爆能力分为直接法和间接法两类,前者是测定雷管对固体介质作破坏功、或对水介质作功的能力,并假设这些作功能力与起爆炸药能力成正比关系;后者是用雷管直接起爆炸药,用被起爆炸药的钝感程度或反应的完全程度表示雷管的起爆感度(sensitivity to initiation)。直接法更接近实际,但试验操作较繁琐,且被起爆炸药的钝感程度标准尚未确定,因此目前国内外大多采用间接法,作为检验各类民用起爆器材的标准。

间接法有:铅板穿孔试验法、水下爆炸法(见 3.2.2 工业雷管作功能力测定——水下爆炸法)、钢块凹痕法、输出压力法(见 3.2.3 雷管爆炸冲击波压力测试——锰铜压阻法)和雷管破片速度法(见 3.2.4 金属壳雷管底部破片速度测试)。

直接法有:钝感炸药法和隔板法。

1. 工业雷管铅板穿孔试验

在雷管底部放置一定厚度和直径的铅板,通过测量雷管爆炸时炸穿孔直径的大小,可以确定雷管的轴向输出能力,间接表征雷管的起爆能力,这种试验方法通常作为生产厂对雷管输出威力验收检验项目。此外该试验方法简单易行,用过的铅板可以回收,重铸后还可以反复使用,比较经济。

(1) 适用范围

适用于工业电雷管、导爆管雷管等起爆器材的铅板试验,以及试验用铅板的检验。

(2) 方法原理

在规定的试验条件(铅板规格、点火方式)下,把雷管直立于铅板中心位置上起爆,以铅板穿孔直径表示其起爆能力。允许与串联起爆电流和延期时间试验合并进行。

(3) 仪器、设备与材料

a. 雷管电阻检查仪表:最大工作电流不大于 30mA。

b. 游标卡尺:分度值 0.02mm。

c. 测孔样柱:$d_{-0.15}^{+0}$,d 为雷管外径的基本尺寸,mm。

d. 爆炸装置:应能保证雷管直立在铅板中心位置,铅板支座孔径为 20~25mm;并有隔爆和安全防护装置,使用方便安全可靠,见图 3-2-1。

e. 起爆装置:输出能量应满足试验要求。

f. 铅板:应符合"(8) 试验铅板要求"的规定。

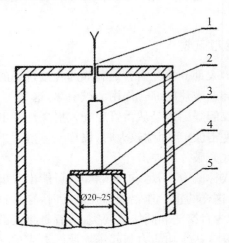

图 3-2-1　铅板穿孔试验装置

1. 雷管脚线;2. 雷管样品;3. 铅板;4. 铅板支座;5. 爆炸箱

(4) 试验准备

取一定数量的合格铅板,数量多少按照相应的产品标准要求。

① 工业电雷管

逐发用雷管电阻检查仪表检查,经电阻检查合格的雷管方可用于试验。

② 导爆管雷管

外观检查合格的样品方可用于试验。

③ 其他工业雷管

对无起爆药雷管、工业电子数码雷管等,按其产品相应的要求,检查合格后可用于试验。

(5) 试验步骤

a. 将铅板水平放置在爆炸装置内,雷管样品直立于铅板中心位置,样品底部需紧贴铅板。

b. 起爆雷管:

· 工业电雷管:雷管脚线的末端分别与连接导线的一端相接,用雷管电阻检查仪表检查线路,确认无误后,将连接导线的末端分别接至起爆装置输出端,起爆样品。

· 导爆管雷管:用起爆装置起爆样品。

· 其他工业雷管:按其产品规定的起爆条件,起爆样品。

c. 雷管爆炸后,爆炸装置内的铅板要逐个进行检查,记录拒爆、起爆不完全(半爆)发数。

d. 用游标卡尺逐个测量孔径,每片铅板作相交 90°的两次测量,取两次测量结果的算术平均值作为该片铅板穿孔的数值并记录。也可用测孔样柱逐个检查铅板穿孔孔径并记录,以游标卡尺法为仲裁。

(6) 结果评定

a. 按相应产品标准要求评定结果。

b. 报出每组试验中铅板穿孔孔径的算术平均值、最大和最小值,以 mm 为单位,保留小数点后一位数。

按公式(3-2-1)计算算术平均值：

$$D = \frac{1}{n}\sum_{i=1}^{n} d_i \qquad (3\text{-}2\text{-}1)$$

式中：D ——每组试验中，铅板穿孔测量孔径的算术平均值，mm；

　　n ——每组试验中铅板穿孔个数；

　　i ——每组试验中，铅扳穿孔孔径序号；

　　d ——第 i 号铅板穿孔测量孔径，mm。

c. 按公式(3-2-2)计算后. 报出一组试验的铅板穿孔测量孔径标准差：

$$\sigma = \sqrt{\frac{\sum_{i=1}^{n}(d_i - D)^2}{n-1}} \qquad (3\text{-}2\text{-}2)$$

式中：σ ——铅板穿孔测量孔径的标准差，mm。

（7）工业电雷管倒置起爆能力试验

GB 8013—2015《工业电雷管》规定：对工业电雷管应增设倒置起爆能力试验。

具体步骤是：将铅板水平放置在铅板支座内，雷管样品固定于爆炸箱内的雷管支架上，并使其垂直倒立于铅板下侧的中心位置，底部紧贴铅板（见图 3-2-2），样品脚线连接起爆导线，通以符合"3.1.1 小节中的表 3-1-3 工业电雷管的电性能指标"的直流电流，起爆后测量铅板孔径并记录结果。

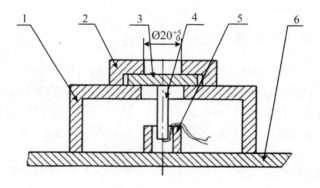

图 3-2-2　倒置起爆能力试验装置图

1. 爆炸箱；2. 铅板支架；3. 铅板；4. 雷管样品；5. 雷管支架；6. 试验台

（8）试验铅板要求

a. 铅板材质应符合 GB459（P_{b-1}、P_{b-2}）的规定。

b. 铅板由压延后的板材冲制成型，允许浇铸成型。

c. 铅板的直径和厚度应符合下表（表 3-2-1）规定：

表 3-2-1　铅板的尺寸要求

序号	直径(mm)	厚度(mm)	
		基本尺寸	极限偏差
1	30~40	4.0	±0.1
2		5.0	

注:距铅板边 5 mm 范围内,其厚度偏差可不在此规定偏差内。

d. 铅板必须平正,不允许有腐蚀、裂纹、分层、夹杂以及影响与爆炸装置配合的外形疵病,允许有铅板厚度极限偏差范围内的凹陷、划痕等机械伤痕。

e. 同一炉熔化加工成的铅板,组成一个或一个以上批次。

f. 每批抽取 5% 的铅板进行外观、厚度检验(直径由工装保证)。应符合本节 c 条和 b 条要求,如有一项不合格,则加倍复验,不许再出现不合格,否则,退回返验。

g. 经试验用过或验收不合格的铅板,允许重熔使用,但铅含量不得低于 99.5%。

(9) 注意事项

a. 试验应在爆炸容器内进行,起爆操作应遵守有关技术安全规程。

b. 操作电雷管时应采取防静电措施。

c. 试验前检查雷管电阻应在隔爆罩内进行。

d. 如发生雷管拒爆,应停留一定时间才可进入爆炸容器处理,对拒爆雷管应采用爆炸法销毁。

2. 不同温度条件下工业雷管铝板凹痕试验

欧盟标准 EN13763—15—2004《Determination of equivalent initiating capability》(《等效起爆能力测定》)中,铝板凹痕试验是其中的一种方法。被测雷管在室温、高温和低温三种不同条件下存放一定时间后,对直立在铝制见证板上的雷管进行发火,以见证板上的凹痕深度,检验雷管的输出特性。该方法不适用地表连接雷管和导爆索继爆管。

(1) 试验样品

选取 50 发某类型雷管,要求其结构设计与组成、管壳材料、质量和装药(包括起爆药和主装药)种类均相同。

(2) 试验装置

a. 试验装置见图 3-2-3。

b. 加热箱:提供比制造商规定的最高安全温度高 10℃ 的温度。

c. 冷冻箱:提供比制造商规定的最低安全温度低 10℃ 的温度。

d. 见证板:形状为正方形,边长为(50±3)mm,厚度为(10±0.3)mm,材料牌号为 AW-6082 的铝材。

e. 深度尺:深度尺针脚点直径为 0.6mm,测量精度为 ±0.01mm。

f. 绝缘泡沫:一种可膨胀的聚苯乙烯泡沫或类似材料,其外径至少为 50mm,中心孔的直径比雷管直径不大于 1mm。泡沫的高度应满足:当插上雷管后,露出来的管壳(卡口端)高度不应超过 5mm。

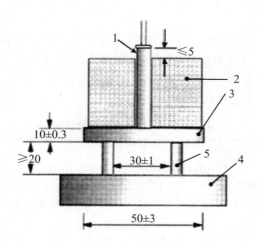

图 3-2-3 雷管对见证板发火的装置(图中尺寸:mm)

1. 雷管;2. 可膨胀的聚苯乙烯泡沫,通过粘胶或胶带与见证板连接;3. 铝制见证板;4. 钢板;5. 支撑钢管

(3) 试验步骤

a. 根据图 3-2-3 安装雷管、绝缘泡沫材料和见证板,确保雷管垂直于见证板,然后将其置于一块支撑板上,确保见证板下方留有一个高度至少为 20mm 的自由空间,对雷管进行发火。

b. 使用深度尺测量见证板上的凹坑深度:移动见证板,直至找到凹坑的最低点。抬起针脚,将见证板移至某一位置,使见证板边缘与针脚的距离为 3mm,再测量见证板厚度。将见证板转动 90°,再测量厚度。计算两次厚度测量的平均值,则凹坑的深度为见证板厚度平均值与凹坑最低点处厚度的差值。

c. 室温下试验:将 10 发雷管置于室温下 4 小时。按 a 条要求安装雷管、绝缘泡沫材料和见证板。对每发雷管进行发火,按 b 条要求测量见证板上形成的凹坑深度,计算 10 发雷管爆炸形成的凹坑深度平均值 d。

d. 高温下试验:选取 20 发雷管。按 a 条要求安装雷管、绝缘泡沫材料和见证板,然后将雷管安装组件置于加热箱中,至少存放 4h,加热箱内温度比制造商规定的最高安全温度高(10 ± 2)℃。从加热箱中取出后的 45~60s 内对雷管进行发火。

按 b 条要求测量每块见证板上形成的凹坑的深度,记录最大深度值 d_h,计算 d_h/d 的比值。

e. 低温下试验:选取 20 发雷管。按 a 条要求安装雷管、绝缘泡沫材料和见证板,然后将此雷管安装组件置于冷冻箱中,至少存放 4h,冷冻箱内温度比制造商规定的最低安全温度低(10 ± 2)℃。从冷冻箱中取出后的 45~60s 内对雷管进行发火。

按 b 条要求测量每块见证板上形成的凹坑的深度,记录最大深度值 d_i,计算 d_i/d 的比值。

(4) 试验结果

a. 每块见证板上的凹坑深度。

b. d_h/d 和 d_i/d 的比值。

3. 试验方法的讨论

我国对工业雷管起爆能力试验采用 GB/T 13226—1991《工业雷管铅板试验方法》标准，及 GB 8031—2015《工业电雷管》标准部分条款，欧盟成员国对工业雷管采用 EN 13763—15—2004《等效起爆能力测定》标准，不同温度条件下工业雷管铅板凹痕试验是其中的一种方法。间接评价起爆能力的试验方法差异见表 3-2-2。

表 3-2-2　两种试验方法的比较

比较参数 \ 试验标准	GB/T 13226—1991《工业雷管铅析穿孔试验方法》 GB/T 8031—2015《工业电雷管》	EN 13763—15—2004 《工业雷管铝板凹痕试验》
雷管号别	6 号、8 号	除地表连接器和导爆索继爆管外的雷管
雷管放置方式	直立、倒置	直立
爆炸作用介质	铅板	铝板
作用介质要求	应符合 GB459(P_{b-1}、P_{b-2}) 的规定等	牌号为 AW-6082 的铝材
爆炸介质厚度(mm)	4±0.1(用于 6 号雷管)；5±0.1(用于 8 号雷管)	10±0.3
试验数量(发)	一定数量(由抽检确定)	50(其中室温 10,高温 20,低温 20)
试验温度	无特别规定,一般为室内、外温度	室温、高低温(比产品规定极限安全使用温度高或低(10±2)℃
高低温保持时间	无特别规定	至少存放 4h
计算参数	穿孔直径	凹坑最大深度
试验数据处理	计算平均值和标准偏差	室温平均值 h;高温平均值 d_h;低温平均值 d_i;d_h/d 的比值和 d_i/d 的比值

由表 3-2-2 看出:高低温性能测试比较严谨,模拟高低温环境,能客观体现工业雷管在爆破现场极端温度下的起爆可靠性。使用铝制见证板可以避免接触操作铅板以及重新熔铸等加工铅板环节引起积累性铅中毒。材料牌号为 AW-6082 的铝材相当于我国的 GB/T 3190—2008。

我国的爆破器材生产厂对工业雷管(瞬发电雷管和导爆管雷管;毫秒、秒延期电雷管和导爆管雷管)作验收检验项目时,一般经过振动试验合格后,允许将 20 发串联起爆、延期时间试验与铅板穿孔试验同时进行。

典型的铅板穿孔和铝见证板凹坑见图 3-2-4。

4. 工业雷管起爆能力试验——钝感炸药法简介

(1) 方法原理

用雷管直接起爆钝感炸药,以被起爆炸药的钝感程度表示雷管的起爆能力。

钝感炸药的制备是在纯黑索今中逐步增加一定含量比例的惰性物质滑石粉,至雷管不能

图 3-2-4 铅板和铝见证板试验的典型结果

完全起爆时为止，以炸药发生完全爆轰时，炸药中含有的滑石粉最大百分数表示雷管的起爆能力。

衡量钝感炸药爆轰状态的方法是在药包末端插入一定长度的工业导爆索(industrial detonating cord)，导爆索平行放置在铝制见证板表面，以导爆索爆炸时留在铝制见证板上的爆痕判断。

此方法为非标准测量方法，但可以定性地测量出不同号别雷管的起爆能力。

(2) 试验条件

a. 用粉状纯黑索今与滑石粉混制成一系列钝感炸药，滑石粉含量从 20% 起以 5% 递增，并装成密度为 1g/cm³ 的柱状药包。

b. 用 6 号、8 号两种号别的雷管分别起爆钝感炸药，从低滑石粉含量起递增直到不能起爆时为止。

(3) 仪器、设备与材料

① 仪器及工具

装药铜勺、漏斗；压药模具：黄铜或硬木材质；游标卡尺：分度值 0.02mm；快刀；钢尺：分度值 1mm；60 目和 100 目筛；天平：感量 1mg；放炮线、导通表、起爆器。

② 材料

6 号、8 号电雷管或导爆管雷管，性能应符合 GB 8031—2015 或 GB 19417—2003 的要求；粉状纯黑索今；工业滑石粉；工业导爆索；牛皮纸；1mm 厚黄板纸；胶水；铝制见证板(厚 3mm、宽 30mm、长约 100mm)；胶带。

(4) 试验步骤

① 混药

粉状纯黑索今过 60 目筛，滑石粉用红外干燥后过 100 目筛。

混药比例：黑索今/滑石粉的配比为 80/20、75/25、70/30、65/35、60/40。

用天平称量黑索今与滑石粉，混合均匀，每一种配比各混制 200g。

② 装药

用模具卷牛皮纸成直径 25mm、高 80mm 的纸筒，一端端口内折封闭，然后将纸筒烘干。

称量 50g 混匀的钝感炸药，装入已干燥的纸筒内，药面上放一个与纸筒直径相同的黄纸板盖片(中间有一个与雷管外径相同的孔)，用模具压药，压药密度控制为 1.0g/cm³。

药卷上端预留的雷管插入孔,深度为 15mm,将被测雷管插入,封好药卷口部固定雷管。

用快刀将导爆索切成 100mm 长,用胶带固定在铝制见证板中心,一端伸出板外约 2mm。

在药卷底部中心,用快刀划成十字口,将纸口打开(炸药不应撒出),然后将铝制见证板上的工业导爆索轻轻插入钝感炸药中并固定。

③ 试验与记录

爆炸试验应在爆炸容器中进行,放炮顺序由低钝感度向高钝感度递进,每次平行进行三次试验。

爆炸后检查铝板上的爆痕,确定钝感炸药爆炸与否。

详细记录试验条件和现象,并将测试结果填入表 3-2-3。

表 3-2-3　雷管起爆钝感炸药试验结果

序号	雷管号别	滑石粉含量(%)	爆炸结果
1			
2			
3			
4			
5			
6			

注:1. 用"y"或"n"表示完全爆炸或未完全爆炸(含不爆炸)。2. 不爆炸情况要详细记录发生现象。

(5) 注意事项

a. 混药应均匀,以免影响试验结果。

b. 用模具压药时应轻轻挤压,使药卷内的密度均匀一致。

c. 用刀片划开药卷底部中心,打开十字纸卷口时,轻轻松动口部药粉,注意药粉不能撒出。

d. 导爆索插入药卷底部前,用手将导爆索头部药芯轻轻挤压,使导爆索与钝感炸药充分接触,不能挤压插入导爆索,以免造成药卷底部密度增大。

e. 爆炸试验时,只留一人连接放炮线,其余人员必须撤离至安全地点,设置警戒后才能检查网路,充电起爆。

f. 爆炸后将未爆或未完全爆炸药卷和导爆索收集后,集中爆炸销毁。

3.2.2　工业雷管作功能力测定——水下爆炸法

水下爆炸法属于雷管作功能力测定的间接法,该方法的特点是:理论依据充分、计算方法比较严谨、测试技术成熟、可分别测出雷管爆炸输出的冲击波能(energy of shock wave)和气体产物作功的气泡能(bubble energy)、测定结果可重复、精度高、试验方法成本低且环保,是值得推荐的方法。但该方法不能测出雷管破片对作功(或起爆)的贡献。

工业雷管的作功能力与起爆能力成正比关系,而起爆能力是雷管的主要功能。

1. 方法原理及适用范围

雷管在水下爆炸时，爆炸冲击波峰值压力、冲击波峰值压力衰减时间常数及气泡脉动周期与雷管爆炸能力存在一定关系。通过测量雷管一定距离处的冲击波峰值压力与第一次气泡脉动周期，计算出冲击波能和气泡能，用于表征作功能力。

测定方法适用于工业雷管。

2. 仪器、设备及材料

(1) 爆炸水池

直径应不小于 1600mm、高度应不小于 1400mm、壁厚宜不小于 16mm 的钢制圆柱形水池，为消除爆炸冲击波从水池内发生的反射，池内壁和池底粘贴厚度不小于 (40±2)mm 的闭孔塑料泡沫。水池与地面间可铺设相同塑料泡沫减振，见图 3-2-5。

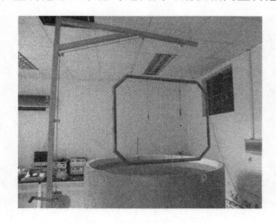

图 3-2-5　爆炸水池与定位框

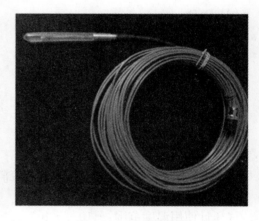

图 3-2-6　压力传感器

(2) 压力传感器

用于测量水中冲击波和气泡脉动波，见图 3-2-6，技术性能应满足：

最大测量压力：3.4×10^7 Pa；

分辨率：≤70 Pa；

水中冲击波上升时间：≤1.5×10^{-6} s；

频率范围：2.5Hz～1MHz；

非线性误差：≤2 %。

(3) 恒流源

提供压力传感器工作电流，见图 3-2-7，技术性能应满足：

恒定电流：20mA；

峰值噪声：≤0.3mV；

电压增益：1 或 10；

频率响应：0.05Hz～100kHz。

图 3-2-7　恒流源

图 3-2-8　DSO

（4）DSO

用于记录水中冲击波和气泡脉动波 $P\text{-}t$ 曲线，见图 3-2-8，技术性能应满足：

最小采样频率：$\geqslant 10$ MHz；

电压测量范围：$2\text{mV/div}\sim 5\text{V/div}$；

垂直分辨率：$\geqslant 8$ 位；

时间测量范围：$1\text{ns/div}\sim 1\text{s/div}$；

存储时间长度：$\geqslant 60\text{ms}$。

（5）气压计

用于测量大气压力与水温，技术性能应满足：

气压测量范围：$(8.0\sim 10.6)\times 10^4$ Pa；

气压计使用温度范围：$-10\sim +40\,^\circ\!\text{C}$；

修正后的气压测量误差：$<2\times 10^2$ Pa；

气压计最小分度值：1×10^2 Pa；

（6）其他

温度计：测量范围 $0\sim 50\,^\circ\!\text{C}$；最小分度值 $1\,^\circ\!\text{C}$；钢直尺：长度 500mm，精度 1mm；放炮线、导通表、起爆器。

（7）试验装置

① 试验系统组成

压力传感器的电缆接入恒流源输入端，输出端接入 DSO，再经 USB 电缆接计算机，见图 3-2-9。

② 定位框

用于固定压力传感器和雷管空间位置的金属定位框，定位框的内外边为 $\leqslant 60^\circ$ 的锐角，在手摇绞车或行车等装置操纵下应能升降和平移，结构见图 3-2-10。

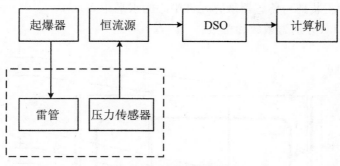

图 3-2-9　试验系统框图

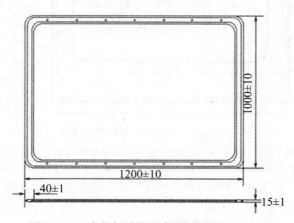

图 3-2-10　定位框结构示意图(图中尺寸:mm)

3. 试验方法

(1) 试验条件

a. 试验环境温度为 5~40℃,相对湿度 20%~90%,周围不应有正在运行且功率大于 200W 的电动设备,避免引起电磁感应危险或干扰测试系统。

b. 雷管主装药中心与传感器敏感元件的水平距离为(400±2)mm,且置于水下 $\frac{1}{2}H$,雷管距水池内壁距离≥400mm,距池底距离为 $\frac{1}{2}H$,见图 3-2-11。

c. 水温变化范围不超过±2℃,大气压力变化范围不超过±5000Pa。

d. 试验过程中,应保持水池中水量一致,并且不应改变压力传感器类型。

(2) 试验步骤

① 系统标定

水下爆炸冲击波峰值压力计算:

$$P_{m计算} = 52.27 \times 10^6 \left(\frac{W_T^{1/3}}{R}\right)^{1.13} \tag{3-2-3}$$

式中:$P_{m计算}$——计算的梯恩梯装药冲击波峰值压力,Pa;

　　W_T——标定雷管的梯恩梯当量,kg;

R—标定雷管主装药与传感器敏感元件中心的水平距离,m;

52.27 和 1.13—分别为系数和指数。

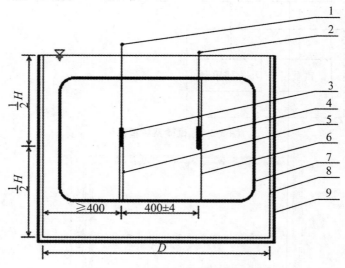

图 3-2-11　水池与水下布置示意图

1. 接起爆器;2. 接恒流源输入端;3. 雷管,雷管脚线与定位框的上边框固定;4. 压力传感器,传感器上下两端与直径 (2.5±0.1)mm 的钢丝用塑料胶带缠绕固定;5. 固定线绳,绳打结拴在雷管卡扣处,两端头与定位框的下边框固定; 6. 钢丝,两端与定位框的上下边框固定并用 M4 拉紧器拉紧;7. 定位框;8. 塑料泡沫消波材料;9. 爆炸水池;D. 水池 内径;H. 水深

等效梯恩梯当量换算:

当雷管装药为其他炸药时,将雷管各遍装药质量及密度的爆热按公式(3-2-4)折算为等效 梯恩梯当量:

$$W_T = W_1 \frac{Q_1}{Q_T} + W_2 \frac{Q_2}{Q_T} + W_3 \frac{Q_3}{Q_T} \tag{3-2-4}$$

式中:W_1—标定雷管一遍装药质量,kg;

Q_1—标定雷管一遍装药的爆热,kJ/kg;

W_2—标定雷管二遍装药质量,kg;

Q_2—标定雷管二遍装药的爆热,kJ/kg;

W_3—标定雷管起爆药装药质量,kg;

Q_3—标定雷管起爆药的爆热,kJ/kg;

W_T—标定雷管折算的梯恩梯当量之和,kg;

Q_T—梯恩梯炸药爆热,取 4473kJ/kg。

仪器参数设置:

根据公式(3-2-3)预估的冲击波峰值压力设定恒流源电压增益、DSO 的量程和触发条件, 采样频率≥10MHz、存储时间长度≥60ms,系统标定与样品测试设置参数相同。

系统标定试验:

取 3 发与样品雷管具有相同作功能力的标定雷管,要求其结构组成、管壳材料、质量(称量误差≤1‰g)和装药(包括起爆药和主装药)种类均相同。

按"(1)试验条件"b 条的要求放置 1 发标定雷管。

引爆雷管,记录水下爆炸的 $P\text{-}t$ 曲线。

按上述步骤再分别测试其余 2 发。

系统灵敏度计算:

按公式(3-2-5)计算某次标定的电压灵敏度:

$$S_{vi} = \frac{V_{mi}}{k_v \cdot P_{m计算}} \qquad (3\text{-}2\text{-}5)$$

式中:S_{vi}—第 i 次标定的电压灵敏度,mV/Pa;

　　V_{mi}—第 i 次标定的电压峰值,mV;

　　k_v—恒流源电压增益;

　　$P_{m计算}$—公式(3-2-3)计算冲击波峰值压力,Pa。

将 3 发标定雷管的 S_{vi} 按公式(3-2-6)计算系统平均电压灵敏度:

$$S_v = \Big(\sum_{i=1}^{n_1} S_{vi} \Big) / n_1 \qquad (3\text{-}2\text{-}6)$$

式中:S_v—系统平均电压灵敏度,mV/Pa;

　　n_1—标定测试次数,取 3 次。

每试验 20 发样品,或更换同类压力传感器、恒流源、DSO 时应重新标定试验系统灵敏度。

② 样品测试

取 5 发某类型样品雷管,要求其结构组成、管壳材料、质量和装药(包括起爆药和主装药)种类均相同。

按"(1)试验条件"b 条的要求放置 1 发样品雷管。

引爆雷管,记录水下爆炸的 $P\text{-}t$ 曲线。

按上述步骤再分别测试其余 4 发。

典型的 $P\text{-}t$ 曲线见图 3-2-12。

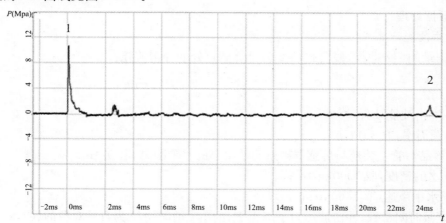

图 3-2-12　8 号雷管水下爆炸 $P\text{-}t$ 曲线

1. 冲击波;2. 气泡波;两波峰值的时间差为气泡脉动周期,曲线在 1～26ms 被压缩

4. 数据采集与处理

(1) 数据采集

① 冲击波峰值压力

读取 $P\text{-}t$ 曲线的峰值电压,按公式(3-2-7)计算冲击波峰值压力:

$$P_m = \frac{V_m}{k_v \cdot S_v} \tag{3-2-7}$$

式中:P_m——样品雷管水下爆炸冲击波峰值压力,Pa;

V_m——样品雷管水下爆炸输出峰值电压,mV。

② 气泡脉动周期修正

读取 $P\text{-}t$ 曲线的第一次气泡脉动周期 t_b(第一次气泡脉动压力峰值对应时间与冲击波到达时间的差)。将 t_b 与水面大气压和雷管在 $\frac{1}{2}H$ 深度的静水压按公式(3-2-8)修正成同一标准压力下的气泡脉动周期 T_b:

$$T_b = t_b \left(\frac{P_i + P_h}{P_0 + P_h} \right)^{\frac{5}{6}} = t_b \left(\frac{P_H}{P_{H0}} \right)^{\frac{5}{6}} \tag{3-2-8}$$

式中:T_b——修正后的气泡脉动周期,s;

t_b——由 $P\text{-}t$ 曲线得到的气泡脉动周期,s;

P_i——试验时水面大气压,Pa;

P_0——水面标准大气压,取 101325Pa;

P_h——雷管在 $\frac{1}{2}H$ 深度的静水压($P_h = \rho_w g h$,ρ_w 为水的密度,取 1000kg/m³;g 为重力加速度,取 9.8m/s²;h 为雷管位置处的水深,m),Pa;

P_H——雷管在 $\frac{1}{2}H$ 深度的总静水压,Pa;

P_{H0}——雷管在 $\frac{1}{2}H$ 深度的标准压力,Pa。

(2) 数据处理

① 冲击波能计算

根据记录的 $P\text{-}t$ 曲线,按公式(3-2-9)计算测点处的冲击波能:

$$E_s = 10^{-3} \times \frac{4\pi R^2}{\rho_w \cdot C_w} \int_0^{6.7\theta} P(t)^2 \, dt \tag{3-2-9}$$

式中:E_s——冲击波能,kJ;

π——圆周率,取 3.14159;

R——样品雷管主装药与传感器敏感元件中心的水平距离,取 0.4m;

ρ_w——水的密度,取 1000kg/m³;

C_w——水中声速,取 1460m/s;

θ——衰减时间常数,冲击波压力下降至 P_m 的 1/e 的时间(e 为自然对数的底),s;

$P(t)$—— 水中冲击波压力随时间 t 变化规律,Pa。

当 t 小于 θ 时指数衰减的压力与时间关系为:

$$P(t) = P_\text{m} \cdot \text{e}^{-t/\theta} \tag{3-2-10}$$

将 5 发样品雷管的 E_s 按公式(3-2-11)计算平均值 $\overline{E}_s$：

$$\overline{E}_s = \Big(\sum_{i=1}^{n_2} E_{si} \Big) / n_2 \tag{3-2-11}$$

式中：$\overline{E}_s$——冲击波能平均值，kJ；

　　E_{si}——某发样品雷管的冲击波能，kJ；

　　n_2——样品雷管测试次数，取 5 次。

② 气泡能计算

按公式(3-2-12)计算气泡能：

$$E_\text{b} = 0.684 \times 10^{-3} \times \frac{T_\text{b}^3 \cdot P_\text{H}^{5/2}}{\rho_\text{w}^{3/2}} \tag{3-2-12}$$

式中：E_b——气泡能，kJ。

将 5 发样品雷管的 E_b 按公式(3-2-13)计算平均值 $\overline{E}_\text{b}$：

$$\overline{E}_\text{b} = \Big(\sum_{i=1}^{n_2} E_{\text{b}i} \Big) / n_2 \tag{3-2-13}$$

式中：$\overline{E}_\text{b}$——气泡能平均值，kJ；

　　$E_{\text{b}i}$——第 i 发样品雷管的气泡能，kJ。

③ 数值修约

计算出的冲击波能和气泡能数值修约到 3 位小数。

④ 结果报出

样品雷管冲击波能和气泡能平均值。

5. 工业雷管作功能力测定计算示例

(1) 系统标定

① 等效梯恩梯当量换算

按公式(3-2-4)将标定雷管各遍装药质量及密度的爆热，折算为等效梯恩梯当量：

$$W_\text{T} = W_1 \frac{Q_1}{Q_\text{T}} + W_2 \frac{Q_2}{Q_\text{T}} + W_3 \frac{Q_3}{Q_\text{T}}$$

式中：W_T——标定雷管折算的梯恩梯当量之和，kg；

　　W_1——标定雷管一遍装药纯黑索今质量，为 0.00035kg；

　　Q_1——标定雷管一遍装药的爆热，当密度为 1.55×10^3 kg/m³ 时，为 5722kJ/kg；

　　W_2——标定雷管二遍装药纯黑索今质量，为 0.00035kg；

　　Q_2——标定雷管二遍装药的爆热，当密度为 1.35×10^3 kg/m³ 时，为 5571kJ/kg；

　　W_3——标定雷管二硝基重氮酚起爆药装药质量，为 0.00030kg；

　　Q_3——标定雷管起爆药的爆热，当密度为 0.64×10^3 kg/m³ 时，为 3993kJ/kg；

　　Q_T——梯恩梯炸药爆热，当密度为 1.53×10^3 kg/m³ 时，为 4473kJ/kg。

计算得：$W_\text{T} = 0.00115$kg。

② 水下爆炸冲击波峰值压力计算

按公式(3-2-3)计算水下爆炸冲击波峰值压力：

$$P_{m计算} = 52.27 \times 10^6 \left(\frac{W_T^{1/3}}{R} \right)^{1.13}$$

式中：$P_{m计算}$——计算的梯恩梯装药冲击波峰值压力，Pa；

　　　W_T——标定雷管的梯恩梯当量，为 0.00115kg；

　　　R——标定雷管主装药与传感器敏感元件中心的水平距离，取 0.4m。

计算得：$P_{m计算} = 11.502 \times 10^6$ Pa。

③ 系统灵敏度计算

3 发标定雷管水下爆炸标定数据按公式(3-2-5)和(3-2-6)计算，结果见表 3-2-4。

$$S_{vi} = \frac{V_{mi}}{K_v \cdot P_{m计算}}$$

式中：S_{vi}——第 i 次标定的电压灵敏度，mV/Pa；

　　　V_{mi}——第 i 次标定的电压峰值(见表 3-2-4)，mV；

　　　K_v——恒流源电压增益，为 1；

　　　$P_{m计算}$——计算的冲击波峰值压力，为 11.502×10⁶Pa。

$$S_v = \left(\sum_{i=1}^{n_1} S_{vi} \right) / n_1$$

式中：S_v——试验系统平均电压灵敏度，为 44.572×10⁻⁶mV/Pa；

　　　n_1——标定试验次数，取 3 次。

表 3-2-4　系统标定试验及计算结果

参数	标定次数		
	1	2	3
V_{mi} (mV)	513	511	514
K_v	1	1	1
$P_{m计算}$ (Pa)	11.502×10⁶	11.502×10⁶	11.502×10⁶
S_{vi} (mV/Pa)	44.601×10⁻⁶	44.427×10⁻⁶	44.688×10⁻⁶
S_v (mV/Pa)	44.572×10⁻⁶		

(2) 样品试验与数据处理

① 冲击波能

5 发样品雷管水下爆炸试验的冲击波峰值压力、冲击波能按公式(3-2-7)、(3-2-9)、(3-2-10)、(3-2-11)计算，测试数据及数据处理结果见表 3-2-5。

$$P_m = \frac{V_m}{K_v \cdot S_v}$$

式中：P_m——样品雷管水下爆炸冲击波峰值压力，Pa；

　　　V_m——样品雷管水下爆炸输出峰值电压(见表 3-2-5)，mV；

　　　S_v——试验系统电压灵敏度，为 44.572×10⁻⁶ mV/Pa。

$$E_s = 10^{-3} \times \frac{4\pi R^2}{\rho_w \cdot C_w} \int_0^{6.7\theta} P(t)^2 \, dt$$

式中：E_s——冲击波能，kJ；

  π——圆周率，取 3.14159；

  R——样品雷管主装药与传感器敏感元件中心的水平距离，取 0.4m；

  ρ_w——水的密度，取 1000kg/m³；

  C_w——水中声速，取 1460m/s；

  θ——衰减时间常数，冲击波压力下降至 P_m 的 $1/e(=0.37)$ 的时间，s；e 为自然对数的底；

  $P(t)$——水中冲击波压力（随时间 t 变化规律），Pa。

当 t 小于 θ 时指数衰减的压力与时间关系为：

$$P(t) = P_m \cdot e^{-t/\theta}$$

代入上式得：

$$E_s = 10^{-3} \times \frac{4\pi R^2}{\rho_w \cdot C_w} \int_0^{6.7\theta} P(t)^2 \, dt = 10^{-3} \times \frac{4\pi R^2}{\rho_w C_w} \int_0^{6.7\theta} (P_m \cdot e^{-\frac{t}{\theta}})^2 \, dt$$

$$= 10^{-3} \times \frac{4\pi R^2}{\rho_w C_w} \int_0^{6.7\theta} (P_m \cdot e^{-\frac{t}{\theta}})^2 \, dt = 10^{-3} \times \frac{4\pi R^2}{\rho_w C_w} \int_0^{6.7\theta} P_m^2 \cdot e^{-\frac{2t}{\theta}} \, dt \left(-\frac{2t}{\theta}\right)$$

$$= 1.377 \times 10^{-9} \times \left(-\frac{\theta}{2}\right) \int_0^{6.7\theta} P_m^2 \, de^{-\frac{2t}{\theta}} = 1.377 \times 10^{-9} \times \left(-\frac{\theta}{2}\right) P_m^2 (e^{-13.4} - 1)$$

$$= 1.377 \times 10^{-9} \times \frac{\theta}{2} P_m^2 = 0.688 \times 10^{-9} \theta \cdot P_m^2$$

$$\bar{E}_s = \left(\sum_{i=1}^{n_2} E_{si}\right) / n_2$$

式中：$\bar{E}_s$——冲击波能平均值，为 1.335kJ；

  n_2——样品雷管测试次数，取 5 次。

表 3-2-5　样品试验及数据处理结果

参数	测试次数				
	1	2	3	4	5
V_m(mV)	509	512	498	505	508
S_v(mV/Pa)	44.572×10^{-6}	44.572×10^{-6}	44.572×10^{-6}	44.572×10^{-6}	44.572×10^{-6}
P_m(Pa)	11.420×10^{6}	11.487×10^{6}	11.173×10^{6}	11.330×10^{6}	11.397×10^{6}
θ/(s)	15.05×10^{-6}	14.67×10^{-6}	15.34×10^{-6}	15.18×10^{-6}	14.94×10^{-6}
E_s(kJ)	1.350	1.332	1.318	1.341	1.335
$\bar{E}_s$(kJ)	1.335				
t_b(s)	25.657×10^{-3}	25.658×10^{-3}	25.707×10^{-3}	25.596×10^{-3}	25.660×10^{-3}
T_b(s)	25.572×10^{-3}	25.573×10^{-3}	25.622×10^{-3}	25.512×10^{-3}	25.575×10^{-3}
E_b(kJ)	1.363	1.363	1.371	1.354	1.364
$\bar{E}_b$(kJ)	1.363				

② 气泡能

5 发样品雷管水下爆炸试验和修正的气泡脉动周期、气泡能按公式（3-2-8）、（3-2-12）和（3-2-13）计算，试验数据及数据处理结果见表 3-2-5。

$$T_{\mathrm{b}} = t_{\mathrm{b}} \left(\frac{P_i + P_h}{P_0 + P_h} \right)^{\frac{5}{6}} = t_{\mathrm{b}} \left(\frac{P_{\mathrm{H}}}{P_{\mathrm{H0}}} \right)^{\frac{5}{6}}$$

式中：T_{b}——修正后的气泡脉动周期，s；

t_{b}——由 P-t 曲线得到的气泡脉动周期，s；

P_i——试验时水面大气压，为 100900Pa；

P_0——水面标准大气压，为 101325Pa；

P_h——雷管在 0.65m 深度的静水压，为 6370Pa；

P_{H}——雷管在 0.65m 深度的总静水压，为 107270Pa；

P_{H0}——雷管在 0.65m 深度的标准压力，为 107695Pa。

$$E_b = 0.684 \times 10^{-3} \times \frac{T_b^3 \cdot P_H^{5/2}}{\rho_w^{3/2}} = 8.152 \times 10^4 \times T_b^3$$

式中：E_b——气泡能，kJ；

ρ_w——水的密度，取 1000kg/m³。

$$\overline{E}_{\mathrm{b}} = \left(\sum_{i=1}^{n_2} E_{\mathrm{b}i} \right) / n_2$$

式中：$\overline{E}_{\mathrm{b}}$——气泡能平均值，为 1.363kJ。

③ 结果报出

样品雷管的平均冲击波能为 1.335kJ；平均气泡能为 1.363kJ。

6. 等效起爆能力测定

欧盟国家 EN 13763—15—2004《Determination of equivalent initiating capability》（《等效起爆能力测定》）中，水下爆炸试验是其中的一种方法，通过测量冲击波压力、冲击波峰值与气泡发生第一次脉动的周期，可以计算出等价冲击波能和等价气泡能。

将被测雷管与制造商认为具有相同起爆能力的参比雷管的能量参数进行对比，评价被测雷管的等效起爆能力。

该方法不适用于地表连接雷管和导爆索继爆管。

（1）被测雷管

雷管样品 20 发，其结构组成、管壳、装药品种与药量（起爆药和主装药）均相同。

（2）试验装置

a. 爆炸水箱：体积至少为 500L，为防止爆炸冲击波反射，可以在水箱侧壁采用塑料泡沫内衬（见图 3-2-13）。

b. 定位装置：用于压力传感器和雷管定位。传感器中心与雷管间的距离应为（400±5）mm。雷管底部和传感器应位于水下（400±5）mm 位置。雷管与爆炸水箱任一侧壁的距离应大于或等于 200mm。

c. 传感器和放大器：传感器的压力上升时间应小于 2μs；放大器应具有合适的增益水平，

并方便与压力传感器和 DSO 连接。

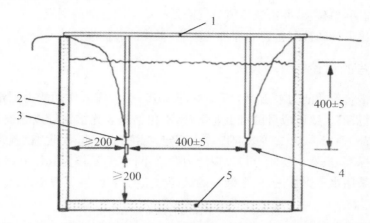

图 3-2-13 爆炸水箱(带有压力传感器和雷管定位系统)(图中尺寸:mm)
1. 定位装置;2. 水箱;3. 雷管;4. 压力传感器;5. 塑料泡沫吸能材料

d. DSO 和计算机:DSO 的最小采样频率为 10MHz;计算机装有计算软件。

e. 发火装置:用于对水下雷管进行起爆。

f. 温度计和气压计:用于测量水温和大气压力。

g. 参比雷管:制造商认为与被测雷管具有同等起爆能力。

(3) 试验步骤

试验过程中,水温变化范围应在±2℃之内,大气压力变化范围应在±5kPa 之内,水量不应发生变化,也不应改变压力传感器类型。

① 参比雷管试验

参比雷管 10 发,在被测雷管试验前先对 5 发进行发火,被测雷管试验后再对剩余 5 发进行发火。

垂直固定雷管,距离要求见图 3-2-13,采用规定的发火电流使电雷管发火,或采用合适的起爆器对导爆管雷管进行发火。记录冲击波压力、第一次气泡脉动周期。

② 被测雷管试验

垂直固定一发被测雷管,距离、发火的要求同"①"条,记录冲击波压力、第一次气泡脉动周期,对剩余雷管进行试验。

(4) 结果计算

① 等价冲击波能

根据压力传感器采集到的电压信号,计算等价冲击波能 E_s(Pa² · s):

$$E_s = \int_0^\theta P^2(t)\mathrm{d}t \tag{3-2-14}$$

式中:P—测出的冲击波压力,Pa;

θ—传感器输出衰减到 P_{max}/e 时所对应的时间,s;P_{max} 为最大压力,Pa;e 为自然对数的底。

分别计算参比雷管和被测雷管的等价冲击波能、平均值和标准差。

② 等价气泡能

根据采集到的气泡脉动周期,计算等价气泡能 E_b:

$$E_b = (t_b)^3 \tag{3-2-15}$$

式中：t_b—— 气泡周期,单位:s,冲击波峰值与气泡发生第一次脉动的周期。

分别计算参比雷管和被测雷管的等价气泡能、平均值和标准差。

7. 试验方法的讨论

我国对工业雷管作功能力采用 WJ/T 9098—2015《工业雷管作功能力测定 水下爆炸法》标准,以下简称"行标"。欧盟成员国对工业雷管(不包括地表连接雷管或导爆索继爆管)起爆能力采用 EN 13763—15—2004《等效起爆能力测定》标准,水下起爆能力试验是其中的一种方法,以下简称"欧标"。虽然作功能力与起爆能力含义不同,但是作为起爆器材,两者关系又密切相关。由于都采用水下爆炸法,两个标准的试验方法有可比性(见表 3-2-6)。

表 3-2-6 两个标准的试验方法比较

试验标准 \ 比较参数	WJ/T 9098—2015 工业雷管作功能力测定 水下爆炸法	EN 13763—15—2004 等效起爆能力测定水下起爆能力测试
测试原理	相同	相同
使用范围	工业雷管	工业雷管(不包括地表连接器或导爆索继爆管)
爆炸水池	直径≥1600mm、高度≥1400mm	体积≥500L
消除反射冲击波措施	(40±2)mm 厚的闭孔塑料泡沫	塑料泡沫吸能材料
压力传感器	压力上升时间≤1.5μs 等共 5 项技术指标	压力上升时间<2μs
恒流源/放大器	共提出 4 项技术指标	具有合适的增益水平,方便与压力传感器和 DSO 连接
存储示波器	最小采样频率≥10MHz 等 5 项技术指标	最小采样频率为 10MHz
测试条件	基本相同	基本相同
标定测试/参比雷管发火	依据经典公式和等效梯恩梯当量换算等步骤得出 3 发测试的平均系统灵敏度	符合参比雷管技术规范且与被测雷管具有同等起爆能力的 10 发雷管,分 2 次测量,每次 5 发
样品测试/被测雷管发火	共 5 发	共 20 发
冲击波能/等价冲击波能	积分到 6.7θ,并考虑 R、ρ_w、C_w 因素	积分到 θ
气泡能/等价气泡能	对试验气泡周期进行大气压、静水压和水的密度修正	试验气泡周期的 3 次方
报出的结果	样品雷管的冲击波能和气泡能平均值	参比雷管和被测雷管的等价冲击波能、等价气泡能、平均值和标准差

分析表 3-2-6 可以看出："行标"规定细致，可操作性强，影响因素考虑全面，以精制标定雷管、装药量爆热换算等效梯恩梯当量及经典水下爆炸公式为准，得出试验系统灵敏度，虽然过程有些复杂，但是得出的是定量结果。

"欧标"只做出基本的规定，由于采用符合技术规范的参比雷管，即以参比雷管为准，相对比较被测雷管的爆炸参数，使得试验和计算变得简单。等价冲击波能和等价气泡能忽略了某些影响因素。

图 3-2-14 是爆炸水池刚性内壁，与内壁粘贴闭孔塑料泡沫消除反射冲击波的对比效果。

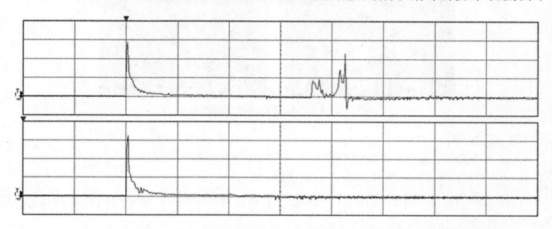

图 3-2-14　8 号雷管在水下 0.6m 爆炸冲击波(上图是刚性内壁，下图是内壁粘贴闭孔塑料泡沫)

泡沫体具有独立的气泡结构，有很好的缓冲吸能特性，在冲击过程中的缓冲特性密度小，回复率高。雷管的水中冲击波波阵面压力高，传播速度大于水中音速(1460m/s)，但作用时间仅几十微秒，泡沫首先以线弹性方式发生变形；然后其孔穴产生屈曲，当空穴还未完全弯曲变形时反射已经结束，削波效果明显。

8. 雷管作功能力试验——小铅墙法简介

(1) 方法原理

小铅墙试验(small lead block test)用于测定工业雷管的作功能力，方法要求将雷管放在规定的小铅墙孔中爆炸，以铅墙孔体积的增量表示其作功能力。

(2) 仪器、设备与材料

a. 小铅墙：见表 3-2-7 和图 3-2-15，要求铅的纯度为 99.99% 以上。

表 3-2-7　小铅墙规格尺寸

外径(cm)	11	中心孔深度(cm)	6.9
高度(cm)	11	中心孔体积(cm³)	2.654
中心孔半径(cm)	0.35	堵塞高度(cm)	≈0.9

b. 石英砂：经风干的石英砂，用规格为 ∅200×50/0.71 -方孔的上筛及 ∅200×50/0.40 -方孔的下筛进行筛选，取出留在下层筛上的石英砂，堆积密度为 $1.35\sim1.37g/m^3$。

c. 其他：50ml 滴定管一根,分度值为 0.1ml;玻璃温度计:测温范围为 −30～+50℃,分度值 1℃;−50～0℃,分度值 1℃;游标卡尺:分度值 0.02mm;毛刷;AB 胶;放炮线;导通表;起爆器。

图 3-2-15　小铅墙俯视和侧视照片

（3）试验步骤

a. 以水为介质,用滴定管测量小铅墙孔的体积,然后擦干备用。

b. 将温度计放入小铅墙孔内测量温度,精确到 ±1℃。

c. 将试样雷管放入小铅墙孔内,小心地用木棒送到孔底,剩余的空间用石英砂与 AB 胶混合物填满,刮平,起爆。

d. 爆炸后,用毛刷等清除孔内的残留物,按 a 条的方法测量小铅墙孔的体积。

（4）结果表述

雷管作功能力按公式(3-2-16)计算：

$$X = v_2 - v_1 \tag{3-2-16}$$

式中:X—雷管作功能力(以小铅墙孔体积增量表示),cm³;

　　　v_2—爆炸后小铅墙孔的体积,cm³;

　　　v_1—爆炸前小铅墙孔的体积,cm³;

按上述方法测量 8 号雷管的作功能力(体积增量)为 49.50cm³。爆炸后小铅墙锯开的照片见图 3-2-16。从图中看出:小铅墙试验与工业炸药铅墙试验的扩孔形状类似,说明两个试验具有一定相似性。

图 3-2-16　爆炸后锯开的小铅墙照片

(5) 注意事项

a. 小铅墙的材料和加工质量直接影响铅的塑性,除要求铅的纯度外,再熔化次数不得超过 3~4 次。熔化次数多时,铅的塑性降低,需要重新精炼后才能使用。通常铅墙应在(400±10)℃温度下一次铸成,若是温度过低,铅液流动性变差,而温度过高,铅液氧化严重,易产生缩孔。在第一次浇铸前将模具预热至 200~350℃,可以防止浇铸时因冷却过快而造成分层或开裂等缺陷。铅液倒入模具后盖上带有中心孔的上盖,浇铸完成后,在铅液凝固成型但还没有完全冷却前将铅墙取出,利用金属模具的余热继续下一次浇铸。将制作的一批铅墙编号,在室温下放置 48 后方能使用。

b. 应在室外或负压实验室熔化、浇铸小铅墙,并采取防护措施避免铅蒸汽积累性中毒。

c. 中心孔直径与雷管外壳直径相同,雷管放入后与孔壁无空隙,且各方向抵抗线相近。

d. 测定小铅墙温度时,将温度计放入铅孔内 10min 后,再读取温度值。

e. 用石英砂与 AB 胶混合物堵塞孔,可以延长爆炸产物作用时间,作功能力比仅用石英砂堵塞孔的数值大。

3.2.3 雷管爆炸冲击波压力测试——锰铜压阻法

雷管爆炸输出的冲击波压力是评价和比较接触起爆能力的重要参数,目前较为成熟的测量方法有锰铜压阻法和电磁速度法。关于电磁速度法测试技术见"2.2.2 炸药的爆轰压力测试"中有关内容。

20 世纪初锰铜压阻计就开始应用在静压测量上,直到 60 年代才发展成为测量动态压力的传感器。锰铜的电阻率并不高,但由于其电阻的变化与冲击波压力之间呈线性关系(压力灵敏度系数约为 2.7/GPa),所以很适合冲击波测量。另外锰铜材料制造的压阻计还具有工艺简单、性能稳定、温度系数小等特点。

1. 方法原理及适用范围

(1) 方法原理

锰铜材料在动态高压作用下的压阻效应,是利用从试验得到的 P-$(\Delta R/R_0)$ 关系确定压力值。雷管底部轴向输出压力的大小,不仅与雷管自身的性能及结构相关,而且与被作用材料的动态力学性质相关。试验是测量雷管爆炸后底部耦合到有机玻璃中的冲击波压力。由于雷管底部面积很小,爆炸时底部端面输出的冲击波阵面不是一个理想的平面,所以这种耦合冲击波的波形是曲面的,当利用薄片状锰铜压阻传感器测量时,压力模拟信号中不仅包含了压阻效应,而且包含了拉伸效应,测到的波形呈马鞍形,见图 3-2-17。

图中,Volts-Time 关系和压阻计的相对电阻变化相关。其变化关系为:

$$\frac{\Delta R}{R_0} = \left(\frac{\Delta R}{R_0}\right)_P + \left(\frac{\Delta R}{R_0}\right)_W \tag{3-2-17}$$

式中:R_0—锰铜压阻计敏感部分电阻,Ω;

ΔR—压阻计敏感部分电阻增量,Ω;

$(\Delta R/R_0)_P$—压力作用下产生的电阻变化;

$(\Delta R/R_0)_W$—横向拉伸(应变)效应产生的电阻变化。

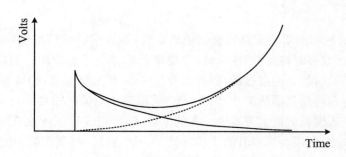

图 3-2-17　雷管爆炸底部的锰铜压阻计输出波形
—— 纯压力波形；……　纯拉伸应变波形；—— 纯压力波形与纯拉伸应变合成波形

在冲击波峰值附近，由于非平面位移产生的横向应变效应很小，$(\Delta R/R_0)_w$ 项可以忽略，所以冲击波峰值部分的相对电阻变化近似为：

$$\frac{\Delta R}{R_0} = \left(\frac{\Delta R}{R_0}\right)_P \tag{3-2-18}$$

当利用脉冲恒流源向压阻计供电时：

$$\frac{\Delta R}{R_0} = \frac{I\Delta R}{IR_0} = \frac{\Delta V}{V_0} \tag{3-2-19}$$

式中：I—恒定电流值，A；

　　　V_0—DSO 读出的电压值（见图 3-2-24），mV；

　　　ΔV—DSO 读出的电压值增量（见图 3-2-24），mV。

相对电阻增量转变为相对电压增量，即由 P-$(\Delta R/R_0)$ 关系变成 P-$(\Delta V/V_0)$ 关系。因此在试验中只需要从 DSO 准确地判读出 ΔV 和 V_0 就可以计算出冲击波压力 P。有机玻璃中的冲击波压力峰值随耦合界面轴向距离增加而减少，该距离一般可取 1 mm、2 mm、3 mm、4 mm 或 5mm。

（2）高速同步脉冲恒流源

高速同步脉冲恒流源（High-Speed Pulse Constant-Current Sync-Supply）是 H 型和双 π 型低阻值锰铜压阻计的供电装置，是锰铜压阻法测压系统中不可缺少的组成部分。仪器由触发脉冲形成电路、双稳态触发控制电路、恒流脉宽控制电路和恒流电路等组成。由于采用了特殊的高速开关电路，从触发到输出电流达到恒定的时间约 $0.4\mu s$，因此扩大了应用范围，以前许多很难同步的高压模拟信号，现在则很容易捕获了。

尽管恒流源中电容器的工作电平大小直接影响恒定电流值 I，但对 $\Delta V/V$ 的测量无影响。

（3）适用范围

锰铜压阻法测量雷管爆炸冲击波压力适用于 6 号、8 号平底工业雷管。SY/T 6273－2008《油气井用电雷管检测方法》也采用锰铜压阻法测定雷管轴向输出压力。

2. 仪器、设备与材料

（1）仪器设备

a. 高速同步脉冲恒流源；如 MH4E 型，该恒流源有 4 个 CH（通道 channel），4 根双 Q9 插头连接线，长度约 0.5m、带 Q9 插头的 0.1Ω 假负载及 50Ω 电阻，见图 3-2-18，主要参数如下：

图 3-2-18　MH4E 高速同步脉冲恒流源

最大恒流值:9A;

10μs 内恒流值的变化:<1%;

恒流源正常工作电平:400~450V;

恒流源内阻:47~51Ω;

有效负载(压阻计敏感部分电阻):0.02~0.2Ω;

恒流建立时间:0.2~1μs。

　　b. DSO:单次采样速率大于或等于 100MHz(其他参数见"3.2.2 工业雷管作功能力测定——水下爆炸法");

　　c. 小型不锈钢爆炸容器:见图 3-2-19。

图 3-2-19　小型爆炸容器及安装了雷管的基座
1. 雷管;2. 有机玻璃;3. H 型锰铜压阻计;4. 基座

(2) 材料及工具

　　a. 锰铜压阻计,其材料以铜为主,还含有 11%~13% 的锰、2%~3.5% 的镍、0.5% 的铁。低阻值锰铜压阻计分 H 型和双 π 型形状(其敏感部分阻值为 0.05~0.5Ω,测压量程为 0.1GPa~50GPa),H 型结构见图 3-2-20。

　　b. 工业电雷管:选用平底雷管,性能应符合 GB 8031—2015 要求。

　　c. 方形有机玻璃片:边长约 2cm×2cm,厚度约 1mm、2mm、3mm、4mm 或 5mm。

　　d. 有机玻璃承压块:直径 Ø25~30mm,厚度 20~30mm。

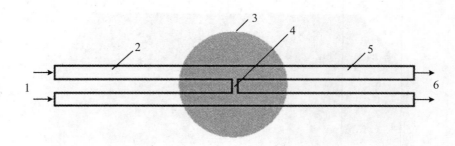

图 3-2-20　H 形锰铜压阻计

1. 恒流输入；2、5. 引线；3. 承压部分；4. 敏感部分；6. 接 DSO

e. 有机玻璃套：外径 Ø15～20mm，内径 Ø6.5～7mm，厚度 15～20mm。

f. 其他材料：502 胶水、单股导线、Ø0.1～0.2mm 高强度漆包铜线、焊锡、松香、无水酒精或丙酮、棉纱和生胶带。

g. 镊子、活动扳手、剪刀、电烙铁及其支架等。

3. 试验步骤

(1) 试件准备

① 压阻计安装

用沾有无水酒精或丙酮的棉纱擦拭有机玻璃试件和小型爆炸容器(特别是接线柱)。

把 H 型锰铜压阻计放在有机玻璃承压块上，使其敏感部分的中心与有机玻璃承压块中心重合，挤 1 滴 502 胶水，小心地放上方形的有机玻璃片，并轻轻向下施压，使胶水向四周扩散，2 分钟后可卸压。如果加压时有横向移动，会使敏感元件偏离中心位置。

在方形有机玻璃片上粘接有机玻璃套，应尽可能保证有机玻璃套的轴线对准压阻计敏感部分的中心，使得雷管装入有机玻璃套时，雷管底部中心正好与敏感中心在同一轴线上。因此，对准有机玻璃套的位置之后，按紧有机玻璃套，挤 1～2 滴 502 胶水，等待 1～2 分钟便可粘牢。

② 试件安装

试件安装见图 3-2-21，操作步骤如下：

a. 剪开传感器的四条引线，按图 3-2-20 布局把它们分别焊按到图 3-2-21 所示的两对接线柱上。焊接时注意先将温度适当的烙铁头沾上焊锡，再接触一下松香，然后迅速放在引线焊点处，尽量增加烙铁头与焊点的接触面，靠热传导将引线和接线柱上的焊锡熔化。

b. 焊两根长约 10cm 的单股导线在起爆接线柱上。

c. 用高强度漆包铜线制作一对常开式触发探针，将触发探针的两根线除漆后焊接在触发接线柱上，铰接成麻花状的另一端插入有机玻璃套内侧。

③ 安装雷管

安装雷管要特别注意安全，应按以下操作步骤进行：

a. 工作台上不能有电烙铁等加热器，或其他通电的电器。

b. 操作人员务必首先消除静电，确保试件、雷管和操作人员自身等电位。

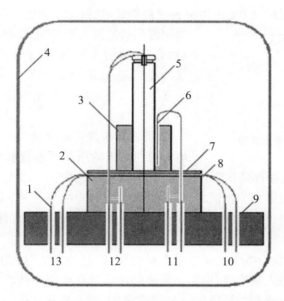

图 3-2-21　锰铜压阻法测雷管轴向爆炸压力示意图

1. 接线柱；2. 有机玻璃承压块；3. 有机玻璃套；4. 小型爆炸容器；5. 8 号雷管；6. 触发探针；7. 有机玻璃片；8. 压阻计；9. 基座；10. 接 DSO；11. 接恒流源触发端；12. 接恒流源 CH2；13. 接恒流源 CH1

c. 安装雷管必须由一个人操作。

d. 满足以上三条的条件下，将雷管插入有机玻璃套中，并把雷管脚线与起爆接线柱上的两根导线绞结在一起。

④ 检查

检查接线柱上每根连接线是否正确，小型爆炸容器基座上的 O 形圈是否完好，然后在 O 形圈上涂少许黄油，盖上爆炸容器的上罩。在罩顶部小孔的 M5 螺丝上缠绕生胶带并拧紧，以保证试验后爆炸产物不外泄。

（2）MH4E 高速同步脉冲恒流源操作方法

首先用 0.1Ω 假负载模拟压阻计和引出电缆，与高速脉冲恒流源和 DSO 连接，形成假负载调试系统；当假负载系统调试正常后，再调试压阻计及引出电缆测压系统。

① 恒流源检验

各个 CH 都有复位按钮和显示恒流输出准备的绿色发光二极管。按一次复位按钮，绿色的准备发光管亮，表明该 CH 进入恒流输出准备状态，可以输入触发信号；当触发端外接的触发探针接通（接通电阻小于 50Ω）或按下手动触发按钮时，准备发光管熄灭，表明恒流源已经向压阻计供电一次；当再次按下复位按钮时，准备发光管亮，表明测压系统工作正常。

② 同步或独立工作方式检验

MH4E 有 4 个同步或独立带锁按钮，当按下其中的 2、3 或 4 个时，出现 2、3 或 4 个同步指示蓝色发光二极管亮，相应地出现 2、3 或 4 个独立工作指示红色发光二极管灭，表示有 2、3 和 4 个 CH 处在同步工作状态，即不论接通哪一个触发端口，相应 CH 同步工作。

③ 输出检验

仪器配有一个调试用的 0.1Ω 假负载，一端带 Q9 头，另一端带 Q9 座。当 9A 大小的恒流通过假负载时,可以获得约 0.9V 的恒流通过假负载时的(无压力扰动的)输出信号。

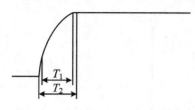

图 3-2-22　无压力时的输出波形

当用假负载连接 MH4E 的输出端(四个触发端中任意一个)和 DSO 的输入端后,按下手动触发按钮,观察 DSO 上记录的波形,正常情况下如图 3-2-22 所示。其中前沿上升时间 $T_1 \approx 0.1 \sim 0.2 \mu s$,输出电流达到恒定的时间 $T_2 \approx 0.2 \sim 0.4 \mu s$。

④ 恒流源与压阻计的连接

恒流源与低阻的压阻计连接必须可靠,应采用一段短 SYV-50-2-1 同轴电缆直接焊到压阻计引出线上,同轴电缆的另一端与 SYV-50-7-1 粗同轴电缆连接,电缆长度应尽可能短。恒流源向压阻计供电过程中,输出电流达到恒定时间 T_2 与电缆长度、压阻计结构以及连接方式等因素有关,电缆长度越长,恒流源输出电流达到恒定时间 T_2 也越长。

压阻计另一组引出线与电缆之间也应直接连接,以避免产生过大的引线分布电感。此电缆的另一端应与 DSO 输入端连接;为防止高速脉冲信号在电缆中传输时出现反射干扰,此电缆的始端或终端应匹配,或在始端串接一个 50Ω 电阻,或在终端并接一个 50Ω 电阻。

⑤ 触发探针的连接

触发探针与恒流源连接可以采用 SYV-50-3-1 同轴电缆。

恒流源触发端两极之间直流电压为 24～35V,因此,触发探针两极之间耐压值应大于 50V。

触发探针安装位置应保证压力扰动达到压阻计敏感部位之前,留出不小于 $1\mu s$ 的时间确保完成脉冲恒流源的触发、向压阻计供电、输出电流达到恒定等运行过程,若压阻计工作时间为 $0\mu s$,恒流源触发时间的提前量应不小于 $1\mu s$。

⑥ 系统接地

各 CH 之间只有一个公共接地线,一般都设在 DSO 上。各 CH 之间互相串扰往往来自试件与电缆安装不正确;多 CH 同时工作时,如有一路压阻计失效,就可能会引起整个系统工作异常。

(3) 雷管输出压力试验

① 系统连接与调试

用四根电缆将脉冲恒流源、小型爆炸容器和 DSO 连接,但起爆电缆在系统没调试好之前务必断开! 图 3-2-23 表示压阻法测量 8 号雷管输出压力的系统框图。

特别提示:一定要在小型爆炸容器雷管起爆端的 Q9 插座空接情况下,才允许打开 DSO 和脉冲恒流源的电源开关!

通电 5～10 分钟后,脉冲恒流源达到恒定电流。按脉冲恒流源"RAED"钮,绿色指示灯亮;再按手动触发按钮,绿色指示灯灭,表示恒流源有电流输出。

在 DSO 中设置触发电平、采样速率、采样长度、电压量程、预触发长度等参数,按下"Run"按键,DSO 处于等待触发和冲击波信号输入状态;当恒流源向 H 型压阻计输出电流时,DSO 可以采集到一个阶跃信号,表示测试系统正常。然后再按下"Run"按键,DSO 重新处于等待触发和冲击波信号输入状态,等待起爆。

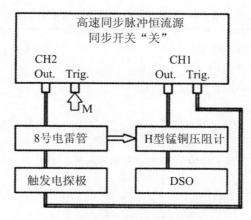

图 3-2-23 试验系统框图

② 起爆与记录

用电缆接通起爆回路,检查 DSO 是否处在等待状态。如果一切正常,就可按恒流源起爆按钮,小型爆炸容器中发出微弱的爆炸声,DSO 显示如图 3-2-24 的冲击波压力波形。

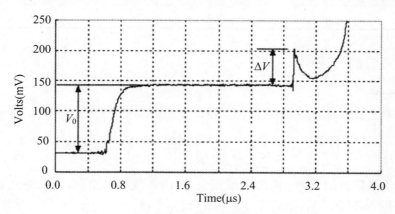

图 3-2-24 8 号雷管底部轴向的冲击波压力波形

4. 波形判读与计算

利用 DSO 的光标判读 ΔV、V_0 以及其他特征时间,并填入表 3-2-8。由公式(3-2-20)计算雷管底部输出的冲击波压力,由公式(3-2-19)得知,此时的 ΔR 即是 ΔV,R_0 即是 V_0。公式(3-2-21)是计算炸药的爆轰压力。

$$P = 40.4\left(\frac{\Delta R}{R_0}\right) + 0.075 \quad (5.07 \sim 19\text{GPa}) \tag{3-2-20}$$

$$P = -2.2 + 52.6\left(\frac{\Delta R}{R_0}\right) - 15.9\left(\frac{\Delta R}{R_0}\right)^2 \quad (19 \sim 35.6\text{GPa}) \tag{3-2-21}$$

表 3-2-8 雷管底部输出压力试验记录表

雷管型号:_____;试验人:_____;试验日期:_____;

恒流源:CH1_____CH2_____CH3_____CH4_____;触发通道_____;同步开关_____;

DSO:CH1_____mV/div;CH2_____mV/div;扫描速度_____μs/div;触发电平_____
__mV;

触发极性+/-_____;预触发与延迟时间_____;耦合方式_____。

序号	基线到恒流幅值 V_0 (mV)	恒流到峰值ΔV (mV)	触发到信号时间 (μs)	信号上升时间 (ns)	$\Delta V/V=$ $\Delta R/R$	冲击波压力 (GPa)
1						
2						
3						
4						
5						
6						

5. 试验方法的讨论

(1) 误差分析

由压力计算公式得知,锰铜压阻法测量爆炸压力的误差来自三部分:

$$\left|\frac{\Delta P}{P}\right|=\frac{\left|\Delta\sum a_0\,(\Delta R/R_0)^i\right|}{\left|\sum a_0\,(\Delta R/R_0)^i\right|}+\left|\frac{\Delta I_0}{I_0}\right|+\left|\frac{\Delta V}{V}\right| \tag{3-2-22}$$

第一部分为压阻计的压力—电阻灵敏度误差,由系统标定给出,一般为 0.5%;第二部分是恒流源灵敏度误差,为 1%;第三部分是 DSO 记录误差:

$$\left|\frac{\Delta V}{V}\right|=\left|\frac{\Delta K}{K}\right|+\left|\frac{\Delta div}{div}\right|$$
$$\left|\frac{\Delta K}{K}\right|=0.2 \tag{3-2-23}$$

式中:K 为 DSO 的灵敏度。

$\left|\dfrac{\Delta div}{div}\right|=0.4\%$,该项为电压判读误差。

所以总误差为:$|\Delta P/P|=0.5\%+1\%+0.6\%=2.1\%$

(2) 锰铜压阻计的响应

锰铜的温度系数为 $2\times10^{-5}/℃$,比一般半导体材料的温度系数 $5\times10^{-3}/℃$ 小两个数量级,在动高压测试中,由于反应时间仅为几个微秒,锰铜与周围介质之间来不及发生充分热交换,因此可以认为压阻计受温度的影响可以忽略不计。

锰铜压阻计的厚度一般在 0.015~0.02mm 之间,当冲击波到达后,经历几十个微秒的响应过程,由于压阻计很薄,其动力学参数已趋于均匀化,在这种情况下,可以认为压阻计的运动是等熵绝热运动,与所承受压力呈线性关系。

(3) 压阻计的选用

锰铜压阻计从结构上分为箔式和丝式两种,从阻值上分为低阻和高阻两类,雷管爆炸冲击波输出压力测试主要采用箔式、低阻值,这样的压阻计敏感部分很小,使压力测试更准确。

压阻计的接线端还有四电极和双电极之分,采用 MH4E 高速同步脉冲恒流源供电时使用如图 3-2-20 所示的四电极为宜,同时也便于在小型爆炸容器上焊接线。双电极是恒流输入和信号输出共用同一电极。

3.2.4 金属壳雷管底部破片速度测试

金属壳雷管(包括铜壳、覆铜壳、发蓝壳、铝壳)爆炸后的能量输出可分为三部分:冲击波、热爆炸气体及金属破片。这三部分是作为起爆器材的雷管能够起爆各类工业炸药的重要因素。

目前国内外测试破片速度常用的方法有:探针法、靶线测速法、脉冲 X 射线测速法、高速摄影法等。其中探针法和靶线测速法具有测试原理简单,试验精度也较高,所用的仪器设备较普及等特点,如多通道高精度时间间隔测量仪、DSO 等。而脉冲 X 射线测速法和高速摄影法具有测试精度高、图像观测直观等优点,但所用的仪器都比较昂贵,操作过程及数据处理复杂,一般条件下难以普及。本节主要介绍探针法和靶线测速法。

1. 探针法测量飞片速度

(1) 破片初速度的理论计算

金属壳雷管爆炸瞬间破片的初速度 V_0 是衡量雷管起爆能力的一个重要参数,影响 V_0 的因素很多,为了突出主要因素,在推导破片初速的理论表达式时作了如下假设:

a. 假定爆轰是瞬时的。

b. 雷管壳体等厚度且壳体在爆炸后形成的所有破片都具有相同的初速。根据能量守恒原理有:

$$E_z = E_c + E_s + E_e + E_m + E_i \tag{3-2-24}$$

式中:E_z——雷管爆炸释放出的总能量;

　　E_c——破片的动能;

　　E_s、E_e——分别为爆轰产物的动能和内能;

　　E_m——壳体的变形能;

　　E_i——壳体周围介质吸收的能量。

将各种能量代入公式(3-2-24)并作合理的数学处理,就可近似得到柱形装药雷管的初速表达式:

$$V_0 = \frac{D}{2} \sqrt{\frac{W}{2M + W}} \tag{3-2-25}$$

式中:D——炸药的爆速,km/s;

　　W、M——分别为雷管的装药量与壳体的质量,kg。

对于假设等厚度的覆铜壳管体,且长度基本一致,此时 V_0 主要受 D 及 W 的影响。而黑索今一类的单质炸药,其爆速与装药密度 ρ 之间有如下线性关系:$D=A+B\rho$,由于 A、B 均为常数。那么破片初速 V_0 正比于装药密度 ρ。由公式(3-2-25)还可以看出,装药量 W 对 V_0 的影响规律为:当 W 远小于 M 时,V_0 正比于 $W^{1/2}$;当 W 远大于 M 时,V_0 与 W 无关;而当 W 与 M 相差较小时,V_0 随 W 的增加而增加,但增加幅度由大到小,最后趋于定值。

（2）试验装置

① 探针架的制作与安装

第一靶线用两根直径为 0.2mm 的漆包铜线平行穿过侧面的小孔,两端绷紧固定,两平行漆包铜线间距控制在 2.5~2.8mm 之间。第二靶线用两块 20~22mm 的正方形、中间由绝缘材料隔开的铜箔制成,在两块铜箔上各焊接一根导线,然后将它们一起固定在探针架下部的有机玻璃板上,两靶线间的距离根据试验要求调节,见图 3-2-25。

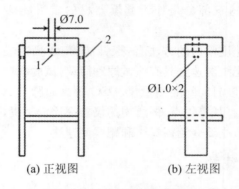

(a) 正视图　　　　　(b) 左视图

图 3-2-25　探针架结构示意图

1. 雷管孔;2. 第一靶探针孔

② 试验仪器的选择

雷管底部破片的初始速度一般为千米数量级,在所确定的试验距离范围内,要求时间记录仪的测时精度在 10^{-6} s 以上。目前一般的爆速测量仪器都能达到这一精度,如 BSW-1 型五段爆速仪、DDS-20 型时间间隔测量仪的测时精度可达 10^{-7} s,基本符合试验精度要求。测出破片通过第一和第二靶线间的时间 t。根据靶距 L 算出破片在两靶间飞行的平均速度 $V=L/t$,将该平均速度近似地作为两靶中间点的瞬时速度 V_0。

（3）试验方法与结果讨论

① 雷管装药量与破片速度的关系

覆铜壳雷管底部距第一靶探针为 1mm,两靶间距为 25mm。用公式(3-2-25)算各装药量所对应的破片初速 V_0。试验及计算结果见图 3-2-26(图中虚线为理论计算得出的破片初速曲线,下同)。

试验结果表明:随雷管装药量的增加,底部破片速度也相应增加,且增加的幅度由快到慢,最后趋于平缓。图 3-2-26 还表明,试验测出的 V-W 曲线与理论计算的 V_0-W 曲线具有同样的规律。说明了试验数据的可靠性。但在破片速度的数值上,试验值 V 要比理论计算值 V_0 略高,这是因为破片初速度计算式是在一系列假设的条件下推导出的,算出的是雷管爆炸瞬间破片的初速 V_0,而试验测出的是经过一段距离(13mm)加速后破片的速度,因而表现出两者在数值上的差异。

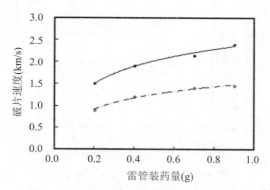

图 3-2-26 雷管装药量与破片速度关系

② 雷管号数与破片速度的关系

这一关系实质就是装药结构和装药量与破片速度的关系。对 4 号、6 号、8 号、10 号四种型号的覆铜壳雷管，分别测出了底部破片速度（靶距同前）。同时也对其爆炸瞬间的初速 V_0 进行了计算，结果见图 3-2-27。

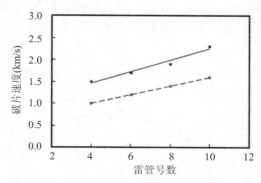

图 3-2-27 雷管号数与破片速度关系

图中表明了雷管号数与其底部破片速度之间具有简单的线性关系，且直线的斜率与理论计算 V_0 值所作的直线斜率基本一致。

③ 雷管装药密度与破片速度的关系

由公式（3-2-25）得知爆速直接影响破片的飞行速度。在保持雷管总装药量 W 不变，管壳质量 M 一致的情况下，对不同装药密度的覆铜壳雷管底部破片速度进行了试验，测出的 V-ρ 曲线与理论计算的 V_0-ρ 曲线见图 3-2-28。

结果表明：随装药密度 ρ 的增加，其底部破片速度呈线性增加。理论计算的 V_0-ρ 曲线也如此，且两直线基本平行，斜率基本一致。这是因为当装药量 W 及壳体质量 M 一定时，雷管爆炸后破片速度只取决于炸药的爆速，即 V 正比于 D，而炸药爆速为 $D=A+B\rho$，则不难看出 V 正比于 ρ。

④ 破片速度随雷管底部距离改变而变化的规律

覆铜壳雷管爆炸形成的破片在获得一定的初速后，既受到爆轰气体产物的继续作用，又受

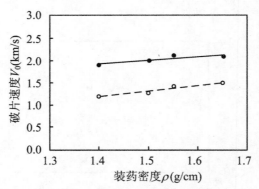

图 3-2-28　装药密度与破片速度关系

到空气阻力的作用,在这两者作用下,底部破片速度将表现出一定的增减规律。V 随飞行距离 L 的变化规律见图 3-2-29。由图可见,雷管爆炸后,开始时底部破片速度随飞行距离的增加而迅速增加,当其破片速度在某一距离点达到最大以后又随距离的增加而衰减。这是因为爆炸瞬间破片刚开始飞行时其初速较小,空气对破片的阻力也较小,而此时爆轰气体产物对破片的推动力却远大于空气阻力,破片处于急剧加速状态。随着破片飞行距离的增加,爆轰气体产物的推力将逐渐减小,空气阻力相应增大,当推力和空气阻力相等时,破片速度达到最大值。此后空气阻力基本保持不变(略有减小)。而推力将继续衰减,即阻力大于推力。破片处于减速状态。

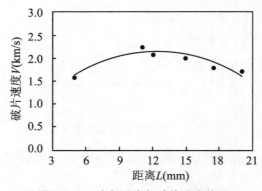

图 3-2-29　底部距离与破片速度关系

　　图 3-2-29 还表明:8 号覆铜壳雷管的底部破片速度在飞离雷管底部 10～13mm 时具有最大的飞行速度;故对破片起爆能力来说,该位置是引爆装药的最佳位置。

　　此外,采用断通探针和时间间隔测量仪组成的测试系统简单实用,不仅适用于覆铜壳雷管,而且还适用铜、铁、铝等金属壳雷管底部破片速度的测试。但不足的是,只能测出破片在两靶之间的平均速度,而不能测出破片在任何位置点的瞬时速度。

2. 靶线法测量破片速度

　　雷管底部破片是雷管起爆的形式之一,破片速度和能量是决定起爆条件的重要参数。该参数可用电磁法精确测出,但距雷管底部 5 mm 以外,电磁法所测到的破片速度不如靶线法理想。

（1）方法原理

试验系统见图 3-2-30 所示。

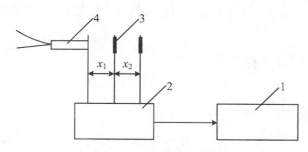

图 3-2-30 靶线法测量破片装置

1. DSO；2. 脉冲形成网络；3. 靶线探针；4. 雷管

与探针法有所不同的是靶线信号经脉冲形成网络输入到 DSO，当破片顺序撞击Ⅰ、Ⅱ、Ⅲ靶时，靶线瞬时接通，在脉冲形成网络上产生三个时序脉冲，由 DSO 显示出来。由于已知 x_1 和 x_2 的距离，所以破片的平均速度为：

$$v_1 = \frac{x_1}{t_1 - t_0}, \quad v_2 = \frac{x_2}{t_2 - t_1} \tag{3-2-26}$$

试验中考虑到长度测试误差及破片速度随距离的变化，x_2 一般取 2～3 mm 之间，x_1 可由试验的具体要求选择。在距离 x_1 和 x_2 内，破片的能量为：

$$E_1 = \frac{1}{2}\rho\pi r^2 \delta v_2^2 \tag{3-2-27}$$

式中：ρ ——雷管壳密度，g/mm³；

　　r ——雷管半径，mm；

　　δ ——壳底厚度，mm。

用 Ø0.1mm 的漆包铜线做成四线式靶线，两线间距 1～2mm。为可靠捕捉第Ⅲ靶信号，可采用盖帽式探针作为压通靶，也可用更简单的方法，即用两块 0.02mm 的铜箔固定在Ⅲ靶位置上，当受到破片冲击后铜箔接通。第Ⅰ靶紧贴管底，各靶之间可用空心标准块固定。

（2）试验步骤

a. 调试脉冲网络，将每个输入端短路，看是否有信号输出，待三路都正常，调试结束。

b. 设置 DSO，电压灵敏度 5V/div，采样频率 20MHz，上升沿触发。

c. 将起爆线短路，试样放入爆炸罐，装好探针，接通起爆线，给脉冲网络充电，15 秒钟后起爆。

d. 数据处理，求破片在各距离上的平均速度和能量，估计试验误差。

例如对某型号的 10 发雷管样品进行破片速度试验，测得在 10mm 距离内的平均速度为 2.064mm/μs，求出在 90% 置信度的标准偏差为 0.019mm/μs。

在实际试验中，也可采用其他方式，例如在测煤矿许用电雷管时，在距雷管底部一定距离处放一个类似探针作用的测试元件，其结构是把薄锡纸和光滑铝板固定在一起，中间用绝缘膜隔开。当雷管爆炸时，底部破片击穿绝缘膜使锡—铝靶线接通，输出Ⅱ靶信号。Ⅰ靶信号可由爆炸气体接通靶线给出,获取信号的位置在雷管底部。

应当指出探针法和靶线法测量雷管的爆炸破片只适用于金属壳雷管底部,因为雷管爆炸时底部壳体比周围壳体厚一些,爆炸后会形成一个圆飞片,而猛炸药高度内的周边壳体被炸成约 $1mm^2$ 的碎片(见"3.2.5　8号钢壳雷管的起爆特性"相关内容),碎片附近布置探针和靶线不易测到信号。

3. 靶线法测量破片动能

(1) 方法原理

由运动物质动能公式:

$$E = \frac{1}{2} m u_f^2 \tag{3-2-28}$$

式中: E 为破片动能, m 为破片质量, u_f 为破片速度。在破片质量已知的条件下,只要测出破片飞行速度,便可计算出破片动能,靶线法测量破片速度的原理同图 3-2-30。

靶线用两个平行的金属细丝做成,可以采用漆包铜线去掉表面漆。线直径在 $0.02\sim$ $0.05mm$ 之间,这样保证靶线既具有较好机械强度,又便于定位,而不会干扰破片的飞行。两线的间距为 $1\sim2mm$,可视破片的直径而定。第一靶紧贴破片安装,第二靶的安装位置应根据破片加速到最大速度时的位置估计结果而定,第三靶一般选用可靠性较高的撞击靶。第二靶和第三靶之间的距离为 $2mm$ 左右。

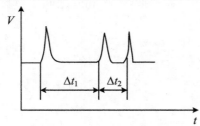

图 3-2-31　典型脉冲信号波形

若破片是非金属时,应先在非金属材料一个表面喷 $2\mu m$ 左右的导电金属膜。当破片飞行时,先接通第一靶,然后经过一段距离,大约加速到最大速度时,依次撞击第二、第三靶。破片每次撞击靶线,都给出一个接通信号,经过脉冲信号发生器给出三个脉冲,见图 3-2-31。

其中, Δt_1 为破片的加速时间,若第一、第二靶的距离为 x ,第二、第三靶的距离为 h ,则破片在加速段的平均速度为: $\bar{u} = x/\Delta t_1$,破片的最大平均速度为: $u_f = h/\Delta t_2$,破片的动能为: $E = \frac{1}{2} m u_f^2$ 。

(2) 试验步骤

a. 安装靶线,精确测量距离 x 和 h 。

b. 调试脉冲信号发生器,将每路"人工"短路,看是否有脉冲输出。

c. 设置 DSO 的电压灵敏度和采样频率。一般应选择采样频率大于或等于 $10MHz$ 。

d. 将起爆装置短路,安装雷管或其他破片发生装置。

e. 启动起爆装置,完成信号采集与记录。

f. 重复 a~e 步骤,完成一组样品的试验。

(3) 误差估算

根据破片动能的计算公式,测量误差为:

$$\left| \frac{\Delta E}{E} \right| = \left| \frac{\Delta m}{m} \right| + 2 \left| \frac{\Delta \bar{u}_f}{u_f} \right| \tag{3-2-29}$$

破片的质量由万分之一天平称量,精度为 0.1mg,破片质量一般在 50mg 左右,因此:

$$\left|\frac{\Delta m}{m}\right| = 0.2\% \tag{3-2-30}$$

$$\left|\frac{\Delta \bar{u}_f}{u_f}\right| = \left|\frac{\Delta h}{h}\right| + \left|\frac{\Delta(\Delta t)}{\Delta t}\right| \tag{3-2-31}$$

式中:h 由专用卡规测量,测量精度为 0.01mm,则 $|\Delta h/h| = 0.5\%$;等号右边第 2 项由 (3-2-32) 式决定:

$$\left|\frac{\Delta(\Delta t)}{\Delta t}\right| = \left|\frac{\Delta K}{K}\right| + \left|\frac{\Delta div}{div}\right| \tag{3-2-32}$$

式中:K 为 DSO 的时间灵敏度,div 为 DSO 的脉冲时间读数。一般 $|\Delta K/K| \leqslant 0.1\%$,$|\Delta div/div| \leqslant 0.2\%$,所以,$|\Delta E/E| = 0.2\% + 2 \times 0.8\% = 1.8\%$。

3.2.5　8 号钢壳雷管的起爆特性

雷管是工程爆破中必不可少的起爆器材,而起爆特性是衡量其性能的重要指标。雷管的起爆强度用号码表示,目前工业雷管是 8 号和 6 号。各类爆破工程主要使用 8 号雷管,因此通常以 8 号雷管定义为炸药的雷管感度。

当向雷管输入起爆能量后(电能、火花能等),对具有雷管感度的工业炸药,雷管爆轰直接引爆炸药。对于没有雷管感度的工业炸药,雷管先引爆起爆具或导爆索再引爆炸药,炸药爆炸对岩体或其他介质作用。由小能量激发引起一系列的爆轰传递,雷管起爆是最关键环节。

1. 经典起爆观点和研究成果

经典理论认为:雷管起爆主要因素是从雷管底壳入射爆炸冲击波;雷管与炸药有较小间距时,主要起爆因素是空气冲击波;当间隙较大时,爆炸气体落后于冲击波,然后冲击波也减弱下来,主要起爆因素是雷管底壳破片的冲击作用。当雷管壳底部有聚能穴,且聚能穴充满空气时,爆炸产生的局部聚能射流(jet)也有助于起爆。

同时指出:雷管的起爆能力是有方向性的,在底部方向起爆能力最大,而侧部也有一定的起爆能力,通过试验证明雷管起爆能力范围如图 3-2-32 所示。图中斜线部分是有起爆能力的范围,A 的区域没有起爆能力。

C. H. Johansson 和 P. A. Person 在《DETONICS OF HIGH EXPLOSIVES》一书中指出:当雷管爆轰时,金属破片从侧面径向和底部轴向飞散。

图 3-2-33 是有电引火头的 8 号凹底铝壳雷管在空气中爆轰过程的一组照片(曝光时间 0.3μs)。从中可以看出:6μs 时观察到引火药头产生的凸起,8μs 看到在起爆药和主装药部位爆轰引起的两个突起,在 10μs 主装药继续爆轰并第一次出现由凹穴

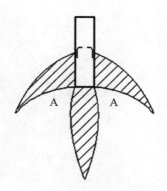

图 3-2-32　雷管的起爆方向

端面发出的金属射流,14μs 外壳破碎形成近似球状分布的若干小碎片,而且以极快的速度飞散。后续照片显示破片继续扩散、金属射流延长。根据破片和射流的行程和时间关系,计算出

破片速度是 2600m/s,射流头部的速度是 3300m/s。

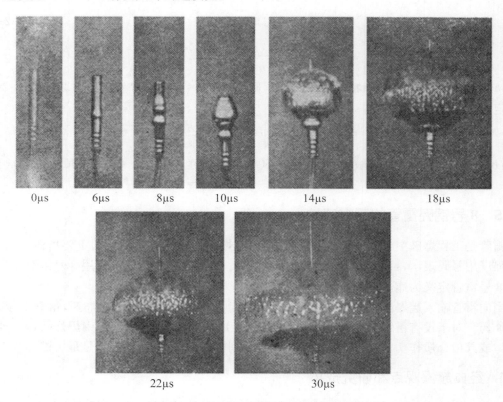

| 0μs | 6μs | 8μs | 10μs | 14μs | 18μs |

图 3-2-33　号凹底铝壳雷管的爆轰过程

图 3-2-34 是 8 号平底铝壳雷管起爆 30μs 时破片飞散照片,此时轴向破片速度为 3000m/s。图 3-2-35 是 8 号平底铜壳雷管爆炸瞬间照片。

图 3-2-34　8 号平底铝壳雷管爆轰瞬间

图 3-2-35　8 号平底铜壳雷管爆轰瞬间

此外还测定了雷管能够引爆压装梯恩梯药柱的最大轴向和侧向距离,测定装置类似于下文中图 3-2-36、图 3-2-37,结果见表 3-2-9。

表 3-2-9　8 号铝壳雷管的最大起爆距离(mm)

雷管主装药量	雷管底部形状	梯恩梯($\rho_0 = 1.55g/cm^3$)	
		轴向	侧向
0.61g 太安	凹底	35	10
0.70g 太安	凹底	3	8
1.25g 太安	平底	66	16
0.62g 特屈儿	凹底	2	2
0.85g 特屈儿	凹底	5	8

表 3-2-9 数据较少规律不明显,但基本表明:凹底和平底雷管在轴向、侧向都可以起爆梯恩梯炸药。

2. 现代工业爆破器材的某些变化

近几十年来,工业雷管发生了一些变化,从火雷管、电雷管,发展到目前的刚性引火药头电雷管、导爆管雷管、无起爆药雷管、磁电雷管、电子雷管等。管壳材料从纸壳、铜壳、塑料壳,到目前的发蓝钢壳、覆铜钢壳、铝壳。起爆药淘汰了雷汞(MF),目前多用二硝基重氮酚、叠氮化铅(LA)、GTG 起爆药。主装药也多采用钝化黑索今、太安等炸药。

作为被起爆的工业炸药逐步完成了更新换代,含梯恩梯的粉状炸药全面被含水或粉状乳化炸药、水胶炸药、乳化铵油炸药(emulsion/ANFO combination)等取代。

现代工程爆破中大量使用钢壳(发蓝或覆铜)8 号雷管为起爆器材,和具有 8 号雷管感度的乳化炸药,这些爆破器材的起爆与传爆是否遵循经典起爆理论,为此设计了几种起爆试验进行验证。

3. 雷管起爆特性试验方法

(1) 凹底、平底雷管轴向和侧向起爆

设计了 3 种起爆试验:

a. 凹底、平底雷管轴向接触药卷端面起爆(图 3-2-36 中(a),(b))。

b. 凹底、平底雷管轴向距药卷端面一定间距起爆(图 3-2-36 中(c)～(f))。

c. 凹底雷管侧向接触和一定间距起爆(图 3-2-37 中(a)～(e);凹底产生的聚能射流对起爆无贡献)。

8 号雷管壳均为发蓝钢壳,凹底雷管底部有聚能穴,直径约 4mm,深度约 2mm。轴向起爆时为了固定雷管,在雷管主装药上部套装了塑料泡沫。侧向起爆时雷管主装药接触或一定距离平行于药卷端面最大半径。被起爆药卷均采用 Ø32mm 的岩石乳化炸药,同时按 GB/T 13228—2015《工业炸药爆速测定方法》的规定测量爆速。

图 3-2-36 的 6 种起爆条件全部半爆和拒爆,也没能测到爆速。典型半爆和拒爆药卷见图 3-2-38。

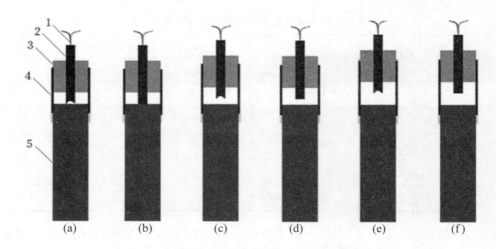

图 3-2-36　凹底、平底雷管轴向起爆乳化炸药示意图

1. 脚线；2. 雷管；3. 泡沫；4. 塑料管；5. 药卷；(a)、(b) 接触药卷；(c)、(d) 间距 5mm；(e)、(f)间距 10mm

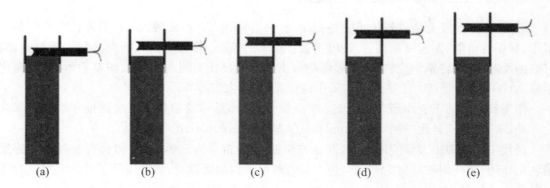

图 3-2-37　凹底雷管侧向起爆乳化炸药示意图

(a) 接触药卷；(b) 间距 5mm；(c) 间距 10mm；(d) 间距 15mm；(e) 间距 20mm

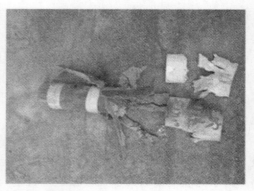

图 3-2-38　典型半爆和拒爆药卷

试验表明 2 种底部形状不同的雷管在轴向接触炸药和间距 5mm 和 10mm 时,爆炸冲击波、气体产物和破片三种效能均不能完全起爆乳化炸药。凹底雷管如果有局部射流,或许能流密度太小,对起爆没有增强作用,即使设定了炸高(stand-off)。

图 3-2-37 的侧向起爆中,(a)、(b)、(c)条件(接触、间距 5mm 和 10mm)可以起爆乳化炸药,并使其达到稳定爆轰,爆速测量结果见表 3-2-10,与单独按照 GB/T 13228—2015 的规定测出的爆速值相吻合。而(d)、(e)条件(间距 15mm 和 20mm)则未能起爆,表明距离增大后三种起爆效能已经急剧衰减。

表 3-2-10　雷管侧向起爆数据

H(mm)	L(mm)	t(μs)	D(m/s)
0	49.96	9.8	5099.06
5	50.02	9.8	5104.08
10	50.24	9.9	5074.75
15	50.16	—	—
20	49.81	—	—

注:H 为雷管侧向距药卷距离;L 为测爆速探针距离;t 为爆轰波传播时间;D 为爆速;"—"为药卷未被引爆。

(2) 凹底、平底雷管起爆炸药后的残留物

为了进一步探究为何雷管轴向不能起爆,而侧向一定距离内可以起爆乳化炸药,又做了起爆炸药并回收雷管残留物的补充试验:将 8 号发蓝钢壳凹底和平底毫秒延期雷管的 2/3 长度,分别插入 55g 乳化炸药,放入装满河沙的钢桶内起爆,爆后用磁铁分别吸附出雷管残留物,两种雷管残留物除壳底不同外,其他基本相同,选取其中一组见图 3-2-39,壳底尺寸见图 3-2-40,两种壳底见图 3-2-41。

图 3-2-39　毫秒延期雷管爆炸后回收的残留物

图 3-2-40　壳底尺寸(单位:mm)

从图 3-2-39~图 3-2-41 看出:主装药侧向部位壳体形成若干金属破片和粉状颗粒,破片厚度 0.2~0.3mm;凹底雷管的凹心向外凸起,中心有一个 0.3~0.4mm 的突出尖锥,侧视呈长轴半椭圆,顶视近似圆形,平均直径约 5.8mm,边沿厚度 0.9~0.95mm(见图 3-2-41 中(a)、(b)、(c))。平底雷管壳底向外凸起更大(两种雷管变形的行程应相差不多,因为凹底雷管是从凹形开始向外凸起),但没有尖锥,侧视呈球冠形,俯视形状、直径等同凹底(见图 3-2-41 中

(d)、(e)、(f))。俯视的(c)和(f)是与主装药接触面,可观察到爆轰波直接作用的痕迹。

图 3-2-41　凹底和平底雷管壳底照片

(a)、(b)、(c)为凹底雷管的侧视、底视和俯视照片;(d)、(e)、(f)为平底雷管的侧视、底视和俯视照片

补充试验结果表明:

a. 雷管侧向部位形成若干金属破片和粉状颗粒,是起爆图 3-2-37 中(a)、(b)、(c)条件的重要因素。

b. 两种雷管壳底虽变形但保持完整,没有被炸成碎片;凹底也没有形成金属射流。当雷管插入炸药,凹穴被炸药充满,没有空气不能形成射流。

那么其他条件下能否有射流? 采用下列试验进行了验证。

(3) 不同环境下雷管爆炸后的壳底

对凹底和平底 8 号发蓝钢壳雷管进行铅板穿孔试验,回收的壳底照片见图 3-2-42。

图 3-2-42　凹底和平底雷管铅板穿孔后的壳底照片(字母序号含义同图 3-2-41)

按欧盟的 EN 13763—15—2004 中雷管对铝见证板进行凹痕试验,回收的壳底照片见图3-2-43。

图 3-2-43　凹底和平底雷管对铝见证板的凹痕试验后壳底照片(字母序号含义同图 3-2-41)

试验后的铅板和铝见证板见"3.2.1 工业雷管起爆能力试验"中的图 3-2-4。

将 8 号发蓝凹底雷管在水中和空气中爆炸,回收的壳底照片见图 3-2-44。

从上述可以看出:所有雷管壳底都保持完整,除图 3-2-43 的(a)、(b)凹心有破裂外,均未

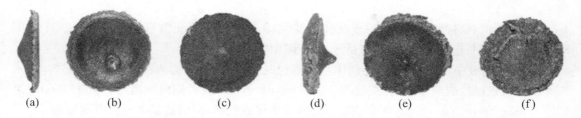

(a)　　　(b)　　　(c)　　　(d)　　　(e)　　　(f)

图 3-2-44　水中和空气中凹底雷管照片((a)、(b)、(c)水中;(d)、(e)、(f)空气中;字母序号含义同图 3-2-41)

见射流穿透壳底痕迹。凹底雷管的壳底在水中基本未变形,在空气中尖锥突出明显,可以推断图 3-2-36 中的(a)、(c)、(e)是以类似的壳底轴向冲击炸药。平底雷管作铅板穿孔和铝板凹痕试验后回收的壳底形状相似。

4. 试验结果分析与讨论

结合图 3-2-36 和图 3-2-37 的试验可以认为:

a. 钢质雷管壳用 08AI 钢板坯料经连续五次冲挤成型,冲挤使壳壁厚度变薄,壳底厚度却未变化。

b. 雷管爆炸使壳体破碎,壳体各部位的厚度却没有改变,壳底直径略小于管壳内径。

c. 两种底部形状不同的雷管均由于壳底厚,主装药爆轰强度不足以使其破碎,爆轰产生的冲击波及气体产物受到了厚壳底的阻碍,尽管整个壳底一般以 2600~3000m/s 的初始速度冲击乳化炸药,但由于面积大阻力也大,速度就迅速衰减,轴向接触的乳化炸药仅受到一定的冲击压缩,未能达到临界爆轰状态,因此图 3-2-36 的条件不能完成起爆,可以预计补充试验的雷管轴向对起爆作用也很小。

d. 凹底雷管插入炸药后,凹穴微小空间被炸药充满,没有空气间隔仅依靠聚能穴形状很难产生射流。又由于壳底厚的缘故,仅出现一个尖锥。因此凹底产生的微弱射流连壳底都未射穿,更无助于起爆,在水中甚至雷管凹底的形状都基本未变。也进一步验证了无论是何种形状的聚能穴,当被密度大于空气的介质填充时,不能产生聚能效应。

e. 雷管主装药部位的侧向壳壁薄,爆轰后破碎形成诸多金属破片和粉状颗粒,对与其接触或间距小于或等于 10mm 的乳化炸药进行多点高速冲击,再结合冲击波和爆轰气体产物共同作用,可靠地完成了起爆,且爆速一致。当距离增大到 15mm 和 20mm,三种起爆效能随之衰减,未达到临界起爆能量,出现了拒爆。侧向起爆没有聚能效应参与,可以认为:凹底和平底雷管的结果应一致。

f. 综上分析得出:目前大量使用的发蓝钢壳 8 号雷管,因其装药结构和管壳制造工艺,其起爆的主要方向应为图 3-2-45,这与起爆经典理论有差异。

雷管壳体有三个作用:一是盛装和保护雷管装药;二是限制装药破片和爆轰产物的侧向飞散使爆轰成长期缩短,并加强轴向起爆能力;三是金属壳体也参与对药卷的激发。

第二个作用对于钢壳雷管应修改,如果钢质管壳的坯料和冲挤工艺不变,应取消凹底,而平底管壳的冲挤模具也相对

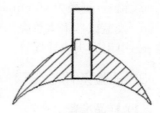

图 3-2-45　钢壳 8 号雷管经试验验证的起爆方向性

简单。

g. 铝材和铜材都具有较低的硬度和延展性,8 号铝壳和铜壳雷管能否按图 3-2-36 和图 3-2-37设计的条件起爆乳化炸药,有待于进一步探讨。

h. 工程爆破中,当用乳化药卷制作起爆药包时,应保证雷管插入深度且接触牢靠。如果雷管轴向仅接触或脱离了药卷(类似图 3-2-36 的(a)~(f)),或者侧向脱离药卷大于 10mm(类似图 3-2-37 的(d)、(e)情况,则会造成起爆药包半爆或拒爆,而引起整个炮孔出现哑炮。

3.2.6 雷管极限起爆药量试验

使雷管中猛炸药完全爆轰所需要的最小起爆药量称为极限起爆药量。不同种类起爆药完全起爆同一种猛炸药的能力不同,因此极限起爆药量是确定雷管中装多少起爆药、设计新型雷管的重要依据。

1. 方法原理

极限起爆药量不仅与所选用的起爆药的起爆能力有关,而且还与被起爆猛炸药的爆轰感度及试验条件有关,如:起爆药和猛炸药的装药密度、雷管壳材料特性(工业雷管基本采用发蓝壳、覆铜壳、铝壳)、约束强度等。极限起爆药量用来衡量起爆药的起爆能力,其试验方法有许多种,但原理基本相同,试验结果与猛炸药种类及试验条件有关,故极限起爆药量一般均标明猛炸药种类及主要条件。试验采用两遍压装钝化黑索今(每遍药量均为 0.35g),再装入一定量的起爆药,反扣加强帽,最后用一定压力压合制成的试验样品(8 号基础雷管)。将样品与发火引爆装置装配然后直立在 5mm 厚的铅板上,起爆样品观察爆炸情况。以铅板穿孔试验的孔径大于或等于样品雷管外径为起爆完全。改变起爆药量,直至找出连续 50 发使猛炸药完全爆炸的最小起爆药量,即为该种起爆药的极限药量。

2. 仪器、设备与材料

(1) 试验装置

试验装置见"3.2.1 工业雷管起爆能力试验"中的图 3-2-1。

(2) 设备与材料

a. 杠杆压力机与气动卡口机。

b. 压药模具:用于压制 8 号样品雷管。

c. 铅板:直径为 40mm,厚度为(5±0.1)mm。

d. 发蓝或覆铜雷管壳。

e. 电引火头或导爆管。

3. 试验条件与步骤

(1) 样品准备

a. 用感量为 1‰g 的天平称量 0.35g 一遍装药(比例为 85%:15% 的纯黑索今与氯化钠、外加 5% 石蜡造粒制成的钝化黑索今),装入 8 号发蓝雷管壳内(可根据实际情况选用雷管壳,但所有试验均应使用同一种管壳);在杠杆压力机上压药,压药密度为 $1.55 \sim 1.65 \mathrm{g/cm^3}$。

b 用同样天平称量 0.35g 二遍装药(纯黑索今外加 5％桃胶水溶液造粒),装入 8 号发蓝雷管壳,压药密度为 $1.30 \sim 1.40 \mathrm{g/cm^3}$。

c. 用同样天平称量待测起爆药,扣铜加强帽,然后以 29.42Mpa 压力压合,即制成试验样品雷管。

(2) 样品试验

a. 在样品雷管上部插入电引火头或导爆管,用气动卡口机卡口,然后垂直放置在铅板试验装置上。

b. 起爆样品雷管,根据铅板穿孔直径判断起爆是否完全(判断准则:穿孔大于或等于雷管外径为起爆完全,否则为起爆不完全)。

c. 根据起爆情况,用叉试法初步找出最小起爆药量(每个药量点应试验 5 发)。

d. 找出的最小起爆药量,装配 10~20 发雷管,连续起爆,若起爆完全,则再装配 30~40 发,连续做起爆试验;若出现起爆不完全现象,可根据不同程度,酌情加大起爆药量,直至找出连续 50 发起爆完全的最小起爆药量(精度为 0.01g)。

4. 数据处理及注意事项

(1) 数据处理

以连续 50 发起爆完全的最小起爆药量为极限起爆药量。

表 3-2-10 是几种常用起爆药的试验结果。

表 3-2-10　几种常用起爆药的极限药量

药剂 猛炸药	猛炸药装药量 (g)	极限药量(g)		
		雷汞	二硝基重氮酚	叠氮化铅
黑索今	0.7	0.190	0.130	0.05
梯恩梯	0.5	0.240	0.163	0.16
黑索今/梯恩梯	0.7	0.360	0.163	0.09
苦味酸	0.5	0.225	0.115	0.12
特屈儿	0.5	0.165	0.075	0.03

(2) 注意事项

a. 样品制备过程中的装药、压药、扣加强帽、退模、卡口等操作,均应在安全防护条件下按基础雷管装配有关规定进行。

b. 样品雷管压好后应放在防爆箱内,雷管、起爆药不得与猛炸药混合存放,废药应分别放置、处理,不得相混。

c. 在样品雷管中插入电引火头或导爆管、卡口应在安全防护罩下进行,卡口完毕应随即放在安全地点,操作动作要轻,以防发生意外。

d. 起爆样品雷管应在爆炸容器内进行。起爆时如遇到拒爆,应经一定时间(不少于 5 分钟)后才能打开防爆门,检查拒爆原因。

e. 对耐压性差的二硝基重氮酚起爆药,压药压力可适当降低。

参 考 文 献

[1] 工业电雷管:GB 8031—2015[S].北京:中国标准出版社,2015.

[2] 工业电雷管最小发火电流试验方法:WJ/T 9044—2004[S].北京:兵器工业出版社,2004.

[3] 工业电雷管发火冲能测试方法:WJ/T 9039—2004[S].北京:兵器工业出版社,2004.

[4] Determination of no-fire current of electric detonators:EN 13763—17—2003[S]. Brussels, 2003.

[5] Determination of series firing current of electric detonators:EN13763—18—2003[S]. Brussels, 2003.

[6] Determination of firing impulse of electric detonators:EN13763—19—2003[S]. Brussels, 2003.

[7] Determination of total electrical resistance of electric detonators:EN 13763—20—2003[S]. Brussels, 2003.

[8] 工业雷管延期时间测定方法:GB/T 13225—91[S].北京:中国标准出版社,1991.

[9] 导爆管雷管:GB 19417—2003[S].北京:中国标准出版社,2003.

[10] 傅顺. 工程雷管[M].北京:国防工业出版社,1977:103-121.

[11] Orica Limited. Initiating Systems [EB/OL]. [2017-03-08]. http://www. oricaminingservices. com/cn/en/section/products_and_services.

[12] 赵杰,张威颖,郭俊国. 高强度和高精度导爆管雷管的研制[J]. 爆破器材,2005,(34)2:19-23.

[13] Determination of delay accuracy:EN13763—16—2003[S]. Brussels, 2003.

[14] 煤矿火工技术丛书 编写组. 矿用起爆器材[M].北京:煤炭工业出版社,1978:244-247.

[15] 张立,郑惠娟. 毫秒雷管延期元件光电测试仪研制技术总结[Z].淮南矿业学院,1985.12.

[16] 张立. 安全型毫秒雷管延期元件喷火状态的测试研究[J].爆破器材,1987.38(3):4-7.

[17] 南京理工大学.《DR-3 电火工品无损检测系统》使用说明书[Z].2002.8.

[18] 工业电雷管静电感度试验方法:WJ 9042—2004[S].北京:兵器工业出版社,2004.

[19] Determination of resistance of electric detonators against electrostatic discharge:EN 13763—13—2004 [S]. Brussels, 2004.

[20] Determination of flash-over voltage of electric detonators:EN 13763—21—2003[S]. Brussels, 2004.

[21] 西安 213 所. JGY-50 型静电火花感度仪说明书[Z].1970.

[22] 煤科总院抚顺分院. 煤矿用电雷管静电感度测定方法编制说明[Z].1991.8.

[23] 静电感度升降试验法测定程序:GJB 377—1987[S].北京:兵器工业出版社,1987.

[24] 李国新,程国元,焦清介. 火工品实验与测试技术[M].北京:北京理工大学出版社,1998:55-59.

[25] 油气井用电雷管:GB/T 13889—2015[S].北京:中国标准出版社,2015.

[26] 工业数码电子雷管:WJ 9085—2015[S].北京:兵器工业出版社,2015.

[27] 油气井用电雷管检测方法:SY/T 6273—2008[S].北京:石油工业出版社,2015.

[28] 震动试验机:WJ231—1977[S].北京:兵器工业出版社,1977.

[29] 火工品试验方法 第 32 部分:高频振动试验:GJB 5309.32—2004[S].北京:兵器工业出版社,2004.

[30] Determination of the resistance to vibration of plain detonators:EN 13763—8—2003[S]. Brussels, 2003.

[31] 煤矿许用电雷管可燃气安全度试验方法:GB/T 18096—2000[S].北京:中国标准出版社,2000.

[32] 标准编制工作组. 煤矿许用电雷管瓦斯安全度试验方法编制说明[Z].1999.8.

[33] 陈福梅. 火工品原理与设计[M].北京:兵器工业出版社,1990.

[34] 工业雷管铅板试验方法:GB/T 13226—1991[S].北京:中国标准出版社,1991.

[35] Determination of equivalent initiating capability：EN 13763—15—2004 [S]．Brussels，2004.

[36] 工业雷管作功能力测定 水下爆炸法：WJ/T 9098—2015[S]．北京：兵器工业出版社，2015.

[37] 张金成，汪大立，沈庆浩，等．雷管水下爆炸冲击波能和气泡能测试的研究[J]．爆破器材，1989，(1)：6-10.

[38] 孙金华，汪大立，徐皖育，等．雷管水中爆炸输出的作功能力判据[J]．兵工学报.1996，17(1)：16-20.

[39] 张立，汪大立．水下爆炸炸药能测量消除边界效应的研究[J]．爆破器材，1995，24(2)：1-6.

[40] 熊苏，张立，李雪交，黄麟．雷管起爆能力测定方法的探讨[J]．爆破，2013，30(1)：100-103.

[41] 熊苏．工业雷管起爆能力测试方法的研究[D]．安徽理工大学，2013.6.

[42] 孙跃光．模拟深水装药爆炸作功能力研究[D]．安徽理工大学，2008.6.

[43] 油气井用电雷管检测方法：SY/T 6273—2008[S]．北京：石油工业出版社，2008.

[44] 黄正平．爆炸与冲击电测技术[M]．北京：国防工业出版社，2006：141-197.

[45] 北京理工大学机电工程学院．MH4E 高速同步脉冲恒流源说明书[Z]．2004.12.

[46] 孙金华，郦江水．覆铜壳雷管底部破片速度测试[J]．爆破器材，1993，(72)1：2-5.

[47] 李国新，程国元，焦清介．火工品实验与测试技术[M]．北京：北京理工大学出版社，1998：163-165.

[48] C. H Johansson，P. A Person. DETONICS OF HIGH EXPLOSIVES [M]．academic press，1970：124-129.

[49] Zhang li，Li xue-jiao，Xiong su etc. Experimental Researches on Initiating Direction of Steel Casing 8# Detonator. Proceedings of The 8th International Conference on Explosives and Blasting Techniques in china，Japan and Korea. Japan Explosives Society Press，2015，11：75-79.

[50] 工业炸药爆速测定方法：GB/T 13228—2015[S]．北京：中国标准出版社，2015.

[51] 陈之林，宋家良．08AI 钢质雷管壳冷冲挤工艺研究[J]．金属铸锻焊技术，2011，(40)19：92-95.

[52] 张立．爆破器材性能与爆炸效应测试[M]．合肥：中国科技大学出版社，2006.

[53] 民用爆破器材术语：GB/T 14659—2015[S]．北京：中国标准出版社，2015.

第4章 索类器材的爆炸性能测试

4.1 导爆管爆速测量

以导爆管（plastic shock-conducting tube）为基本传爆元件，组成的导爆管雷管和非电爆破网路，在各类爆破工程中（建筑物爆破拆除、浅孔爆破、深孔爆破、水下爆破等）的应用越来越广泛。导爆管爆速是生产企业检验产品性能的重要检测项目，也是工程爆破使用单位非常关注的参数。

4.1.1 导爆管基本参数

导爆管按其抗拉性能分为普通和高强度导爆管两大类，普通导爆管类别代号为 DBGP，高强度导爆管类别代号为 DBGG。根据使用环境和特征导爆管还有一特性代号：NW（耐温）、NX（耐硝酸铵溶液）、NR（耐乳化基质）、KY（抗油）、BS（变色），如耐乳化基质型高强度导爆管的代号为 DBGG-NR。

导爆管的外观为白色、黄色和红色，外径一般为 2.8～3.2mm，公差 ±0.15mm。内径为 (1.5±0.1)mm，内壁粘覆薄层是含 91% 的黑索今、奥克托今或太安的猛炸药与 9% 铝粉组成的混合炸药，0.25% 石墨或硬脂酸钙（外加），装药量为 14～18mg/m。管内壁炸药密度仅为 0.36～0.45mg/cm³，导爆管在温度为 (20±10)℃ 条件下，爆速应不小于 1600m/s，在 −40～50℃ 温度范围内，用一发 8 号雷管应能同时起爆 20 根导爆管。此外还应具备抗震、抗油、低温耐折和变色（白色导爆管爆炸后变为黑色）性能。弯曲、管内断药长度小于 15cm 条件下能正常传爆。在 30kV 以下直流电环境中不会被击穿。基本结构见图 4-1-1。

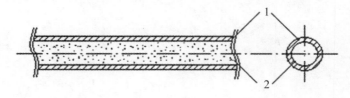

图 4-1-1 塑料导爆管示意图

1. 高压聚乙烯塑料管；2. 炸药粉末

导爆管不能直接引爆炸药，但能够引爆雷管，用导爆四通可以组成多种传爆网络，以及由导爆管、4号雷管和连接块装配一体的地表连接器，组成地表逐孔延期起爆网络等。

目前国内民爆企业在积极研制高强度导爆管（high tensility shock-conducting tube），普通与高强度导爆管区分主要是抗拉强度，按表 4-1-1 规定条件进行拉力试验，不应被拉断。

表 4-1-1 导爆管抗拉性能条件

条件	普通导爆管	高强度导爆管	
测试温度（℃）	20±5	20±5	80±5
承受拉力（N）	≥68.6	≥196	≥58.8
持续时间（min）	1		

检验导爆管性能的主要试验方法有：爆速、起爆感度、抗拉性能（tensile strength）、传爆可靠性、低温耐折性等。

导爆管在一定条件下被引爆后，爆轰波阵面在管内传播的速度，称为导爆管的爆速。由于导爆管的装药成分、工艺、质量控制等因素往往影响导爆管的标称爆速，测量爆速比较常用的方法有：光电法、电探针法和炸点法。其中采用光电法最多，该方法具有测量爆速简单，数据可靠，所消耗的导爆管数量少等特点。除了会利用光电传感器或光学纤维测速装置、爆速测量仪或其他类似测时仪测量导爆管爆速外，还应进一步了解和掌握光信息传输和光电信号转换基本原理。

4.1.2 光电转换器件及光学纤维

1. 光电转换器件

利用物体在作用过程中产生的光亮作为计时信号。这里指的光是可见光和红外光，即波长在 0.3～2.0pm 范围内，这是一般爆炸燃烧产物反应时的光波波段。

采光器件种类很多，主要依据的是光电效应理论，也就是把光信号转换成相应的电信号。光电效应包括两种类型，即外光电效应和内光电效应。

（1）外光电效应

在光作用下，物体内的电子逸出物体表面向外发射。光子是具有能量的粒子，每个光子具有的能量为：

$$Q = h \cdot \gamma \tag{4-1-1}$$

式中：h——普朗克常数，为 6.626×10^{-34} J·s；

γ——光的频率，s^{-1}。

物体中的电子吸收了入射的光子能量，如果光子能量 $h \cdot \gamma$ 大于逸出功 A，则电子就逸出物体表面，产生光电子发射。如果电子的动能为 $0.5mV_0^2$，则光电效应方程为：

$$h \cdot \gamma = 0.5mv_0^2 + A \tag{4-1-2}$$

式中：m——电子质量；

v_0——电子逸出速度。

由公式(4-1-2)得知：

a. 光电子能否产生,取决光子的能量是否大于该物体的电子表面逸出功,这意味着每一个物体都有一个对应的光频阈值,光频小于这个阈值,光子能量不足以使物体内的电子逸出,即使光强再大也不会产生光电发射。反之,光频大于光频阈值,即使光线微弱也会有光子发射。

b. 入射光的频谱成分不变,产生的光电流与光强成正比,光强越强,入射的光子数目越多,逸出的电子数目也越多。

c. 光电子逸出物体表面具有初始动能,即使光电管没加阳极电压,也会有光电流产生。为使光电流为零,必须加负的截止电压,而截止电压与入射光的频率成正比。

依据这种原理做成的器件有光电管和光电倍增管等。

(2) 内光电效应

指物体受光后其电导率发生变化或产生光电动势的效应。内光电效应分成两种类型,它们是：

a. 光电导效应:在光线作用下,电子吸收光子能量,引起半导体材料电阻率变化,这种现象称为光电导效应。欲产生光电导效应,光子能量 $h \cdot \gamma$ 必须大于半导体材料的禁带宽度 E_E,由此入射光能导致光电导效应的临界波长 λ 为：

$$\lambda = \frac{12390}{E_E} \times 10^{-7} \quad (\text{mm}) \tag{4-1-3}$$

依据这类原理做成的器件有光敏电阻,光电导摄像管等。

b. 光生伏特效应:在光线作用下,能够使物体产生一定方向电动式的现象称为光生伏特效应。

这类元件主要有光敏晶体管、光电池等。

常用的光敏元件多是内光电效应类型的。光敏电阻的响应时间一般在 $10^{-2} \sim 10^{-6}$ s 范围内,它与光的照度有关,光线越强,响应时间越短。光敏电阻的光照特性满足：

$$I = KUaLb \tag{4-1-4}$$

式中：I—通过光敏电阻的电流；

K—比例系数；

U—加于光敏电阻的电压；

a—电压指数,接近1；

L—光敏电阻上的照度；

b—照度指数。

光照特性曲线是非线性曲线,因此它不易做测试光照度的检测元件,只适合作开关或光电信号传感元件。光敏电阻的暗阻值在 $1 \sim 100 \text{M}\Omega$ 之间,亮阻值在几千欧,甚至更低。

由于光敏电阻的响应时间比较长,因此在爆炸测试中它只适合于秒级起爆元件、延期元件和慢速燃烧时间的测试。

光敏晶体管和光敏电阻一样,具有便宜的价格。这种光敏晶体管用作计时比较理想,特别是对反应速度在微秒级的爆破器材,其测试效果很好。光敏二极管和三极管的基本电路如图4-1-2所示。

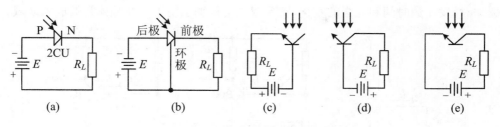

图 4-1-2　光电晶体管基本电路图

图 4-1-2 中,(a)、(b)是光敏二极管的两种接线方法。光敏二极管上应加反向电压,当无光照射时,其反向电阻很大,反向电流很小,这种反向电流称为暗电流。当光敏二极管受到光照射时,光能被 PN 结所吸收,发射出电子和空穴对,在反向电压的作用下,反向电流增大,形成光电流,二极管导通。光电流的大小与光照强度及波长有关。三根引出线的光敏二极管除正、负极外,还有一个环极,如果不用这一极,可把它悬空,除暗电流有所增加外,对其他方面均无影响。(c)、(d)、(e)是光敏三极管的三种接线方法,两种接法类似二极管的连接。(e)是一种常用的接法,当光敏三极管不受光照时,相当于一般三极管基极开路的状态,基极电流为零,集电极电流很小,被称为光敏三极管的暗电流。当光线照射管子的基区时,发射极便有大量电子经基极流向集电极,形成光电流。

光敏二极管在很宽的入射光照度范围内($10^{-3} \sim 10^3 \text{Lx}$)具有很好的光照线性关系,适合于检测光强的变化,也可作光开关。它的光谱特性取决于所用的材料,硅光敏元件的光谱在 $0.4 \sim 1.1 \mu\text{m}$ 之间,可测一般爆破器材爆炸或燃烧时发出的光强。光敏二极管的响应时间在 $10^{-6} \sim 10^{-9}$ s 范围内,可满足微秒级或响应更快的爆破器材的测试。光敏二极管在不同照度下的伏安特性,与一般晶体管在不同基极电流下的输出特性类似。

光敏三极管在某些照度范围内也具有线性光照特性,但不如光敏二极管的线性度好,响应时间也不如二极管快,多在百纳秒至微秒之间,复合型光电三极管的响应时间还要长。光敏三极管的优点是具有放大作用,在同样的照度下,其光电流和灵敏度,要比相同管型的光敏二极管大几十倍。作为测试敏感元件,无论是光敏二极管还是三极管,只用它的开关特性,因此,常选用具有开关特性的光敏晶体管作为计时的开始或停止信号检测元件。

还有一种用于检测的光敏元件是光电池,它既可用于检测,也可用作能源。光电池和光敏二极管都是结型光电器件,但后者使用时要外加反向电压,而光电池则不需要,见图 4-1-3。

光电池的性能稳定,光谱范围宽,频率特性好,也可以用作测时信号使用,但由于它的结面积大,结电容也大,因此反应速度慢。其响应时间约为 $10^{-3} \sim 10^{-6}$ s,如果把它作为测量燃烧过程的光探测器更适合。

(3) 光电测试基本方法

① 一般测试法

这是一种最简单的测试方法,电路见图 4-1-4。被测光通量投射到光敏三极管 3DU 上,流过它的光电流大小取决于光通量的大小。在输出端 R_2 上产生一个电压阶跃信号,触发计时装置动作。光电检测电路输出信号的极性可根据光敏元件在电路中的接线位置决定。一般计时信号只需要取光通量产生瞬间的信息,而对光强变化的全过程并不太关心,这时,可以将放大晶体管的偏值电压调至临界状态。有些试验不仅要计时,还要在 DSO 上观察火工品及其药剂燃烧爆炸时,发光的时间和光强的变化,则希望光电检测系统工作在晶体管的放大区域。

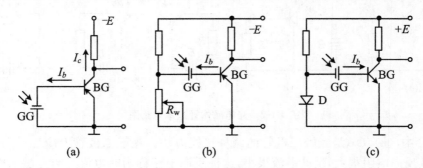

图 4-1-3　光电池的电路图

(a) 直接连接图;(b) 控制锗光电三极管图;(c) 控制硅光电三极管图

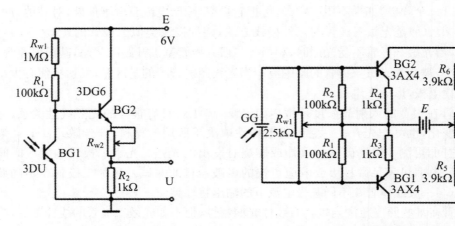

图 4-1-4　一般测试方法电路图　　　　**图 4-1-5　差动式测试方法电路图**

② 差动测试法

差动测试法是把被测量与某一标定量进行比较,再对它们的差值进行放大输出。图 4-1-5 是最简单的差动电路。

晶体管 BG_1、BG_2 和电阻 R_3、R_4、R_5、R_6、R_{w2} 组成电桥电路,在无光照射时,调节电位器 R_{w1} 和 R_{w2}。使电桥平衡,输出电压为零。当有光照射时,光电池 GG 产生光电势和电流,使 BG_1 的基极电流增加,集电极电流也增加,BG_2 的基极和集电极电流都减小,因此两管的集电极间产生电位差,输出端有电压输出,其数值反映了光通量的大小。与一般测试方法相比,由于有两个三极管同时动作,一个集电极电压增高而另一个则减小,这就增加了电路的灵敏度。另外因为采用了差动式,可减小放大器的零点漂移和电源电压波动的影响。

2. 光学纤维

近十几年来,光学纤维得到了非常迅速的发展。目前在光通信、电子光学系统、自动控制、医疗器械等许多技术领域里已被广泛应用。在爆炸测试技术上也得到了一定的运用。

由于光学纤维是柔软的,可以任意弯曲,所以可以伸到其他传感器无法测到的地方。同时还可测表面极小的被测对象,目前可测到 0.18mm 的被测物。在高温、低温与强磁场内可以进行测量。光学纤维传感器的频率响应高,可以达 1MHz。抗干扰能力较强。由于这些优点,所以光学纤维在爆炸测试技术上的应用是有一定发展前途的。

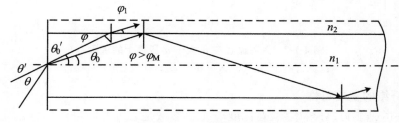

图 4-1-6　光学纤维传光原理

(1) 光学纤维的传光原理

光学纤维是一种带涂层的透明细丝,其直径在几个 μm 到几十个 μm 之间,涂层为光疏介质(低折射率介质),芯料为光密介质、(高折射率介质),二者之间有良好的光学界面。当光线在光学纤维的入射端面上以 θ 角入射,如图 4-1-6 所示,光线经折射后进入光学纤维内,以 φ 角入射到芯料和涂层间的光滑界面上。由折射定律知:

$$n_1 \sin\varphi = n_2 \sin\varphi_1 \qquad (4\text{-}1\text{-}5)$$

式中:n_1、n_2—分别为芯料和涂层的折射率;

φ、φ_1—分别为入射角与折射角。

上式可以改写成如下形式

$$\frac{\sin\varphi}{\sin\varphi_1} = \frac{n_2}{n_1}$$

因为 n_1 大于 n_2,所以折射角 φ_1 始终大于入射角 φ,当 φ 增大时,φ_1 也随着增大。当 φ 增加到某一特定值 φ_M 时,$\varphi_1 = 90°$,即此时折射光线沿两介质的分界面传播。这时的入射角 φ_M 称为临界角。当 φ 大于 φ_M 时,折射光线就不存在,而出现全反射现象。

只要选择适当的入射角 θ(如图 4-1-7),总可使角 φ 大于临界角中 φ_M,入射光线将在界面上发生内全反射。

全反射光线又以同样的角度 φ 在对面界面上发生第二次内全反射。如果光学纤维是均匀的圆柱体,则入射光线就可以在光学纤维内经过若干次(与纤维长度、直径有关,一般为几百、几千甚至几万次或更多)内全反射后,由光学纤维的一端传到另一端,直到从出射端面以和入射角 θ 相同的角度射出为止。

光学纤维按材料的不同可分为玻璃光纤和塑料光纤;按工作模式分为多模与单模;按用途可分为传光纤维与传像纤维(传像纤维由若干根传光纤维组成)。爆炸测试中主要使用传光纤维。

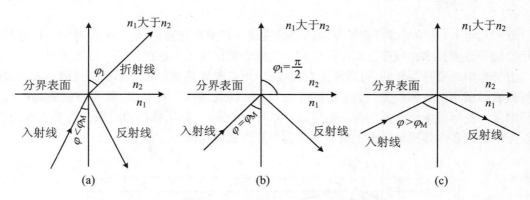

图 4-1-7　入射光线在 n_1 大于 n_2 界面上的现象

(a) 入射角 $\varphi < \varphi_M$；(b) 入射角 $\varphi = \varphi_M$；(c) 入射角 $\varphi > \varphi_M$

（2）光学纤维的主要特性

数值孔径、透光能力、分辨本领、对比度等光学参量是表征光学纤维特性的主要参量。在传光纤维中，数值孔径及透光能力这两个参量更为重要。

① 数值孔径

从前面的讨论可知，只有当入射在光学纤维端面上光线的入射角小于一定值 θ_0 时，折射光线在光学纤维芯料和涂层界面上的入射角 φ 才会大于临界角 φ_M，光线才能在光学纤维内经过多次的内反射而传递到光学纤维的另一端；对于入射角大于 θ_0 的那些光线，折射后在界面上的入射角小于临界角 φ_M，内反射不完全，光线将射出界面。这个入射角 θ_0 称为光学纤维的孔径角，它的数值由光学纤维的数值孔径决定，如图 4-1-8 所示。

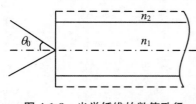

图 4-1-8　光学纤维的数值孔径

数值孔径用 NA 表示，则

$$NA = n_0 \sin\theta_0 = \sqrt{n_1^2 - n_2^2} \qquad (4\text{-}1\text{-}6)$$

式中：n_0——是入射光线所在介质的折射率；

n_1、n_2——分别为光学纤维芯料和涂层的折射率。

从公式（4-1-6）可以看出，芯料和涂层的折射率相差越大，θ_0 就越大，光学纤维的数值孔径 NA 就越大。数值孔径 NA 是表示光学纤维集光能力的一个参量，它越大就表示光学纤维接收的光通量越多。

② 透过率

在实际应用中，要求光学纤维传光性能良好，光能损失小。透过率 T 是表示光学纤维传光性能好坏的一个重要参量。T 为输出光通量 I 和输入光通量 I_0 之比：

$$T = I/I_0 \qquad (4\text{-}1\text{-}7)$$

对光学纤维来说，影响透过性能的主要因素有：光学纤维芯料的吸收；界面内全反射损失；光学纤维端面的反射损失。此外，光学纤维的填充系数、数值孔径、入射光的光谱分布、光学纤维的几何结构的规则性等，都对透过性能有一定影响。

4.1.3　导爆管爆速测定(光电法)

1. 导爆管单段爆速试验

WJ/T 2019—2004《塑料导爆管》规定:爆速测定有光电法和电探针法两种,前者为仲裁法。每炮测单段爆速值。

(1) 仪器和装置

测时仪:测时精度不低于±0.2μs;两个光电靶间距为(0.500±0.002)m。

起爆装置:电火花起爆器或其他等效起爆装置。

(2) 试验步骤

a. 准备试样,试样长度为(2.0±0.1)m。

b. 将试样和测时仪在温度为(20±10)℃的条件下放置15min以上。

c. 将测时仪预热5min后,将试样任一端按首靶到末靶顺序插入光靶的固定管中,两靶间试样不应弯曲和过紧,试样起爆端距首靶应不小于1.3m。

d. 仪器调整好后用起爆装置将试样起爆,记录测时仪显示时间。

由于起爆装置的原因未能起爆,允许再次起爆,但应将试样的起爆端部位剪掉约10cm。

(3) 结果表述

试样的爆速按公式(4-1-8)计算:

$$D = 0.5/t \tag{4-1-8}$$

式中:D—试样爆速的数值,m/s;

　　t—测时仪显示时间的数值,s。

计算结果保留到整数位。

2. 导爆管多段爆速试验

(1) 方法原理

两套导爆管光电靶测速装置见图4-1-9,光电靶(光电二极管)在光照作用下能够产生一定方向电动势的光生伏特效应,光能被PN结吸收,发射出电子和空穴对,在反向电压作用下,反向电流增大,形成光电流,光电靶导通。无光照射时,其反向电阻很大,呈现反向电流很小的暗电流。

分析图4-1-9(a),当导爆管爆炸波从左至右传播到第一个光电靶时,爆炸发出的光通过透过固定管壁上的孔照射到光电靶聚焦镜上,光电靶由截止变为导通,两端电压产生负跳变,经爆速仪输入端的微分电路形成一个负脉冲,打开了计时门,如图4-1-10。

同理当爆炸波传到第二个光电靶时,产生的负脉冲关闭了前一个计时门同时又打开了后一个计时门,传到最后一个光电靶时,关闭了最后一个计时门,从而测到了五个Δt,两只光电靶间的爆速为:$D=\Delta L/\Delta t$。

图4-1-9(b)测速装置原理是导爆管引爆后爆轰波发出的光,由塑料光纤传导到光电转换装置中的光电管聚焦镜上,光电管及爆速仪的工作状态同前。

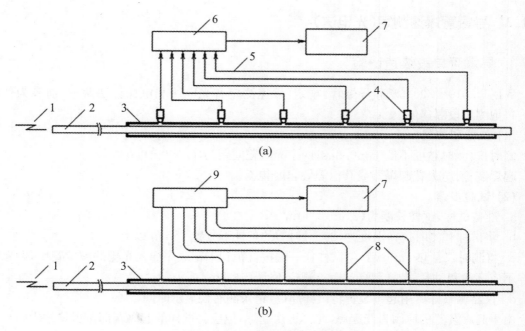

图 4-1-9　导爆管爆速测量装置

（a）光电二极管测量装置；（b）光学纤维测量装置；1. 引爆端；2. 导爆管；3. 光靶固定管；4. 光电靶；5. 靶引线；
6. 接线盒；7. 爆速仪；8. 塑料光纤；9. 光电转换装置

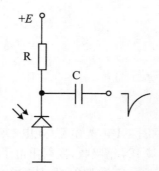

图 4-1-10　负脉冲形成原理

利用爆速仪多通道的特点，不仅能非常简便的进行多点测量，且省略了外加电路。由距离 ΔL_1、ΔL_2……和测到的时间 Δt_1、Δt_2……经计算可以得到导爆管爆炸后某段距离内的速度：

$$D_1 = \frac{\Delta L_1}{\Delta t_1}, \quad D_2 = \frac{\Delta L_2}{\Delta t_2}, \cdots, D_n = \frac{\Delta L_n}{\Delta t_n} \tag{4-1-9}$$

引爆导爆管的方法除采用电火花起爆器外，还可用起爆器与点火针引爆，方法是将一根大于 600mm 长，外径为 0.2～0.3mm 漆包铜线对折后把头部拧成麻花状（约 50mm 长），然后在头部 10mm 处剪断，尾部的两根线用砂纸除去绝缘漆接到起爆器上，再将头部插入导爆管引爆端，起爆器充电后的放电高压可使头部剪断处的空气击穿产生电爆炸火花，这种电火花的能量足以瞬间引爆导爆管。图 4-1-11 是高速摄像机用 20000fps（frame per second）拍摄速度，观察到点火针在空气中的电爆炸火花。

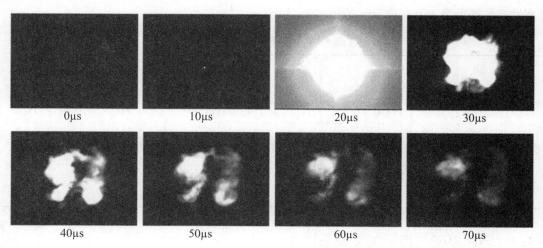

图 4-1-11　点火针在空气中的电爆炸火花

（2）仪器、设备与材料

a. 多通道爆速仪（如 DDBS - 20 型爆速仪，具有 20 个 CH）：测时精度不低于±0.2μs。

b. 起爆装置：起爆器和点火针。

c. 光电测速装置（包括 6 只 2CU 型光电靶）。

d. 光电转换装置（包括 6 根长 2～3m 塑料光纤，光纤直径 1mm，护套外径 2.5mm）。

e. 外径为 0.2～0.3mm 漆包铜线。

（3）试验步骤

a. 按图 4-1-9 连接试验装置。

b. 制作点火针，试验电爆炸火花。

c. 将试样一端按首靶到末靶顺序插入光靶的固定管中（穿透即可），管中的试样不应弯曲和过紧，起爆端距首靶不应小于 1.3m，以保证引爆后达到稳定爆速。

d. 检查爆速仪，确认正常后置于"工作"位置，选择"0.1μs"时标，最后按一次"复位"键。

e. 起爆器充电，充电指示灯亮后，转向"起爆"由电爆炸火花引爆待测试样，爆炸后立即记录每一段测量数据。

f. 取出爆炸后的试样，按下爆速仪的"复位"键，插入待测试样进行下次试验。

由于起爆装置的原因未能起爆，允许再次起爆，但应将试样的起爆端部位剪掉约 10cm。

（4）数据处理

计算 $D_1 \sim D_n$ 和 $\overline{D}$。

计算标准差：

$$\delta = \pm \sqrt{\frac{\sum_{i=1}^{n}(D_i - \overline{D})^2}{n-1}} \qquad (4\text{-}1\text{-}10)$$

试验结果：

$$D = \overline{D} \pm \delta \qquad\qquad (4\text{-}1\text{-}11)$$

典型试验数据见表 4-1-2。

表 4-1-2 导爆管试样的爆速

序号	Δt_1 (μs)	D_1 (m/s)	Δt_2 (μs)	D_2 (m/s)	Δt_3 (μs)	D_3 (m/s)	Δt_4 (μs)	D_4 (m/s)	Δt_5 (μs)	D_5 (m/s)	$\overline{D}$ (m/s)
1	109.9	1820	111.0	1802	111.6	1792	111.4	1792	110.2	1815	1804
2	113.0	1770	111.2	1799	110.0	1818	109.1	1833	111.0	1818	1808
3	106.8	1873	107.2	1866	108.0	1852	109.0	1835	108.2	1848	1855
4	111.2	1799	110.9	1803	109.9	1820	111.1	1800	110.6	1808	1806
5	111.2	1799	111.2	1799	111.4	1742	111.2	1751	111.3	1798	1779

4.1.4 弱起爆能与传爆加速关系

相对于雷管或导爆索引爆导爆管,电火花引爆应属于弱起爆能,点火针、笔式点火器等都属于这一类,工程爆破中电火花引爆导爆管是常用的方法。

点火针的两个电极之间有微小间距,当储能电容器的直流高电压输送给点火针时,两个电极之间的空气瞬间被击穿,便产生了电火花。当微小间距不变,电火花的起爆能与电容器容量和直流电压大小有关。即:

$$E = \frac{1}{2}CU^2 \qquad\qquad (4\text{-}1\text{-}12)$$

式中:E—起爆能,J;

$\quad C$—电容器容量,F;

$\quad U$—电容器贮存的直流电压,V。

根据起爆理论,导爆管一旦被起爆,无论起爆能大小都有一个爆速加速(弱起爆能)至稳定爆速阶段,或爆速减速(强起爆能)至稳定爆速阶段。这个不稳定爆轰长度与测量爆速时确定起爆端距首靶的距离密切相关,为此进行了以下试验。

按图 4-1-9(a)的测速装置,测得一组试样的导爆管平均爆速为(1802±59)m/s,爆速极差小于 100m/s,符合 WJ/T 2019—2004《塑料导爆管》标准中规定,测速装置也满足试验精度要求。

弱起爆能与不稳定爆轰长度试验的起爆,采用电容式起爆器和点火针,起爆器内 6 个电容器(5.5μF/个)串联,总电容量为 0.917×10^{-6}F,将电容器输出端引出,用 Q3-V 型电压表监测 6 个数值的放电直流电压,按式(4-1-12)计算的起爆能见表 4-1-3。

表 4-1-3 计算的起爆能

U (V)	C (F)	E (J)	U (V)	C (F)	E (J)
800	0.917×10^{-6}	0.293	1600	0.917×10^{-6}	1.174
1200	0.917×10^{-6}	0.660	1800	0.917×10^{-6}	1.486
1400	0.917×10^{-6}	0.899	2000	0.917×10^{-6}	1.832

起爆端距首靶距离为 0.19m,按 0.1m 间隔,依次为 0.29m、0.39m、0.49m、0.59m、0.69m、0.79m 共 7 个测点,可测出 6 个导爆管爆速数据,测定结果见图 4-1-12。

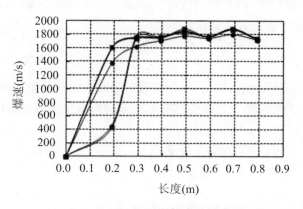

图 4-1-12 不同起爆能的传爆加速过程

由图 4-1-12 看出:起爆后爆速随之加速,直到爆速稳定传播,如果以(1802±59)m/s 为该试样的爆速,不同起爆能起爆时不稳定爆轰长度数据见表 4-1-4,回归曲线见图 4-1-13。

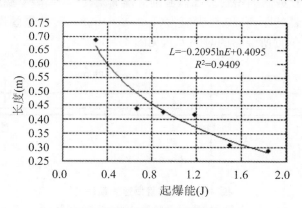

图中公式:
$$L = -0.2095\ln E + 0.4095$$
$$R^2 = 0.9409$$

图 4-1-13 起爆能与不稳定爆轰长度关系

表 4-1-4 起爆能与不稳定爆轰长度

E (J)	0.293	0.66	0.899	1.174	1.486	1.832
ΔL (m)	0.69	0.44	0.43	0.42	0.31	0.29

从中可以得出:随着起爆能增大,不稳定爆轰长度缩短,反之亦然。因此当起爆端距首靶距离大于或等于 1.3m 时,测出的爆速值是可靠的。

应当指出使用起爆器和点火针引爆导爆管时,起爆器的毫秒开关供电时间大多≤6ms,为了安全使用,毫秒开关设计了超过 6ms 时电容器剩余电量对地短路释放功能。上述试验未考虑剩余电量,因此计算的起爆能有一定误差。精确测量可采用真空水银开关或真空电接点开关等,由 Q3-V 型电压表监测剩余电量。

4.1.5 国外的导爆管爆速测定简介

欧盟国家的 EN 13763—23—2002 Determination of the shock-wave velocity of shock tube(《导爆管爆速测定》)测定方法简介如下：

1. 试验装置

导爆管引爆方式：电火花或雷管引爆，用雷管引爆时必须对导爆管和测量仪器进行保护。

试验记录装置：装置带有两个光学传感器和记录冲击波经过传感器的时间的测时仪，测时精度为 $\pm 1\mu s$。

温控室：能够保持 (20 ± 2)℃的温度环境。

2. 被测试件

选择 20 根导爆管，每根长度至少 2400mm。

3. 试验步骤

a. 用胶带将导爆管剪断面密封。在试验前导爆管置于 (20 ± 2)℃温度下至少 2h。

b. 两个光学传感器的距离 d_{AB} 至少应为 (1000 ± 5)mm。对导爆管进行引爆后，记录冲击波从 A 位置传播到 B 位置所经历的时间 t_{AB}，见图 4-1-14。

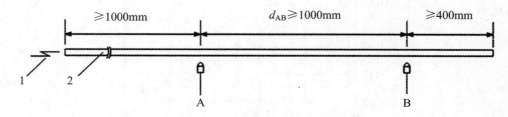

图 4-1-14 导爆管爆速测量装置

1. 起爆位置；2. 导爆管；A、B. 光学传感器

c. 记录 20 根导爆管各自对应的 d_{AB} 和 t_{AB}。

d. 由公式(4-1-13)计算各根导爆管的爆速 D，单位为 m/s，按四舍五入将爆速值取整。

$$D = \frac{d_{AB}}{t_{AB}} \tag{4-1-13}$$

计算爆速平均值，并按四舍五入取整。

4. 试验结果

各根导爆管的爆速 D 及爆速平均值。

4.1.6　试验方法的讨论

1. 测定参数比较

我国对导爆管爆速测定采用 WJ/T 2019—2004《塑料导爆管》标准(见 3. 中的"(1) 导爆管单段爆速试验"),欧盟国家采用 EN 13763—2002《导爆管的爆速测定》标准。两个标准的测试原理、方法及数据处理等基本相同,具体细节略有差异,见表 4-1-5。

表 4-1-5　两个测定标准的比较参数

试验标准 比较参数	WJ/T 2019—2004 《塑料导爆管》	EN 13763—2002 《导爆管爆轰速度测定》
测定方法	光电法和电探针法两种,前者为仲裁法	光学传感器
引爆方式	电火花起爆器或其他等效起爆装置	电火花或雷管
测时仪	测时精度不低于±0.2μs	测时精度为±1μs
测定间距	(0.500±0.002)m	至少应为(1000±5)mm
试样长度	(2.0±0.1)m	至少 2400mm
恒温及时间	(20±10)℃温度下放置 15min 以上	(20±2)℃温度下至少放置 2h
起爆端距首靶距离	≥1.3m	≥1000mm
末靶距导爆管末端距离	≤0.2m	≥400mm
测定数量	根据生产批次抽样确定	20 根
数据处理	爆速	每根导爆管爆速、爆速平均值并取整数

2. 注意事项

a. 光电靶(光电二极管)引线极性不能连接错。

b. 点火针引爆后头部氧化会出现残留碳渣而造成短路,所以每次引爆后,把头部剪去约 1cm 再使用,可保证每次引爆成功。

c. 数据记录前,勿按测时仪的"复位"键,否则数据将被清除。

d. 测时仪或其他类型仪器应按照说明书的规定进行操作。

4.2　工业导爆索爆炸性能测试

工业导爆索的试验方法包括:外观、尺寸、装药量及公差、抗水性(water resistance)、耐热性(anti-heating property)、耐寒性(anti-freezing property)、感爆性能、传爆性能、起爆性能和爆速。本节只介绍后四种性能试验方法,其他方法见文后参考文献。

4.2.1　工业导爆索基本参数

工业导爆索的外观为橙色,按不同的爆炸输出能量分类为:装药量小于(9±1.0)g/m 的低能导爆索(low energy detonating cord);装药量大于或等于(9±1.5)g/m、小于(18±1.5)g/m 的中能导爆索(普通导爆索);装药量大于或等于(18±2.0)g/m 的高能导爆索(high energy detonating cord)。

导爆索按其分类表示的代号为:低能导爆索用 DBX 表示,其中 DB 代表低能导爆索产品,X 代表装药质量,装药量小于 9g/m,如"DB5"代表装药量为 5g/m 的低能导爆索;中能导爆索用 PBX 表示,其中 PB 代表中能导爆索产品,X 代表装药质量,装药量大于或等于 9g/m、小于 18g/m;高能导爆索用 GBX 表示,其中 GB 代表高能导爆索产品,X 代表装药质量,装药量大于或等于 18g/m。

导爆索的索芯是密度约为 1.2g/cm³ 的黑索今或其他猛炸药,爆速应不低于 6000 m/s,用一发 8 号雷管引爆后导爆索应能爆轰完全。一般情况下低能导爆索主要用于传爆网络,中能和高能导爆索可直接起爆炸药,也可以作为独立的爆破能源。某些特殊场合还可以用搭结、束结、水手结等连接方法组成传爆网络。

需要说明的是:索类爆破器材还有一个品种是工业导火索(industrial blasting fuse),目前该产品已停止生产。其外观是白色,索芯是黑火药,每米燃烧时间为 100～125s,主要用于引爆火雷管,但某些特殊需求还有极少量应用。

4.2.2　工业导爆索爆炸参数试验

1. 适用范围

适用于以黑索今或太安为药芯,以纤维或塑料为包缠物并涂覆防潮层的工业导爆索。

2. 仪器、设备及材料

(1) 仪器、设备
以下仪器、设备应有国家认可的检定合格证并在有效期内使用。
a. 天平:分度值不大于 0.01g。
b. 爆速仪:爆速仪的时间显示分辨率为 ±0.1μs。
c. 起爆器:应满足起爆 8 号雷管要求。
(2) 材料
以下材料应有合格证。
a. 8 号雷管:性能应符合 GB 8031—2015 或 GB 19417—2003 的要求。
b. 梯恩梯药块:200g。
c. 黄纸板:厚 0.45 mm。
d. 细绳、胶带和直径 0.1～0.3mm 的漆包铜线。
(3) 试验场地
试验的场地应有安全防护措施,并符合相应的安全规范。场地内应无梯恩梯药块和导爆索残留物。

3. 导爆索感爆性能试验

(1) 试验方法

把 2000mm 长导爆索截成 1000mm 长两段后互相搭接,搭接长度约 130mm(装药量为大于或等于 9g/m 的导爆索),如图 4-2-1。

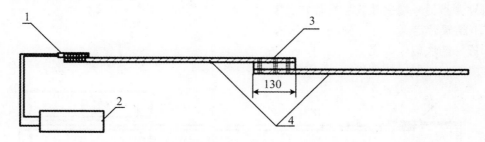

图 4-2-1　感爆性能试验示意图(图中尺寸:mm)
1. 8号雷管;2. 起爆器;3. 黄纸板;4. 2根 1000mm 长导爆索

在搭接处安放黄纸板若干层,层数应根据产品技术条件确定。然后用细绳或胶带捆紧。黄纸板长度为 130mm,宽度略大于导爆索直径。

在捆好的导爆索一端捆扎 8 号雷管并引爆。

(2) 结果评定

导爆索应爆轰完全。

4. 导爆索间传爆性能试验

(1) 试验方法

取 5000mm 长导爆索,截成 1000mm 长 5 根,按图 4-2-2 连接后,用一发 8 号雷管引爆,观察是否爆轰完全。

(2) 结果评定

导爆索应爆轰完全。

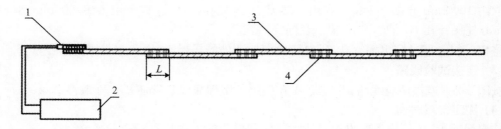

图 4-2-2 传爆性能试验示意图
1. 8号雷管;2. 起爆器;3. 5根 1000mm 长导爆索;4. 细绳或胶带;L. 装药量大于 9g/m 的导爆索,$L \approx$ 150mm;装药量大于或等于 9g/m 的导爆索,$L \approx 130$mm

5. 导爆索起爆性能试验

(1) 试验方法

取 1500mm 长导爆索 1 根,一端插入梯恩梯药块的雷管孔内,按图 4-2-3 方式把导爆索在梯恩梯药块上缠绕三圈,用细绳或胶带捆牢。

将导爆索另一端捆扎 8 号雷管并引爆。

(2) 结果评定

梯恩梯药块应爆轰完全。

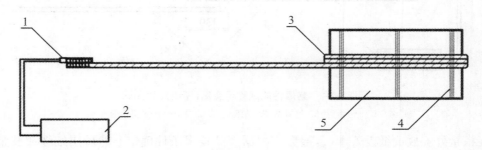

图 4-2-3 起爆性能试验示意图

1. 8 号雷管;2. 起爆器;3. 导爆索;4. 细绳或胶带;5. 梯恩梯药块

6. 导爆索爆速测定

(1) 探针制作

取直径 0.1～0.3mm、长度为 300mm 的漆包铜线,将其两个端头分别除去绝缘层约 70mm 后对折,再把对折处绞合约 40mm。此探针适用于"通—断"方式触发爆速仪,如用"断—通"方式触发爆速仪时,需将探针头部对折处剪断,使其成为两根互相绞合并绝缘的导线。

每次测定使用两根探针。

(2) 试样准备

取约 1000mm 导爆索 1 根。在距一端 300mm 处扎探针孔 A,在距 A 孔 500mm 处(精确到 1mm)扎探针孔 B。两探针孔要沿径向穿过药芯。

将探针绞合部分穿出探针孔,反复弯曲探针孔处的导爆索,使药芯与探针结合紧密。

(3) 连接试验线路

按图 4-2-4 连接试验线路,并在距 A 孔一端头用细绳或胶带捆扎 8 号雷管。

(4) 测定传爆时间

开启爆速仪,按使用说明书规定的方法检查爆速仪工作状态并检查试验线路。

一切正常后用起爆器引爆 8 号雷管,观察并记录爆速仪显示的时间。

(5) 爆速计算

按公式(4-2-1)计算爆速:

$$v = \frac{500}{t} \times 10^3$$

$$(4\text{-}2\text{-}1)$$

式中:v——爆速,m/s;

$\quad$ t——爆速仪显示的时间,μs。

计算精确到1m /s。

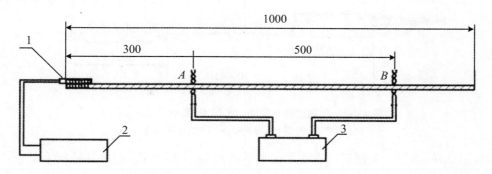

图 4-2-4 爆速测定示意图(图中尺寸:mm)

1. 8号雷管;2. 起爆器;3. 爆速仪

4.2.3 国外的导爆索爆炸参数试验简介

欧盟国家的导爆索爆炸参数试验标准是:EN 13610—7—2002《Determination of reliability of Initiation of detonating cords》(《导爆索起爆可靠性测定》)、EN 13610—9—2004《Determination of transmission of detonation from detonating cord to detonating cord》(《导爆索间传爆能力测定》)、EN 13610—10—2005《Determination of initiating capability of detonating cords》(《导爆索起爆能力测定》)和 EN 13610—11—2002《Determination of velocity of detonation of detonating cords》(《导爆索爆速测定》),具体试验方法及步骤简介如下:

1. 导爆索起爆可靠性试验

一种用规定起爆能力的雷管起爆民用柔性塑料导爆索(detonating cord with plastic sheath)或棉线导爆索(detonating cord with cotton fiber covering)可靠性的方法。

(1) 方法原理

用雷管引爆一个被测试样,再用另一发起爆能力比上一发雷管低一个等级的雷管去引爆其他被测试样。检查被测试样被引爆后在见证板上的凹痕。

(2) 试验材料

a. A 型雷管:等效起爆能力符合制造商规定值的要求。

b. B 型雷管:等效起爆能力比制造商规定值低一个等级。

c. 见证板:材料为 EN AW—6082 铝,长度为(50±10)mm,宽度和厚度应能观察到爆炸的凹痕。

d. 被测试件:选择 6 根长为(1000±50)mm 导爆索,第一根用于初步试验,其余五根用于测定试验。

(3) 试验步骤

① 初步试验

用胶带将 A 型雷管连接到被测试样上,再用胶带将见证板连接到试样尾端,如图 4-2-5

所示。

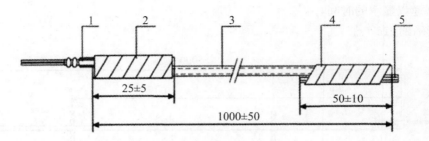

图 4-2-5 被测试样与雷管的装配图(图中尺寸:mm)
1. 雷管;2. 胶带;3. 导爆索;4. 胶带;5. 见证板

将被测试样、雷管和见证板拉直放置在水平地面上,引爆雷管,记录见证板上是否产生凹痕。对于低能导爆索,需在导爆索的另一端(与见证板接触)用胶带连接一发目击雷管,以使见证板产生爆炸凹痕。

② 试验测定

使用 B 型雷管,按照上述步骤,重复进行 5 次试验。记录每次试验见证板上是否有凹痕。

(4) 试验结果

试验用雷管的等效起爆能力范围;

五次测定试验中,在见证板上产生凹痕的次数。

2. 导爆索间传爆性能试验

一种测定民用柔性塑料或棉线导爆索能否被另一根相同导爆索引爆的方法。

(1) 方法原理

用一发具有一定起爆能力的雷管引爆主爆导爆索,观察与其相连接的被爆导爆索是否爆轰完全,在被爆导爆索末端的见证板上是否留有凹痕。

(2) 试验材料

a. 铝制或木制见证板:检验被爆导爆索是否发生爆轰(或使用电离探针测量爆速)。

b. 雷管:应满足制造商规定的等效起爆能力。

c. 主爆导爆索:选取 1 根或 5 根,用于引爆被爆导爆索。

d. 被测导爆索:按规定的连接方法,选取 5 根合适长度的被爆导爆索。长度应满足:与主爆导爆索连接后,应至少还有 500mm 长度。

(3) 试验步骤

a. 按照图 4-2-6 连接雷管、主爆导爆索、被爆导爆索与见证板。

b. 对雷管引爆。检查被爆导爆索的爆轰情况,并作记录。可以在 1 根主爆导爆索上同时连接 1 根以上被爆导爆索,并同时进行试验。

(4) 试验结果

连接到主爆导爆索上的被爆导爆索数量;

每根被爆导爆索是否发生爆轰及验证方法;

使用的主爆导爆索与雷管类型。

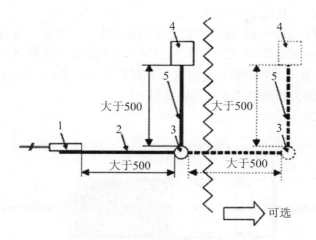

图 4-2-6 测试布置图(图中尺寸:mm)
1. 雷管;2. 主爆导爆索;3. 主爆与被爆导爆索连接点;4. 见证板;5. 被爆导爆索

3. 导爆索起爆能力试验

一种民用柔性塑料或棉线导爆索起爆能力的试验方法。该方法适用线装药量≤40g/m,且用于引爆其他导爆索或高能炸药的导爆索。

(1) 试验原理

用胶带将导爆索紧紧连接到数张纸卡片上,当导爆索被引爆后,用所有纸卡片是否被切断来判定导爆索的起爆能力。

(2) 试验材料

a. 雷管:应满足制造商规定的等效起爆能力要求。

b. 纸卡片:为面密度 240～260g/m² 的普通非涂布纸,长为(100±5)mm,宽为(50±5)mm。

c. 支撑板:钢制或铝制平板,长宽分别为(200±20)mm 和(60±5)mm,厚度至少应为 4mm。

d. 胶带:宽度为(20±2)mm。

(3) 被测试样

5 根长度分别为(500±50)mm 的导爆索。

(4) 试验步骤

a. 采用一定数量的纸卡片,要求试验后至少有 5 张纸卡片被完全切割(对于线装药量为 12g/m 的导爆索,所需纸卡片一般为 24～33 张;对于线装药量为 24g/m 的导爆索,所需纸卡片一般为 35～45 张)。

b. 将纸卡片置于支撑板表面,用胶带将导爆索的一端与三张纸卡片以及支撑板紧紧粘接在一起,三张纸卡片之间的距离应相等。导爆索的一端应比纸卡片超出(50±10)mm 长度,如图 4-2-7 所示。

c. 在导爆索的另一端,用胶带将雷管粘接到导爆索上,连接长度为(25±5)mm。将上述装置放置于钢板或混凝土基座上,引爆雷管。

d. 试验结束后,收集纸卡片。统计被完全切割的纸卡片的数量。将被部分切割的纸卡片用切割百分率折合成一定数值(精度为 5%)与被完全切割的纸卡片数量进行相加(即,若纸卡片被切去 30mm,则在被完全切割的纸卡片数量上加上 0.3)。被切割纸卡片的数量 X 为被完全切割的纸卡片和被部分切割的纸卡片数量之和。

e. 重复进行 5 次试验。

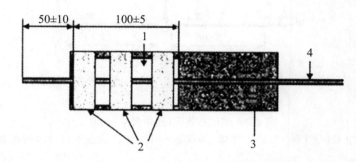

图 4-2-7   导爆索与纸卡片和支撑板的连接示意图(图中尺寸:mm)
1. 纸卡片;2. 胶带;3. 支撑板;4. 导爆索

(5) 结果计算

每根导爆索的起爆能力 IC_n可用公式(4-3-2)进行计算:

$$IC_n = \frac{(X_n \times g_c)}{1000} \tag{4-3-2}$$

式中:n 为试验次数;

　　IC_n— 导爆索在第 n 次测试中的起爆能力;

　　X_n— 在第 n 次测试中被切割的纸卡片数量;

　　g_c— 纸卡片的面密度。

计算 5 次试验的算术平均值,并四舍五入到最接近的整数。

(6) 试验结果

试验所使用导爆索的类型和制造商规定的起爆能力;

试验中使用的纸卡片的面密度 g_c和类型;

各次试验中的被切割纸卡片的数量 X_n以及起爆能力计算值 IC_n;

导爆索的平均起爆能力 IC(IC 的单位是 g/m²)。

4. 导爆索爆速试验

一种测量导爆索爆轰波传播速度的方法。

(1) 试验仪器与材料

a. 传感器:两个用于测量爆速的传感器,可以采用漆包铜线制作或光学纤维与光电转换装置。

b. 爆速仪:用于测量时间,测量精度应为 ±1μs。

c. 雷管:应导爆索制造商规定的等效起爆能力要求。

d. 被测试样：选取 8 根长为(1500±50)mm 的导爆索。

(2) 试验步骤

a. 按照图 4-2-8 连接试验器材。

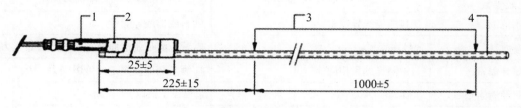

图 4-2-8 测试装配图(图中尺寸:mm)
1. 雷管；2. 胶带；3. 传感器；4. 导爆索

b. 将导爆索和雷管水平固定在高于地面至少 200mm 的位置，固定在两个支撑点之间。

c. 传感器与爆速仪进行连接。

d. 雷管与引爆装置进行连接，并引爆。

e. 记录下爆轰波经过两个传感器之间的时间。若爆轰中止，则记录"失败"。

f. 重复 3 次试验。若试验结果中出现爆速高于制造商规定值的 5%，则需要再重复进行 5 次试验。

(3) 爆速计算

根据公式(4-2-3)计算导爆索爆速：

$$v = \frac{10^6}{t} \tag{4-2-3}$$

式中：v —— 爆速值，m/s；

t —— 爆轰波经过两个传感器之间的时间，μs。

(4) 试验结果

制造商规定的导爆索爆速值；

每一次试验的爆速(3 次或 8 次)，与制造商规定的爆速值之间的差值。

4.2.4　试验方法的讨论

我国对导爆索爆炸性能试验采用 GB/T 9786—2015《工业导爆索》和 GB/T 13224—1991《工业导爆索试验方法》标准。欧盟国家对导爆索每一种爆炸性能都详细制定了标准，以下做一简单分析和比较。

1. 相同类型试验方法比较

见表 4-2-1、4-2-2 及 4-2-3。

表 4-2-1 导爆索间传爆参数比较

试验标准 比较参数	GB/T 9786—2015《工业导爆索 /导爆索间传爆性能试验》	EN 13610—9—2004 《导爆索间传爆能力测定》
适用范围	塑料或棉线导爆索	塑料或棉线导爆索
起爆源	8 号雷管	雷管应满足制造商规定的等效起爆能力
主爆导爆索	与被测导爆索相同	应满足制造商规定的传爆能力
被测导爆索根数	5 根	1 根或 1 根以上
每根导爆索长度	1m	连接后的雷管底部与主爆、被爆导爆索连接点之间均应大于 0.5m
连接方法	搭接	制造商规定的连接方法
连接长度	装药量小于 9g/m 的导爆索,为 150mm;装药量大于或等于 9g/m 的导爆索,为 130mm	同上
结果判断依据	每根导爆索应爆轰完全	铝制或木制见证板、或使用电离探针测量爆速,判断每根被测导爆索是否爆轰完全

欧盟方法对试验结果判断采用见证板或测量爆速方法较为客观准确。

表 4-2-2 导爆索起爆性能参数比较

试验标准 比较参数	GB/T 13224—1991《工业导爆索试验方法 /导爆索起爆性能试验》	EN 13610—10—2005 《导爆索起爆能力测定》
适用范围	塑料或棉线导爆索	线装药量为不超过 40g/m 的塑料或棉线导爆索
起爆源	8 号雷管	雷管应满足制造商规定的等效起爆能力
导爆索长度	1.5m	(500±50)mm
导爆索数量/试验次数	根据生产量抽样确定	5 根/5 次
被起爆物	质量为 200g 的梯恩梯药块	面密度为 240~260g/m² 的普通非涂布纸卡片
结果判断依据	梯恩梯药块应爆轰完全	以导爆索切割纸卡片数量衡量起爆能力

梯恩梯药块密度大较难引爆,我国方法采用导爆索引爆的方法,属于直接法。但梯恩梯药块不易购置;欧盟方法的方法属于间接法,不同线装药量导爆索与爆轰切割纸卡片数量有对应关系。

表 4-2-3 导爆索爆速参数比较

比较参数 / 试验标准	GB/T 13224—1991《工业导爆索试验方法/导爆索爆速测定》	EN 13610—11—2002《导爆索爆轰波传爆速度测定》
适用范围	塑料或棉线导爆索	线装药量为不超过 40g/m 的塑料或棉线导爆索
起爆源	8 号雷管	雷管应满足制造商规定的等效起爆能力
传感器	"通—断"或"断—通"式探针	探针或光学纤维与光电转换系统
导爆索长度	1000mm	(1500±50)mm
靶距	500mm	(1000±5)mm
雷管底部距首靶距离	≈250mm	≈200mm
末靶距导爆索末端距离	200mm	≈275mm
爆速仪测量精度	±0.1μs	±1μs
导爆索数量/试验次数	根据生产量抽样确定	8 根/3 次（如试验结果中出现爆速高于制造商规定值得 5%，则需要再重复进行 5 次试验）
爆速计算	计算每一次爆速测试结果并去整数	3 次或 8 次试验的每一次爆速测试结果，以及与制造商规定值之间的差值

两个试验方法和原理基本相近。

2. 不同类型试验方法解读

"导爆索感爆性能试验"引自 GB/T 13224—1991《工业导爆索试验方法》，是将两根 1m 长导爆索的首尾段约 130mm 长度搭接，搭接部位用若干张黄纸板隔开，经 8 号雷管引爆后，两根导爆索均应完全爆轰。根据搭接长度判断，试验样品应为装药量大于或等于 9g/m 的导爆索。"若干张黄纸板"没有规定具体张数，是尚欠严谨之处。该试验类似于轴向殉爆距离测定，又与欧盟的"导爆索起爆能力测定"试验方法有某些相同之处。

"导爆索起爆可靠性试验"引自 EN 13610—7—2002《导爆索起爆可靠性测定》，是先用 1 发 A 型雷管起爆 1 根被测试样，再用 5 发 B 型雷管（起爆能力低于 A 型雷管）起爆剩余 5 根被测试样，检查试样爆炸后在铝制见证板上产生的凹痕。对低能导爆索，需在导爆索与见证板接触的另一端连接一发目击雷管，以使见证板产生凹痕。

试验目的是考核两种不同起爆能力的雷管起爆导爆管、及低能导爆索爆轰后再引爆雷管情况，以见证板产生的凹痕确认。

该试验方法对见证板规格、雷管与导爆索及见证板连接长度、试验数量等都做出具体规定,便于试验操作。

4.2.5　索类器材组合传爆试验

将爆破工程中常用导爆管和导爆索组成综合网路做传爆试验,有助于了解和掌握产品性能、爆破现场的一些基本操作方法以及爆轰波的能量传递作用。

1. 方法原理

导爆管、导爆索传递能量各不相同,被激发方式亦不尽相同,利用电雷管作为起爆源,使它们之间能量得以转换,完成传爆和爆轰过程。

2. 仪器、设备与材料

a. 放炮线、导通表、起爆器。

b. 爆炸容器。

c. 8号电雷管,性能应符合 GB 8031—2015。

d. 导爆管,性能应符合 WJ 2019—2004。

e. 8号导爆管雷管,性能应符合 GB 19417— 2003。

f. 普通或高能工业导爆索,性能应符合 GB/T 9786—2015。

g. 具有8号雷管感度工业炸药、细绳和胶带。

3. 试验步骤

a. 将8号电雷管与两根导爆管(其中1根另一端是导爆管雷管)反向连结,用胶带固定。

b. 导爆管雷管与第一根1000mm长导爆索首端正向连接,未端与第二根1000mm长导爆索首端搭结,搭结长度约130mm(装药量小于9g/m的导爆索,搭结长度约150mm),均用胶带固定。

c. 第二根导爆索的另一端与中部打成水手结的两根长2000mm导爆索的一端搭结,并用胶带固定。

d. 在第一个水手结与搭结点中部用两根1000mm长导爆索等距离打成束结。

e. 取两卷各150g工业炸药,一卷与任意1根束结导爆索尾段缠绕,并用细绳或胶带固定;另一卷炸药与第二水手结导爆索尾段缠绕,也用细绳或胶带固定。

f. 连接在电雷管上的另一根导爆管的末端,与三发导爆管雷管引线导爆管首端剪成一定角度的斜面后插入带有铁箍的导爆四通,再用卡口钳将铁箍卡紧。

g. 将组合传爆装置放入爆炸容器内,两根水手结导爆索中部弯成大于90°,关闭容器内外门,人员撤离到安全地点后,用导通表检查网络电阻,无误后,起爆器充电、起爆,爆炸后检查组合传爆试验中各部分爆破器材是否爆轰完全。

h. 如果完全传爆,重复 a~g,再做2次试验,如在某一环节没有传爆,应检查原因,排除故障后重新试验。

连接的传爆装置如图 4-2-9 所示。

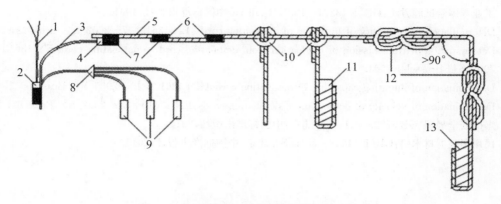

图 4-2-9　索类爆破器材组合传爆连接示意图

1. 脚线；2. 电雷管；3. 导爆管；4、9. 导爆管雷管；5. 导爆索；6. 搭结；7. 固定胶带；8. 导爆四通；10. 束结；11. 炸药；12. 水手结；13. 细绳或胶带

4. 组合传爆试验要求

试验采用电雷管、导爆管及导爆管雷管、导爆索连接、导爆索与炸药连接做传爆和起爆试验，能够掌握各种索类起爆器材的激发和能量传递方式，以及导爆索在各种不同连接方式时的可靠传爆过程。除此外通过试验还可以进一步认识爆破作业安全的某些具体规定，如：

a. 用雷管起爆导爆管网路时，起爆雷管底部（猛炸药部位）与导爆管捆扎端端头的距离应不小于 150mm，应有防止雷管聚能穴炸断导爆管的措施；试验中采用反向起爆可以避免出现这一现象。雷管和导爆管用胶带捆扎应牢固。当用无起爆药电雷管起爆时应采用正向起爆，如仍用反向起爆，可能会出现导爆管未传爆就被炸断的现象。

b. 起爆导爆索的雷管底部与导爆索捆扎端头的距离应不小于 150mm，雷管聚能穴应朝向导爆索的传爆方向。

c. 两根导爆索搭接长度应不小于 150mm，中间不得夹有异物，捆扎应牢固，支线与主线传爆方向的夹角应大于 90°；因为该夹角小于 90°时，主线导爆索爆炸时可能会炸断或引起支线导爆索的殉爆。

d. 导爆索无论搭结、束结和水手结，两个接头间距离应不小于 500mm，以避免殉爆，产生误判。

参 考 文 献

［1］　李国新，程国元，焦清介. 火工品实验与测试技术［M］. 北京：北京理工大学出版社，1998：196-201.

［2］　工业电雷管：GB 8031—2015［S］. 北京：中国标准出版社，2015.

［3］　导爆管雷管：GB 19417—2003［S］. 北京：中国标准出版社，2003.

［4］　塑料导爆管：WJ/T 2019—2004［S］. 北京：兵器工业出版社，2004.

［5］　Determination of the hock-wave velocity of shock tube：EN 13763—23—2002［S］. Brussels，2002.

［6］　张立. 爆破器材性能与爆炸效应测试［M］. 合肥：中国科技大学出版社，2006.

［7］　工业导爆索：GB/T 9786—2015［S］. 北京：中国标准出版社，2015.

［8］　工业导爆索试验方法：GB/T 13224—1991[S].北京：中国标准出版社，1991.

［9］　Determination of reliability of Initiation of detonating cords：EN 13610—7—2002[S]. Brussels，2002.

［10］　Determination of transmission of detonation from detonating cord to detonating cord：EN 13610—9—2004[S]. Brussels，2004.

［11］　Determination of initiating capability of detonating cords：EN 13610—10—2005[S]. Brussels，2005.

［12］　Determination of velocity of detonation of detonating cords：EN 13610—11—2002[S]. Brussels，2002.

［13］　爆破安全规程：GB 6722—2014[S].北京：中国标准出版社，2014.

［14］　民用爆破器材术语：GB/T 14659—2015[S].北京：中国标准出版社，2015.

第5章 爆炸效应测试

5.1 压电式压力传感器性能参数标定

采用压电晶体制作的各种传感器,在爆炸效应测试中应用的非常广泛,如:压电式压力传感器测量空气、水下爆炸冲击波的入射或反射压力、激波传播速度、工业雷管的延期时间,压电加速度计测量爆炸振动加速度等。压力传感器用于测量冲击波压力时,突出优点是能准确得到压力随时间的变化过程($P\text{-}t$ 曲线),当压力作用在压电晶体上时,晶体发生形变,内部产生极化现象,晶体表面呈现与压力成正比关系的电荷,用高输入阻抗的放大器可测出电荷量,由此来计算爆炸冲击波的超压、正压作用时间、负压作用时间、比冲量等数据。因此,确定传感器的性能参数非常重要,它对定量测定冲击波 $P\text{-}t$ 曲线的精度和准确性有很大影响,通常在爆炸试验前应做好标定工作。

为了较好地理解本节内容,有必要介绍一下某些材料的压电效应、压电式压力传感器结构等基本知识。

5.1.1 压电效应

某些材料在沿一定方向受到拉力或压力作用时,内部会产生极化现象,同时在某两个表面上产生符号相反的电荷;若将外力撤销,它们又重新恢复到不带电状态。当改变外力作用方向,电荷的极性也随之改变。材料受力产生的电荷量与外力的大小成正比。这种效应称为顺压电效应,具有压电效应的器件称为压电材料。反之,将压电材料置于交变电场中,材料本身会产生机械变形,这种现象称为逆压电效应。利用这种原理制成的传感器常用于电声和超声工程中。在自然界中,大多数晶体都具有压电效应。但多数晶体的压电效应过于微弱,因此并没有实用价值,能应用于测量的只不过几十种。

常用的压电材料有三种类型,第一类是压电单晶晶体,如石英、酒石酸钾钠等;第二类是多晶体压电陶瓷,如钛酸钡、锆钛酸铝、铌镁酸铅等。第三类是近些年发展起来的有机压电材料,如氧化锌、硫化镉等压电半导体材料和聚二氟乙烯 PVF_2、聚氯乙烯 PVC 等高分子压电材料。

1. 压电单晶体

石英晶体是最常用的压电单晶材料,它的机械性能和电性能稳定,温度系数很小,适用于不同温度下的压力测试,是良好的天然压电材料。其外观形状是一个六角形晶体,见图 5-1-1。

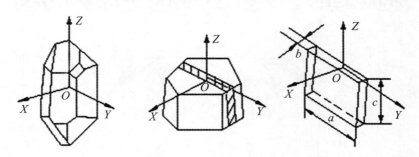

图 5-1-1 石英晶体的形状与切片

在直角坐标系中,Z 轴表示纵向轴,称为光轴;X 轴经过正六面体的棱线,称为电轴;Y 轴垂直于正六面体棱面,称为机械轴。通常把沿电轴(X 轴)方向的力作用下产生电荷的压电效应称为纵向压电效应;把沿机械轴(Y 轴)方向的力作用下产生的压电效应称为横向压电效应;而光轴(Z 轴)方向受力时不产生压电效应。图 5-1-1 中的 b、c 表示沿 ZXY 轴切下的一片形状为平行六面体的压电晶体切片。如果切割的两个端面都与 X(或 Y)相垂直,则称此种切片方式为 X(或 Y)切割。如果对此压电晶片沿 X 轴施加压(或拉)力 F_X 时,则在与 X 轴垂直的平面上产生电荷 Q_X,其大小为:

$$Q_X = d_{11} F_X \tag{5-1-1}$$

式中:d_{11}—— X 轴方向受力时的压电系数,C/N。

电荷 Q_X 的符号取决于是受压还是受拉。从公式(5-1-1)可以看出:切片上产生电荷多少与切片的几何尺寸无关。如果在同一切面上沿 Y 轴方向施加力 F_Y 其产生的电荷仍在与 X 轴垂直的平面上,但极性相反,此时电荷的大小为:

$$Q_Y = d_{12} \frac{a}{b} F_X \tag{5-1-2}$$

式中:a、b—晶体切片的长度和厚度,mm;

d_{12}—Y 轴方向受力时的压电系数,C/N。

由于石英晶体呈轴对称,因此 $d_{12} = -d_{11}$。从公式(5-1-2)可以看出:沿机械轴 Y 方向的力作用在晶体上时,产生的电荷量与晶体切片的几何尺寸有关,负号说明沿 Y 轴的压力所产生的电荷极性与沿 X 轴的压力所引起的电荷极性是相反的。

因此晶体切片上电荷的极性与受力方向的关系可用图 5-1-2 表示。图中(a)是在 X 轴方向上受压力;(b)是在 X 轴方向上受拉力;(c)是在 Y 轴方向上受压力;(d)是在 Y 轴方向上受拉力。

晶体切片的方位可以不同,主要分为两类,X 切割和 Y 切割。图 5-1-1 中的石英是 X 切割,即以厚度方向 b 平行于晶体 X 轴,长度方向 a 平行于 Y 轴,宽度方向 c 平行于 Z 轴切割。也可以以这种原始位置进行旋转,获得一系列 X 切割。如果以厚度方向 b 平行于 Y 轴,长度

方向平行于 X 轴,宽度方向 c 平行于 Z 轴为原始位置,经旋转可得到一系列 Y 切割晶片。

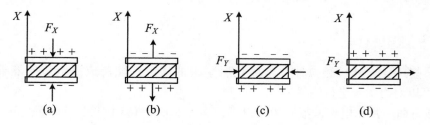

图 5-1-2　晶片上电荷极性与受力方向的关系

石英晶体的分子式是 SiO_2,硅原子带有 4 个正电荷,氧原子带有 2 个负电荷,在平面上的投影可以等效为正六边形排列。当石英晶体未受到力的作用时,正负离子正好分布在正六边形的顶点上,形成三个大小相等、互成 120° 夹角的电偶极矩 P_1、P_2 和 P_3,其方向由负电荷指向正电荷。此时正、负电荷中心重合,电偶极矩的矢量和等于零,即:

$$P_1 + P_2 + P_3 = 0 \tag{5-1-3}$$

这时晶体表面不产生电荷,石英晶体从整体上呈电中性。

当石英晶体受到沿 X 方向的压力作用时,晶体沿 X 方向产生压缩变形,正、负离子的相对位置随之变动,正、负电荷中心不再重合,电偶极矩在 X 轴方向的分量 $(P_1+P_2+P_3)_X$ 大于 0,在 X 轴的正方向的晶体表面上出现正电荷,而在 Y 轴和 Z 轴的分量均为零,即 $(P_1+P_2+P_3)_Y=0$,$(P_1+P_2+P_3)_z=0$。在垂直于 Y 轴和 Z 轴的晶体表面上不出现电荷。

当石英晶体受到沿 Y 方向的压力作用时,晶体的变形,偶极矩在 X 轴方向的分量 $(P_1+P_2+P_3)_X$ 小于 0,在 X 轴的正方向的晶体表面上出现负电荷,在垂直于 Y 轴和 Z 轴的晶面上不出现电荷。

当晶体受到沿 Z 轴方向的压力或拉力作用时,因为晶体在 X 方向和 Y 方向的变形相同,正、负电荷中心始终保持重合,电偶极矩在 X、Y 方向的分量等于零。所以沿光轴方向施加作用力,石英晶体不会产生压电效应。

2. 多晶体压电陶瓷

多晶体压电陶瓷是经过人工烧制而成,具有耐湿、耐高温等特点。压电陶瓷由无数个细微的电畴组成,这些电畴实际上是自发极化的微小区域,自发极化的方向完全是任意排列的。在无外电场作用时,从整体看,这些电畴的极化效应被互相抵消了,使原始的压电陶瓷呈电中性,不具有压电性质。

为了使压电陶瓷具有压电效应,必须进行极化处理。所谓极化处理就是在一定温度下对压电陶瓷施加强电场(如 20~30kV 直流电场),经过 2~3min 后,压电陶瓷就具备了压电性能。这是由于陶瓷内部的电畴的极化方向在外电场作用下都趋向于电场的方向,这个方向就是压电陶瓷的极化方向,通常取 Z 轴方向。压电陶瓷无论是受到沿极化方向(平行于 Z 轴)的力,还是垂直极化方向(垂直于 Z 轴)的力,都会在垂直 Z 轴的上下两电镀层上出现正、负电荷(晶体表面镀银),电荷的大小与作用力成正比。这个过程与铁磁材料的磁化过程极其相似,经过极化处理的压电陶瓷,在外电场去掉后,其内部仍存在着很强的剩余极化强度,当压电陶瓷受外力作用时,电畴的界限发生移动,因此,剩余极化强度将发生变化,压电陶瓷就呈现出压电效应。

3. 有机压电材料

利用某些高分子材料经拉伸和电极化后呈现的压电性能制成压电传感器或压电薄膜(PVDF),可以对力学量进行测量。

拉伸或弯曲一片压电聚偏氟乙烯 PVDF 高分子膜时,薄膜上下电极表面之间就会产生一个电信号(电荷或电压),并且同拉伸或弯曲的形变成比例。PVDF 对动态应力非常敏感,$28\mu m$ 厚的灵敏度典型值为 $10\sim15mV$/微应变。但 PVDF 不能探测静态应力。

PVDF 很薄,质轻,非常柔软,可以无源工作,有文献介绍在爆炸测试中使用了压电薄膜。

PVDF 的压电响应在相当大的动态范围内都是线性的(大约 14 个数量级)。多数情况下,只要能明显区分目标信号和噪声的带宽,细小的目标信号都可以通过过滤器采集到。

有商品的 PVDF,可测试整个薄膜或 $1mm^2$ 的分布式阵列压力,压力量程为 $5kPa\sim5MPa$,误差为 $5\%\sim10\%$,而一致性误差为 20%。基材可以为 PET(聚酯薄膜)或 TPU(聚氨酯薄膜),支持测试温度为 $-10\sim120℃$,见图 5-1-3。

图 5-1-3　压电薄膜传感器

采用不同的封装手段,可用在油和水等液体中使用,在工业控制、汽车测试等领域有很多应用。

5.1.2　压电传感器的基本结构

利用压电材料的这种特性制成的传感器称为压电传感器。

压电传感器可以将压力、力、加速度等非电物理量转换为对应的电量。它具有使用频带宽,灵敏度高,信噪比高,工作可靠,重量轻等优点。近年来由于电子技术的飞速发展,与压电传感器配套的二次仪表以及低噪声、小电容、高绝缘电阻电缆的出现,使压电传感器使用更为方便,应用范围越来越广泛。

1. 压电式压力传感器的工作原理

根据使用要求的不同,压电式压力传感器有各种不同的结构,但工作原理都基本相同。图

5-1-4 为典型的压电式压力传感器结构示意图,这种传感器常用于测量空气冲击波反射压力。

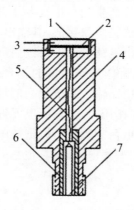

图 5-1-4 压电式压力传感器结构
1. 膜片;2. 中心电极;3. 压电元件;4. 壳体;5. 引线;6. 绝缘材料;7. 信号输出插口

当压力 P 作用在膜片上时,在压电元件的上下表面产生电荷,电荷量与作用力 F_X 成正比,见公式(5-1-1)。

由于压力作用在压电元件上的力和压力之间有如下的关系:

$$F_X = PS \tag{5-1-4}$$

式中:S—压电元件受力面积。

因此公式(5-1-1)可写成:

$$Q_X = d_{11}PS \tag{5-1-5}$$

由上式可知,对于选定结构的传感器,输出电荷量(或电压)与输入压力成正比关系,一般压电式压力传感器的输出线性度是比较好的,如图 5-1-5 所示。

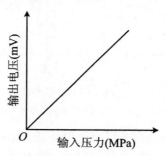

图 5-1-5 压电式压力传感器输出特性

2. 压电元件的连接方式

在压电传感器中,常采用两片或两片以上的压电元件组合在一起使用。由于压电元件是有极性的,因此在连接上有串联和并联两种方法。每两组压电片组成一个压电单元,产生压电效应后,就相当于一个充电电容。每个压电单元的负极都集中在中间电极上,而正极在上下两面电极上,这样接法称为并联。如果有 n 个压电单元并联,则总的电容输出 $C = nC_i$,总输出电

压 $U=U_i$，极板上电荷量 $Q=nQ_i$。

每两组压电片的中间极板上，上片产生的负电荷与下片产生的正电荷抵消。在上极板取正电荷，在下极板取负电荷。这种接法是串联接法，其输出电容 $C=C_i/n$，$U=U_i$，$Q=nQ_i$。

在述的两种接法中，并联接法输出电荷量大，本身电容也大，因此时间常数大，适合测量反应速度慢些的信号，并且适用于以电荷作为输出量的场合。串联接法输出电压高，自身电容小，适用于以电压作为输出量及测量电路输入阻抗很高的场合。

当压电传感器的压电元件受外力作用时，会在压电元件的两个电极面上产生电荷，在一个面上集聚正电荷，另一个面上集聚负电荷。因此可以把压电传感器看作是一个电荷源（静电发生器）。显然，当压电元件的两个表面聚集电荷时，它也是一个电容器，其电容量为：

$$C = \frac{\varepsilon_r \varepsilon_0 A}{\delta} \tag{5-1-6}$$

式中：C—压电传感器内部电容，F；

      ε_0—真空介电常数，$\varepsilon_0 = 8.85 \times 10^{-12}$ F/m；

      ε_r—压电材料相对介电常数；

      δ—压电元件的厚度，m；

      A—极板面积，m^2。

把压电式传感器等效为一个电荷源和一个电容并联的电荷等效电路，如图 5-1-6(a) 所示。由于电容器上的电压（开路电压）U、电荷 Q 和电容 C 三者之间存在以下关系：

$$U = \frac{Q}{C} \tag{5-1-7}$$

因此压电传感器也可以等效为一个串联电容表示的电压等效电路，见图 5-1-6(b)。

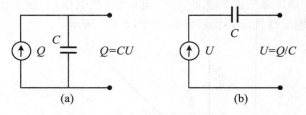

图 5-1-6　压电式压力传感器等效电路

(a) 电荷等效电路；(b) 电压等效电路

由图可知，只有在传感器内部不漏电且外电路负载无穷大时，传感器产生的电压才能长期保存下来。如果负载不是无穷大，则电路就要以时间常数 RC 按指数规律放电。因此，当压电传感器测量一个静态或频率很低的参数时，就必须保证负载电阻 R 具有很大的数值，通常 R 大于 $10^9\,\Omega$。

5.1.3　压电传感器的配套仪器

由于压电传感器的输出信号非常微弱，一般需将电信号进行放大才能测量出来。而压电传感器的内阻抗相当高，不是普通放大器能放大的，除阻抗匹配外，连接电缆长度、噪声都是突出的问题。为解决这些问题，通常传感器的输出信号先由低噪声电缆输入高输入阻抗的前置放大器。而前置放大器的主要作用是将压电传感器的高阻抗输出变换成低阻抗输出，同时也兼有放大传感器的弱信号作用。压电传感器的输出信号经过前置放大器的阻抗变换后，就可以采用一般的放大、检波指示或通过功率放大至记录和数据处理设备。

压电传感器有两种等效电路，可以把它们看作是电荷发生器和电压发生器。对应这两种等效电路，前置放大器也有两种形式，一种是电压放大器，其输出电压与输入电压成正比，这种电压放大器也称为阻抗匹配器。另一种是电荷放大器，其输出电压与输入电荷成比例。电压放大器和电荷放大器测压系统框图如图 5-1-7 所示。从图中可见，电压放大器应靠近传感器，因为它对输入电缆长度的影响特别敏感；而电荷放大器对输入电缆的长度，在增益方面受影响很小。电荷放大器中有强烈的电容反馈，使放大器频响大大下降，电压放大系统没有这个问题。

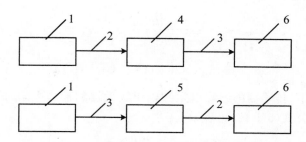

图 5-1-7　电压与电荷放大器试验装置框图

1. 压电传感器；2. 短电缆；3. 长电缆；4. 电压放大器；5. 电荷放大器；6. DSO

1. 电压放大器

电压放大器的功能是将压电传感器的高输入阻抗变为较低的阻抗，并将压电传感器的微弱电压信号放大。图 5-1-8 所示为压电传感器与电压放大器连接后的等效简化电路。

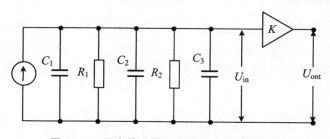

图 5-1-8　压电传感器与电压放大器等效电路

图中

$$R = \frac{R_1 \cdot R_2}{R_1 + R_2} \tag{5-1-8}$$

$$C = C_1 + C_2 \tag{5-1-9}$$

式中：R_1、C_1 分别是传感器内部电阻和电容，R_2、C_2 分别是放大器输入电阻和电容。从公式 (5-1-9) 可以看出，压电传感器的开路电压与其自身产生的电荷及电容量有关，如果传感器在 X 轴方向受到一个频率为 ω，幅度为 F_m 的力的作用，即：

$$f = F_m \sin\omega t \tag{5-1-10}$$

则产生的电荷与电压均按正弦规律变化：

$$U = \frac{dF_m}{C}\sin\omega t \tag{5-1-11}$$

式中：d 是压电系数。送到放大器输入端的电压为：

$$U_{in} = dF_m \frac{\mathrm{j}\omega R_i}{1 + \mathrm{j}\omega R_i(C_1 + C_2 + C_3)} \tag{5-1-12}$$

式中：R—系统的绝缘漏电阻，Ω；

　　C_3—电缆电容，F。

由公式(5-1-12)可知，放大器输入端电压的幅值 U_{inm} 及它与所测压力的相位差 φ，用下面两公式表示：

$$U_{inm} = \frac{dF_m\omega R_i}{\sqrt{1 + \omega^2 R_i^2(C_1 + C_2 + C_3)}} \tag{5-1-13}$$

$$\varphi = \frac{\pi}{2} - \arctan\omega(C_1 + C_2 + C_3)R_i \tag{5-1-14}$$

假设在理想情况下，传感器的绝缘电阻和电压放大器的输入电阻都为无限大，即 R 为无限大，电荷无泄漏，则公式(5-1-13)可表示为：

$$U_{inm} = \frac{dF_m}{C_1 + C_2 + C_3} \tag{5-1-15}$$

当改变传感器和电压放大器之间的电缆长度时，电缆电容 C_3 也会增大，这样会导致放大器输入端电压 U_{in} 降低，影响输出灵敏度。但随着固态电子器件和集成电路的发展，超小型阻抗变换器已能够直接装入传感器内，这就解决了电缆对测量精度的影响，目前国内外都有这类传感器产品。

2. 电荷放大器

电荷放大器能将高内阻的电荷源转换为低内阻的电压源，而且输出电压正比于输入电荷。电荷放大器也具有阻抗变换的作用，其输入阻抗高达 $10^{10} \sim 10^{12}\Omega$，输出阻抗小于 100Ω。

电荷放大器实际上是一个具有深度电容负反馈的高增益放大器，与传感器连接后的等效电路见图 5-1-9 所示。

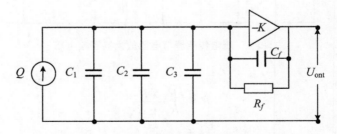

图 5-1-9　压电传感器与电荷放大器等效电路

图中 K 是放大器的开环增益，负号表示放大器的输出与输入反相。由于放大器的输入采用了场效应晶体管，因此放大器输入阻抗极高，放大器输入端几乎没有分流，电荷 Q 只对反馈

电容 C_f 充电,充电电压近似等于放大器的输出电压,即:

$$U_{\text{out}} = \frac{Q}{C_f} \qquad (5\text{-}1\text{-}16)$$

上式表明,电荷放大器的输出电压只与输入电荷和负反馈电容有关,而与放大器放大系数变化和电缆电容均无关,因此,只要保持负反馈电容的数值不变,就可以得到随电荷 Q 变化呈线性关系的输出电压。

输出灵敏度取决于负反馈电容 C_f,一般电荷放大器灵敏度的调节都采用切换运算放大器 C_f 的方法,C_f 越小,电荷放大器的灵敏度越高。电缆长度并不是无限的,C_3 值过大,也会引起灵敏度下降,一般取 KC_f 大于 $10C_3$,C_f 通常不小于 100pF。

此外,由于放大器是电容反馈,对直流工作点相当开环,故零点漂移很大。为了工作稳定,在反馈电容两端并联一个反馈电阻,形成直流负反馈,以稳定放大器的直流工作点。

为了测量不同的输入电荷,C_f 一般设计成多量程。由多档开关接通不同阻值的电阻构成,主要目的是为了适应各种灵敏度的传感器而使其输出电压归一化(一种简化的仪器设置方式,即将有量纲变换为无量纲的仪器设置)。高低通滤波器的作用是滤掉高频和低频的干扰。输出放大器输出适当的电压、电流信号。为了避免放大器进入非线性工作区,设置过载指示,并通过开关使仪器快速复位。

3. 传输电缆

试验装置中的信号传输电缆常用低噪声电缆,如 STYV-2 低噪声电缆线,见图 5-1-10。

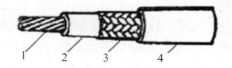

图 5-1-10　STYV-2 低噪声电缆线

1. 铜芯线;2. 外涂石墨粉的聚乙烯;3. 内涂硅油的铜网线;4. 聚乙烯护套

该电缆适应于高阻抗的信号传输,由于电缆内加入了石墨粉和硅油,当受到爆炸振动和冲击时可避免摩擦产生的电缆噪声,主要参数如下:

电缆外径:3.0mm;

电容:不大于 95pF/m;

绝缘电阻:不小于 5000MΩ·km;

电缆噪声:不大于 1mV。

4. 记录仪器

试验装置中记录仪器的功能是将试验结果用各种方式记录下来,以便进一步分析处理和保存。而爆炸又是一种快速、瞬变的单次物理过程,因此记录仪器应具备频带宽、数字化存储、内存容量大、足够的测量通道,并内置计算机及相应数据处理软件等功能。

满足上述条件的记录仪器有 DSO、数字存储记录仪等,是集高速 A/D 转换器、示波器和计算机为一体的仪器,其主要参数见"3.2.2 工业雷管作功能力测定——水下爆炸法"的相关内容。

5.1.4　压电传感器的静态与动态标定

标定一般分为静态标定与动态标定两种方法。两种方法中又分为传感器和整个试验装置（包括传感器、传输电缆、电压或电荷放大器和 DSO）的性能参数标定，限于篇幅，仅介绍传感器的静态和动态性能参数标定。

1. 标定目的

传感器基本上属于线性元件，但又不完全是线性关系，由于弹性元件、粘结剂、压电晶体片本身的性能及粘结工艺等因素，都会影响传感器的线性、回程误差和重复性等指标。通过对传感器的标定，可以获得上述性能参数，由此确定传感器误差，使试验的数据更有价值。

当测量压力时，无论用何种传感器和精密的试验仪器，由于各种因素的影响，使获得的试验值与真值之间总存在一定的误差，这一误差就是试验误差。这一误差虽然不可避免，但应尽量减少，以获得真实可靠的数据。

误差包括静态误差和动态误差两种：当被测物理量不随时间变化，或者变化很缓慢时，出现的误差称为静态误差；而当被测物理量随时间变化过程中，出现的误差称为动态误差。

2. 压电式压力传感器静态标定

（1）传感器的静态特性

静态特性是指被测物理量处于稳定状态时的输入—输出特性。主要指标有线性度、灵敏度、回程误差和重复性。传感器的静态特性是在静态条件下进行校准的，也叫静态标定。

线性度：对没有回程误差、蠕变效应的理想测试系统，其静态特性可以由下列方程式表示：

$$Y = a_0 + a_1 X + a_2 X^2 + a_3 X^3 + \cdots + a_n X^n \tag{5-1-17}$$

式中：X—输入物理量；

　　Y—输出量；

　　$a_0, a_1, a_2, \cdots, a_n$—常数。

在理想情况下，零点偏移被校准，所以 $a_0 = 0$；而 X 的高次项为零，即 $a_2, a_3, a_4, \cdots, a_n = 0$，线性方程变成 $Y = a_1 X$。

仪器或传感器特性曲线的线性度，也叫非线性误差，是用特性曲线与其拟合直线之间的最大偏差值和仪器或传感器满量程输出之比来表示。

$$\delta = \frac{\Delta m}{Y} \times 100\% \tag{5-1-18}$$

式中：δ—线性度（非线性误差），%；

　　Δm—输出平均值与拟合直线的最大偏差；

　　Y—满量程输出值。

回程误差：表明传感器正（输入量增大）反（输入量减小）行程的输入—输出特性曲线不重合的程度，即尽管输入量为同一数值，但由于输入时的行程方向不同，输出信号的大小也可能不相同。回程误差计算公式为：

$$H = \pm \frac{\Delta H_{max}}{Y} \times 100\% \qquad (5\text{-}1\text{-}19)$$

式中：ΔH_{max}—— 正反输出最大回程误差值。

重复性：表示传感器或试验装置在输入量按同一方向做全量程连续多次变动时，所得到的输出信号不一致性的程度。如果每一次的输出特性曲线一致，重复性就好，误差也小。重复性计算公式如下：

$$R = \pm \frac{(2\text{—}3)\sigma}{Y} \times 100\% \qquad (5\text{-}1\text{-}20)$$

式中：标准偏差 σ 按贝赛尔公式计算：

$$\sigma = \frac{\sqrt{\sum_{i=1}^{n} (Y_i - \bar{Y})^2}}{n = 1} \qquad (5\text{-}1\text{-}21)$$

式中：Y_i—试验值；

$\bar{Y}$—试验值的算术平均值；

n—试验次数。

若公式（5-1-20）括号内的置信系数取 2 时，置信概率为 95.4%，取 3 时，置信概率为99.73%。

电荷灵敏度：传感器灵敏度实际上就是表示这种输入和输出关系的特性参数，通常把描述满量程输入平均压力与传感器输出电荷关系的量，称为压电传感器的电荷灵敏度：

$$S_q = \frac{q(t)}{\Delta P(t)} \qquad (5\text{-}1\text{-}22)$$

式中：S_q—传感器的电荷灵敏度，pC/MPa；

$q(t)$—传感器的输出电荷量，pC；

$\Delta P(t)$—作用在压电晶体表面的平均压力，MPa。

设给压力传感器施加 1MPa 的压力时，传感器的输出电压为 125mV，在 15s 的加压时间内电荷放大器漂移了 1mV，当电荷放大器的设置传感器灵敏度为 10.00pC/unit，输出置于 10mV/unit，放大器的增益 $K = 10\text{mV/unit}/10\text{pC/unit} = 1\text{mV/pC}$，则：

$$S_q = \frac{V_{输出} - V_{漂移}}{K \times P} = \frac{125(\text{mV}) - 1(\text{mV})}{1(\text{mV/pC}) \times 1(\text{MPa})} = 124 \quad (\text{pC/MPa}) \qquad (5\text{-}1\text{-}23)$$

（2）静态标定装置

压力传感器静态标定一般采用标准活塞式压力计给传感器加压，传感器的输出经可以测量准静态电荷量的电荷放大器放大，由数字电压表显示数值，标定装置见图 5-1-11。

（3）静态标定步骤

图 5-1-12 是典型的待标定传感器，安装在活塞式压力计的标定模具中，用扳手将接口处拧紧。应根据传感器的测量压力范围，选择在此范围内的活塞压力计，以提高标定精度。

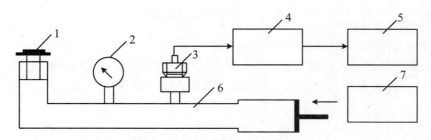

图 5-1-11 活塞压力计静态标准装置

1. 砝码；2. 0.5 级标准压力表；3. 被标定压力传感器；4. 电荷放大器；5. 数字电压表；6. 活塞压力计；7. 计时仪

图 5-1-12 3 种待标定的传感器

a. 反复给活塞压力计加压、泄压，以排除管道内的排气，并检查在标定的最大压力下是否渗油，若出现渗油，压力就不能保持恒定，应采取防渗措施。夏季应选用变压器油，冬季应选用蓖麻油。

b. 连接标定仪器，通电预热 30min。

c. 加上标定起始压力的砝码，加压同时启动计时仪开始计时。

d. 砝码升到一定高度后，旋转半周，使压力计内各处压力均匀，然后停止计时，记下这段时间与数字电压表显示的电压值。

e. 慢慢减压到零，减压时间与加压相等，观察数字电压表的电压值变化情况，读取与加压时间相等的电荷放大器的电压漂移值。

f. 从传感器的零负荷到传感器满量程按相等步长给传感器加压，然后再按相等步长从满量程减压至零，同时记录传感器的输出数值。试验时应注意：加压时不得超过预定值再降下来，减压时不要降过了头再往上加。

g. 重复 c～f 步骤，加压、减压各循环三次，记录每一次的电压输出值。

根据公式（5-1-18）～（5-1-23），分别计算被标传感器的线性度、回程误差、重复性和静态电荷灵敏度。

3. 压电式压力传感器动态标定

动态标定是用于确定传感器的动态技术性能或动态数学模型。压力传感器的动态特性主要表现在两个方面：一是时间域内的指标，如上升时间、峰值到达时间和相对衰减系数等；另一个是频率域内的指标，如通频带和自振频率（或称为频率响应）等。

（1）动态标定装置选择

要解决传感器的动态标定，必须首先解决动态压力源及其提供的压力—时间关系。动态压力源包括两大类型,一类是周期函数压力发生器,包括活塞、振动台、转动阀门、凸轮控制喷嘴等类型,主要用来产生周期连续性波形,如正弦波等。另一类是非周期函数压力发生器,包括激波管、快速卸载阀、落锤、爆破膜及已知爆炸能量的标准炸药(见3.2.2小节"工业雷管作功能力测定——水下爆炸法"的相关内容,或类似的方法)等,主要用来产生一个快速单次压力信号,如阶跃信号、半正弦波等。应根据使用的传感器和被测信号的特征来选择标定用的动态压力源。

爆破器材爆炸效应研究中遇到最多的是单次、脉冲式、瞬态信号,在标定传感器的动态参数时,选用阶跃压力激励源比较合适。其中激波管装置是应用较广泛的一种压力源。由于激波能产生压力阶跃,且激波波阵面很薄,压力阶跃的上升时间大约在 10^{-9} s 数量级。此外,激波管产生的压力阶跃在一定的马赫数范围内具有良好的恒压特性,所以用激波管装置可以获得理想条件下的压力脉冲。

激波管可以产生激波,激波是指气体某处压力突然发生变化,压力波高速传播,形成阶跃的压力波形。波速与压力变化强度有关,压力变化越大,波速越高。传播过程中,波阵面到达处,该处气体的压力、密度和温度都发生突变;波阵面未到达处,气体不受波的影响;波阵面过后,波阵面后面的气体温度、压力都比波阵面前高,气体粒子向波阵面前进的方向流动,其速度低于波阵面前进速度。

(2) 激波管标定装置

激波管标定装置见图 5-1-13,它是由高压气源、激波管、入射激波测速传感器和测试仪器等组成。

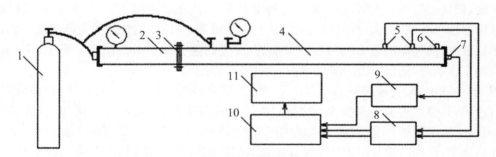

图 5-1-13　激波管动态标定装置示意图

1. 高压气瓶;2. 高压段;3. 膜片;4. 低压段;5. 激波速度传感器;6. 速度或触发传感器;7. 被标定压力传感器;8、9. 电荷放大器;10. DSO;11. 打印机或绘图仪

激波管是产生激波的核心部分,由 0.5m 的高压段和 1.5m 的低压段组成(也可采用其他长度的激波管),两段之间由铝或塑料膜片隔开,激波压力的大小由膜片的厚度决定。气源内的压缩气体经减压器、控制阀门送到高压段(如需要低压段的压力大于 1atm(=101325Pa),通过压力管和阀门分压),根据压力表指示确定所需压力的大小。当高、低压段的压力差达到一定程度时膜片破裂,高压气体迅速膨胀冲入低压段,而形成激波。这个激波的波阵面压力保持恒定,接近理想的阶跃波,被称为入射波。入射波经过两个激波速度传感器,输出信号经电荷放大器送入 DSO,由两个波形的时间差求得入射波波速。低压段尾部的速度或触发传感器,可以与相邻的速度传感器组合测量入射波速度,也可以用作 DSO 外触发的触发传感器。当入

射波到达低压段末端立刻反射,被标定传感器受到激励,输出信号经电荷放大器被 DSO 记录,由反射压力波形可测出了传感器的上升时间、自振频率等参数。传感器按自振频率产生的衰减振荡波形见图 5-1-14,试验波形经计算机软件计算后,还可求得传感器的幅频和相频特性。

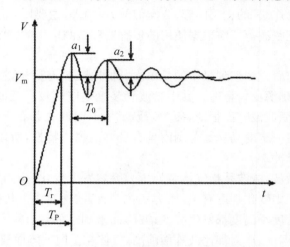

图 5-1-14　被标压力传感器的输出波形及参数

T_r. 上升时间;T_p. 峰值到达时间;T_0. 周期;V_m. 稳态输出电压;a_1、a_2. 第一、二周期的最大超调量

（3）激波管标定原理

激波管的基本结构是一个圆形或方形断面的直管,高压段和低压段之间隔开的膜片随压力而改变,低压时可用牛皮纸,中压时用各种塑料薄片,高压时用铜、铝等金属膜片。破膜方式可以采用超压自然破膜,也可用撞针击破,膜片一旦破裂,高压段的气体就向低压段冲去,在低压段形成激波,两气体接触面也向低压段推进,前进的速度低于激波速度。图 5-1-15 表示出了各段的工作状态,更便于进一步理解激波管的标定原理。

图 5-1-15 中,(a)为破膜前的压力状况,(b)为破膜后的压力状况。在低压段,激波以超音速向右推进,其速度为 D。激波未到之处,压力 P_1 保持不变,激波后面至接触面间的压力为 P_2(P_1 小于 P_2 小于 P_3)。接触面与激波的速度差($D-u_2$)小于该位置气体声速。

在高压段,破膜时膜片附近产生稀疏波,以该处声速向左(与激波反方向)传播,稀疏波经过的位置,压力下降为 P_4($P_4=P_2$)。即稀疏波右段和激波左段的气体压力相等,速度相同,但以接触面为分界线。两边气体温度不同,靠近激波一侧,因压力跃升过程气体受压缩导致温度升高,随之该处声速提高;靠近稀疏波一侧的气体,因气体膨胀导致温度下降,该处声速随之降低。

稀疏波到达高压段末端并被反射从左向右传播的过程见图中(c)。在稀疏波前面,压力仍为原来的值 P_4,稀疏波过后降至 P_6(P_4 大于 P_6)。稀疏波速为该处声速 C 与该处气流速度之和,它高于激波速度,如果激波管足够长,则稀疏波将追上激波。图中(d)表示出稀疏波追上激波的情况。

减小激波管的长度,使稀疏波赶上激波以前,激波则已到达右端面并被反射。若右端刚性封闭,那么反射波仍为激波,在反射激波前(左端)压力保持为原值 P_2,激波后面到右端面之间压力升高到 P_5(P_5 小于 $2P_2$),如图中(e)所示。若右端是开口的,则当激波冲出管口时,会向管内反射一个稀疏波,如图中(f)所示。

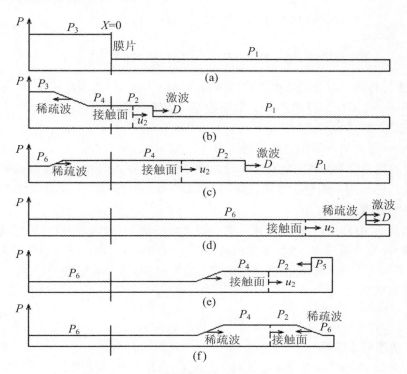

图 5-1-15　激波管各阶段工作状态及波系

(a) 破膜以前;(b) 破膜以后,稀疏波反射以前;(c) 稀疏波反射以后;(d) 稀疏波
赶上激波;(e) 激波在管子封闭端反射;(f) 激波在管子开口端反射

由以上分析可知,若传感器安装在激波管侧壁上,它会感受到 P_2-P_1 的阶跃压力,若安装在低压区末端面,则感受的压力为 P_5-P_1。

(4) 动态标定步骤

按图 5-1-13 标定装置示意图连接仪器、设备。

检查交流电源、使用环境、仪器设置是否符合传感器标定要求,开机预热 30 分钟。

将被标定压力传感器(见图 5-1-12)固定在低压室末端中心。

a. 将膜片固定在高压段和低压段的连接处,并将电荷放大器由"复位"拨向"工作"位置。

b. 操作 DSO 进入等待记录状态。

c. 缓慢打开高压气瓶阀门,压力表指示的压力也应缓慢升高,听到破膜声后立即关闭阀门。

d. 判读 DSO 记录的激波阶跃压力与速度波形,数据存盘。

e. 打开高、低压连接处,取出残留膜片,用长棒和绸布驱除低压室的气体(如用其他高压气体时)和碎膜片,将电荷放大器由"工作"拨向"复位"位置。

f. 重复 a~e 步骤,进行下一次试验。

(5) 动态参数计算

对高压段与低压段均为空气介质的激波管,在侧壁(测量入射激波)和末端中心(测量反射

激波)安装的压力传感器阶跃压力由公式(5-1-24)和(5-1-25)计算:

$$\Delta P_2 = P_2 - P_1 = P_1 \times \frac{7}{6}(M^2 - 1) \tag{5-1-24}$$

$$\Delta P_5 = P_5 - P_1 = P_1 \times \frac{7}{3}(M^2 - 1)\left(\frac{2 + 4M^2}{5 + M^2}\right) \tag{5-1-25}$$

式中:M—激波马赫数。由激波速度测量结果得出,$M = D/C$,D 为激波速度,m/s;C 为未扰动时空气的声速,m/s。$C = 20.1T^{1/2}$,T 为低压段空气的绝对温标,K。

P_1—低压段的压力,$(\times 10^5)$Pa;

ΔP_2、ΔP_5— 激波的入射压力和反射压力,$(\times 10^5)$Pa。

在标定用的激波管中常利用激波速度 D 的测量值来计算入射和反射激波的强度,图 5-1-13 中的两个速度传感器用于测量激波通过间距为 $L(20\text{cm})$ 的时间间隔 Δt,由此计算得到激波通过该区间的平均速度 $D = L/\Delta t$。

动态灵敏度 S_q 由公式(5-1-23)求得,由于激波传播是 μs 量级,所以计算时无需考虑电荷放大器的漂移;计算自振频率 f 时,先测出波形图上的周期 T_0,再由 $f = 1/T_0$ 计算。上升时间 T_r 的计算为:$T_r = T_p \times 90\%$。峰值到达时间 T_p,最大超调量 a_1、a_2 见图 5-1-14。

相对衰减系数为:

$$\delta_0 = \frac{1}{T_0}\ln\frac{a_1}{a_2} \tag{5-1-26}$$

(6) 典型动态标定结果

利用图 5-1-13 激波管动态标定装置对 4 只 CY-YD-205 型压电式压力传感器的数据见表 5-1-1,典型波形见图 5-1-16～图 5-1-19。

表 5-1-1　动态标定数据

传感器序号 标定参数	85026	85057	85065	85075
D (m/s)	540.92	544.39	541.11	544.56
$\Delta P_5 (\times 10^5 \text{Pa})$	5.506	5.656	5.465	5.66
T_r (μs)	5.67	6.39	6.13	7.99
f (kHz)	184.3	157.1	164.4	128.5
出厂时的 f (kHz)	大于 200	大于 200	大于 200	大于 200
S_q (pC/10^5Pa)	13.27	12.13	14.29	12.77
出厂时的 S_q (pC/$\times 10^5$Pa)	13.58	13.17	12.70	13.13

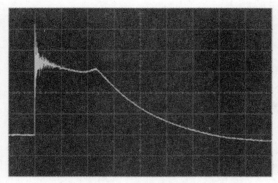

图 5-1-16 85026♯传感器典型标定曲线

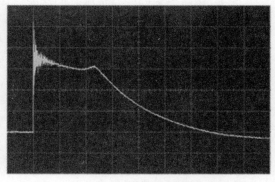

图 5-1-17 85057♯传感器典型标定曲线

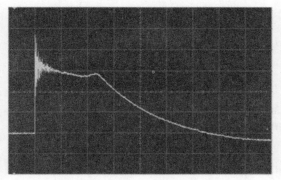

图 5-1-18 85065♯传感器典型标定曲线

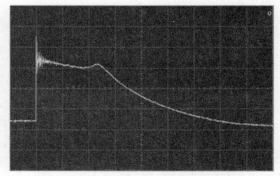

图 5-1-19 85075♯传感器典型标定曲线

5.1.5 试验方法的讨论

从表 5-1-1 可以看出,多次使用过后,传感器的 f 和 S_q 与原来的数值有一些变化,因此在重要的爆炸试验前,为了减少误差,应进行标定。

需要指出:尽管使用相同的传感器和配套仪器,标定出的静态与动态灵敏度还是存在一定差异,原因在于加载速率相差很大,静态加载需要十几秒~几十秒,而动态加载仅需几十微秒。

如果需要进行整个试验装置的标定,标定结果会包含一定的系统误差(放大器的飘移、DSO 的零点误差等)。在进行爆炸试验时还应使用标定时的试验装置,放大器和 DSO 的设置也应相同,若有改变,计算结果就不准确了。

电荷放大器可以使用长达几十米的电缆传输动态信号,但上限频率仅为 100kHz,在传输并放大(或衰减)大于 100kHz 的信号时,由于频带的限制会使高频部分信号失真。

电压放大器仅可以使用几米长的电缆传输动态信号,但上限频率可到达 1MHz,特别适合爆炸效应的试验。由于电缆短在野外爆炸试验受到限制。

美国 PCB 公司的内置放大器的 ICP 传感器,具有小于 100Ω 的低阻抗输出、高信噪比、长距离传输采用普通同轴电缆、工作温度−196~+399℃、自振频率大于或等于 500kHz,不需要低噪声电缆和电荷放大器的优点,适合几乎所有的动态压力传感器的应用,但配套的恒流源上限频率也为 100kHz。国内已有类似的传感器出现。

此外,还有以下问题对传感器的性能参数和试验结果产生影响:

1. 环境温度的影响

周围环境温度的变化对压电材料的压电系数和介电常数影响很大,将造成传感器灵敏度发生变化。然而,不同的压电材料,影响程度也不同。如石英晶体对温度就并不敏感,在常温范围,温度高至 200℃,石英的压电系数和介电常数几乎不变,在 200～400℃范围内变化也不大。

人工极化的压电陶瓷受温度的影响比石英要大得多,对于不同的压电陶瓷材料,压电系数和介电常数的温度特性有很大差别。如锆钛酸铅压电陶瓷的温度特性 就比钛酸铅压电陶瓷好得多,尤其是近年来研制成功的一些耐高温的压电材料,在较宽的温度范围内,性能还是很稳定的。

为了提高压电陶瓷的温度和长时期稳定性,一般进行人工老化处理(将压电陶瓷置于温度箱内反复加温和降温),经过一星期老化处理,灵敏度虽然降低了 30%,但性能却比较稳定了,相当于十年自然老化的效果。

天然石英晶体无须做人工老化处理,因为天然石英晶体已有五百多年的历史。如此长时间的自然老化,所以天然石英晶体的性能非常稳定。

压电陶瓷经过人工老化处理后,在常温环境中性能非常稳定,但是在高温环境中使用时,压电系数和介电常数仍会发生变化。如测量爆炸冲击波压力时,冲击波前沿的瞬时温度相当高,以热传导的方式经过传感器的壳体传导到压电元件上,引起传感器灵敏度变化,而且当传感器的壳体受热后会产生热应力。此热应力又与冲击波有相同传递速率,它以应力波的方式传递到压电元件上去,相当于压电元件上受到一个附加载荷的作用,以致使传感器产生附加输出电信号而造成测量误差。为了减小瞬时温度冲击对传感器输出的影响,在设计传感器应采取隔热措施。

2. 环境湿度的影响

如果传感器长期在高湿度环境下工作,传感器的绝缘电阻(泄露电阻)将会减小,会使传感器的低频响应变坏。为此,传感器的有关部分一定要良好绝缘,要选用绝缘性能好的绝缘材料,如聚四氟乙烯、聚苯乙烯、陶瓷等。此外,零件表面的光洁度要高。在装配前所用的零件都要用酒精清洗,烘干,传感器的输出端要保持清洁干燥,以免尘土积落受潮后降低绝缘电阻。对一些长期在潮湿环境或水下的传感器,应采取防潮密封措施,在容易漏气或进水的输出引线接头处用氟塑料加以密封。

3. 横向灵敏度

横向灵敏度是传感器测量误差的一个因素。为了减小横向灵敏度,除了尽量提高压电元件的加工精度和传感器的装配精度,以及调整压电片的相互位置外,如果在测量中已经知道横向振动来自某一方向,也可以根据传感器的横向灵敏度极坐标图,在安装传感器时,使最小横向灵敏度方向与横向振动方向一致。这样就可以减小横向灵敏度引起的测量误差。

4. 电缆噪声

压电式传感器的信号传输电缆一般多采用小型同轴电缆,这种电缆很柔软,具有良好的挠性。当它受到突然的拉动或振动时,电缆自身会产生噪声(虚假信号)。由于压电式传感器是电容性的,所以在低频(20Hz以下)时,内阻抗极高(有上百兆欧)。因此电缆里产生的噪声不会很快消失,以致进入放大器,并被放大,成为一种干扰信号。

电缆噪声完全是由电缆自身产生的。普通的同轴电缆是由带挤压聚乙烯或聚四氟乙烯材料作绝缘保护层的多股绞线组成的。外部屏蔽是一个编织的多股的镀银金属套套在绝缘材料上,当电缆受到突然的弯曲或振动时,电缆芯线和绝缘体之间,以及绝缘体和金属屏蔽套之间就可能发生相对移动,以致在它们两者之间形成一个空隙。当相对移动很快时,在空隙中将因静摩擦而产生静电效应,静电荷放电时将直接输送到放大器中,形成电缆噪声。为了减少电缆噪声,除选用特制的低噪声电缆外,在测量过程中应将电缆固紧,以避免相对运动。

在大型测试装置中,测量仪器很多。如果各仪器和传感器各自接地,而在不同接地点之间又有电位差,这电位差就会在接地回路中形成回路电流,导致在测量系统中产生噪声信号。防止接地回路中产生噪声信号的办法是整个测量系统在一点接地。由于没有接地回路,当然也就不会有回路电流和噪声信号。

5.2 空气中自由场爆炸冲击波参数测量

5.2.1 空气冲击波的特征

炸药在空气中爆炸时,爆炸所产生的高温、高压、高速爆炸产物强烈地冲击和压缩爆炸点周围的空气,而形成了空气冲击波。冲击波在空气中的传播过程见图5-2-1。

如球形药包的装药半径为 r_0,以爆炸点为中心,在距中心的距离为 $R=(7\sim14)r_0$ 的范围内,是爆炸产物的主要作用区;在距中心的距离为 $R=(14\sim20)r_0$ 的范围内,是爆炸产物和冲击波共同作用区;而在 R 大于 $20r_0$ 的范围内,主要是冲击波作用区。

由于冲击波的传播速度大于爆炸产物的运动速度,因而在 $R=(14\sim20)r_0$ 的范围内便出现分离,随着冲击波继续向前传播,波阵面上的气体被向前压缩,这样就在冲击波阵面和已分离的产物之间形成了一个负压区,冲击波后面已被压缩的空气开始向反方向膨胀,形成了膨胀波。在这两个过程不断进行的同时,由于不断消耗冲击波的能量,使得冲击波的速度、压力等参数逐渐衰减,最终使冲击波减弱成声波或消失。

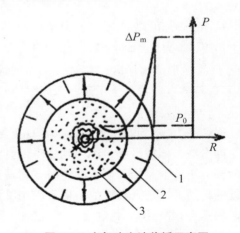

图 5-2-1 空气冲击波传播示意图
1. 冲击波阵面;2. 正压区;3. 负压区;P_0-大气压;
ΔP_m-空气冲击波超压

研究空气冲击波传播过程及运动规律,可以由试验来进行测量。通过测量某瞬间各个不同距离上的超压,能够得到相关的压力—时间(见图 5-2-2)和压力—距离(见图 5-2-3)曲线。

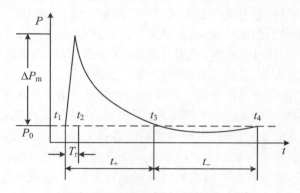

图 5-2-2　空气冲击波 P-t 曲线

T_r. 上升时间;t_+. 正压区时间;t_-. 负压区时间

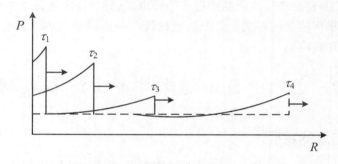

图 5-2-3　不同瞬间空气冲击波 P-R 曲线

$\tau_1 \sim \tau_4$. 空气冲击波在距爆心不同距离的波阵面

从图 5-2-2 可以看出:在距炸药中心某一距离的压力传感器感受的冲击波超压从未扰动的 P_0 突跃到 ΔP_m 后,冲击波后面的空气开始膨胀,随着时间的增加,压力逐渐下降,直到下降到低于 P_0 后形成负压区;图 5-2-3 的曲线是距炸药中心不同距离的压力传感器感受的冲击波超压,进行多点测量是为了研究和观察冲击波在整个传播过程中的衰减规律。从图中可以看出:随着冲击波到达不同距离所需时间的增加,其波阵面上的超压呈连续衰减趋势,正压区的宽度逐渐变大,直到其压力趋近于零时变为音速。

冲击波在传播过程中如遇到障碍物会发生反射现象,冲击波的反射又分为正反射和斜反射两种。正反射是指入射波的传播方向垂直于障碍物的表面,并在障碍物的表面发生反射,反射波的传播方向与入射波的传播方向相反;斜反射是指入射波的入射方向与障碍物表面成一定倾斜角度,并在障碍物的表面所发生的反射。

5.2.2　方法原理

测量炸药在空气中的爆炸参数是研究气体动力学、防爆安全工程,发展空气冲击波理论基础的重要方法。爆炸参数有冲击波压力,正压区、负压区作用时间和冲量,而其中主要是研究冲击波超压随时间变化的关系,简称 P - t 曲线。距爆炸中心很近距离,如小于 5 倍炸药半径处,由于传感器频率响应受限制,测试误差较大,通常采用测量冲击波速度的方法,测速时,距爆炸中心不同距离设置传感器件,如压电陶瓷传感器、压通探针等,当冲击波掠过时记录下经过一定距离的时间,由速度公式 $D = R_i / t_i$ 就可以得到距爆炸中心不同距离的冲击波速度,如采用时间间隔测量仪等计时仪器,再计算冲击波阵面的超压。

炸药爆炸后,产生的冲击波强烈地压缩周围气体介质,当波阵面作用到自由场压力传感器上时,使敏感元件发生形变,产生正比于波阵面压力的电荷,经放大器放大后,被 DSO 存储并在屏幕上显示测到的 P - t 曲线,从曲线中可以得到冲击波峰值超压 ΔP_m,正压、负压区作用时间 t_+、t_- 及正压冲量 i_+,如图 5-2-2。

“自由场”是指未受外界扰动的流场,在爆炸冲击波测试中,自由场压力测试是一个重要的内容。

在自由场超压测试中要求传感器对冲击波阵面后的流场不产生严重的扰动,即不使原有的流场发生畸变,因此对传感器的外形、支撑物的尺寸都有特殊的要求。

这类传感器的敏感元件安装在一个细长的流线型壳体的顶端,敏感面面向两侧以保持一个流线型的整体。测量时将流线型传感器的轴线平行于冲击波的传播方向,敏感元件工作在“掠入射”状态,以确保不干扰原流场。压力和速度测量系统见图 5-2-4。

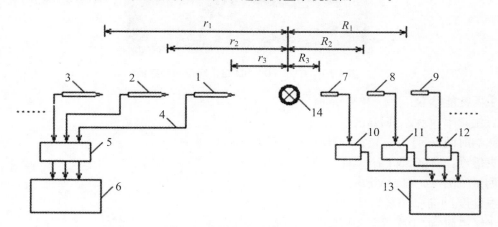

图 5-2-4 空气冲击波超压与速度测试系统示意图

1、2、3. 压力传感器;4. 低噪声电缆;5. 电荷放大器;6. DSO;7、8、9. 速度传感器;10、11、12. 阻抗转换器;13. 多通道计时仪;14. 球形装药;r、R. 距离

5.2.3 仪器、设备与材料

1. 冲击波超压测试系统

a. CY - YD - 202 自由场压力传感器,敏感元件为电气石晶体,具有较高的频响,传感器见图 5-2-5 和与 5-2-6。

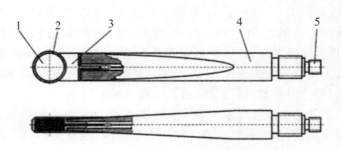

图 5-2-5　自由场压力传感器结构图

1. 压电晶体片(∅10mm×0.5mm 两片);2. 绝缘层;3. 中心电极兼加强片;4. 不锈钢支撑杆;5. 电缆接头

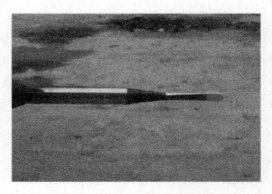

图 5-2-6　CY‑YD‑202 自由场压力传感器

主要性能参数:

自振频率:$f=200$kHz;

频响时间:$t=1/f=1/200$kHz$=5.0×10^{-6}$s$=5.0\mu$s;

灵敏度:~4pC/MPa;

测量范围:(0~10)MPa;

线性度:小于 1.5%;

绝缘电阻:大于或等于 $10^{12}\Omega$;

过载能力:150%;

也可以采用类似的传感器,如 PCB 公司的 137 系列 ICP 自由场"铅笔式"爆炸压力传感器,见图 5-2-7。

b. STYV-2 低噪声电缆线,该种电缆适用于高阻抗的信号传输,当电缆受到振动和冲击时噪声较小,主要技术参数见 5.1.3 小节中的"3. 传输电缆"。

c. YE5853 电荷放大器,主要性能参数:

最大输入电荷量:10^5pC;

增益:0.1~1000mV/pC;

频率范围:1Hz~100kHz;

精度误差:小于 1.5%。

d. DSO:主要参数见 3.2.2 小节"工业雷管作功能力测定——水下爆炸法"的相关内容。

图 5-2-7　ICP 自由场"铅笔式"爆炸压力传感器

2. 冲击波速度测试系统

a. 压电陶瓷速度传感器。

b. 阻抗转换器。

c. STYV－2 低噪声电缆线。

d. 多通道计时仪。主要性能参数：

时标：0.1μs、1μs、0.01ms、0.1ms；

误差：±0.1μs、±1μs、±0.01ms、±0.1ms；

测量通道：1～20，任意设置；

测量方式：连续时间或到达时间。

3. 其他材料

a. 8 号雷管，性能应符合 GB 8031—2015 或 GB 19417—2003 的要求。

b. 黑索今、梯恩梯或工业炸药。

c. 放炮线、导通表、起爆器。

4. 冲击波速度传感器及阻抗转换器制作

冲击波超压测量对测量系统的压力传感器、电压或电荷放大器、传输电缆及记录仪器都有较高的要求，在测量爆炸近区的冲击波时，压力传感器又极易损坏。由公式 5-2-6 得知：通过直接测量冲击波传播速度也可以计算出冲击波超压。冲击波速度测量的系统较为简单，速度传感器和阻抗转换器容易自制，而且元器件价格低廉。这种传感器不仅可以用于冲击波速度测量，还可以对某些特殊场合，记录仪器需要外触发时作为触发传感器。

（1）压电效应与电路图

所用的是圆片状压电陶瓷，在两平面上施加压力则会出现圆片所标极性的电荷（纵向压电效应），而在侧向加压会出现与所标极性相反的电荷（横向压电效应），如图 5-2-8 所示。

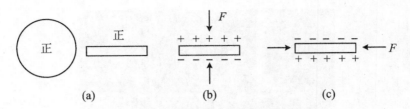

图 5-2-8 压电陶瓷的极性与电荷输出方式

(a) 极性标记;(b) 纵向压电电荷;(c) 横向压电电荷

一般希望纵向压电效应大,横向压电效应尽量小,压电陶瓷晶体的缺点之一是横向效应较大,所以在制作和使用过程中要注意侧向保护。

压电式压力传感器技术要求高,但对于测量爆炸冲击波速度和用于单次触发用途的传感器,要求可降低,只要求冲击波波到达时,传感器有一电信号输出就可以了。

图 5-2-9 显示:无冲击波压力时,速度传感器不产生电荷,压电片两个电极间的绝缘电阻很高,相当于断路。当冲击波压力作用于传感器上时,产生电荷信号,经 BG_1 由"断"变为"通",又经 BG_2 放大输入给计时仪一个放大了的脉冲,打开(或关闭)计数门,与爆速测量原理相同,通过测量已知距离的时间计算冲击波传播速度。

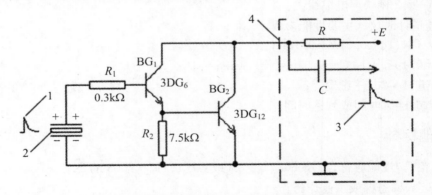

图 5-2-9 压电陶瓷速度传感器测冲击波速度原理

1. 输入冲击波信号;2. 速度传感器;3. 输出冲击波信号;4. 计时仪输入端

阻抗转换器电路见图 5-2-9 的虚线框以外部分,BG_1 做倒相和阻抗转换,BG_2 做再倒相和放大,因此原冲击波信号与进入计时仪输入端的信号都是正脉冲。显然传感器"正"极接入基极时,纵向加压有效,横向加压无效;反之"负"极接入基极时,横向加压有效,纵向加压无效。

(2) 制作所需的仪器、设备与材料

① 仪器、设备

多通道计时仪:时间分辨率大于或等于 $0.1\mu s$;Zc - 43 型超高阻计;数字电容表;万用表;电吹风机;卡口机。

② 材料

阻抗转换器元器件:见图 5-2-9 与图 5-2-10;压电陶瓷速度传感器元器件:见图 5-2-11;丙酮、热缩套管、20W 电烙铁及焊接工具等。

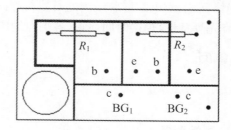

图 5-2-10　转换器电路板元件排列图

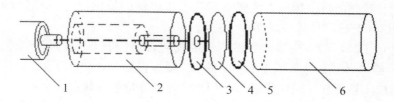

图 5-2-11　速度传感器装配图

1. 电缆线；2. 铜基柱；3. 带孔压电片；4. 中心铜电极；5. 压电片；6. 铜外壳

(3) 制作步骤

① 制作速度传感器

a. 清点工具和元器件，认明两片 Ø6mm 压电陶瓷片标有"正"的一面是正极，另一面是负极，用丙酮将全部元件清洗，并用电吹风机吹干。

b. 将中心带有 Ø1mm 圆孔的压电片负极平放在铜基柱上，Ø6mm 中心电极引线沿圆孔细心穿入，引线的端头与低噪声电缆芯线焊接后，套入塑料管再把电缆线塞入铜基柱大孔内；另一压电片"正"极平放在中心电极上，最后全部套入铜外壳。

c. 用万用表检查传感器内部是否短路，弹击传感器有否信号输出，确信无误后，在卡口机上把铜外壳与电缆线卡紧，使铜外壳既紧密接触低噪声电缆的屏蔽线（负极引线），又紧密接触电缆线。

d. 将热缩套管套在卡口处，用电吹风机加热，边吹边转动，使套管箍紧（防止传感器内部受潮）。

e. 用超高阻计和数字电容表测出传感器的绝缘电阻和电容值（绝缘电阻应大于 $10^9\,\Omega$）。

② 制作阻抗转换器

a. 用万用表对晶体管三极管进行极间电阻和放大倍数粗略测定，以确定晶体管的主要参数。

b. 用万用表测量电阻阻值，是否与标称值相符。

c. 按照图 5-2-10 的元件排列位置，将元件焊接到电路板上。

全部制作完成后，连接测速传感器、阻抗转换器和多通道计时仪，用手指弹击传感器表面，压电信号通过转换器应能触发计时仪，并开始计时，弹击下一路传感器时，计时仪应停止计时，说明制作的传感器和转换器工作正常。如果没有开始和停止信号，应仔细检查传感器、转换器及接插口，并排除故障。

③ 注意事项

a. 装配压电片时，极性不要搞错，卡口前应将铜外壳和电缆线对压电片施加适当预压力。

b. 制作过程中要注意绝缘问题,对电缆屏蔽线内的石墨粉和硅油要用丙酮清洗、吹干。

c. 焊接晶体三极管时,宜先焊基极,焊接时间要短,各焊点均应焊牢且焊点光滑。

5.2.4　试验步骤及注意事项

1. 试验步骤

a. 按照图 5-2-4 连接两套测量系统。

b. 开机预热 10 分钟,调节电荷放大器和 DSO,设置为相应的试验设定条件。

c. 用手指轻轻弹击自由场压力传感器和速度传感器的敏感元件,观察 DSO 和计时仪是否有信号,如没有应查找原因排除故障。

d. 制作药包、安装雷管,在爆炸容器内安放药包,测量药包中心到各只传感器之间的距离,关闭爆炸容器内、外门(见 1.3.4 小节中的"1. 爆炸容器")。

e. 按电荷放大器复和计时仪位键,并使 DSO 处于等待触发状态。

f. 试验人员撤离到安全地点后,用导通表检查网络电阻,无误后,起爆器充电、起爆。

g. 记录冲击波传播时间,判读冲击波压力波形参数并存储。

h. 重复步骤 d.~g.,进行下一炮试验。

2. 注意事项

a. 自由场压力传感器和速度传感器的轴向应指向炸药中心,即传感器的感受面垂直于冲击波传播方向,其偏差应不大于 80°角。传感器安装在刚度支架上时,应采用橡胶泡沫等材料减振,以防止传感器产生位移或反射波。

b. 自由场压力传感器也可作壁面反射超压测量,这时传感器的感受面应凸出壁面或地面安装,但凸出部位应远小于测点至爆心距离,固定也应采取减振措施。

c. 传感器输出插座与连接电缆的插头,插孔应避免粉尘、油污和潮湿。存放或非使用状态时,插座与插头应套上保护帽,置于干燥环境中。使用过程中,如出现绝缘电阻小于 10^{12} Ω时,则应用纱布蘸取少量无水乙醇或用乙醚擦洗输出插座,洗净后将传感器放在烘箱中以 60℃的温度烘 4h 以上,取出后置于干燥器中冷却至室温。绝缘状态即可恢复。

d. 传感器不应超载工作,以免损坏。另外注意保护压力感压面,防止触碰硬物受力损坏。在现场测量中应注意电磁干扰,最好在放大器或 DSO 上接地,防止地回路干扰。

5.2.5　数据处理及误差分析

1. 空气冲击波

冲击波峰值超压(Mp):

$$\Delta P_{\mathrm{m}} = \frac{V_{\max}}{K \cdot S_q} \tag{5-2-1}$$

冲击波正压区、负压区作用时间(μs)(见图 5-2-2):

$$t_+ = t_3 - t_2 \tag{5-2-2}$$

$$t_- = t_4 - t_3 \qquad (5\text{-}2\text{-}3)$$

最大压力上升时间 $T_r(\mu s)$（见图 5-2-2）：

$$T_r = (t_2 - t_1) \times 90\% \qquad (5\text{-}2\text{-}4)$$

压力上升速率（MPa/μs）：

$$(\mathrm{d}p/\mathrm{d}t) = \Delta P_m / T_r \qquad (5\text{-}2\text{-}5)$$

式中：V_{max}——DSO 显示的峰值电压，mV；

K——电荷放大器的增益，mV/pC（K 的定义见 5.1.4 小节中的"2. 压电式压力传感器静态标定"）；

S_q——传感器的压力-电荷灵敏度，pC/MPa；

T_1、T_2、T_3、T_4——分别为空气冲击波传播过程中的时间（见图 5-2-2），μs。

2. 冲击波速度

由已知的 R_i 和试验得到的 t_i，根据速度公式计算 D_i，由公式（5-2-6）计算爆炸近区的 $\Delta P'_m$，如数据多可绘出 R-t 曲线。

$$\Delta P'_m = \frac{2}{\gamma + 1} \rho_0 D^2 \left(1 - \frac{c_0^2}{D^2}\right) \qquad (5\text{-}2\text{-}6)$$

式中：γ——空气的等熵绝热指数（对强冲击波 $\gamma = 1.2$）；

D——冲击波阵面速度，m/s；

ρ_0、c_0——分别为未扰动空气的密度和声速，g/cm³、m/s。

3. 误差分析

由测试系统的原理可知，压力的转换关系为：

$$P = K_1^{-1} K_2^{-1} K_3 div \qquad (5\text{-}2\text{-}7)$$

式中：K_1——传感器的压力-电荷灵敏度，pC/MPa；

K_2——电荷放大器的增益，mV/pC；

K_3——DSO 的电压灵敏度，mV/div；

Div——ΔP_m 在 DSO 上显示的读数。

根据相对误差原理，压力测量的相对误差为：

$$\left|\frac{\Delta P_m}{P}\right| = \left|\frac{\Delta K_1}{K_1}\right| + \left|\frac{\Delta K_2}{K_2}\right| + \left|\frac{\Delta K_3}{K_3}\right| + \left|\frac{\Delta div}{div}\right| \qquad (5\text{-}2\text{-}8)$$

由以上测试系统各部分的精度得出：

$$\Delta K_1 / K_1 = 1.5\%, \quad \Delta K_2 / K_2 = 1.5\%$$

DSO 的分辨率为 12bit，判读精度为 $\Delta K_3 / K_3 = 1/192 = 0.52\%$，$\Delta div/div = 0.52\%$，因此，$|\Delta P_m/P|$ 小于或等于 4.04%。

5.2.6　试验方法与结果的讨论

1. 冲击波超压与上升时间

考虑到在实际使用时，自由场传感器需要冲击波掠过感压面，在这种情况下，传感器输出

波形的建立时间与冲击波速度 D 成反比,与感压面直径 R 成正比,即压力上升时间 T_r 为:

$$T_r = L/D \qquad (5\text{-}2\text{-}9)$$

式中:L—感压面直径,mm;

　　　D—冲击波速度,mm/μs。

有文献以 CY‐YD‐202 自由场压力传感器为例,计算出冲击波峰值超压对应的上升时间见表 5-2-1。

表 5-2-1　冲击波峰值超压与上升时间关系

$\Delta P_m(\times 10^5 \text{Pa})$	L(mm)	D(mm/μs)	$T_r(\mu\text{s})$
1.0	12	0.34	<35
3.5	12	0.68	<18
17.5	12	1.35	<8.9
35.0	12	……	<5.3

应当指出,任何一种传感器,在使用时只要被测冲击波不是正入射,(大多数均为掠入射)都存在掠入射造成的上升时间,而不论固有上升时间有多快,自振频率有多高。由上升时间引入的测量误差,使用时应予以考虑。

2. 冲击波超压的爆炸相似律

大量的试验研究证明:不同药量同种炸药在空气中爆炸所产生的冲击波,当遇到障碍物或介质边界之前,在一定范围内满足几何相似定律。如一个装药的半径为 r_1,在距离为 R_1 处的冲击波超压为 ΔP,另一个装药的半径为 r_2,在距离为 R_2 处有同样的冲击波超压为 ΔP,因此这两个装药具有几何相似性。几何相似律对工程设计、安全评估具有重要的实际意义,用小药量试验得出自由场中各点的参数,推算出大药量的情况,可以减少试验次数和费用。

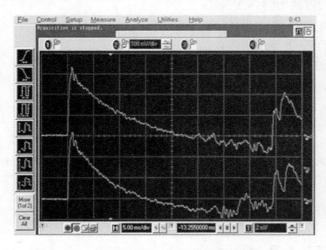

图 5-2-12　满足几何相似律的空气冲击波 P-t 曲线

采用图 5-2-4 空气冲击波超压测试系统，用钝化黑索今(95/5)验证相似律的 P-t 曲线见图 5-2-12，上曲线测距 R_1 为 1.5m，药量 W_1 是 168g；下曲线测距 R_2 为 1m，药量 W_2 是 50g，即：

$$\frac{R_1}{R_2}=\sqrt[3]{\frac{W_1}{W_2}}=\frac{1.5}{1}=\sqrt[3]{\frac{168}{50}}=1.5 \tag{5-2-10}$$

从图中可以看出两条曲线的冲击波峰值超压大致相等。对于不同能量的炸药应按公式 (5-2-11) 换算为等效梯恩梯当量，以 $W_T^{1/3}/R$ 可以作为能量相似的参数。

$$W_T=W\frac{Q_v}{Q_T} \tag{5-2-11}$$

式中：W—某炸药的装药量，kg；

$\quad Q_v$—某炸药的爆热；

$\quad Q_T$—梯恩梯炸药的爆热，通常根据炸药的密度确定；

$\quad W_T$—该炸药的梯恩梯当量，kg。

3. 装药密度与空气冲击波参数的关系

装药密度与爆速、爆轰压力、作功能力、比冲量、猛度等爆轰参数密切相关，从理论上推断爆轰结束后，初始冲击波传播过程中的参数与装药密度也应密切相关，从试验中得到了证明。

采用图 5-2-4 空气冲击波超压测试系统，结合现有的压药模具，采用包含 1 发 8 号电雷管的总质量 13g 的钝化黑索今(95/5)，压制成长径比为 1 的圆柱形药柱，药柱中心预留雷管插入孔。折合梯恩梯当量、六种压药密度及试验和计算的冲击波参数见表 5-2-2。对于 1.0 和 1.1g/cm³ 两种密度小的药柱是在牛皮纸筒中压制，测点距药柱中心为 0.4m，且处于同一水平高度，每种密度做三组平行试验。

表 5-2-2　试验与计算的冲击波参数

$\rho(g/cm^3)$	$W_T(kg)$	$\Delta P_{m测}/\Delta P_{m算}(MPa)$	$t_{+测}/t_{+算}(\mu s)$	$i_{+测}/i_{+算}(Pa\cdot s)$	$T_r(\mu s)$	$\theta(\mu s)$	$t_-(ms)$
1.0	0.015934	0.313/0.333	314.45/338.42	98.423/112.694	32.682	71.182	1.3577
1.1	0.016178	0.317/0.337	317.43/338.85	100.625/114.192	29.159	58.955	1.3560
1.2	0.016421	0.321/0.341	323.88/339.27	103.965/115.691	28.091	52.046	1.3600
1.3	0.016664	0.327/0.346	326.17/339.69	106.658/117.532	27.273	43.636	1.3630
1.4	0.016908	0.336/0.349	328.65/340.10	110.426/118.695	22.303	36.546	1.3707
1.5	0.017152	0.353/0.354	331.00/340.51	116.843/120.540	18.000	31.273	1.3757

注：ρ. 装药密度；W_T. 折算梯恩梯当量；ΔP_m. 冲击波超压；t_+、t_-. 正压区、负压区作用时间；i_+. ΔP_m 和 t_+ 的乘积；T_r. 峰值超压上升时间；θ. 冲击波衰减时间常数。

根据爆炸相似律，13g 钝化黑索今能达到完全爆轰，在测距为 0.4m 处爆炸的空气冲击波超压，相当于 33.5kg 的梯恩梯炸药在距装药中心距离为 5.5m 处的爆炸。

表 5-2-2 中的计算数据，是根据梯恩梯球状装药在无限空气介质中爆炸的经验公式 (5-2-12)~(5-2-13)计算得出。

$$\Delta P_{m算}=\frac{0.084}{\bar r}+\frac{0.27}{\bar r^2}+\frac{0.7}{\bar r^3}\quad(1\leqslant\bar r\leqslant15) \tag{5-2-12}$$

$$t_{+算} = 0.95 \times 10^{-3} W_T^{1/3} (W_T^{1/3}/R)^{-3/4} \qquad (5\text{-}2\text{-}13)$$

式中：ΔP_m——冲击波峰值超压，MPa；

$\bar{r}$——比例距离，m/kg$^{1/3}$，$\bar{r} = R/W_T^{1/3}$，$\bar{r}$ 为 1.551m/kg$^{1/3}$；

R——测点到爆心距离，m。

将表 5-2-2 的数据作图，得到 ρ 与冲击波参数曲线，见图 5-2-13～图 5-2-18。

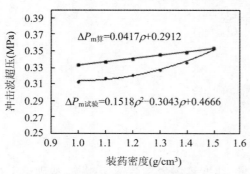

图 5-2-13　装药密度与冲击波超压关系图

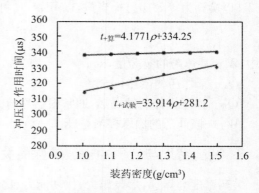

图 5-2-14　装药密度与正压区作用时间关系

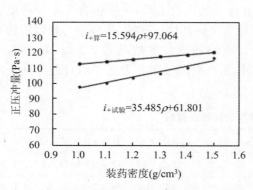

图 5-2-15　装药密度与正压冲量关系

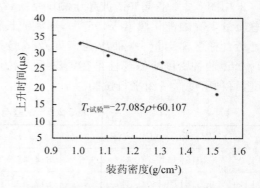

图 5-2-16　装药密度与上升时间关系

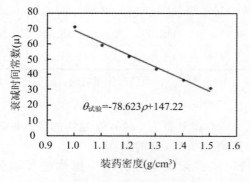

图 5-2-17　装药密度与衰减时间常数关系

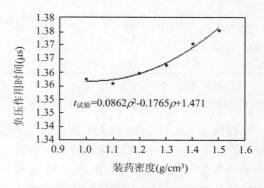

图 5-2-18　装药密度与负压区作用时间关系

从图 5-2-13～图 5-2-15 中可以看出:试验结果与经验公式计算的 ρ 与 ΔP_m、t_+、i_+ 都呈正比关系,ρ 在 1.5g/cm³ 时试验与计算的冲击波参数值相吻合,但是在 ρ 小于 1.5g/cm³ 时计算数值偏大,最大误差为 6.01%。$t_{+算}$ 升幅趋势较缓,$t_{+测}$ 升幅趋势较快,公式计算只考虑药量及测距,未考虑装药密度的影响,两者的最大误差为 7.08%。正压冲量 i_+ 由 ΔP-t 曲线与 t_+ 直接确定,但计算比较复杂,经验公式的取值范围也不尽相同,为了简化均取 ΔP_m 和 t_+ 的乘积,$i_{+算}$ 与 $i_{+测}$ 的最大误差为 12.66%。三个参数的最大误差都出现在 $\rho=1.0$g/cm³ 时,且随着 ρ 增加,误差趋于减小。

从图 5-2-16～图 5-2-18 中可以看出:试验结果的 ρ 与 $T_{r测}$、$\theta_{测}$ 呈反比关系,与 $t_{-测}$ 呈正比关系,由"1. 冲击波超压与上升时间"和上述分析得知,随着 ρ 增加,ΔP_m 增大,冲击波速度随之加快,而传感器的感压面不变,使 $T_{r测}$ 趋于减小。衰减时间 $\theta_{测}$ 是 ΔP_m 衰减到 $\Delta P_m/e$ 所需要的时间,当冲击波速度加快,在 P-t 曲线上反映为 ΔP_m 与 $\Delta P_m/e$ 的两个时间点越来越相互靠近,从而使 $\theta_{测}$ 呈递减趋势。$t_{-测}$ 与 $t_{+测}$ 都增大的原因也是由于 ρ 增加,单位质量炸药释放的爆热增大,作用区间内的空气受到压缩程度更加剧烈,导致作用时间都增大。

经验公式大多是在 $\rho=(1.53\sim1.60)$g/cm³ 之间总结的,六个图中通过试验得到的不同装药密度的冲击波参数回归公式,对 ρ 小于 1.5 g/cm³ 时的爆炸数据估算具有参考价值。

4. 不同长径比装药的空气冲击波参数

采用图 5-2-4 空气冲击波超压测试系统,对钝化黑索今（95/5）炸药制作的不同长径比药卷,进行了空气中爆炸冲击波参数试验。每个药卷炸药质量均为 50g,密度均为 1.1g/cm³,每种长径比做三次爆炸试验取平均值。

装药用胶水粘贴六层牛皮纸制作的纸筒,底部用 1cm 高的封泥压实后放入隔离的圆纸板,装入炸药后在雷管孔上放入已插了雷管的圆纸板,雷管孔深度 15mm,再用封泥压实。药卷与配重悬吊在爆炸容器内,药卷中心距自由场压力传感器均为 50cm,比例距离为 1.357m/kg¹ᐟ³。

六种长径比的试验结果见表 5-2-3（表中符号同表 5-2-2）。

表 5-2-3　不同长径比的空气冲击波参数

长径比	药包长度(cm)	药包直径(cm)	$T_r(\mu s)$	$\Delta P_m(kPa)$	$t_+(\mu s)$	$t_-(\mu s)$
0.5	2.60	5.20	16.446	7.28	320.455	791.364
1.0	4.13	4.13	15.137	8.18	325.011	705.455
1.5	5.40	3.60	16.839	9.31	321.046	750.556
2.0	6.56	3.28	20.046	6.80	323.182	770.000
2.5	7.60	3.04	17.182	6.06	319.046	731.819
3.0	8.59	2.86	25.691	5.39	324.000	789.932

表中数据回归的曲线关系见图 5-2-19～图 5-2-22。

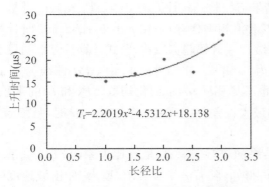

图 5-2-19　长径比与冲击波上升时间关系

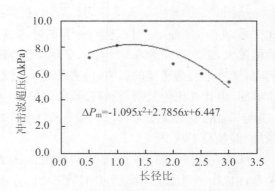

图 5-2-20　长径比与冲击波超压关系

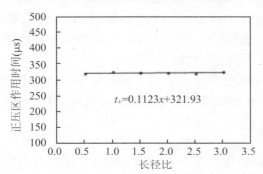

图 5-2-21　长径比与正压区作用时间关系

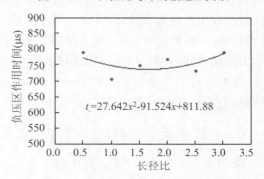

图 5-2-22　长径比与负压区作用时间关系

典型的 P-t 曲线见图 5-2-23～图 5-2-27。

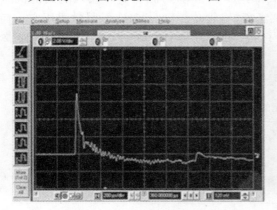

图 5-2-23　长径比为 0.5 的 P-t 曲线

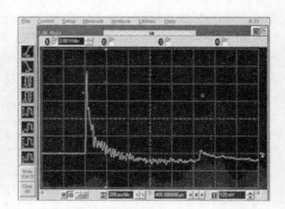

图 5-2-24　长径比为 1.0 的 P-t 曲线

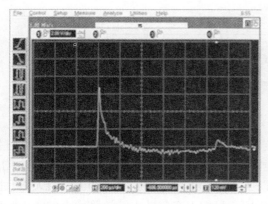

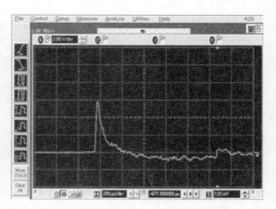

图 5-2-26　长径比为 **2.0** 的 $P\text{-}t$ 曲线　　　　图 5-2-27　长径比为 **3.0** 的 $P\text{-}t$ 曲线

分析以上表、图可以看出：随长径比的增加，T_r 呈平缓增大趋势，ΔP_m 呈先增大再减小趋势，从典型 $P\text{-}t$ 曲线也能看出 ΔP_m 的变化，与"1. 冲击波超压与上升时间"的分析相吻合。长径比为 1.5 时出现最大超压，在雷管插入深度均相同时，该尺寸比例应满足轴向起爆后加速爆轰的长度，及冲击波纵向传播耗损小的条件。逐步增加药卷的长径比，爆炸冲击波的形状近似于柱状波，由于试验的一只传感器水平横向正对药卷几何中心，横向传播的冲击波耗损逐渐增大，因此 ΔP_m 逐步减小。可以预测：如果药卷底部纵向也布设一只传感器，那么随长径比的增加，ΔP_m 会随之增大。应当指出：从装药爆炸输出能量的角度，只要药卷达到完全爆轰，总爆炸能量不会随长径比变化而改变。

正压区作用时间 t_+ 基本没有变化，负压区作用时间 t_- 的总体趋势呈现先下降后增长。

5. 不同炸药量的空气冲击波

在爆炸容器内用散状梯恩梯炸药制作成球形药包，由 1 发 8 号电雷管引爆，药包中心距 CY-YD-202 自由场压力传感器均为 1.1m，传感器的电荷灵敏度为 366pC/MPa，电荷放大器的增益为 10mV/pC，试验得到的 $P\text{-}t$ 曲线和数据见图 5-2-28、表 5-2-4。

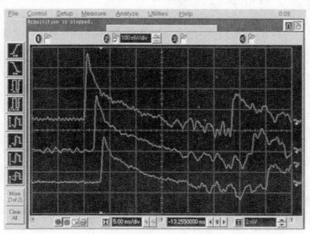

图 *5-2-28*　散状梯恩梯炸药空气中爆炸冲击波 $P\text{-}t$ 曲线

（上波形 1kg，中波形 0.8kg，下波形 0.5kg）

表 5-2-4　不同炸药量与空气冲击波超压

试验药量（kg）	1.0	0.8	0.5
冲击波超压（MPa）	0.433	0.349	0.291

5.2.7　空气冲击波的破坏判据

工程爆破和军事上的弹药爆炸都会不同程度地产生空气冲击波，如果冲击波的强度超过一定数值，就会对人员和建筑物造成损伤。从爆炸安全角度考虑，科学地确定空气中爆炸冲击波的安全判据，是制定爆炸安全距离和进行安全防护设计的重要依据。空气冲击波对人员、建筑物的破坏作用是一个极复杂的问题，它不仅与作用在目标上空气冲击波波阵面上的压力、冲量、作用时间、波速等参量有关，而且与目标的形状，自身的强度等因素密切相关。

露天裸露装药爆破时，在一次爆破的炸药量不超过 20kg 时，按公式（5-2-14）计算空气冲击波对在掩体内人员的安全允许距离。

$$R_k = 25W_T^{1/3} \qquad (5-2-14)$$

式中：R_k——空气冲击波对掩体内人员的最小允许距离，m；

W_T——一次爆破梯恩梯炸药当量，秒延时爆破为最大一段药量，毫秒延时爆破时为总药量，kg。

在地表进行大药量爆炸加工时，应核算不同保护对象所承受的空气冲击波超压值，并确定相应的安全允许距离。在平坦地形条件下爆破时，按公式（5-2-15）计算超压：

$$\Delta P_m = 14\frac{W_T}{R^3} + 4.3\frac{W_T^{2/3}}{R^2} + 1.1\frac{W_T^{1/3}}{R} \qquad (5-2-15)$$

式中：ΔP_m——空气冲击波超压，（$\times 10^5$）Pa；

R——爆源中心至保护对象的距离，m。

地下爆破时，对人员和其他保护对象的空气冲击波安全允许距离由设计确定。

1. 空气冲击波对人员的损伤判据

空气冲击波对人员的伤害，目前是以超压作为判断依据。对暴露人员伤害程度见表5-2-5。

表 5-2-5　空气冲击波超压对人员的伤害程度

等级	伤害程度	超压（$\times 10^5$ Pa）
轻微	轻微挫伤肺部和中耳、局部心肌撕裂	0.2～0.3
中等	中度中耳和肺挫伤，肝、脾包膜下出血，融合性心肌撕裂	0.3～0.5
重伤	重度中耳和肺挫伤，脱臼、心肌撕裂，可能引起死亡	0.5～1.0
死亡	体腔、肝脾破裂，两肺重度挫伤。	>1.0

空气冲击波对人员的伤害，除了波阵面压力外，还有其后面的爆轰产物气流不可忽视。比如当超压为（0.3～0.4）$\times 10^5$ Pa 时，气流速度达 60～80m/s，这样的高速气流，人员是无法抵

御的,同时气流中往往还夹有碎石等杂物,更加重了对人体的伤害。

GB6722—2014《爆破安全规程》中规定:空气冲击波超压对人员的安全允许标准为 0.02×10^5 Pa。

2. 空气冲击波对建筑物的破坏判据

空气冲击波对建筑物的破坏效应主要是超压和冲量,文献资料表明:空气冲击波正压作用时间 t_+ 如果远小于建筑物本身的振动周期 T(即 t_+/T 小于或等于 0.25)时,空气冲击波对建筑物的作用主要取决于冲量;反之,若 t_+ 远大于 T(即 t_+/T 大于或等于 10)时,则空气冲击波对建筑物的作用主要取决于超压,表 5-2-6 和 5-2-7 分别列出了部分建筑物的破坏判据。

表 5-2-6　部分建筑物构件的自振周期及破坏载荷

参　数	砖　墙		0.25m 厚的钢筋混凝土墙	大梁上的楼板	轻型隔墙	装配玻璃
	二层砖	一层半砖				
自振周期(s)	0.01	0.015	0.015	0.3	0.07	0.01~0.02
静载荷($\times 10^5$Pa)	0.45	0.25	3.0	0.1~0.16	0.05	0.05~0.10
比冲量(N·s/m²)	220	190	—	—	—	—

表 5-2-7　对建筑物的破坏程度与超压关系

破坏等级	建筑物破坏程度	超压($\times 10^5$Pa)
1	砖墙部分破坏,屋面瓦部分移动,顶棚抹灰部分脱落	0.02~0.07
2	门窗部分破坏,玻璃破碎,屋面瓦局部破坏,顶棚抹灰脱落	0.07~0.15
3	门窗破坏,屋面瓦大部分掀掉,顶棚部分破坏	0.15~0.3
4	木板隔墙破坏,木屋架折断,顶棚部分破坏	0.3~0.5
5	木结构梁柱倾斜、部分折断,砖结构屋顶散落、墙部分移动或出现裂缝,土墙开裂或局部倒塌	0.5~1.0
6	砖墙部分倒塌或开裂,土房倒塌	1.0~2.0
7	砖木结构完全破坏	大于 2.0

5.3　工业炸药作功能力测定——水下爆炸法

水下爆破、研究水下装药对舰船、构筑物的破坏,装药爆炸的初始参数(如爆炸能量、冲击波压力、爆炸气体脉动时间等)就显得尤为重要。

水下爆炸法测定炸药输出能量是对炸药作功能力试验的重大改进和完善,它所具备的试验结果重现性好,数据处理计算机化,能分别测出冲击波能和气泡能的独立分量以及对低感度炸药的测量等独特优势,使水下爆炸法越来越引起关注。与炸药作功能力测定的弹道臼炮法、弹道摆试验、爆破漏斗法等相比具有精确度高、操作方便等优点。国内外大量文献证明:炸药的水下爆炸为安全和再现的条件下评价炸药性能提供了一种有价值的手段。

5.3.1　水下装药爆炸现象

　　球形装药在无限水介质中瞬时爆轰,在等容条件下转变为高温高压的爆轰产物,炸药能转变为爆轰产物的内能高速向外膨胀,压缩水介质形成了水中冲击波,消耗了一部分能量。爆轰的另一部分能量留给爆轰产物并以气泡的形式向外膨胀,推动周围的水径向流动,气泡内的压力随着膨胀扩大而不断下降,当压力降至周围水的静压时,由于水的惯性运动,气泡过度膨胀,直到最大半径。此时气泡内的压力低于周围水的平衡压力,周围的水开始作反向运动,向气泡中心聚合,使气泡不断地收缩,其内部压力不断增加。同样,由于聚合水流的惯性运动,气泡被过度压缩,直到最小半径。这种气泡脉动次数可达十几次以上,而在有限水介质中,气泡脉动的次数则要少得很多。而第一次脉动所消耗的能量最大,如果第一次以后的气泡脉动消耗的能量可以忽略不计,装药爆炸的能量可以看作冲击波能与气泡第一次脉动的气泡能之和,水下爆炸 P-t 曲线见图 5-3-1。

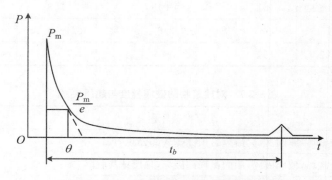

图 5-3-1　水中冲击波和气泡脉动波示意图

P_m. 水中冲击波峰值压力;θ. 冲击波衰减时间常数;t_b. 第一次气泡脉动周期

5.3.2　方法原理

　　装药在水下爆炸后,沿装药与水交界面传播大于水中音速的冲击波和气泡脉动波,利用置于水下的爆炸压力传感器可以测试出这两个波随时间变化的历程,经电缆传输到信号转换或放大、采集分析、计算处理系统,能够得到装药的冲击波能、气泡能和总能量等参数。

5.3.3　水下爆炸能量试验系统

1. 水下爆炸压力传感器

　　水下爆炸压力传感器在结构上与测量空气冲击波的压力传感器无很大的差异,由于传感器设置在水下,而且相同装药量的水下爆炸冲击波强度比空气中大得多,所以水下爆炸压力传感器应具有较高的机械强度、良好的密封和防潮性能。对于海水中的试验,由于水中含有盐份,还要考虑传感器的耐腐蚀性。因此需要了解和掌握水下爆炸压力传感器的技术性能参数和使用条件。

（1）两种典型的水中冲击波压力传感器

图 5-3-2 和图 5-3-3 所示是早期使用的两种典型的水中自由场冲击波压力传感器。它们的敏感元件都采用电气石（Tourmaline）。电气石是一种天然晶体（目前已有人造电气石出现），它的优点是性能稳定、线性范围宽，文献中曾介绍利用一维平面碰撞试验测定电气石的响应，直至 700MPa 仍然是线性的，在 700MPa～2100 MPa 范围内它的响应可用另一根不同斜率的直线描述；机械和电绝缘强度高。

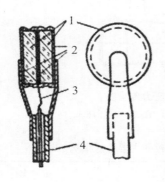

图 5-3-2　"砂钟"型传感器结构
1. 电气石晶片；2. 铜片电极；3. 中心导线；4. 铜片

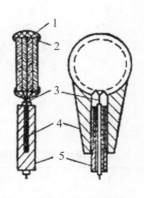

图 5-3-3　B 型传感器结构
1. 银屏蔽层；2. 加硫橡胶浆；3. 中心电极；
4. 钢极片；5. 铜管

它的缺点是热电效应较大，这一缺点对于水下瞬态测量来说不成问题。因而电气石在水中冲击波压力传感器中被广泛采用，对 Z 轴零度切割的电气石，其侧向压电系数（d_{31}）很小，因而能获得良好的测量曲线。由于材料来源少及价格较为昂贵，近年来在某些水中冲击波压力传感器中，它部分地被某些人造晶体（如铌酸锂）和压电陶瓷所取代。但是在某些测量要求较高的场合，仍然采用电气石作为敏感元件。无论是"砂钟"型传感器还是 B 型传感器都有两个特点：

一是用了较高强度的结构设计方案，在"砂钟"型传感器中，晶片面上包以铜质电极并通过两块金属夹板固定在同轴电缆的屏蔽铜管上。B 型传感器将钢极片镶入外部包有铜管的同轴电缆中，上述措施都是为了增强传感器的机械强度。B 型传感器的机械强度更优于"砂钟"型。

二是这类传感器都具有可靠的密封防潮措施。"砂钟"型传感器安装完毕后全部涂以防水剂，整个传感器外部有一层完整的防水层。而 B 型传感器采用了硫橡胶浆作为密封防水剂。

（2）BJ1000 型压电式爆炸压力传感器

该传感器由北京力学所研制定型，主要用于水下自由场爆炸冲击波和气泡脉动波的 P-t 曲线测量，也可以用于空气自由场压力测量。

所谓"自由场"是指未受外界扰动的流场，传感器工作在"掠入射"状态。传感器安装完毕后，整个传感器头部模压一层橡胶防水层（GY-1 号胶），使传感器具有良好的密封、防潮性能，由于支杆是不锈钢材料，在海水中使用时的抗腐蚀性也很好。同时还采用了不锈钢内电极和外护环结构，外护环和支杆是整体加工制成，因此传感器的机械强度较高，信号引出采用专门设计的防水接头。该种传感器的敏感元件为电气石或压电陶瓷，并设计成几种尺寸和形状，以满足不同试验的要求,外形及结构见图 5-3-4,主要技术性能指标见表 5-3-1。

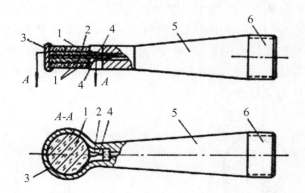

图 5-3-4　BJ1000 型压电式爆炸压力传感器

1. 压电晶体片;2. 不锈钢内电极;3. 外护环;4. 电信号引线;5. 支撑杆;6. 防水接头

表 5-3-1　BJ1000 型压电式爆炸压力传感器主要性能指标

型　号	BJ1000-1	BJ1000-2	BJ1000-3
敏感元件	PT741 压电陶瓷	电气石	电气石
感受面积(mm²)	113(∅12mm)	113(∅12mm)或 64(8×8mm)	16(4×4mm)
电荷灵敏度(pC/MPa)	>150	>9(或 4)	>1
测量范围(MPa)	0.04~100	0.04~100	0.04~100
线性误差(%)	<5	<2	<2
重复性误差(%)	<5	<2	<2
固有频率(kHz)	>150	>150	>150
绝缘电阻(Ω)	$>10^{10}$	$>10^{11}$	$>10^{11}$

(3) HZP2-WA 型自由场压电压力计

该压力计由北京理工大学研制定型,适用于空气和水中爆炸压力场的测量,特别适合于对比距离在 $0.5 \sim 50 \mathrm{m/kg^{1/3}}$ 之间的冲击波及其波后扰动压力的测量。压力计的结构设计成一种带放大器,另一种不带放大器。带放大器的压力计输出端有一根 10~50m 的同轴电缆,连接到放大器适配器的输入端,再用电缆把适配器的输出端接到记录仪器的输入端,构成一套冲击波压力测量系统。压力计的外形结构见图 5-3-5,主要性能指标见表 5-3-2。

图 5-3-5　HZP2-WA 自由场压力传感器

1. 电气石晶体;2. 放大器;3. 信号电缆

表 5-3-2　HZP－WA 型压力计主要性能指标

参数	空气中	水中	参数	空气中	水中
敏感元件	PNTB	电气石	上升时间(μs)	≤10	≤2
感受面直径(mm)	Ø3	Ø3	过冲(%)	≤10	≤10
带放大器的电压灵敏度(mV/MPa)	≥100	≥10	放大器增益	1、10、100	1、10、100
压力量程(MPa)	≤10	≤100	放大器输入阻抗(Ω)	≥10^8	≥10^8
非线性误差(%)	<5	<5	放大器最高输出电压(mV)	≤1500	≤1500

(4) ICP 型水下爆炸压力传感器

ICP(Integrated Circuit Piezoelectric)型水下爆炸压力传感器是美国 PCB Piezotronics, Inc. 系列传感器中的一个产品,传感器采用非共振、立体敏感的电气石晶体并装有微型 ICP 电荷放大器,外壳为透明乙烯软管,管内充满非导电硅油(Silicone oil),敏感元件电气石悬浮在硅油中,为避免高频干扰整个电气石和信号引线全部屏蔽。在水中爆炸压力作用下,电气石产生的高阻抗电荷经 ICP 放大器转换成<100Ω 的低阻抗电压输出,用普通电缆可远距离传输信号,因低阻抗信号传输不会由于电缆和连接器件绝缘阻抗降低而产生畸变,传感器结构见图 5-3-6(图 3-2-2 的压力传感器是短杆结构)。型号为 138A05 的 ICP 传感器性能指标见表 5-3-3,两只传感器标定证书给出的结果见表 5-3-4。

图 5-3-6　ICP 型水下爆炸压力传感器
1. 沉块栓线孔;2. 硅油;3. 电气石晶体;4. 透明乙烯软管;5. 微型放大器;6. 信号输出接头

表 5-3-3　138A05 水下爆炸压力传感器性能指标

名　称	参　数	名　称	参　数
压力量程(MPa)	34.475	电压灵敏度(mV/MPa)	见表 5-3-4
有效过载(MPa)	68.950	抗冲击加速度(g)	20000
最大压力(MPa)	344.750	输出阻抗(Ω)	100
分辨率(MPa)	0.0007	水中上升时间(μs)	1.5
上限频率(MHz)	1	过载恢复时间(μs)	10
低频频率(Hz)	2.5	外形尺寸(mm)	Ø9.4×193
非线性误差(%)	2	重量(g)	21

表 5-3-4　传感器原始静态标定数据

名称 传感器序号	3100#	3119#
量程(MPa)	0~3.4475	0~3.4475
灵敏度(mV/MPa)	150.83	156.64
量程(MPa)	0~34.475	0~34.475
灵敏度(mV/MPa)	147.93	155.18

2. 放大器或恒流源

采用电气石的水下爆炸压力传感器的电压或电荷灵敏度都较低,所以输出的电压或电荷量也较小,为了获得分辨率较大的波形,必须配接放大器将信号放大,与传感器配套的放大器有高输入阻抗的电压放大器和电荷放大器。对于带放大器的 HZP2-WA 型自由场压电压力计或 ICP 型传感器通过电缆配接的是适配器或称为恒流源。

(1) 电压放大器

压电式压力传感器输出阻抗高达 $10^{11}\,\Omega$ 以上,为了阻抗匹配,要求放大器的输入阻抗也要达到 $10^{11}\,\Omega$ 以上,该类放大器与一般放大器的不同就在于输入级采用高阻抗输入,而中间放大和输出可按一般放大器考虑。高阻抗输入级的放大器目前有四种:静电计管输入级、共源极场效应管输入级、采用"自举"技术共源极输入级和串接放大电路。电压放大器与传感器连接时,放大器的输入端及输出端电压随着放大器和传感器之间的连接电缆长度而变,放大器输出端电压 V_m 为:

$$V_m = \frac{Q_0}{C_0 + C_c + C_i} \qquad (5-3-1)$$

式中:Q_0—压力传感器输出电荷,pC;

　　　C_0—传感器电容,pF;

　　　C_c—连接电缆电容,pF;

　　　C_i—放大器输入电容,pF。

图 5-3-7　PEPG06 高输入阻抗放大器

因而一般在标定和测量时都采用等长度相同电缆,否则在处理数据时需要进行修正。传感器和放大器之间也不宜使用长电缆,因为长电缆对电压信号衰减很大。电压放大器电路结构和工艺比较简单,工作频带容易扩展,对于小药量爆炸实验和固有频率较高的动态校准试验常采用,图 5-3-7 是与 HZP2-WA 自由场压力传感器配套的放大器。

(2) 电荷放大器

电荷放大器是测量电荷量的放大器,其输出电压和输入电荷量成正比,实质上电荷放大器是一个具有电容(或电阻、电容)深度负反馈的高增益、高输入阻抗的运算放大器。电荷放大器的输出端电压 V_m 为：

$$V_m = -\frac{S_q \cdot P}{C_f}$$

(5-3-2)

式中：S_q——压力传感器的电荷灵敏度，pC/MPa；

　　P——冲击波超压，MPa；

　　C_f——反馈电容，pF。

由于 C_f 远大于 $C_0 + C_c$，电荷放大器的输出电压正比于传感器产生的电荷，而与传感器电容和连接电缆电容无关。一般长电缆对信号传输无影响，当使用超长电缆时需要进行修正。电荷放大器由电荷放大级、低通滤波器、精密衰减器、功率放大级和直流稳压电源等部分组成。

由于电荷放大器是个带电容负反馈的高增益直流放大器，因而零点漂移在试验中成为一个重要问题，为了解决漂移，使得电路结构和工艺都比较复杂，而且放大器的工作频带也受到限制。目前国内生产的电荷放大器频率上限为 100kHz，国外某些产品达到 180kHz，这对于小当量的爆炸试验，高频响不易满足试验要求。

（3）恒流源

恒流源的功能是提供放大器工作电流或电压，连接电缆既是信号传输线，又是电流或电压传输线。PCB Piezotronics，Inc. 的 F482A05 恒流源的主要技术参数见表 5-3-5。

表 5-3-5　F482A05 恒流源主要技术参数

参数名称	参数	参数名称	参数
工作电压（V）	24/CH	耦合电容（μF）	10
恒定电流（mA）	2～20/CH	最大直流偏移（mV）	30
输出噪声（V$p-p$）（μV）	300	供电电源	220V/50HZ
电压增益	1:1	——	——

该仪器有四个输入输出通道，连接传感器和电缆后，可以检测出是否短路或极性错误故障。由于 ICP 传感器是低阻输出（100Ω），采用普通电线代替传输电缆就可以传输压力信号。

3. 记录仪器

水下爆炸参数测量使用的记录仪器最早采用的是模拟式电子示波器拍照方法，照相机快门打开处于等待状态，装药爆炸后在示波器屏幕瞬间显示的波形轨迹由胶片记录下来，然后冲洗、晾干，在工具显微镜下判读数据，这一过程最快也需要几个小时。

随着电子和计算机技术的高速发展，使记录仪器也每隔几年就更新换代，目前使用的记录仪器基本上都是数字化的采集卡、存储记录仪或 DSO。这类仪器中 DSO 是集存储记录仪、示波器和计算机技术于一体的仪器，在爆炸冲击波等动态参量测量中操作界面非常简便、快捷，该种仪器其中有几项性能参数非常重要（外观参见"图 3-2-8 DSO"）。

（1）带宽（Bandwidth）

DSO 有两种带宽，即重复带宽和实时带宽，后者适用于单次（如爆炸冲击波等）信号的采集记录，DSO 在一次触发完成了数字化，所以实时带宽取决于采样率，采样率与带宽之间的比值不是固定的,通常这一比值为 10 : 1。

爆炸冲击波信号上升前沿仅数个微秒,上升时间 T_r 与带宽之间的关系可近似为:

$$T_r = \frac{0.35}{\Delta f_{3dB}} \tag{5-3-3}$$

式中,Δf_{3dB} 为 3 分贝带宽,单位:Hz。从公式(5-3-3)可以看出,信号上升时间与 DSO 上升时间的比值越高,测量误差越小。具体数据见表 5-3-6。

表 5-3-6　上升时间与测量误差

信号 T_r/DSO T_r	误差计算结果(%)	信号 T_r/DSO T_r	误差计算结果(%)
1 : 1	41.4	5 : 1	2.0
3 : 1	5.4	10 : 1	0.5

(2) 通道数(Channel Number)

装药在水下爆炸先后产生两个时间量级差别较大的波形,一个是微秒级的冲击波,随后出现的是毫秒级的气泡脉动波,如果 DSO 每个通道具有独立时标,一只传感器测到的波形经电缆、放大器,然后并联输入给 DSO 的两个通道,一个通道用于高采样速率采集冲击波信号,另一通道用于低采样速率采集气泡脉动波信号,如果 DSO 的所有通道都只有一个时标,那么一只传感器测到的波形经电缆、放大器,输入给示波器只用一个通道,由于两个波形从微秒级跨越到毫秒级,使用高速采样速率时气泡波将被拉长,需要占用较多内存,而使用低采样速率时,冲击波形将被压缩,精确计算冲击波峰值压力误差很大。

(3) 采样速率(Sample Rate)

对于装药爆炸产生的单次信号测量,最关键的性能指标是采样速率,即 DSO 对输入信号进行"快速拍照"的速率。高采样速率可以产生高的实时带宽和高的实时分辨率。在采集单次信号时,应同时考虑存储深度与采样速率的关系,如果需要不间断连续观测整个波形,需要既有可以保持很高的时间分辨率,又具有足够的内存来存储整个波形的 DSO。如对 10g 炸药水下爆炸试验时,气泡脉动周期约为 55ms,如果 DSO 内存为 32K/CH,则有效存储深度为:32K×1024 字节/K = 32768 字节,当用 1MHz 采样速率采样时,则总采样时间为 32768 字节×1μs/字节 = 32.768ms,这样将采集不到气泡脉动波形,而改用 500kHz(2μs/字节)采样,总记录时间达到 65.536ms,就可以采集到气泡脉动波形,但时间分辨率降低了一倍,如仍用 1MHz 采样速率采样,将内存容量增加一倍也可以解决这一问题。

(4) 存储深度(Memory Depth)

存储深度取决于所要求的总时间测量范围及时间分辨率,即:存储深度 = 时间范围/分辨率。如果以高分辨率存储长时间信号,就要选择深的存储深度,这样在水平扫描速度低的情况下,采用高采样速率将大大减少出现假波的几率,并且获得更多的波形细节信息。目前 DSO 标配的存储深度一般为 12.5M/CH,可以满足高采样速率的试验需求。

(5) 触发设置(Setup Trigger)

DSO 设有预触发、延迟触发、任意时刻触发等功能,触发源分为内触发源和外触发源,对于水下爆炸测试,一般选用内触发源、预触发,这样可以利用传感器感受到的压力信号作为内触发源,省略一只触发传感器,预触发还可以观测到触发点前一段时刻内波形的变化情况,同时也有一条零压力的基准线。如选用外触发,利用安装在装药内部的断—通探针,装药爆轰输出的电信号触发 DSO,可以得到爆轰的零时刻及冲击波到达第一只传感器的时间。

DSO 除上述几项性能参数外还有波形分析、存储功能、基于 Windows 的操作系统、office 软件的某些功能、支持外接键盘、鼠标、硬拷贝输出及通过有线或无线方式连接互联网等功能。

5.3.4 传感器的标定

水下爆炸测试系统中最关键的是压力传感器,其性能指标直接关系到试验结果的真实性。通常传感器产品使用说明书中给出的技术性能指标是准静态和激波管动态标定的结果,由于标定环境的差异,用于水下爆炸测试时往往会产生一些误差,这些误差对于小当量的试验显得尤为重要。而传感器在不损坏情况下,随使用次数增加、环境温度变化等因素,其灵敏度、非线性度等指标可能发生改变,因此需要定期标定。与国内常用的水下爆炸压力传感器相比,PCB Piezotronics,Inc. 的 ICP 水下爆炸压力传感器,结构设计上有独到之处,技术性能指标也有优势,但在使用表 5-3-4 的两只 138A05 传感器时却发现灵敏度、水中上升时间与产品指标有较大的差异,为了搞清这个问题必须重新标定,以此为例介绍试验炸药标定传感器部分性能参数的方法。

1. 误差原因及动态标定的提出

两只 138A05 传感器的灵敏度指标是采用符合美国 NIST 标准的静态标定(Static calibration),用表 5-3-4 的灵敏度进行水下爆炸实测计算时,冲击波压力 P_m 误差达 20% 左右,由此又会引起冲击波衰减时间常数 θ、比冲击波能 E_s 和总能量 E_t 的误差。

静态与动态标定的压力传递速率相差几十至几千倍,压力的产生源也截然不同:静态标定用手动压力泵加压而动态标定是激波管产生的空气冲击波(目前也有产生水激波的激波管,但也存在有限的管截面、管壁的黏滞效应等问题)。用静态灵敏度计算动态参量出现误差是可想而知的。

对于水下爆炸精确测试,更有意义的是传感器的动态灵敏度,要减少这种误差,传感器应在额定的压力范围内和实际使用环境下,用符合标准的装药进行动态标定,所得到的性能参数误差最小。为此制作了一批梯恩梯当量为 $1\sim11\mathrm{g}$,药型系数为 1 的 6 种标定药包(密度为 $1.52\mathrm{g/cm^3}$),装配 8 号标准雷管进行水下爆炸动态标定。

2. 动态标定的依据

经典的梯恩梯炸药水下爆炸冲击波压力计算公式是由 Cole 总结的:

$$P_{\mathrm{m}} = k \left(\frac{W^{1/3}}{R}\right)^a \tag{5-3-4}$$

式中:P_m——冲击波峰值压力,MPa;

W——标定药包的重量,kg。

R——传感器至药包中心的距离,m;

k、α——与试验有关系数和指数,分别为 52.27 和 1.13。

传感器的电压灵敏度为:

$$S_{vi} = V_{mi}/P_{mi}$$

$$S_v = (\sum_{i=1}^{6} S_{vi})/6 \qquad (5\text{-}3\text{-}5)$$

式中：S_{vi}——某量程的电压灵敏度，mV/MPa；

　　　V_{mi}——DSO 显示的电压峰值，mV；

　　　P_{mi}——冲击波压力峰值，MPa；

　　　S_v——全量程平均电压灵敏度，mV/MPa。

判断药包爆轰性能最简便和实用的方法是测量爆速，根据以往研究的改变起爆药量测定标定药包爆速的数据，用 8 号标准雷管起爆时爆速达到了理论计算值，爆轰完全，这些爆速数据见参考文献。

3. 水中定位和测试系统

国内研制的诸如 BJ1000 型、HZP2 – WA 型和美国海军 White oak lab 等水下爆炸压力传感器，使用时必须在水中某一深度固定并指向爆源，这给实际操作带来了困难，而 138A05 传感器水中定位非常简便，对于小于 3.4475MPa 的低压测量，只需将电缆与传感器接头密封后把一根细绳的一端穿入传感器下端小孔，然后打结，另一端挂一个约 0.9kg 的重物垂直放入水中。但在压力大于 3.4475MPa 时，气泡脉动引起的湍流会使重物与传感器分离，或由于重物相对于压力太小，而使传感器发生摆动。根据文献介绍和经常测量动态高压的情况，将传感器用自粘性橡胶带固定在细钢丝绳上，绳的下端挂一个约 2kg 重物垂直放入水中总深度 1/2～2/3 的位置，药包中心与测点距离依据：

$$3.5 < \frac{R}{W^{1/3}} < 7 \qquad (5\text{-}3\text{-}6)$$

爆炸水池 Ø5.5m、高 3.62m（见 1.3.4 中的图 1-3-2 爆炸水池），传感器的敏感元件与药包处在同一深度。传感器的输出信号经过电缆输入恒流源（电压增益为 1），再传输到 DSO，试验系统见图 5-3-8。

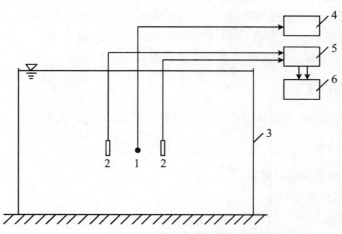

图 5-3-8　水下爆炸试验系统示意图

1. 炸药试样；2. ICP 水下爆炸压力传感器；3. 爆炸水池；4. 起爆装置；5. 恒流源；6. DSO

4. 动态灵敏度标定结果

两只传感器标定结果见表 5-3-7 与图 5-3-9。

表 5-3-7　ICP 传感器标定结果

传感器 参数	3100 ♯/3119 ♯					
$W^{1/3}$ (kg$^{1/3}$)	0.1032	0.1489	0.1799	0.1860	0.2141	0.2237
P_m (MPa)	4.0152	6.0761	7.5238	7.8127	9.0590	9.6244
R (m)	1	1	1	1	1	1
V_m (mV)	456/488	736/760	824/872	864/912	1008/1104	1160/1168
S_vi (mV/MPa)	111.57/121.54	121.13/125.08	109.52/115.90	110.59/116.73	110.06/ 120.54	120.53/ 121.36
S_v (mV/Mpa)	113.90/120.19					
T_ri (μs)	5.4/6.8	5.4/6.9	7.7/7.2	5.9/7.2	6.9/6.9	5.8/7.2
T_r (μs)	6.1/7.0					

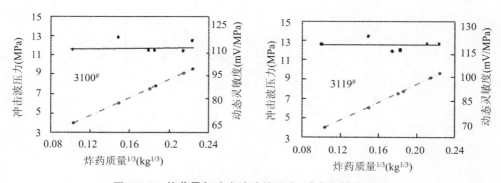

图 5-3-9　炸药量与冲击波峰值压力、动态灵敏度关系

· 公式(5-3-4)式计算压力;---公式(5-3-7)回归压力;■不同药量的灵敏度;—全量程平均灵敏度

表 5-3-7 的数据表明两只传感器的动态灵敏度分别是:

3100♯ S_v＝113.90mV/MPa;

3119♯ S_v＝120.19mV/MPa。

用最小二乘法回归的梯恩梯药包冲击波峰值压力关系为:

$$P_\mathrm{m} = 52.58 \left(\frac{W^{1/3}}{R} \right)^{1.13}$$
(5-3-7)

比较公式(5-3-4)与(5-3-7)中的 k、α 数值,相对误差小于 1%。

5. 水中上升时间 T_r

该参数是指水中冲击波从 10% 开始上升到 90% 所经历的时间,它反映了传感器对冲击波高频部分的响应。对比表 5-3-3,表 5-3-7 中 T_r 的动态标定值大于原产品性能指标的 1.5μs,

3100♯为 6.1μs,3119♯为 7.0μs。由 T_r 引起的冲击波阵面的变形,主要是因传感器的几何尺寸造成的,尽管如此仍比国内几种水下爆炸压力传感器实测值要小。另外 T_r 还与水中冲击波压力有关,改变装药量或测点距离,T_r 都会有所改变。

$$T_r = (\sum_{i=1}^{6} T_{ri})/6 \tag{5-3-8}$$

式中:T_r——全量程平均上升时间,μs;

　　T_{ri}——某量程上升时间,μs。

6. 非线性误差 δ_L

其含义是在规定的技术条件下,传感器实测标定曲线偏离理想直线的最大值 $\Delta\max$ 与传感器满量程之比,通常用百分数给出。

$$\delta_L = \pm \frac{\Delta\max}{V_m} \times 100\% \tag{5-3-9}$$

式中:V_m——传感器额定压力时的电压峰值(数据见表 5-3-7),mV。

实测与回归曲线见图 5-3-10。对于 3100♯ 传感器 $\delta_L=2.18\%$,相关系数为 0.999;3119♯ 传感器 $\delta_L=2.59\%$,相关系数为 0.999。该项指标与表 5-3-3 给出的静态标定数值相近。

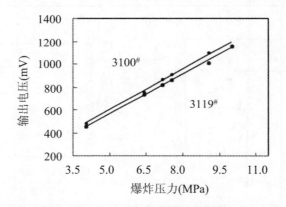

图 5-3-10　非线性误差回归结果

5.3.5　试验水池及装药条件

1. 试验水池

试验水池是试验研究装药在水下爆炸输出能量的主要设备,水池的容积、形状不同对测试结果会产生影响。如用一发 8 号工业雷管在 Ø1.2m、高 1.7m 的水池中心 2/3 深度爆炸,气泡脉动周期为 27～28ms,而在 Ø5.5m、高 3.62m 的水池中心 2/3 深度爆炸,气泡脉动周期为 24～25ms。两个水池的冲击波参数相同,气泡脉动的后一数据与计算和文献值一致,前一数据说明水池的边界条件对试验结果有影响。为了精确测量装药的水下爆炸能量,可用实测的方法确定在给定水池和装药位置等测试条件下的固有常数;在 Ø5.5m、高 3.62m 的水池中 10g 炸药爆炸时,固有常数为 -1.94127m/s。具体实测固有常数的方法见 5.3.4 小节"传感器标定"中的有关内容和公式（5-3-22）～（5-3-27）。

2. 装药约束

Trautz 铅墙扩孔法所用装药量为 10g，能用雷管起爆，并求得体积增量值，这一事实说明研究 10g 水下装药也能完全爆轰，其条件是增强药包约束强度，以缩短爆轰成长期及减少炸药的侧向损失。

参照铅墙孔内装药部分的尺寸，考虑了药包长径比、外壳强度和封口等因素对爆轰的影响，采用如图 5-3-11 所示的药包结构。

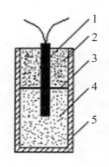

图 5-3-11 药包装配示意图及铸铝壳
1. 标准雷管；2. 胶混石英砂；3. 垫片；4. 炸药；5. 铸铝壳

为了实现完全爆轰，分别采用了铸铁、铸铝及聚氯乙烯管制成了三种药包，分别进行爆速和水下爆炸测量筛选实验。大量实验结果证明用铸铝作药包外壳，只要厚度适当，就能实现完全爆轰，爆速测定结果见表 5-3-8。

表 5-3-8 五种工业炸药铸铝壳药包爆速测定结果

试验样品 爆速	AYD - 2	AMI - 2	AMI - 3	T320	PT473
$D_{标准}$（m/s）	≥3200	≥2600	≥2600	≥3000	≥2800
$D_{常规}$（m/s）	3223	2745	2857	3215	3078
$D_{铝壳}$（m/s）	3236	2762	2805	3190	3093

注：$D_{标准}$ 是产品说明书中的指标；$D_{常规}$ 是按产品标准规定方法测定结果。

从理论上分析，壳体可以延迟侧向稀疏波进入炸药装药的时间，因而能减少装药层不完全爆轰的损失，提高了装药能量利用率。铸铝的声阻抗接近爆轰产物的声阻抗，冲击波易透射到水介质中，降低了破壳时的能量损耗，此外水下爆炸测试不同于量热弹实验，它是瞬时完成的，铝外壳来不及参与反应，几百次的稳定爆轰试验（无一次未爆），重现性很好的数据和图形都说明了这一点。因此采用铸铝外壳药包不会影响测试结果的真实性。

3. 铸铝壳药包能耗修正

为了准确测出 10g 工业炸药在水下爆炸释放的能量，一方面要加强外壳约束，以便装药在爆炸瞬间释放出全部能量,另一方面必须考虑到 8 号标准雷管对能量的附加作用和破碎外壳对总能量的消耗。由图 5-3-11 所示药包测得的总能量应按公式 5-3-10 进行修正:

$$E_t = K_f \left[\frac{\mu \cdot (e_s - e_s' + e_s'') \times 1000}{10} + \frac{(e_b - e_b' + e_b'') \times 1000}{10} \right] \tag{5-3-10}$$

式中:E_t—单位质量炸药的总能量,MJ/kg;

$\quad K_f$—药包形状修正系数,$K_f \approx 1$;

$\quad \mu$—冲击波损失系数;

$\quad e_s$—10g 炸药的冲击波能,MJ;

$\quad e_s'$—标准雷管贡献的冲击波能,MJ;

$\quad e_s''$—破碎外壳消耗的冲击波能,MJ;

$\quad e_b$—10g 炸药的气泡能,MJ;

$\quad e_b'$—标准雷管贡献的气泡能,MJ;

$\quad e_b''$—抛掷外壳碎片消耗的气泡能,MJ。

为了测出 e_s'、e_s''、e_b'、e_b'',需要制作以惰性水介质代替炸药的空白药包,然后在同样条件下试验,测量空白药包的 $e_{s空}$ 和 $e_{b空}$。此时标准雷管的 e_s' 转变为水的冲击波能 $e_{s空}$ 和破碎铝外壳消耗的冲击波能 e_s'',标准雷管的 e_b' 同理,所以:

$$e_s'' = e_s' - e_{s空} \tag{5-3-11}$$
$$e_b'' = e_b' - e_{s空} \tag{5-3-12}$$

式中:$e_{s空}$、$e_{b空}$— 空白药包测得的冲击波能和气泡能,为 0.725MJ 和 1.868MJ。

将公式(5-3-11)、(5-3-12)代入公式(5-3-10)得:

$$E_t = K_f \cdot \left[\frac{\mu \cdot (e_s - e_{s空})}{10} + \frac{(e_b - e_{b空})}{10} \right] \times 1000 \tag{5-3-13}$$

作了上述修正,这样就排除了雷管和外壳对能量的影响,保证了试验结果的准确性。

5.3.6　试验步骤及注意事项

1. 试验步骤

a. 用精度为 1mg 的天平称量梯恩梯炸药,用专用模具压制成规定密度的圆柱形药柱,在雷管孔插入一发 8 号电雷管,试样底部挂一个配重放入水池中心水下 1/2~2/3 深度。对于工业炸药应按图 5-3-11 所示装入铸铝壳并按规定的密度制成试样。

b. 水下爆炸压力传感器底部挂一个配重垂直放入水下与药包平行的同一深度,距离药包中心 1.0m 位置。按图 5-3-8 所示连接试验系统及起爆装置。

c. 打开 F482A05 恒流源电源开关,电流表指针应在绿色区域,如指针在红色或蓝色区域,表明传感器和电缆存在短路或极性接反的故障,应予以排除。按下 DSO 电源开关,调节存储深度、预触发长度、触发方式、触发电平和极性、采样速率等参数,使 DSO 处于等待记录状态。

d. 试验人员撤离到安全地点后,用导通表检查网络电阻,无误后,发出准备起爆讯号,起爆器充电、起爆。

e. 调节 DSO 前面板上的水平和垂直旋钮,在屏幕上初步观测冲击波和气泡波波形,数据存盘。或将波形与数据通过互联网进行网络云存储。

f. 按 5.3.7 小节及 5.3.5 小节中的"3. 铸铝壳药包能耗修正"提供的公式进行数值计算,或进入《炸药水下爆炸能量测试数据处理程序》,输入装药量、爆心距、水深等初始边界条件,输出打印原始波形和冲击波压力、冲击波衰减时间常数、气泡脉动周期、比冲击波能、比气泡能、总能量等计算结果。

2. 注意事项

a. 在进行其他质量炸药试验时,为了避免损坏压力传感器,传感器距药包的距离应大于气泡最大半径,尤其是有外壳的药包(图 5-4-4 显示,破片的运动半径略大于气泡最大半径)。

b. 一般情况下用 1 只压力传感器,就可测出微秒量级的冲击波和毫秒量级的气泡脉动波,采样频率应按采集冲击波的条件设置,应为 5～10MHz。当用 2 只传感器分别测量冲击波和气泡脉动波时,气泡波的采样频率可减半或再低些。

5.3.7　水下爆炸能量计算公式及试验结果

1. 比冲击波能

水中冲击波压力随时间变化的关系为:

$$P(t) = P_{\mathrm{m}} \cdot \mathrm{e}^{-t/\theta} \tag{5-3-14}$$

式中:θ—冲击波指数衰减的时间常数,即由冲击波峰值压力 P_{m} 衰减到 $P_{\mathrm{m}}/\mathrm{e}$ 所需要的时间,s;

　　e—自然对数的底,为 2.7183。

对于梯恩梯的 P_{m} 和 θ 的经验公式为:

$$P_{\mathrm{m}} = k \left(\frac{W^{1/3}}{R} \right)^{\alpha} \tag{5-3-15}$$

式中符号的物理意义同公式(5-3-4)。

$$\theta = \left(\frac{W^{1/3}}{R} \right)^{-0.24} \cdot W^{1/3} \cdot 10^{-4} \tag{5-3-16}$$

对其他炸药:

$$P_{\mathrm{m}} = 52.27 \left(\frac{W^{1/3}}{R} \right)^{1.13} \cdot \left(\frac{Q_{\mathrm{i}}}{Q_{\mathrm{T}}} \right)^{0.377} \tag{5-3-17}$$

式中:Q_{i}—所用炸药的爆热,MJ/kg;

　　Q_{T}—梯恩梯炸药的爆热,MJ/kg。

而试验结果的计算则要根据初始条件和 p-t 曲线来处理,所以:

$$P_{\mathrm{m}} = \frac{V_{\mathrm{m}}}{K_{\mathrm{v}} \cdot S_{\mathrm{v}}} \tag{5-3-18}$$

$$\theta = P_{\mathrm{m}}/\mathrm{e} \tag{5-3-19}$$

式中:K_{v}—恒流源的增益,为 1;

　　将公式(5-3-18)、(5-3-19)条件代入公式(5-3-20)计算出比冲击波能:

$$E_s = \frac{4\pi R^2}{\rho_w \cdot C_w \cdot W} \int_0^{6.7\theta} P\,(t)^2 \mathrm{d}t \tag{5-3-20}$$

式中：E_s——测点处的比冲击波能，MJ/kg；

ρ_w——水的密度，取 1000kg/m³；

C_w——水中声速，取 1460m/s；

P——积分区间内的冲击波压力，10^6Pa。

2. 比气泡能

从炸药爆轰到出现气泡第一次收缩的气泡振荡周期称为气泡脉动周期。对于一般测试条件，气泡能由下式求出：

$$T_b = K_1 E_b^{1/3} + K_2 E_b^{2/3} \tag{5-3-21}$$

$$K_1 = 1.135\rho_w^{1/2} P_H^{-5/6} \tag{5-3-22}$$

当池壁离得很远，仅有水面和池底"边界效应"时，在一定的静水压力下，气泡脉动周期 T_b 相对于装药 W 可以用下式表达：

$$T_b = aW^{1/3} + bW^{2/3} \tag{5-3-23}$$

由于气泡能与装药量成正比，所以由公式(5-3-21)和(5-3-23)式可以推导出：

$$K_2 = K_1^2 \cdot \frac{b}{a^2} = K_1^2 \cdot C \tag{5-3-24}$$

$$C = b/a^2 \tag{5-3-25}$$

式中：E_b——测点处的比气泡能，MJ/kg；

T_b——修正后的气泡脉动周期，s；

a、b——使用水池和一定静水压力试验条件下的固有常数；

K_1、K_2——由给定水池、装药量和位置确定的常数；

P_H——装药深度处总的静水压力，Pa；

C——在给定水池和装药位置等测试条件下由 a、b 确定的固有常数，为 -1.94127m/s。

T_b 是指在同一标准压力下的气泡脉动周期。但在试验中，由于受气压条件的影响，限定静水压力是很困难的，所以应将试验测出的气泡脉动周期 t_b，与水面实测大气压和装药深度处的静水压按下式修正成同一标准压力下的气泡脉动周期 T_b：

$$T_b = t_b \left(\frac{P_i + P_h}{P_0 + P_h}\right)^{5/6} = t_b \left(\frac{P_H}{P_{H0}}\right)^{5/6} \tag{5-3-26}$$

式中：t_b——测出的气泡脉动周期，s；

P_i——测试时水面的实测大气压，Pa；

P_0——水面标准大气压，取 101325Pa；

P_h——装药深度处的静水压力（$P_h = \rho_w g h$，ρ_w 为水的密度，对于淡水取 1000kg/m³；g 为重力加速度，取 9.8m/s²；h 为装药水深，m），Pa；

P_{H0}——装药深度处的标准压力，Pa。

由公式(5-3-22)～(5-3-26)解出关于 E_b 的方程得出比气泡能：

$$E_b = \frac{1}{8C^3 \cdot K_1^3 \cdot W} \left(\sqrt{1 + 4CT_b} - 1\right)^3 \tag{5-3-27}$$

3. 总能量

装药爆炸的总能量不仅与装药形状有关,还要考虑初始冲击波传播至测点处的损失。所以:

$$E_t = K_f(\mu \cdot E_s + E_b) \tag{5-3-28}$$

式中:E_t——装药爆炸的总能量,MJ/kg;

$\quad K_f$——装药形状修正系数,对于球形或长径比≈ 1的药包,$K_f = 1$;

$\quad \mu$——冲击波损失系数($\mu \cdot E_s$是单位质量装药原本传到水中的冲击波能)。

$$\mu = 1 + 1.3328 \times 10^{-2} P_{c-j} - 6.5775 \times 10^{-5} P_{c-j}^2 + 1.2595 \times 10^{-7} P_{c-j}^3 \tag{5-3-29}$$

μ与装药的爆轰压成函数关系,已知装药的密度和爆速,爆轰压可用下式求得:

$$P_{c-j} = \frac{1}{4}\rho_0 D^2 \tag{5-3-30}$$

式中:P_{c-j}——爆轰压力,10^8Pa

$\quad \rho_0$——装药的密度,kg/m^3;

$\quad D$——水中装药的爆速,m/s。

假定μ只取决于P_{c-j},则从测出的ρ_0、D、E_s、E_b即可求出E_t。

4. 试验结果

表5-3-9列举了安徽理工大学的水池($\varnothing 5.5$m,高3.62m;简称安理水池)试验的七种10g炸药试验数据。利用图5-3-8的传感器和测试仪器,在安徽淮北爆破技术研究所的爆炸水池($\varnothing_{上径}26$m,锅底形,水深5m;简称淮北水池)七种炸药,药量为10g、50g、100g、150g的数据(带有"♯"标记),以及辽宁抚顺煤科总院的爆炸水池($\varnothing_{上径}45$m,$\varnothing_{下径}12$m,水深9m;简称抚顺水池)五种1000g炸药的典型数据。代号为AYD-2、AY-2(k)、AMI-2、AMI-3炸药因含有梯恩梯成分,目前已停止生产,为了比较分析试验方法的可靠性,将数据列出。

表5-3-9 不同水域条件及药量的试验数据

参数 炸药	W (g)	ρ (g/cm^3)	R (m)	μ	P_m (MPa)	T_b (ms)	E_s (MJ/kg)	E_b (MJ/kg)	E_t (MJ/kg)	Q_v (MJ/kg)	E_t/Q_v (%)
AYD-2	10	1.00	1.0	1.30	8.861	51.442	1.116	1.989	3.440	3.691	93.2
AMI-2	10	1.00	1.0	1.23	8.070	49.667	0.916	1.874	3.025	3.319	91.1
AMI-3	10	1.00	1.0	1.22	7.981	48.944	0.842	1.774	2.801	3.093	90.6
T320N	10	1.10	1.0	1.30	8.471	49.500	0.904	1.845	3.019	3.029	99.7
PT473	10	1.10	1.0	1.26	7.247	46.722	0.654	1.483	2.307	2.500	92.3
SY-T220	10	1.23	1.0	1.314	7.169	49.017	0.776	1.778	2.797	3.309	84.5
TNT(压装)	11.2	1.55	1.0	2.0	10.004	52.181	1.021	2.200	4.242	4.222	100.5
AYD-2♯	10	1.00	1.0	1.30	8.869	54.294	1.014	1.999	3.318	3.691	89.9
AMI-2♯	10	1.00	1.0	1.23	8.195	52.502	0.880	1.790	2.872	3.319	86.5

参数 炸药	W (g)	ρ (g/cm³)	R (m)	μ	P_m (MPa)	T_b (ms)	E_s (MJ/kg)	E_b (MJ/kg)	E_t (MJ/kg)	Q_v (MJ/kg)	E_t/Q_v (%)
AMI-3#	10	1.00	1.0	1.22	7.737	52.010	0.839	1.735	2.760	3.093	89.2
T320N#	10	1.10	1.0	1.30	8.419	53.417	0.905	1.895	3.071	3.029	101.4
PT473#	10	1.10	1.0	1.26	7.782	49.535	0.735	1.473	2.399	2.500	96.0
SY-T220#	10	1.23	1.0	1.314	8.119	52.230	0.873	1.761	2.908	3.309	87.9
AYD-2#	50	1.00	220	1.30	6.167	91.028	0.976	1.867	3.135	3.691	85.0
AYD-2#	100	1.00	220	1.30	8.490	117.545	1.000	2.021	3.320	3.691	89.9
AYD—2#	150	1.00	220	1.30	10.179	136.866	1.019	2.147	3.473	3.691	94.1
X平均#							0.998	2.012	3.309	3.691	89.7
T320N#	50	1.10	220	1.30	6.933	90.776	0.896	1.851	3.016	3.029	99.6
T320N#	100	1.10	220	1.30	8.735	115.452	0.877	1.926	3.065	3.029	101.2
T320N#	150	1.10	220	1.30	10.190	132.008	0.897	1.927	3.066	3.029	101.2
X平均#							0.890	1.901	3.049	3.029	100.7
SY-T220#	50	1.23	220	1.314	5.296	89.086	0.780	1.889	2.914	3.309	88.1
SY-T220#	100	1.23	220	1.314	7.640	105.954	0.740	1.603	2.575	3.309	77.8
SY-T220#	150	1.23	220	1.314	9.609	127.142	0.791	1.857	2.897	3.309	87.6
X平均#							0.770	1.783	2.795	3.309	84.5
TNT#	51.1	1.00	220	1.623	6.841	91.348	0.947	2.037	3.574	3.612	98.9
TNT#	101.1	1.00	220	1.623	9.480	114.954	0.995	1.900	3.515	3.612	97.4
TNT#	150.1	1.00	220	1.623	11.293	132.557	0.976	1.951	3.534	3.612	97.8
X平均#							0.973	1.963	3.541	3.612	98.0
AY-2(k)	1000	0.94	3.0	1.291	13.354	229.8	1.038	2.594	3.985	4.015	99.3
ANFO	1000	0.78	3.0	1.241	10.230	226.5	0.976	2.478	3.689	3.705	99.6
SY-T220	1000	1.13	3.0	1.571	11.849	211.9	0.805	2.042	3.307	3.659	91.4
RM Ⅲ	1000	0.95	3.0	1.343	10.210	212.9	0.734	2.031	3.029	3.310	91.5
TNT(熔铸)	1000	1.52	3.0	1.983	16.287	216.4	1.100	2.155	4.336	4.229	102.5

注:1. 工业炸药代号:AY-2(K). 2#岩石抗水;SY-T220. 岩石水胶;RM Ⅲ. 煤矿许用三级乳化;ANFO. 铵油;AYD-2. 2#岩石硝铵;AMI-2. 2#煤矿硝铵;AMI-3. 3#煤矿硝铵;T320N. 二级煤矿许用水胶;PT473. 三级煤矿许用水胶。

2. Q_v. 爆热计算值;E_t/Q_v. 水下爆炸总能量与爆热比值。

5.3.8　试验方法与结果的讨论

1.　不同水域条件不同药量的试验结果对比

分析表 5-3-9 的数据中可以看出以下规律：

(1) 不同水域条件相同装药

在安理水池和淮北水池对六种工业炸药均采用 10g 铸铝壳装药，除 AMI-2 炸药的总能量相对误差为 5% 外，其余五种炸药的试验数据基本一致，说明不同水域条件影响很小。

表中还可以看出 AMI-2 及 AMI-3 试验结果偏低，分析原因可能是炸药组分中添加了一定量的消焰剂—食盐(15% 和 20%)的缘故，消焰剂是一种热容量大的材料，炸药爆炸时，能吸收一部分爆热而降低炸药的温度，从而不会引爆煤矿井下的可燃气和煤尘。而 PT473 炸药组分中含有 16.5% 的惰性石粉，爆炸时也具有这种作用，使得 E_t 略低于 Q_v。

(2) 相同水域条件不同药量

淮北水池采用的 50g、100g、150g 装药量，对三种工业炸药和散装梯恩梯试验的数据表明：总能量除 AYD-2 炸药随药量增加外，其余炸药与药量无关。总能量平均值与 10g 铸铝壳装药(含安理水池数据)一致性很好。

(3) 不同水域条件不同装药量

将炸药性质相同和相近的爆炸总能量与爆热计算值进行比较(即 E_t/Q_v)，可以看出：抚顺水池的 AY-2(k) 比其他两种水池的 AYD-2(两种装药结构，四种药量的平均值)高 8.39%；同种炸药不同装药量的 SY-T220，抚顺水池的比其他两种水池高 6.3%；抚顺水池的 RM Ⅲ 比其他两种水池的 PT473(相同装药结构、药量的平均值)低 2.9%；抚顺水池的 ANFO 炸药与其他两种水池 T320N，因炸药性质不同，与其他炸药作比较无太大意义，但 E_t/Q_v 的比值都接近 100%。

三个水域条件的梯恩梯炸药尽管药量、密度不同，但 E_t/Q_v 的比值都接近 100%。说明梯恩梯炸药性能稳定。因此在很多爆破器材感度和爆炸性能试验中，都将梯恩梯作为标准炸药或标定用炸药。

应当指出：与其他作功能力试验方法一样(见 2.2.6 小节"炸药的作功能力测试")，水下爆炸法也并不能测出全部爆炸能量，被忽略的能量有：受到压缩后水的温升、带壳装药破片飞散的动能、6.7θ 以后的冲击波压力和二次、三次气泡脉动的能量、爆炸引起水池周围固体介质的弹性波振动效应，除振动外，其余几项所占的比例都很小。

2.　不同水池的比例关系

结合表 5-3-9 的参数，忽略水池形状，水深与水池直径比值为：

安理水池：3.62m/5.5m=0.658；淮北水池：5m/26m=0.19；抚顺水池：9m/45m=0.2。

水深与试验药量比例关系为：

安理水池：$3.62/10^{1/3}=1.68\text{m/g}^{1/3}$；

淮北水池：$5.00/150^{1/3}=0.94\text{m/g}^{1/3}$；

抚顺水池：$9.00/1000^{1/3}=0.90\text{m/g}^{1/3}$。

淮北和抚顺水池的水深与直径、药量的比例系数接近,假定认为在该试验药量条件下,这两个水池属于无限水域,在不考虑水池强度和爆炸振动效应时,安理水池的试验药量可以增加到 60g 梯恩梯当量。GJB 7692—2012《炸药爆炸相对能量评估方法:水下爆炸法》认为:梯恩梯当量为 1.0kg 时,试验水域直径一般不小于 9.5m,深度不低于 12.6m;当量为 5.0kg 时,试验水域直径一般不小于 16.2m,深度不低于 21.6m。按此要求,安理水池的试验药量可以增加到 24g 梯恩梯当量,达到了设计时的极限药量。

无限与有限水域是相对于试验药量而言的,因此 $\varnothing 5.5m$,高 3.62m 的安理水池条件,10g 炸药试验量、也相当于无限水域的水下爆炸。

建造大当量的爆炸水池投入很大,选址还要考虑爆炸噪声、振动对周围环境的干扰。根据爆炸相似原则,在保证被测炸药试样完全爆轰条件下,减少炸药试样量、建造满足比例水深的小型爆炸水池,更便于水下爆炸法的推广应用,逐步成为标准化的试验方法。

3. 水下爆炸能量与 Trautz 铅墙扩孔值

炸药作功能力试验——Trautz 铅墙扩孔法是一种传统方法,由于方法简单,操作方便,且不需要专门的仪器设备,目前国内外仍在广泛使用,被国际炸药测试方法标准化研究组织(EXTEST)推荐为标准测试方法。

将安理水池 10g 炸药的比爆炸能(见表 5-3-9),与 Trautz 铅墙实测值(同批炸药)以及标准扩孔值的结果列于表 5-3-10,其中标准扩孔值引自文献,表中数据显示:实测值大于标准值,说明五种炸药的本项指标是合格的。

表 5-3-10 水下爆炸能量与铅墙扩孔值

参数／炸药名称	E_s(MJ/kg)	E_b(MJ/kg)	E_t(MJ/kg)	实测扩孔值(ml/10g)	标准扩孔值(ml/10g)
AYD-2	1.116	1.989	3.440	366	$\geqslant$320
AMI-2	0.916	1.874	3.025	272	$\geqslant$250
AMI-3	0.842	1.774	2.801	252	$\geqslant$240
T320N	0.904	1.845	3.019	271	$\geqslant$220
PT473	0.654	1.483	2.307	188	$\geqslant$160

由于水下爆炸比能与扩孔值的量纲不统一,不便直接比较,所以将两种结果进行作图,检验它们之间是否有联系,见图 5-3-12。

从图中可以看出:五种工业炸药水下爆炸能与实测扩孔值有很好的线性对应关系,比冲击波能、比气泡能和总能量的相关系数分别为:0.993、0.925 和 0.975。这说明比冲击波能和比气泡能对铅墙扩孔值有影响,铅墙扩孔值反映的是两种能量的综合作用,而总能量与铅墙扩孔值的相关性更密切,它们之间的关系可以用以下公式表述:

$$
\left.
\begin{aligned}
E_s &= 0.1903 + 0.0026X \\
E_b &= 1.0502 + 0.0028X \\
E_t &= 1.2163 + 0.0063X
\end{aligned}
\right\}
$$

(5-3-31)

式中：X—铅墙扩孔值，ml/10g。

用以上三式可以简单估算和比较新配制或新合成的各种工业炸药的作功能力。

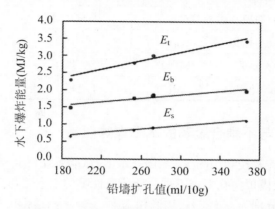

图 5-3-12　水下爆炸能量与铅墙扩孔值关系

4. 冲击波能与气泡能的量纲

对冲击波能公式积分得出：

$$e_s = \frac{4\pi R^2}{\rho_w \cdot C_w} \int_0^{6.7\theta} P(t)^2 \, \mathrm{d}t = \frac{2\pi R^2 \cdot P_m^2 \cdot \theta}{\rho_w \cdot C_w}$$

冲击波能的量纲：

$$\frac{L^2 M^2 L^{-2} T^{-4} T}{M L^{-3} L T^{-1}} = M^2 T^{-3} M^{-1} L^3 L^{-1} T = ML^2 T^{-2} \tag{5-3-32}$$

气泡能公式：

$$e_b = \frac{1}{8C^3 \cdot K_1^3} \left(\sqrt{1 + 4CT_b} - 1 \right)^3$$

式中：C 的单位为 m/s，$K_1 = 1.135 \rho_w^{1/2} P_H^{-5/6}$；

K_1 的量纲：$M^{1/2} L^{-3/2} M^{-5/6} L^{5/6} T^{5/3} = M^{-1/3} L^{-2/3} T^{5/3}$。

气泡能的量纲：

$$\frac{(T^{-1/2} T^{1/2})^3}{T^3 (M^{-1/3} L^{-2/3} T^{5/3})^3} = \frac{T^{-3/2} T^{3/2}}{M^{-1} L^{-2} T^2} = ML^2 T^{-2} \tag{5-3-33}$$

所涉及的力学量和量纲式见表 5-3-11。

表 5-3-11　力学量与量纲式

力学量	定义	量纲式	单位名称	符号
质量	基本量	M	千克	kg
长度	基本量	L	米	m
时间	基本量	T	秒	s
力	质量×加速度	MLT^{-2}	牛顿	$N(kgms^{-2})$
加速度	长度/时间	LT^{-2}	米每秒平方	Ms^{-2}

力学量	定义	量纲式	单位名称	符号
压强	力/面积	$ML^{-1}T^{-2}$	帕斯卡	$Pa(kg \cdot m^{-1} \cdot s^{-2})$
速度	长度/时间	LT^{-1}	米每秒	$m \cdot s^{-1}$
能量	力×长度	ML^2T^{-2}	焦耳	$J(kg \cdot m^2 \cdot s^{-2})$
密度	质量/体积	ML^{-3}	千克每立方米	$kg \cdot m^{-3}$

5. 含铝乳化炸药与不耦合装药的水下爆炸能量

北京理工大学王丽琼教授利用图 5-3-8 爆炸水池、试验系统和铸铝壳装药,研究了几种不同含铝量乳化炸药,以及模拟深孔爆破不耦合装药条件下的水下爆炸能量。

乳化炸药的含铝量分别为 0%、5%、10% 和 15%,试验结果见图 5-3-13。铝与氧反应产生出了大量的热和气体,所以冲击波峰值压力增加,压力衰减减缓,气泡脉动期延长,导致冲击能量、气泡能量和总能量增加。因此加入铝粉可以达到增加爆炸能量目的,能量增加约 32.5%。

深孔爆破除了混装车连续装药外,通常药卷装药都属于不耦合装药,无水炮孔中与药卷径向接触的介质是空气,有水炮孔径向接触的介质是水,在铸铝壳装药外部用 PMMA 制作的模拟炮孔空气与水不耦合装置,见图 5-3-14。

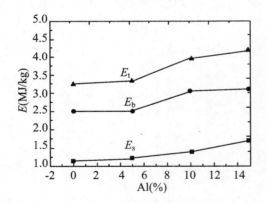

图 5-3-13　不同含铝量乳化炸药的爆炸能量

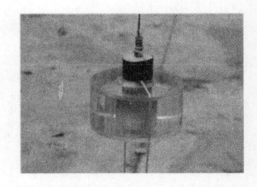

图 5-3-14　模拟空气、水不耦合的铸铝壳装药

不耦合系数(炮孔直径与药包直径之比)分别为 1.5 和 2.8,前者模拟孔径 90mm、药卷直径 60mm;后者是模拟深孔预裂与光面爆破时,孔径 90mm、药卷直径 32mm。试验结果见图 5-3-15 和 5-3-16。

分析两图得出:空气不耦合条件下,不耦合系数增大,不含铝与含铝乳化炸药爆炸能量都减小,相同不耦合系数的不含铝炸药能量低于含铝炸药。而水不耦合条件下,不耦合系数变化、含铝量对能量影响不明显,但都大于相同条件的空气不耦合,说明空气对输出能量的影响比水更为明显。因此,为了达到好爆炸效果,选择适当的炸药是非常重要的。

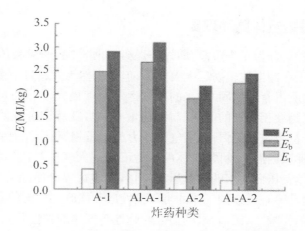

图 5-3-15 不含铝与含铝乳化炸药空气不耦合的爆炸能量

不耦合系数：A-1、AL-A-1：1.5；A-2、AL-A-2：2.8

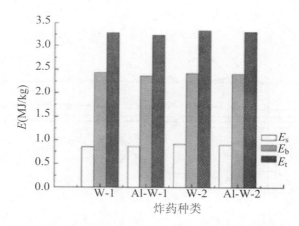

图 5-3-16 不含铝与含铝乳化炸药水不耦合的爆炸能量

不耦合系数：W-1、AL-W-1：1.5；W-2、AL-W-2：2.8

5.4 水下爆炸气泡脉动过程测试

　　利用水下爆炸过程的光学可见效应进行测量是一个很重要的方法，以测量光学现象为基础的试验技术主要特点是：所研究的现象在测量过程中不发生畸变；在可见视野内能获得大量的信息。而采用传感器—放大器—记录仪器的电学方法测量时，得到的是爆炸过程中测量点的结果，同时还要考虑传感器形状、安放的角度是否对流场产生干扰。

　　水下爆炸的爆轰气体（气泡）脉动过程一般为数十到数百毫秒，采用拍摄频率为 1000～5000 fps(frames per second)的中、低速的高速摄像机就可以准确记录到这一过程。这些图像是获得爆轰气体形成的气泡推动周围水体运动最简单和直接的定量数据。

5.4.1　水下装药爆轰气体脉动现象

水下装药爆炸过程可分为三个阶段,即炸药爆轰、冲击波的形成和传播、气泡的脉动和上浮。气泡内的初始高压在冲击波辐射后大大降低,但是仍然大大超过平衡流体静压值,紧靠气泡(通常称爆炸生成物所占有的空间)的水的扩散运动速度最大,气泡的半径在膨胀的初始阶段急骤增加,膨胀可以延续相当长的时间(与装药量有关),随着该过程的进行,气体的内部压力逐渐减少,但是由于扩散水流的惯性,当气泡压力与水压相等时,气泡的运动并未停止,仍继续向外膨胀。在气泡膨胀的后一阶段,气体的压力下降到大气压与流体静压之和的平衡值以下。由于气泡表面产生负压而使水的扩散运动停止,气泡边界开始随着速度的不断增加而收缩,气泡表面的收缩运动一直延续到气体的可压缩性成为能改变方向的有力障碍为止(在膨胀过程中不存在压缩性的影响)。因而,水的惯性和弹性与气体的弹性共同构成这一系统产生脉动的必要条件,气泡开始作膨胀与压缩的循环运动,见图 5-4-1。

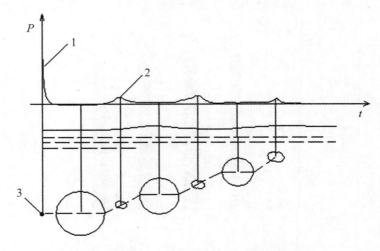

图 5-4-1　气泡脉动与压力示意图
1. 冲击波;2. 气泡脉动波;3. 装药

在气泡的整个膨胀与压缩的循环过程中,气泡第一次脉动的最大压力不大于冲击波压力的 $10\%\sim20\%$,这种持续的作用时间却大大超过冲击波压力的持续作用时间。因而这两个压力—时间曲线的面积大小却相差无几,即气泡在作功过程中的能量不能被忽略。

5.4.2　方法原理

从装药爆轰到出现气泡(爆炸气体)膨胀、收缩称为气泡脉动现象,利用高速摄像机拍摄气泡的脉动过程,计算出气泡随时间变化的半径及脉动时间。

5.4.3　仪器、设备与材料

a. 高速摄像机一套(摄像头、主机、脚架、外接液晶监视器等);
b. 笔记本电脑(存储图像并装有图像处理软件);

c. 安装有多个光学窗的爆炸水池；

d. 碘钨灯或其他类型灯具（辅助光源）；

e. 被测炸药或起爆器材试样；

f. 放炮线、导通表、起爆器。

5.4.4　拍摄条件与步骤

1. 高速摄像机简介

高速摄像是用照相的方法拍摄高速运动过程或快速反应过程，它把时间和空间信息一次记录下来，时间信息用拍摄频率来表示，空间信息用图像来表示，所以利用高速摄像技术极大地提高了人眼对时间的分辨率。

高速光学摄像测试技术有诸多的特点：

a. 以光子作为信息载体，与其他种类的测试方法相比较，能够达到最高的响应速率和最高的时间分辨能力。

b. 可以实现非接触测量，在拍摄过程中，它不会影响被测状态，同时也不受被测对象变化过程的干扰和破坏。对于爆炸、冲击、燃烧等过程中某些物理量的测量，采用非接触方式，就可以解决这类具有破坏性的动态或超动态变化过程的测量。

c. 就测量通道而言，它是一种多通道的测量系统，信息的传递只受快门和光圈的限制，而不受有限通道数的限制。

高速摄像机的种类很多，根据记录介质的不同可以分为胶片式、电子图像式和数字化存储器式。属于胶片式的高速摄像机有：间歇式、补偿式、鼓轮式和转镜式；电子图像式目前只有变像管式；而数字化存储器式高速摄像机是随着计算机技术的飞速发展而出现的一种极有前途的高速摄像机，按照发展趋势可以逐步取代胶片式高速摄像机。

数字式摄像机从光电耦合器件的不同又分为 CCD（Charge-Coupled Device 电荷耦合器件）和 CMOS（Complementary Metal-oxide Semiconductor 互补型金属氧化半导体）两种。CMOS 传感器可以做得非常大并有 CCD 传感器同样的感光度，CMOS 传感器非常快速，比 CCD 传感器要快 10 倍到 100 倍，同样尺寸的总能量消耗比 CCD 摄像机减少了 1/2 到 1/4，因此非常适用于高速摄像机。CMOS 传感器不需要复杂的处理过程，直接将图像半导体产生的电子转变成电压信号，因此处理速度非常快。这个优点使得 CMOS 传感器对于拍摄高速移动的物体非常有用，近几年 CMOS 技术已应用在高速摄像机上，目前最高拍摄帧数率达几百万 fps、30 位彩色或黑白图像，最大分辨率达 2560×1920 像素（pixels），快门的最快速度（fastest shutter speed）为 $0.2\mu s$，拍摄时间可达数十秒，光学格式为 35.2mm。拍摄的总帧数与时间与内存、分辨率和帧数率有关，当采用 16G 内存，2560×1920 分辨率，2000 帧数率时，总帧数＝内存/分辨率 $16 \times 10^9 / 2560 \times 1920 = 3255$ 帧；拍摄时间＝总帧数/帧数率＝3255/2000＝1.63 秒。如改用 1280×960 分辨率和 7690 帧数率，拍摄时间就达到 16.9 秒，内存与拍摄时间可参见 2.2.1 小节中的表 2-2-6。有些高速摄像机在一定范围内，可以根据拍摄要求任意设置分辨率和帧数率，如设置分辨率 2560×8，还可以实现扫描拍摄功能。

按其工作原理可分为扫描式（2.2.2 小节中的图 2-2-13 是胶片式高速摄像机拍摄的扫描

图像)和分幅式两种,数字式高速摄像机不同于胶片式高速摄影机,它将后者放置胶片的位置改成了 CCD 或 CMOS 传感器来获取图像,取景器也变成了彩色显示器。拍摄的影像以数字信号的方式存储,通过传输接口还可以将数字化的图像信号传输到计算机上存储、分析、计算。图 5-4-2 是在计算机上进行设置高速摄像机拍摄条件、显示回放图像并分析的软件界面。

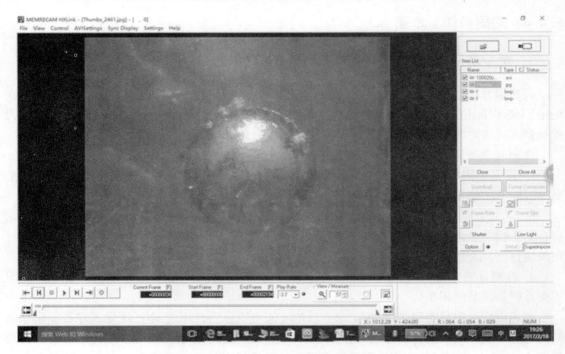

图 5-4-2　计算机分析、处理图像的软件界面

　　爆炸、燃烧或冲击过程的速度极快,无法用普通摄像机捕捉到这些过程的细节,而高速摄像机以其特有的性能优势则非常合适。因此,使用高速摄像机来拍摄高速的炸药爆炸、爆破过程与燃烧现象已经成为对具体高速动态过程进行精确研究的一种有效手段,极大地促进了该领域科学研究的发展。

　　NAC Memrecam HX-3 High Speed Camera 的主要技术指标见表 5-4-1。

表 5-4-1　高速摄像机的主要技术指标

像素分辨率	帧速率(fps)	像素分辨率	帧速率(fps)	像素分辨率	帧速率(fps)
2560×1920	2000	XGA(1024×768)	11780	320×240	105800
400 万像素	2400	768×576	20230	320×192	130700
1920×1080(Full HD)	4670	VGA(640×480)	28310	320×96	246880
1280×960	7690	512×512	32410	320×48	444400
100 万像素	9220	512×384	43000	320×24	740660
1280×720(720p HD)	10230	320×320	74340	384×8	1300000

2. 帧速率

拍摄高速运动的物体时,随着时间的变化,要求高速摄像机能够分辨出最短的时间间隔,当摄像机的连续拍摄速度愈快时,形成的一幅画面的曝光时间就愈短,这一最短的时间间隔就是该摄影机所能达到的时间分辨率。表 5-4-2 是 FASTCAM super10kc 高速摄像机帧速率与快门的关系。

表 5-4-2　帧速率与快门的关系

帧速率 (fps)	快门(s)										
	1/30	1/60	1/125	1/250	1/500	1/1000	1/2000	1/3000	1/5000	1/10000	1/20000
250	n	n	n	y	y	y	y	y	y	y	n
500	n	n	n	n	y	y	y	y	y	y	y
1000	n	n	n	n	n	y	y	y	y	y	y
2000	n	n	n	n	n	n	y	y	y	y	y
3000	n	n	n	n	n	n	n	y	y	y	y
5000	n	n	n	n	n	n	n	n	y	y	y
10000	n	n	n	n	n	n	n	n	n	n	y

注:表中"y"表示可以使用的快门速度;"n"表示不可以使用。

分幅摄像的时间分辨率 nT 与帧速率 v 存在如下关系:

$$nT = \frac{1}{mv} \tag{5-4-1}$$

式中:m—画幅间隔时间与有效曝光时间之比值,一般取 1。

3. 水的透明度与拍摄光源

水是一种使光波不能完全通过的介质,光的强度随距离增大而降低,光强的这种减弱现象很大程度是由于水中存在杂质而发生散射的结果。光强降低会使拍摄的图像变得模糊不清,甚至无法使用。

Cole 曾指出:测量水的透明度最简单和直接的方法是使用一个直径为 203mm 圆盘,将这个圆盘从水面放下去,直到看不见为止,此时深度的一半距离处可以拍摄到质量很好的图像。

为了获得较高清晰度图像,通常采用经常换清洁水和利用外部光源的办法。自然光是最好的连续光源,光强高,光线均匀,在露天的条件下进行爆炸测试研究,能满足基本的拍摄要求,图 5-4-4 和图 5-4-7 是采用顶部自然光拍摄的气泡脉动图像,气泡上部光强明显大于其他部位;在室内、室外光线较弱或高速拍摄时,需使用辅助光源照明。

(1) 辅助光源的种类与基本参数

辅助光源有连续光源、脉冲光源和爆炸光源等。连续光源、脉冲光源主要采用以下几种:

a. 碘钨灯是一种热辐射光源,具有体积小、光色好、寿命长等优点。220 伏 1000 瓦碘钨灯的发光效率约为 21 Lm/W,色温约为 2400～3000K。

b. 金属卤化物灯的最大优点是发光效率特别高,发光效率为 $80\sim90$ Lm/W,也是一种热光源。显色指数可达 90%,即彩色还原性特别好。另外,金属卤化物灯的色温可达 5000 ~6000 K。

c. 钠灯是利用钠蒸气放电产生可见光的电光源。钠灯又分低压钠灯和高压钠灯。低压钠灯的放电辐射集中在 589.0 纳米和 589.6 纳米的两条双 D 谱线上,它们非常接近人眼视觉曲线的最高值(555 纳米),故其发光效率极高,已达到 200Lm/W,成为各种电光源中发光效率最高的节能型光源。如 1000W 的高压钠灯光通量为 130000Lm,发光效,130Lm/W,色温为 2000K。

d. 氙灯是利用氙气放电而发光的电光源。目前常用的是短弧氙灯(又称球形氙灯)和脉冲氙灯。由于灯内放电物质是惰性气体氙气,其激发球形氙灯电位和电离电位相差较小。辐射光谱能量分布与日光相接近,色温约为 6000K。超高压短弧氙灯发光效率约 40Lm/W。脉冲氙灯应用火花隙放电作为高速摄影的曝光光源,现有脉冲光源的脉冲宽度一般为 10^{-9} s$\sim$ 10^{-2} s,瞬时亮度可达 10^{10} cd/m^2,是除激光外亮度最高的人造光源,它的瞬时光通量可达 10^9 Lm,闪光重复频率为 $1\sim10^6$ 次/分,工作寿命达 10^6 次以上,发光效率为 40Lm/W。

这些辅助光源能进行大面积散射或聚光照明,适用于中、低速运动图像的拍摄,可根据拍摄要求选用。辅助光源的热辐射会使物体温度升高,较长时间照射需注意拍摄窗口或爆破器材的安全。此外,使用脉冲光源时要与高速摄像机同步。

爆炸光源为一次性光源,如"图 2-2-12 水箱法测爆轰压力"中的光源药柱。

(2) 辅助光源的位置和角度

为了提高画面的清晰度、分辨率及拍摄效果,在拍摄过程中对辅助光源的位置、角度有严格要求。主要有以下几种方式:

a. 顺光:光源从摄像机的方向,正面照射在被摄物体上。这样拍的效果比较清楚。当拍摄的物体表面比较光滑时,如金属和玻璃等,会对顺光进行反射,反射光进入镜头会产生眩光,影响画面效果。顺光缺少光影的对比,反差较小,画面上立体感和空间感不够强烈。

b. 侧光:光源从侧面斜角度照射在物体表面,在另一侧产生具有明显方向性的投影,能比较突出地体现被摄体的立体感和表面质感,但光线不宜过强,否则造成物体反差过大,形成木刻效果。图 5-4-8 是两侧采用辅助光源的图像。

c. 逆光:光源正对摄像机镜头,从被摄体背面照射,这样采光具有较强的表现力,可勾画出被摄物体的轮廓线条。但逆光的曝光不易控制,如果对物体的暗部曝光不足,会出现分辨率很低的黑暗画面。

4. 拍摄步骤

a. 清洗干净爆炸水池,放入清洁水,水的深度根据试验要求确定。

b. 按图 5-4-3 安装连接试验装置,接通交流电源,然后按先后顺序开机,其顺序为:计算机—监视器—主机,关机的顺序则与开机相反。

c. 放置水下装药试样,如果试样重量很轻,要在试样底部栓挂一个配重物,以保持试样垂直稳定。

d. 将镜头对准装药试样调节镜头的光圈、焦距,在监视器上观察试样的大小、清晰度。这一步骤将决定所拍摄图像的质量,因此要耐心细致。如在装药试样附近安放标尺,调焦时要把标尺的刻度线调节清晰,以便在分析处理图像时能够准确计算气泡膨胀—收缩的半径。

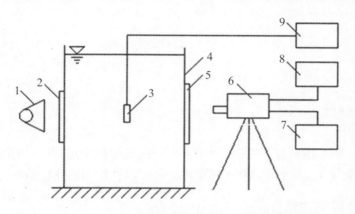

图 5-4-3　气泡脉动过程拍摄装置示意图

1. 辅助光源;2. 光源窗口;3. 装药试样;4. 爆炸水池;5. 拍摄窗口;6. 高速摄像机;7. 计算机;8. 外接监视器;9. 起爆装置

e. 打开高速摄像机的选择菜单(在监视器或计算机屏幕上显示),选择试验的帧速率(frame rate)、快门(shutter)、触发记录方式(分为"开始触发"、"中间触发"和"结束触发")等条件。

f. 打开计算机 HXLink 软件,选择存储图像文件的硬盘,建立文件名。然后选择存储图像文件的类型(TIFF、BMP 或 AVI)。

g. 读取气压计测量的水面大气压。

h. 连接放炮线,导通表检查起爆网路电阻是否符合要求,如无异常,连接起爆器,充电准备起爆。

i. 先后按下主机上"REC REDDY"和"TRIGGER"按键,然后起爆。

j. 控制主机"MODE"、"▶、◀、▼、▲"按键,在监视器上观察拍摄图像结果并找出的起始和终止画幅数。点击计算机软件的"READ CAMERA"按钮,输入起始点和终止点数值,开始下载,然后利用图像分析软件进行气泡最大半径 a_m、气泡脉动周期 t_b 等数据处理。

5.4.5　数据计算与图像处理

1. 气泡最大半径

气泡最大半径随深度和装药量变化关系的计算公式为:

$$\frac{4}{3}\pi P_H a_m^3 = k \cdot W \tag{5-4-2}$$

$$或:\quad a_m = 0.62\left(\frac{k \cdot W}{P_H}\right)^{1/3} \tag{5-4-3}$$

式中:P_H—装药深度处的总静水压,Pa;

a_m—最大气泡半径,cm;

k—系数；

W—装药质量，kg。

气泡最大半径随深度和装药爆热、质量的计算公式为：

$$a_{\mathrm{m}} = \left(\frac{k'QW}{1 + \dfrac{h}{10}} \right)^{1/3} \tag{5-4-4}$$

式中：k'—系数；

Q—爆炸热或爆轰热，MJ/kg；

h—装药深度，m。

当采用高速摄像机拍摄（简称"光测"）水下装药的气泡脉动过程时，可以由图像直接得到 a_m，然后计算出系数 k、k'，该系数适用于试验的总静水压和所用的炸药品种。

2. 气泡脉动周期的修正

第一次气泡脉动周期 t_b 可以由光测、或采用 ICP 压力传感器-恒流源-DSO 测量系统（简称"电测"）得到。但在试验中，由于受气压条件的影响，限定静水压力是很困难的，所以应将实测的气泡脉动周期 t_b，与水面实测大气压和装药深度处的静水压修正为同一标准压力下的气泡脉动周期 T_b，具体修正计算见 5.3.7 小节中的"2. 比气泡能"相关内容。

Cole 对梯恩梯炸药回归的气泡脉动周期经验公式为：

$$T'_{\mathrm{b}} = \frac{(2.11 \cdot W^{1/3})}{(h + 10.3)^{5/6}} \tag{5-4-5}$$

3. 无边界效应时的气泡能

当存在水面和池底边界效应条件下，应采用以下公式：

$$T_{\mathrm{b}} = K_1 E_{\mathrm{b}}^{1/3} + K_2 E_{\mathrm{b}}^{2/3} \tag{5-4-6}$$

试验如采用的是小当量装药，边界效应不会对气泡脉动周期产生影响，即装药距水池底应大于或等于 $2a_{\mathrm{m}}$，距水池壁应大于或等于 $5a_{\mathrm{m}}$。则 $K_2 = 0$，无边界效应条件下气泡脉动周期为：

$$T_{\mathrm{b}} = K_1 \cdot E_{\mathrm{b}}^{1/3} \tag{5-4-7}$$

式中：E_{b}—气泡能，MJ；

K_1—所试验水池给定的装药位置上的常数。

常数 K_1 由下式得出：

$$K_1 = 1.135 \frac{\rho_{\mathrm{w}}^{1/2}}{P_{\mathrm{H}}^{5/6}} \tag{5-4-8}$$

所以

$$E_{\mathrm{b}} = 0.684 \frac{T_b^3 \cdot P_{\mathrm{H}}^{5/2}}{\rho_{\mathrm{w}}^{3/2}} \tag{5-4-9}$$

单位装药产生的比气泡能为：

$$E'_{\mathrm{b}} = 0.684 \frac{T_b^3 \cdot P_{\mathrm{H}}^{5/2}}{\rho_{\mathrm{w}}^{3/2} \cdot W} \tag{5-4-10}$$

4. 图像处理

图 5-4-4 是用高速摄像机拍摄 0.3g 二硝基重氮酚装药，在直径 1.2m、高 1.7m 水池的第一次气泡脉动过程图像。

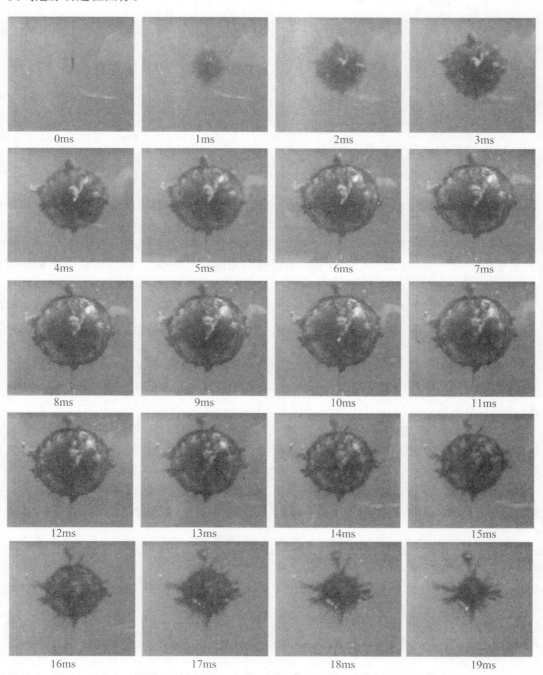

0ms　　　　1ms　　　　2ms　　　　3ms

4ms　　　　5ms　　　　6ms　　　　7ms

8ms　　　　9ms　　　　10ms　　　　11ms

12ms　　　　13ms　　　　14ms　　　　15ms

16ms　　　　17ms　　　　18ms　　　　19ms

图 5-4-4　0.3g 二硝基重氮酚装药气泡脉动图像

图 5-4-5 是根据所有图像测量出的气泡膨胀半径与时间关系,图 5-4-6 是在该水池不同水深与气泡最大半径的关系。

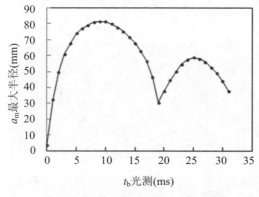

图 5-4-5 气泡半径与时间曲线

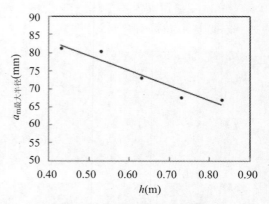

图 5-4-6 气泡最大半径与水深关系

由以上两图可见当球形气泡最初迅速膨胀以后,膨胀速度逐渐缓慢下来,在 10ms 时停止膨胀达到最大,半径为 81.15mm。然后以与膨胀几乎相同的速度压缩,在 19ms 时达到第一次最小,半径为 30.65mm,第一次脉动过程结束。此后气泡再次膨胀产生二次脉动,在 25ms 时达到最大,半径为 58.65mm。气泡的膨胀—收缩运动消耗了能量,二次以后的脉动形状变得不规则。

当气泡膨胀时,水流也高速向外径向流动,随着气泡的急剧膨胀,气泡内的压力也随着降低,在某一时刻与周围水的静压力相等,但气泡的膨胀并不停止,水流继续顺其惯性向外运动,气泡作"过度"膨胀一直到最大半径。此时气泡内的压力低于周围水的静压力,水开始反方向压缩气泡使其不断收缩,气泡内的压力不断增加,同样由于聚合水流的惯性气泡被"过度"压缩,此时气泡内积聚的压力又高于周围水的静压力,于是产生气泡的第二次膨胀和压缩的脉动过程。

表 5-4-3 是 0.3g 二硝基重氮酚装药在 $0.43\sim0.83$m 水深,采用光测、电测和采用公式(5-3-26)计算的气泡脉动周期。由于光测采用 1000fps 拍摄频率,两张画幅的时间间隔为 1ms,所以周期为整数值。二硝基重氮酚的爆热为 3993J/g,梯恩梯的爆热为 4473J/g(见3.2.2小节中的"5. 工业雷管作功能力测定计算示例"),根据 0.3g 二硝基重氮酚的爆热折算等效梯恩梯当量为 0.2678g,带入公式(5-4-5)得到水深与 $T'_{b计算}$ 结果也列于表 5-4-3。

表 5-4-3 0.3g 装药的气泡参数

h(m)	$a_{m最大半径}$(mm)	$t_{最大半径}$(ms)	$t_{b电测}$* (ms)	$T_{b电测}$(ms)	$t_{b光测}$** (ms)	$T_{b光测}$(ms)	$T'_{b计算}$(ms)
0.43	81.15	10	18.33	19.27	19	18.94	18.82
0.53	80.50	9	18.36	18.30	19	18.94	18.68
0.63	73.10	8	18.01	17.96	19	18.94	18.54
0.73	67.80	7	18.22	18.16	19	18.94	18.40
0.83	67.00	7	17.56	17.51	18	17.95	18.26

注:* 与 ** 是对同一发装药的试验结果。

从表中可以看出：$t_{b光测}$ 与 $t_{b电测}$ 的相对误差最大值为 5.2%，$t_{b光测}$ 与 $T'_{b计算}$ 的相对误差最大值为 3.2%。随着 h 增加，t_b、a_m 都呈减小趋势。这是由于静水压增大的缘故。

由图 5-4-6 回归的最大半径 a_m 与水深 h 的关系为：$a_m = -41.1h + 99.813 (\text{mm})$。

表 5-4-4 是按公式 (5-4-9) 计算出的气泡能 E_b。文献指出：冲击波形成后留给气泡脉动的能量为 41%，如果以装药的爆热计算值为 100% 能量，0.3g 装药在 $h = 0.43 \sim 0.83\text{m}$ 水深第一次气泡脉动消耗能量为 44.7% ~ 45.9%，从图像中能够看到：二次脉动不明显，是否可以认为第一次脉动就消耗了大部分能量；另一种解释可以认为公式 (5-4-9) 适用于深水、装药量较大的情况。

表 5-4-4　气泡能与爆热的比值

$h(\text{m})$	0.43	0.53	0.63	0.73	0.83
$E_b(\text{J})$	538	544	539	550	535
$Q_v(\text{J})$	1198	1198	1198	1198	1198
$E_b/Q_v(\%)$	44.9	45.4	45.0	45.9	44.7

试验结果和分析表明光测数据是可信的，此外光测最大特点是在图像上能直接看到 a_m 随时间的变化历程，这是电测方法难以做到的。

5.4.6　试验方法与结果的讨论

1. 拍摄方法

美国和日本学者对水下爆炸气泡脉动观测，曾采用将胶片式高速摄像机整体或镜头防水处理后深入水中拍摄气泡脉动过程。图 5-4-3 试验把摄像机置于水池外，透过防爆的光学窗口同样可以拍到清晰的图像，也便于摄像机的操作控制。

胶片式高速摄像机拍到一组图像后要进行显影、定影、制作反转片、投影放大再处理数据，或在工具显微镜下判读数据，有条件的可在图像读数仪上处理数据。这些过程需要花费很多时间和精力。而 CCD（或 CMOS）高速摄像机将所拍摄的图像数字化，传输到计算机上后直接用图像处理软件处理数据，极大地提高了试验效率，同时也可以避免人工判读引入的误差。由表 5-4-1 看出：高速摄像机的画幅尺寸随拍摄频率的增高而逐渐变小，在某些试验中使用会受到制约。

日本学者对 6 号雷管水下爆炸气泡脉动周期的研究结果见表 5-4-5：

表 5-4-5　6 号雷管水下爆炸气泡脉动参数

序号	$a_{m最大半径}$（mm）	$t_{最大半径}$（ms）	$t_{b电测}$（ms）	$t_{b光测}$（ms）	$T'_{b计算}$（ms）
1	132	11.5	22.8	22.9	23.2
2	132	11.8	22.9	23.0	23.2

从表中可以看出三个不同方法得到的气泡脉动周期排列是：电测小于光测小于计算，而表 5-4-3 的排列是电测小于计算小于光测。

2. 装药量与气泡空化现象

水下爆炸冲击波和气泡脉动形成的二次压力波接触到结构物表面后发生反射,入射波和反射波叠加会在结构的流体与固体耦合界面形成负压区。入射波是压力,反射波是拉力,由于水不能承受拉力,当负压力达到水的空化压力时,就会在该区域出现空化现象,称为局部空化(local cavitations)。对于理想水介质,其空化压力可以达到-4.25 MPa,但对于一般水介质而言,其中含有的杂质等因素会提高水的空化压力,Cole通过平面空化试验得出水的空化压力上限为-0.5 MPa左右,取水的空化压力为零,认为流体达到负压时,空化便开始形成。

随着炸药质量的增加,空化区域范围增大,其深度和广度均增加,且广度的增加尺度大于深度。

图5-4-7是0.7g二硝基重氮酚装药在直径1.2m,高1.7m水池爆炸,第一次与部分第二次气泡脉动图像,装药量增大后,明显看到空化现象。

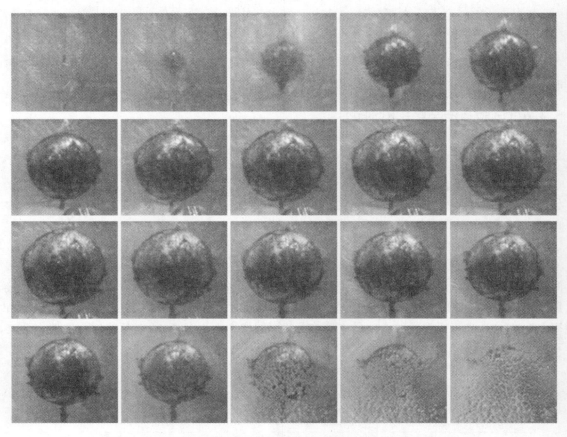

图 5-4-7   0.7g 二硝基重氮酚装药气泡脉动部分图像(每帧间隔 1ms)

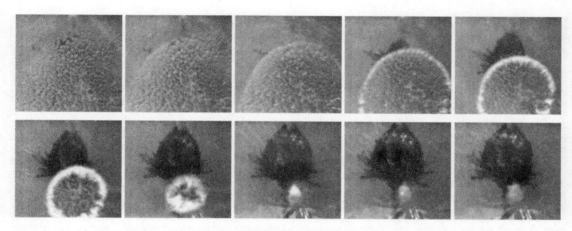

图 5-4-7　0.7g 二硝基重氮酚装药气泡脉动部分图像(每帧间隔 1ms)(续)

0.7g 二硝基重氮酚折算等效梯恩梯当量为 0.625g,装药中心距拍摄窗内壁 0.6m,带入梯恩梯炸药水下爆炸冲击波压力计算公式(5-3-4),得到窗内壁的入射压力为 5.782MPa,根据波动原理,入射波遇到内壁立即反射,其反射拉力大于 -5.782MPa。冲击波空化见第 3 帧图像(图 5-4-8 中的第 2 帧)。由前所述,第一次气泡脉动的最大压力不大于冲击波压力的 10%~20%,因此气泡脉动形成的二次压力波一般小于或等于 0.578MPa,最大不超过 1.156 MPa,其反射拉力也大于该值,空化图像见第 18 帧~30 帧。

空化现象对光测有影响,图 5-4-7 中由于空化,第一次气泡脉动收缩至最小半径被遮挡,影响了具体取值。气泡膨胀不仅推动水体流动,还使水的压力升高,仔细观察第一次脉动的第 6 帧~第 11 帧图像,由于压力的作用使拍摄窗(600mm×600mm×18mm)外凸,将摄像机镜头映射在气泡下方,第二次气泡脉动的第 27 帧~第 30 帧也出现了相同的现象。

图 5-4-4 的装药中心距拍摄窗内壁同为 0.6m,但装药量小,没有出现空化现象。

3. 细长装药的柱状气泡

图 5-4-4 和图 5-4-7 都是圆柱形的集中装药,气泡形状是球形,图 5-4-8 是中国科学技术大学沈兆武教授研制的外径 1.8mm,黑索今线装药量为 1.5g/m 铝导爆索,在直径 1.2m,高1.7m 水池的水下爆炸柱状气泡,在 0.48m 长度的视场范围内总药量为 0.72g。

尽管起爆雷管在水面以上一定距离并采取了隔离措施,但在空气—水的界面处,雷管的爆炸作用仍然会作用于水,增加了气泡膨胀初期在水面处的截面积。此外由于线装药量小,单位长度的爆炸能量小。受水深的影响大,故出现"上大下小"的形状。取三次试验平均值,得到第一次气泡脉动周期 t_b 为 32ms,$a_{m最大半径}$ 为 112.6mm。

4. 两个装药的气泡脉动

图 5-4-9 是两个均为 0.3g 二硝基重氮酚装药,垂直间距 120mm 的气泡脉动部分图像。先爆炸的是瞬发起爆,22ms 后再爆炸的是 2 段毫秒延期起爆,由于一先一后,两个气泡各自膨胀—收缩,如果同时爆炸,两个气泡膨胀相遇时就会合为一体继续做膨胀—收缩运动。两个装药水平间距时也一样,限于篇幅就不再累述。

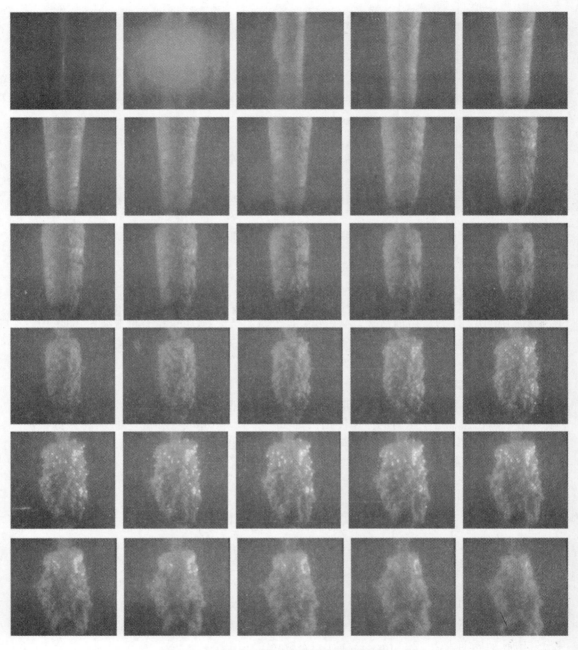

图 5-4-8   柱状气泡脉动部分图像(每帧间隔 2ms)

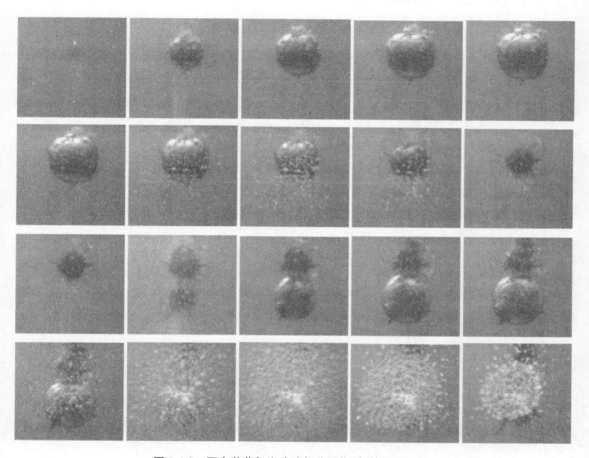

图 5-4-9 两个装药气泡脉动部分图像(每帧间隔 2ms)

5.5 爆破振动速度与频率监测

工程爆破(土岩爆破、建筑物拆除爆破、水下爆破等)引起相邻介质质点振动,会波及附近地面和地下建筑物,当振动强度达到一定数值时,会对这些设施造成内部损伤或永久性破坏,这是爆破工程技术人员必须关注的安全问题。目前国内外对爆破类型、规模均已颁布了允许振动强度的标准,为精心设计、安全施爆提出了具体要求和依据。

5.5.1 爆破振动安全允许标准

评价各种爆破对不同类型建(构)筑物和其他保护对象的振动影响,应采用不同的安全判据和允许标准。判据采用保护对象所在地质点振动速度和主振频率,GB6722—2014《爆破安全规程》中规定的爆破振动安全允许标准见表 5-5-1。

表 5-5-1　爆破振动安全允许标准

序号	保护对象类别	安全允许质点振动速度(cm/s)		
		$f{\leqslant}10\mathrm{Hz}$	$10\mathrm{Hz}{<}f{\leqslant}50\mathrm{Hz}$	$f{>}50\mathrm{Hz}$
1	土窑洞、土坯房、毛石房屋	0.15~0.45	0.45~0.9	0.9~1.5
2	一般民用建筑	1.5~2.0	2.0~2.5	2.5~3.0
3	工业和商业建筑	2.5~3.5	3.5~4.5	4.2~5.0
4	一般古建筑与古迹	0.1~0.2	0.2~0.3	0.3~0.5
5	运行的水电站及发电厂中心控制设备	0.5~0.6	0.6~0.7	0.7~0.9
6	水工隧道	7~8	8~10	10~15
7	交通隧道	10~12	10~15	15~20
8	矿山巷道	15~18	18~25	20~30
9	永久性岩石高边坡	5~9	9~12	10~15
10	新浇大体积混凝土(C20)： 龄期:初龄~3d 龄期:3~7d 龄期:7~28d	1.5~2.0 3.0~4.0 7.0~8.0	2.0~2.5 4.0~5.0 8.0~10.0	2.5~3.0 5.0~7.0 10.0~12.0

爆破振动监测应同时测定质点振动相互垂直的三个分量。

注1：表中质点振动速度为三个分量中的最大值,振动频率为主振频率;

注2：频率范围根据现场实测波形确定或按如下数据选取:硐室爆破 $f{<}20\mathrm{Hz}$,露天深孔爆破 f 在 10~60Hz 之间,露天浅孔爆破 f 在 40~100Hz 之间;地下深孔爆破 f 在 30~100Hz 之间,地下浅孔爆破 f 在 60~300Hz 之间。

爆破振动安全允许速度由公式(5-5-1)计算:

$$v = k \cdot \left(\frac{W^{1/3}}{R}\right)^{\alpha} \tag{5-5-1}$$

式中:v—保护对象所在地质点振动安全允许速度,cm/s;

　　W—炸药量,kg,齐发爆破为总药量,延时爆破为最大一段药量,kg;

　　R—爆破振动安全允许距离,m;

　　k、α—与爆破点至保护对象间的地形、地质条件有关的系数和衰减指数,可按表 5-5-2 选取,或通过现场试验确定。

表 5-5-2　爆区不同岩性的 k、α 值

岩性	k	α
坚硬岩石	50~150	1.3~1.5
中硬岩石	150~250	1.5~1.8
软岩石	250~350	1.8~2.0

对于特别重要的保护对象的安全判据和允许标准,应由专家论证提出。城镇拆除爆破安全允许速度由设计确定。在特殊建(构)筑物附近或爆破条件复杂地区进行爆破时,应进行必要的爆破振动监测或专门试验,以确保保护对象的安全。

爆破振动监测主要研究的是由给定大小的装药爆炸后所引起的介质扰动的振幅和频率,以及这些振幅—频率组合如何随爆炸区距离的增加而变化,并提出安全判据。

采用公式(5-5-1)可对爆破安全做出评估和预报,但由于爆破作业条件、周边环境等因素的差异,经验公式的使用往往受到限制并存在不确定性。针对某一爆破工程,监测该条件下的振动参数,再回归计算公式中的指数和系数,对指导爆破工程安全作业具有重要价值。

5.5.2　方法原理

装药爆炸能量在介质中的传递,如果在土岩介质表面、建(构)筑物之中或在它上面进行监测时,所测到的并非地振动本身,而是土岩介质表面、建(构)筑物对于正在进行观测的地振动的反应。

爆炸振动的物理量有质点位移 x、速度 v 和加速度 a,这些量之间有以下解析关系:

$$a = \frac{\mathrm{d}v}{\mathrm{d}t} = \frac{\mathrm{d}^2 x}{\mathrm{d}t^2} \tag{5-5-2}$$

$$v = \int a\mathrm{d}t, \quad x = \iint a\mathrm{d}t = \int v\mathrm{d}t \tag{5-5-3}$$

对于正弦振动峰值,此关系可简化为:

$$v_{\max} = a_{\max}/(2\pi f), \quad x_{\max} = v_{\max}/(2\pi f) \tag{5-5-4}$$

其中,f 为频率(单位为 Hz),如果监测了振动物理量中的一个参数,原则上就可以确定其他两个参数,但在数值换算中存在固有误差,所以最好直接监测需要的物理量。GB 6722—2014《爆破安全规程》规定对于各类爆破以某一频率范围的振动速度值作为安全判据。

监测爆破振动速度的传感器属于磁电惯性式传感器,当传感器随被测振动体一起振动时,其线圈与永久磁钢之间发生相对运动,由导线切割磁力线而产生感应电动势,在线圈中产生与振动速度成正比且随时间变化的电压幅值,并存储在数字式记录仪器中,该 v-t 关系曲线通过计算机上的专用软件进行计算分析。由于已知传感器的电压灵敏度,因此可以得到监测点所在地的振动速度及主振频率等参数。土岩爆破振动速度监测见图 5-5-1。

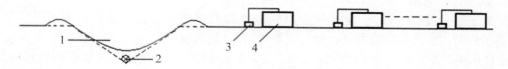

图 5-5-1　土岩爆破振动速度监测示意图

1. 可见爆破漏斗;2. 土岩中装药;3. 振动速度传感器(垂直、水平或三向);4. 爆破振动记录仪

5.5.3　爆破振动监测仪器

1. 速度传感器

速度传感器有两种形式,即相对式和惯性式,爆破振动监测通常选用磁电惯性式传感器,其基本结构由弹簧支架、线圈、永久磁钢、外壳和输出引线端等部分构成,图 5-5-2 为结构示意图。

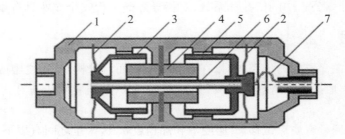

图 5-5-2　速度传感器结构图

1. 壳体;2. 弹簧支架;3. 阻尼环;4. 永久磁钢;5. 线圈;6. 芯轴;7. 输出引线

永久磁钢产生恒定的直流磁场,软弹簧一端与测量线圈连接,另一端与外壳连接。传感器紧固在被监测介质上一起振动时,永久磁钢和外壳随被测物体同时上下振动,由于线圈有软弹簧支撑,保持相对静止不动,这样监测的是线圈切割磁力线产生感应电动势。

(1) 磁电式速度传感器的性能特点

a. 输出信号与振动速度成正比,较好地兼顾了高频和低频振动,符合爆破振动评判标准。

b. 由永久磁铁感应出电动势,传感器本身不需要电源,使用方便。

c. 磁钢—线圈型结构,具有较高的电压灵敏度,可监测微小振动。

d. 输出信号大,输出阻抗低,稳定性好,不受外部噪声干扰,有较高的信噪比,对后接电路无特殊要求。

(2) 由于结构特点所限,速度传感器也有相应的缺点

a. 体积大,重量大,不适用于狭小空间的振动监测。

b. 动态范围有限,低频线性差,弹簧件容易失效。

c. 对安装角度要求较高,使用时应根据传感器类型和需监测分量垂直或水平安装,图 5-5-3是国内常用的部分爆破振动速度监测用传感器(低频响应 10Hz)。

在使用图 5-5-3 中(a)、(b)监测质点振动三向分量(X、Y、Z)时,两只水平传感器应互为 90°。图 5-5-6 中的传感器是加拿大 Instantel 公司的标准三向速度传感器(频率响应 2～250Hz)。显然该传感器在监测爆破对建筑物的影响时很有利,因为建筑物的自振频率都小于 10Hz。

2. 记录仪器

国内的爆破振动记录仪原理相似,基本电路原理见图 5-5-4。

国产的这类记录仪见图 5-5-5。加拿大 Instantel 公司的 Minimate Pro6 振动监测仪见

图 5-5-6。

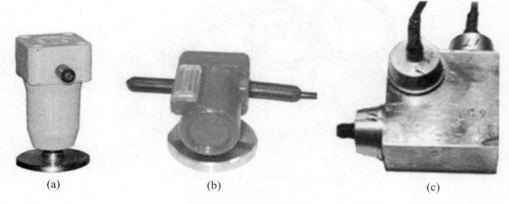

图 5-5-3　振动速度传感器
（a）垂直振动速度传感器；（b）水平振动速度传感器；（c）三向振动速度传感器

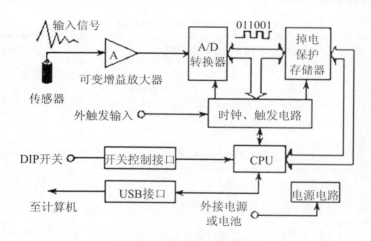

图 5-5-4　爆破记录仪电路原理

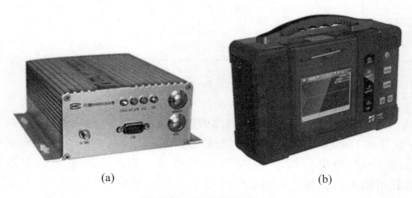

图 5-5-5　爆破振动记录仪
（a）2 个监测通道、USB 接口的记录仪；（b）3 个监测通道、带显示屏和处理软件的记录仪（NUBOX-6016）

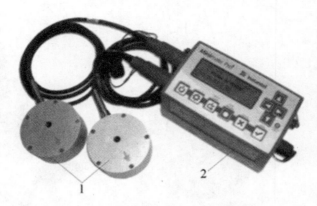

图 5-5-6 Minimate Pro6 振动监测仪

1. 三向速度传感器;2. 记录仪

表 5-5-3 列出了 NUBOX-6016 智能爆破测振仪和 Minimate Pro6 振动监测仪的主要参数,可以看出:两种仪器各有所长。

表 5-5-3 记录仪器主要参数

比较参数	NUBOX-6016 智能爆破测振仪	Minimate Pro6 振动监测仪
监测通道数	3 个	最高 6 个
显示方式	3.5"彩色液晶触摸显示屏	7 行×32 字符,高对比度彩色背光式 LCD
最高采样率/CH	50000S/s	85536S/s
分辨率	16bit(量程的 1/65536)	0.00788mm/s
数据存储深度/台	32G(最高)	64MB,可选 240MB
振动信号触发	可单次、多次分段触发,自动保存当前段	0.13mm/s~254mm/s 或外触发
遥测	支持 3G 遥测及云端数据管理基础服务	利用互联网实现振动数据自动化传输
外存储	支持 U 盘导出数据	—
与计算机通信接口	USB	USB
供电方式	内置可充电锂电池或外部直流电源	机内电池支持使用 10 天

3. 波形计算与分析与软件

图 5-5-7 是国内与加拿大 Instantel 系列爆破振动波形计算分析软件界面。

BMView 软件和 Blastware@Windows 版软件都具有远程控制监测仪、设置振动波形采集参数、波形缩放处理、数据分析等。BMView 软件还可以对多次监测的数据回归出公式(5-5-1)的系数和指数 k、α,但软件更新换代滞后 Windows 操作系统,使用受到了限制。

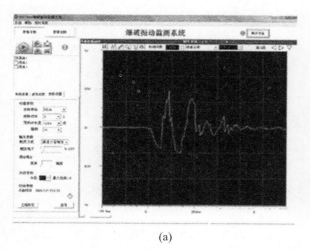 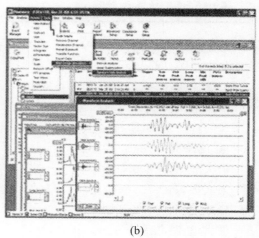

(a) (b)

图 5-5-7　爆破振动波形计算分析软件界面

（a）国内 BMView 爆破振动软件；（b）Blastware@振动事件管理和报告软件

4. 爆破振动监测仪器的标定

（1）标定方法

爆破振动的传感器、记录仪性能参数对监测结果可靠性及精度都具有很重要的影响。在出厂前，生产厂家对性能指标参数都进行了测试校准，但在使用中为保证振动监测的真实性，往往需要对监测仪器的主要性能参数进行定期标定。

标定方法分为分部标定和系统标定。

分部标定：分别对传感器、记录仪各自性能参数进行的标定。

系统标定：将传感器和记录仪组成的监测系统进行联机标定，以得到输入振动量与记录量之间的定量关系。

在爆破振动试验中，常采用的是系统标定。常用的标定方法是在标准激振器上进行。见图 5-5-8。

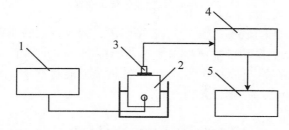

图 5-5-8　激振器法标定装置示意图

1. 功率放大器；2. 激振器；3. 速度传感器；4. 爆破振动记录仪；5. 计算机

国产的功率放大器和激振器性能指标如下：

▲ YE5874 功率放大器

额定输出功率:800VA；

额定输出电压、电流:27Vrms、30Arms；

频率范围:DC～50kHz；

信噪比(低阻抗):大于或等于80dB；

输入阻抗:大于10kΩ；

非线性失真(低阻抗):小于1%。

▲ JZK-50 激振器

最大激振力:500N；

最大振幅:±7.5mm；

频率范围:10Hz～2kHz；

最大电流:30Arms；

可动部件质量:1.2kg。

系统标定的主要内容有频率响应、灵敏度和线性度等。

(2) 频率响应标定

频率响应标定包括幅频特性和相频特性。通常较多的是进行幅频特性标定。目的是检验监测系统的振动量随频率变化规律。以确定系统的工作频率范围。

标定的方法是固定激振器的振动量幅值,改变振动频率,由监测系统测出各频率时的输出量,可以得到振动量随频率变化的关系。频率响应曲线在直角坐标或对数坐标上,以标定频率作为横坐标,测出的振动量幅值(灵敏度)为纵坐标,得出如图5-5-9所示幅频特性曲线。

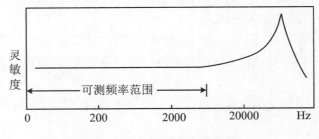

图 5-5-9   幅频特性标定曲线

特性曲线的平直段即为监测系统的使用频率范围。幅频特性曲线纵坐标也可用无量纲相对比值 β 表示,即把测出的振动量幅值除以激振器的标准振动量幅值。用无量纲值 β 表示纵坐标时,幅频特性曲线的适应性比较广泛,并且在曲线上能直接看出误差,如无量纲值 $\beta=1.03$,其误差为 $+3\%$,$\beta=0.97$,则误差为 -3%。

(3) 灵敏度标定

监测系统灵敏度是输出电压信号与相应的输入信号(位移 x、速度 v、加速度 a)之比。标定时,在被标定系统频率响应曲线的平坦范围内,任选一频率为标定频率,使激振器在该频率下按已知振动量振动。用输出信号的电压值来表征灵敏度,电压值通常以毫伏计量,例如,mV/mm(位移灵敏度)、mV/(cm/s)(速度灵敏度)、mV/(m/s²)(加速度灵敏度)。

(4) 线性度标定

线性度是表示监测系统的灵敏度随输入振动量大小而变化的情况。线性度标定的目的是确定试验系统的动态幅值工作范围和在不同幅值时的误差。方法是：将激振器的振动频率固定。逐点改变激振器的振动幅值，依次从小到大，相应地测出监测系统的输出量。以激振器输入的标准振动量为横坐标，仪器输出量为纵坐标，就可做出线性度标定曲线。线性度标定时的频率应当取频响曲线的平坦范围内。

系统标定应注意以下两个问题：

a. 标定试验的激振器为标准振动台，应保证振动量（加速度，位移等）、振动频率的精度；

b. 经过标定后的监测系统不能再随意组合。在进行爆破振动监测时要与标定试验时使用相同的系统组合，该组合包括：传感器、记录仪、输入量程、使用通道、电缆线等。若必须更换时，则需重新标定。

5.5.4 爆破振动监测步骤与注意事项

1. 监测步骤

a. 将速度传感器用水调和的石膏固定在监测点上，当使用图 5-5-3 的(a)、(b)类型传感器监测 X、Y、Z 三向分量，固定时应将两只水平传感器相互成 $90°$夹角。

b. 设置记录仪的参数：信号耦合方式、采样频率、量程、存储长度、预置长度、触发方式、触发电平参数（某些参数也可在与计算机联机情况下由软件设置）。将传感器输出信号电缆与记录仪连接，轻轻振动监测点，如记录仪采样指示灯亮，表面监测系统正常，否则应查找原因。

c. 将记录仪放置在安全地点且可以减缓振动的物体上，设置为等待触发记录状态，人员撤离至安全区域，等待起爆。

d. 爆破后，从监测点取回记录仪（如继续监测，传感器不要动），用 USB 接口与计算机联机，操作爆破监测软件进行振动信号的分析处理。或者利用互联网实现振动数据自动化传输，再分析处理。

e. 在监测波形图上找出最大振幅，由公式(5-5-5)计算最大振动速度：

$$v = \frac{U_m}{S_v} \tag{5-5-5}$$

式中：v—同前，cm/s；

U_m— 振动波形曲线上最大电压幅值，mV；

S_v— 振动速度传感器的电压灵敏度，mV/(cm/s)。

主振频率由 $f=1/T$（T 为周期，单位为 s）计算最大振幅所对应的半波频率。

f. 根据计算结果对照表 5-5-1 进行爆破安全评估。

如果在距爆源直线不同距离的监测点有五个以上时，用计算机软件回归出公式(5-5-1)中的系数和指数 k、a。

图 5-5-10 是岩石中高段别毫秒微差爆破的一段垂直振动波形。

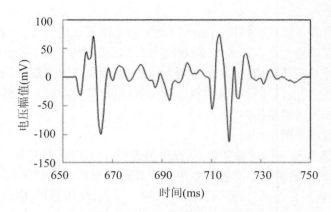

图 5-5-10　高段别毫秒微差爆破垂直振动波形

2. 注意事项

a. 应选择平整、光滑或者具有代表性的监测点。在固体表面黏结传感器可以采用石膏粉、双面胶带等材料。用石膏粉固定时，将传感器先放在监测点上，然后把调好的石膏粘在底部保护钢片周围，待石膏完全凝固才能使用。如布置在钢构件上，可把保护钢片去掉，由传感器自带的磁性钢片直接吸附在钢构件上。监测土质爆破振动时，可将传感器的锥形杆直接插入土地，但要注意调整传感器的垂直度。

b. 使用爆破振动记录仪最大的特点是无需长线传输信号和仪器自带电源，但在爆破近区监测时，一定要注意保护传感器和记录仪，防止被飞石砸坏。

c. 在振动信号采集完成后，即使关闭电源开关，数据仍完全保存在内部的掉电保护存储器中，当需读取数据时，打开电源开关即可。

d. 每次关闭电源 2 秒钟后方可再次打开电源开关；在电源开启状态且振动信号数据传输到计算机之前，记录仪的采集控制开关不得搬到采集位置，否则原有数据将被覆盖。

e. 在野外现场进行振动监测前要检查内部电池电压是否足够，以免影响记录仪正常工作。

5.5.5　爆破振动监测实例

1. 爆炸试验装置减振前后的对比

(1) 问题的提出

在位于两座实验楼中间的院子内有一个钢制爆炸水池（$\varnothing 5.5 \times 3.62\text{m}$），水池放在 0.2m 厚混凝土地面上，西、北方向距爆破楼（三层）较近，分别为 6.0m 和 8.0m，该楼地下有废弃的防空洞，南面的化工楼（五层）内有精密分析仪器等。水中装药爆炸的一部分能量会以波的形式经水介质向外传播，引起相邻地层介质的振动，当振动强度达到一定数值、或者爆炸次数频繁，能对地面和地下建筑物造成破坏。特别是距离较近，建筑物强度不高且地下结构又较复杂的情况下，引起的疲劳损伤将造成永久性损坏。环境平面见图 5-5-11。

水池注满水后总重量 110 吨，每年进行爆炸试验几百次，为了减小爆炸振动在水池底与地面间铺垫了枕木，间隔 0.2m。尽管试验装药量只有 10g 梯恩梯当量，爆炸时两座楼内工作人员感觉到振动十分明显，用摄像机拍摄时发现，起爆后水池跳起约 5mm，说明枕木没有起到减振作用，爆炸使水池发生了垂直位移。几年后发现：爆破楼个别钢门、窗框略有变形，开启困难；2 层、3 层局部楼面和 1 层个别墙面出现了细微裂缝，因此迫切需要采用减振技术消除水下爆炸的振动效应。

（2）减振基础结构

综合考虑实施难度、投入资金等因素，采用了钢混基础，上铺一定高度的碎石，碎石上平铺二层载重汽车旧轮胎，这种方案是把水池看作具有一定质量的刚体，减振系统视为一定刚度的弹簧，且有阻尼作用的单自由度系统。

减振基础做成地下形式，开挖了直径 6.5m、深 1.6m 的基础坑，坑的周边用砖砌成圆形，从底层向上的结构分别是：0.2m 厚的浆砌片石垫层、0.4m 厚的加密钢筋混凝土、0.4m 厚的碎石、上面依次放置二层旧轮胎，爆炸水池座其上，见图 5-5-12。

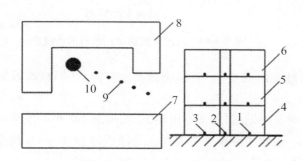

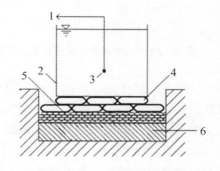

图 5-5-11　环境平面及传感器位置

1、2、3、9. 速度传感器；4. 1 层楼、5. 2 层楼；6. 3 层楼；7. 化工楼；8. 爆破楼；10. 爆炸水池

图 5-5-12　减振基础结构示意图

1. 至起爆装置；2. 爆炸水池；3. 装药；4. 橡胶轮胎；5. 碎石垫层；6. 片石垫层与钢混基础

（3）监测点布置

为了定量评价减振效果，在爆炸水池只垫枕木和采用了新的减振措施后，分别对水下爆炸试验引起的振动进行了监测，监测系统由垂直速度传感器、多通道存储记录仪和计算机组成。监测点选择在爆破楼内和院内地面，楼内每层设 3 个点，1# 、3# 点在房间内，2# 点在走廊上，1 层到 3 层同时监测。楼层距地面高度为：1 层 0.44m，2 层 4.55m，3 层 8.68m。院内沿东南直线方向设 5 个点，第一点距水池 7.5m，其后各点均间隔 3.0m，以观测随距离增大振动速度衰减规律，见图 5-5-11。

水中药包装药量为 10g（含雷管，梯恩梯当量），起爆后由主触发传感器输出并行采集信号，同时记录各点的振动速度，每次试验至少重复两次以上。

（4）减振效果分析与讨论

① 减振前、后的振速变化

监测结果见图 5-5-13、图 5-5-14。

从图中反映出在这种特定环境下的某些规律：减振前爆破楼垂直方向南面房间 1～3 层的

振速(图 5-5-11 中的测点位置 1)大于北面房间(测点位置 3),这些点又大于走廊(测点位置 2);水平方向 1 层 3 个点最大,3 层次之,2 层却最小;表明距离虽然增加了,但是结构物本身的构造(或地质情况)是影响振速的主要原因。南北房间跨度是 4.7m,走廊是 1.7m,跨度大振速也大一些。离爆心越远,振速的影响越小,超过一定距离后迅速衰减。三条曲线另一共同点是:3 层均大于 2 层,说明振动波衰减受高程影响较大,一定高程有放大作用,如果把整个楼视为一弹性系统,这种作用表现出弹性体上部摆动比中部大。

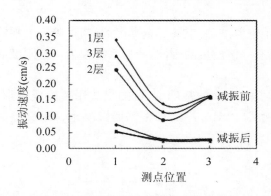

| 图 5-5-13　楼层测点及位置减振前后对比 | 图 5-5-14　院内减振前后距离与振动速度 |

从图 5-5-13 中减振后的三条曲线可明显看出减振前、后振速相差比较大,证明减振效果很好。

图 5-5-14 中的曲线表明院内地面 5 个测点减振前、后差别也较大,减振前 1♯测点振速为 0.56 cm/s,2♯点为 0.28 cm/s,减少了一半,表明随着距离增大振速衰减很快,2♯~5♯测点振速与距离关系则是一条相对平滑逐渐下降的曲线。

减振后振速很小曲线变化比较平缓,表明地面减振效果也很显著。

做减振爆炸试验时两座楼内的工作人员除听到一定的爆破噪声外无振感反应。

② 最小二乘法回归爆破振动速度经验公式的 k、a

减振前: $v = 5.0(W^{1/3}/R)^{0.68}$,适用范围:$0.011 \leqslant W^{1/3}/R \leqslant 0.0287$;

减振后: $v = 0.33(W^{1/3}/R)^{0.28}$,适用范围:$0.011 \leqslant W^{1/3}/R \leqslant 0.0287$。

③ 估算爆破楼安全的最大振速

爆破楼南面房间距水池最近,受影响最大,取南面房间为参考对象进行估算,此时 $R=6.0$m,如取爆炸水池承载的最大炸药量为 20 克梯恩梯,用上述回归公式算出的最大振速为:

减振前 $v=0.614$ cm/s;减振后 $v=0.14$ cm/s。

估算可看出:减振后最大振速小于减振前所有数值,对于砖混结构的建筑物是安全的。

④ 减振前、后的振速相对衰减率

衰减率为:1 层楼 78.6%~84.7%,2 层楼 72.7%~84.4%,3 层楼 74.1%~82.6%;院内地面为 58.5%~78.9%。

爆炸水池经采用碎石、汽车轮胎等减振措施后,由于垂直方向冲击力的分散,达到了衰减爆炸振动的目的,对其他可能产生振动的设备具有一定参考价值。

2. 建筑物拆除爆破振动监测

(1) 拆除爆破工程概况

① 周边环境

蚌埠卷烟厂的待拆除建筑物位于厂区内,钢筋混凝土烟囱紧邻锅炉房,锅炉房东距职工食堂7m,南面距有玻璃幕墙的新厂房50m,西面是一片空地,72m远以外有地下管沟、供热管道和新建的锅炉房,北面距厂区围墙2.8m,距紧邻长丰路边的居民住宅楼22m,局部环境平面见图5-5-15。

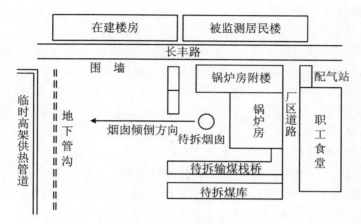

图5-5-15 爆区环境平面图

② 待拆建筑物结构

烟囱地面以上高度60m,为钢筋混凝土筒式结构。在+0.0m标高处,烟囱外径4.86m,壁厚0.2m,内径4.46m,耐火砖厚0.23m;在+60m标高处,烟囱外径2.46m,壁厚0.16m,内径2.14m,耐火砖厚0.115m。

锅炉房为框架结构,南北长34m,东西宽19.85m,最大标高为21.6m,建筑面积约2200m²,承重部位主要是东西分成四排的20根立柱;附楼也是框架结构,东西长34.7m,南北宽7.45m,建筑面积约800 m²,承重部位主要是南北方向分成二排的20根立柱。

③ 拆除爆破倒塌方向

整体爆破分两次进行,第一次爆破60m高烟囱和锅炉房,向西方向定向倒塌;将第一次大部分爆渣清运2天后,第二次爆破锅炉房附楼,向南定向倒塌在尚未清完的爆堆上。

④ 延期起爆与装药量

起爆采用8号导爆管毫秒延期雷管,炸药为2♯岩石乳化炸药,延期段别与装药量见表5-5-4。

表 5-5-4　延期段别与装药量

爆破器材参数	第一次爆破					第二次爆破	
延期段别	1	10	13	17	20	1	10
延期时间(ms)	<13	225	300	450	600	<13	225
每段装药量(kg)	10	25	31	25	5	31	5
总装药量(kg)	96					36	

(2) 爆破振动监测方案

① 被监测楼房基本情况

该楼是 5 层砖结构平顶楼房,层高约 3.03m,共四个单元,每一单元 10 户居民,建于 20 世纪 80 年代,至今已使用了 30 多年。每两层外墙有混凝土加固圈梁,外观表面个别部位有明显陈旧裂缝和局部剥落,属于接近达到使用期限的危房。从该楼向北是多座同样结构的楼房,但这座楼房距爆破点最近,住户居民不了解拆除爆破,人心恐慌,是重点监测对象。

② 监测点布置与监测仪器

监测点设在距爆源最近的三、四单元,三单元 1~5 层 6 个测点,四单元 2~4 层 4 个测点(5 层因楼道封闭没有设置测点),所有传感器均用石膏固定在单元楼道地面,其中三单元 5 层和四单元 4 层布置的是二向振动速度传感器(一个垂直、一个水平),其余均为垂直传感器。楼房最近边沿距爆源几何中心为:第一次爆破 43.45m,第二次爆破 29.45m。

垂直振动速度传感器低频响应为 10Hz,误差 0.05%;记录仪是爆破振动自记仪,测量误差:1%;内存:16KB;A/D 分辨率:8bit;采样范围:100Hz~50kHz。

(3) 监测结果与分析

① 监试结果

60m 高钢筋混凝土烟囱、锅炉房和锅炉房附楼拆除爆破取得圆满成功,被监测居民楼也安好无损。

被监测楼房属于"一般民用建筑",其安全允许振速为见表 5-5-1。振动波形用公式(5-5-5)计算得到:第一次爆破振动主振频率为 11.36~19.60Hz,最大振动速度为 0.75cm/s;第二次爆破振动主振频率为 11.36~43.48Hz,最大振动速度为 0.74cm/s。这些数据表明:在该起爆方式和装药量条件下,两次爆破引起的振动速度均未超过该楼房的振动安全允许值。

② 毫秒延期起爆与最大振速

第一次爆破典型振动波形如图 5-5-16 所示,连续的 $v-t$ 波形由装药爆炸、锅炉房触地和烟囱触地振动组成,最大振速出现在起爆后约 2s 的锅炉房触地时刻,而在装药爆炸振动波形区间,5 个段别毫秒延期起爆的每段装药量与振速大小一一对应,最大一段装药量(300ms 延期,31kg 炸药)对应该区间最大振动速度仅为 0.45cm/s。三段振动波按振速大小排列为:锅炉房触地大于装药爆炸大于烟囱触地。

③ 振动频率范围

两次爆破主振频率均在 10~50Hz 范围内,烟囱触地振动在接近 10Hz 和 10~50Hz 两个频率范围,应选择不同的允许振速标准。但应指出:速度传感器的低频响应为 10Hz,不适用于测量小于 10Hz 的低频信号,所以触地振动频率仅能作为参考。

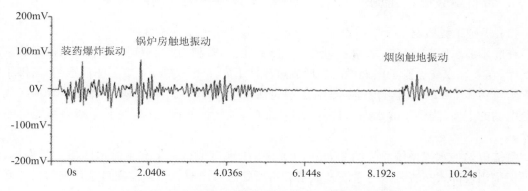

图 5-5-16　装药爆炸、锅炉房和烟囱触地的连续振动波形

④ 烟囱触地减振效果

在烟囱塌落正前方 65m 处挖了 15m 长,1.5m 宽减振沟,在烟囱正前方的 30m、40m、50m、60m 处堆四条 20m 长,2m 宽,2m 高的沙土墙,使烟囱触地瞬间冲击得以缓冲。

通常认为像烟囱、水塔这类细高建筑物触地振动远大于爆破振动,但由于采取了减振措施,每个测点的触地振动都小于装药爆炸振动,最大仅为 0.38cm/s;而锅炉房没有采取任何减振措施,触地振速达到 0.75cm/s,超过近一倍。由图 5-5-16 还可以看出:从起爆开始(爆破烟囱缺口为 1 段毫秒延期)到烟囱触地历时 8.8s。

⑤ 垂直与水平振动幅值

虽然只有三个水平振动数据,但相同测点的垂直振速都大于水平振速,这一规律与其他爆破测振结果相吻合。

⑥ 楼层高度与最大振速关系

将两次爆破垂直振速绘成图 5-5-17、图 5-5-18。

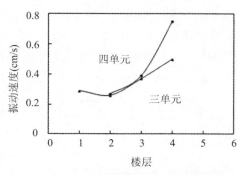

图 5-5-17　第一次爆破楼层与振动速度关系

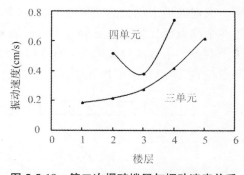

图 5-5-18　第二次爆破楼层与振动速度关系

从中可以看出:四单元距爆破点最近,振速比相同楼层的三单元大,符合计算公式中距离与振速成反比规律;振动波受层高影响较大,如果把整个楼视为一弹性系统,放大作用表现出弹性体上部摆动比中部和底部要大。但这种作用不可能被无限放大,因为爆破和建筑物触地振动能量引起质点扰动毕竟有限。

3. 岩石爆破振动监测

（1）爆破工程概况

在磨子潭水库与佛子岭水库之间建设一座蓄能电站，利用磨子潭水库作上库、佛子岭水库作下库，在下库东支流狮子崖处拦河坝形成过渡性下库。下库左坝布置一座泄水闸，当佛子岭水库水位达 112m 以上时，打开泄水闸，连通过渡性下库和佛子岭水库，整个佛子岭水库成为蓄能电站的下库，当佛子岭水库水位低于 112m 时，关闭泄水闸，过渡性下库即为蓄能电站的下库。

蓄能电站的水道系统总长约 2.3km，上库进/出水口拟布置于磨子潭水库溢洪道右端，地下厂房采用首部式布置。水道系统及地下厂房所处区域出露岩石以前震旦系角闪斜长片麻岩为主，层面一般结合良好，岩石致密坚硬，是较理想的兴建地下工程围岩。

蓄能电站的引水道洞径 7.0m，钢筋混凝土衬砌，单洞长约 180m（水平投影）。距溢洪道水平距离最近约 40m。由于进水口明挖施工时需实施爆破，为确保施工爆破时溢洪道建筑物的安全，需对爆破影响进行评估。

（2）爆破振动监测要求

通过爆破振动监测，分析研究衰减规律，评估上库进水口明挖爆破施工对溢洪道建筑物的安全。

a. 利用上库进/出水口右侧约 180m 处，沿磨子潭水库上坝公路，溢洪道基础和起闭机房设监测点，观测不同爆破药量条件下的爆破振动速度，并确定爆破振动允许参数值。

b. 参照爆破安全规程标准，研究爆破振动对溢洪道建筑物的影响，提出保证溢洪道建筑物安全的上库进/出水口明挖施工爆破限制药量。

（3）爆破参数与监测点布置

根据监测要求，准备了 8 套监测系统，包括爆破振动记录仪、垂直与水平速度传感器、计算机。

第 1 次爆破沿上坝公路布置 8 个测点，其中 1♯测点在隧洞正上方；第 2 次爆破沿上坝公路布置 6 个测点（1♯测点位置同第 1 次爆破），溢洪道中部发电机房内地面和起闭机房上部各布置 1 个测点。第 3 次爆破将 1♯测点移到与爆破部位有一定夹角、且直线距离为 37m 位置，其余测点位置、距离与第 2 次相同。爆破参数、监测点布置与数据见图 5-5-19 和表 5-5-5。

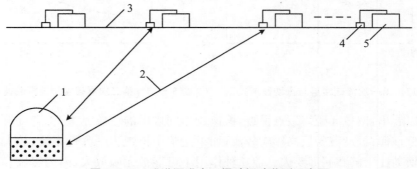

图 5-5-19　泄洪洞进水口爆破振动监测示意图

1. 进水口；2. 至爆破中心直线距离；3. 上坝公路；4. 速度传感器（垂直、水平）；5. 爆破振动记录仪

表 5-5-5　爆破参数与监测数据

参数	第一次爆破							
延期段别	1		3		6	8		10
延期时间(ms)	<13		50		150	250		380
每段装药量(kg)	16		18		20	18		9
总装药量(kg)	81							
距爆源距离(m)	34	42	60	82	106	130	154	178
监测分量	垂直/水平	垂直/水平	垂直/水平	垂直/水平	垂直/水平	垂直/水平	垂直/水平	垂直/水平
振动速度(cm/s)	—	—	1.32/0.64	0.53/0.35	0.39/0.24	0.36/0.21	0.30/0.15	0.22/0.09

参数	第二次爆破							
延期段别	1		2			3		
延期时间(ms)	<13		25			50		
每段装药量(kg)	27		31.5			37.5		
总装药量(kg)	96							
距爆源距离(m)	34	42	71	106	142	178	191	207
监测分量	垂直/水平	垂直/水平	垂直/水平	垂直/水平	垂直/水平	垂直/水平	垂直/水平	垂直/水平
振动速度(cm/s)	—	1.08/0.82	0.76/0.65	0.57/0.32	0.36/0.16	0.20/0.08	—	—

参数	第三次爆破							
延期段别	1		3		4	5		6
延期时间(ms)	<13		50		75	110		150
每段装药量(kg)	14.7		14.7		12.6	14.7		19.2
总装药量(kg)	75.9							
距爆源距离(m)	37	42	71	106	142	178	191	207
监测分量	垂直/水平	垂直/水平	垂直/水平	垂直/水平	垂直/水平	垂直/水平	垂直/水平	垂直/水平
振动速度(cm/s)	1.06/0.36	0.86/0.35	0.71/0.34	0.43/0.19	0.27/0.15	0.16/0.07	—	0.13/0.07

(4) 监测结果及分析

第一次爆破 1♯ 和 2♯ 测点由于设置量程太大仪器没有触发,未测到信号;3♯～8♯ 均测到振动信号,测点距离与振动速度关系见图 5-5-20。

第二次爆破 1♯、7♯ 和 8♯ 没有测到信号,2♯～6♯ 均测到信号。测点距离与振动速度关系见图 5-5-21。

第三次爆破除 7♯ 测点(在溢洪道中部发电机房内地面)没有信号外,其余各点均测到了随距离衰减的振动信号,见图 5-5-22。两次爆破 7♯ 测点都没有信号说明溢洪道建筑物中部振动极小,而在启闭机房的 8♯ 测点垂直与水平振速也仅为 0.13cm/s 和 0.07cm/s,说明上部比中部的振动大一些。爆破引起地表振动,通过建筑物的基座传递给建筑物上部结构,使建筑结构发生扰动。

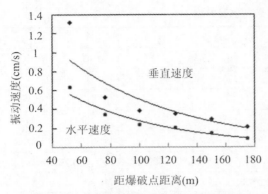

图 5-5-20　第一次爆破距离与振动速度关系

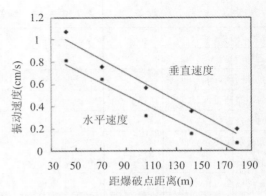

图 5-5-21　第二次爆破距离与振动速度关系

（5）数据回归与安全评估

为了综合评估爆破振动衰减规律,将三次爆破实测数据进行整理,并以比例药量为自变量,振动速度为因变量作图,得到的结果见图 5-5-23。

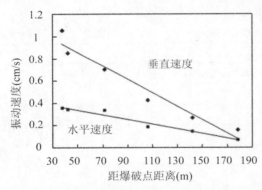

图 5-5-22　第三次爆破距离与振动速度关系

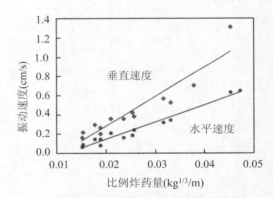

图 5-5-23　比例炸药量与振动速度关系

由于已知最大一段起爆药量、直线距离和监测爆破振动速度,对公式(5-5-1)用最小二乘法进行数据回归,可以得到在该地质、地形条件下爆破振动的衰减规律。

用爆破振动测试分析软件的线性回归功能,对图 5-5-23 数据回归的结果见表 5-5-6。

表 5-5-6　回归的 k、α 数值

垂直振动		水平振动	
k	α	k	α
133	1.57	170	1.82

检验监测和计算数据之间的一致性用相关系数 r 表示,一般要求 $|r| \geqslant 0.8$ 才有意义,图 5-5-18 的数据线性相关系数为:垂直振动:$r = 0.94$;水平振动:$r = 0.98$。可见线性相关性很好。

三次爆破振动的主振频率大多在 $20 \sim 80\text{Hz}$ 之间,被保护的溢洪道建筑物属于"工业和商

业建筑",从表 5-5-1 中得知,允许振动速度为:3.5cm/s<v<5cm/s,取保守值 4cm/s,当进水口明挖爆破施工距溢洪道建筑物的最近距离为 40m 时,由公式(5-5-1)得出最大一段起爆药量为:

垂直方向:
$$W=\left(R\cdot\sqrt[\alpha]{\frac{v}{k}}\right)^3=\left(40\times\sqrt[1.57]{\frac{4}{133}}\right)^3=79(\text{kg})$$

水平方向:
$$W=\left(R\cdot\sqrt[\alpha]{\frac{v}{k}}\right)^3=\left(40\times\sqrt[1.82]{\frac{4}{170}}\right)^3=132(\text{kg})$$

当两个方向最大一段起爆药量不等的情况下,从安全角度考虑应取较小值。另外由于毫秒延期导爆管雷管的误差(可能出现的跳段),可能会增加最大一段允许起爆药量,综合考虑这些因素,所以取最大一段起爆药量为 70kg。

进水口明挖爆破过程中,由于被爆岩体至少有两个以上自由面,炮孔内装药爆炸的能量主要作用于破碎岩石,引起周围岩体和建筑物的振动效应很小,监测也证明了这一点。而在隧洞爆破掘进施工时,被爆岩体只有 1 个自由面,炮孔内装药爆炸的能量除破碎和抛掷岩石外,有相当部分能量以振动波形式向周边传播,在隧洞半断面或全断面爆破掘进施工时,要严格控制最大一段起爆药量不应 70kg。如果周边炮孔采用预裂爆破,可以大大减小爆破对周边岩体和建筑物的振动效应,辅助孔(除掏槽孔以外的炮孔)还可以适当增加最大一段起爆药量。

5.6　聚能装药的射流破甲试验

炸药爆炸的聚能现象,早在 18 世纪就发现了,却一直没有受到重视,直到第二次世界大战中,交战各国纷纷采用聚能装药破甲弹这一新弹种,用来攻击坦克的厚装甲,取得了很好的效果。从第二次世界大战结束直到目前,采用聚能原理的弹药主要应用于军事目的,但在工程爆破等民用方面也得到长足发展,如:石油工业使用的聚能射孔弹、油管及套管切割弹;水下打捞沉船切割构件用的线型聚能装药;土中、冻土中穿孔;炼钢平炉出钢口穿孔等。

聚能装药应用最广泛的是圆柱形聚能装药的定向穿孔能力和线形聚能装药的定向切割能力,聚能装药还有体积小、携带方便、作用快等特点。

5.6.1　聚能射流破甲的基本原理

特殊的装药结构爆炸后产生射流作用,射流的传递主要是动能形式。当射流作用在靶板上就能够发生侵彻破甲效果,射流侵彻破甲是射流各部分的动能和靶板连续交换的结果,因此这是一种现象两个方面的问题。

不同的装药结构侵彻靶板的效果大不相同,曾经有研究者做过一组试验,采用 4 种相同的装药、不同的装药结构或爆炸条件,观察破甲效果。药柱由 50/50 的梯恩梯/黑索今铸装,直径 30mm,长度 100mm,靶板材料为中碳钢,见图 5-6-1。

图 5-6-1 中,(a)是一个圆柱形爆轰时,产物向四周飞散;(a)′是将圆柱形装药直接放在靶板上,只炸出一个很浅的凹坑;(b)是圆柱形装药底部有一个锥形孔,爆轰产物向锥形孔汇聚,在距离>F 后发散;(b)′是将带锥形孔的装药放在靶板上炸出一个 6～7mm 深的凹坑;(c)是在锥形孔内放了一个金属药形罩,爆轰产物向药形罩汇聚形成很长的金属射流;(c)′是将带金

属药形罩的装药放在靶板上,炸出一个80mm深的孔;(d)′是将装有药形罩的装药放在距靶板高度为70mm处爆炸,则炸出孔深达110mm,(d)′的孔深分别是(b)′、(c)′的17倍和1.57倍。

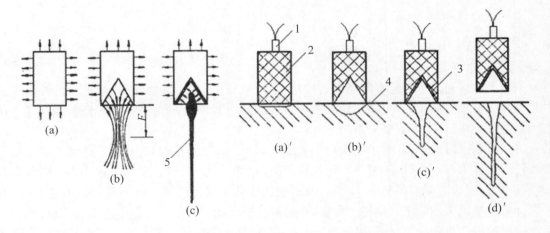

图 5-6-1   不同装药结构的爆轰过程和破甲效果
1. 雷管;2. 圆柱形装药;3. 药形罩;4. 靶板;5. 金属射流

这组试验说明了几个问题:

从破甲深度比较,圆柱形装药小于有锥形孔装药小于有药形罩装药小于有药形罩且有一定炸高装药;

从装药量比较,药柱下部有锥形孔时,装药量虽然减少了,破甲效果却提高了;

药形罩能明显提高破甲深度;

有药形罩且有一定炸高能明显提高破甲深度。

从爆轰机理上分析,圆柱形装药爆轰后,爆轰产物近似垂直原药柱表面的方向朝四周飞散,作用于靶板部分仅仅是药柱端部的爆轰产物,作用的面积等于药柱端面积。带锥形孔的圆柱形药柱则不同,锥形孔部分的爆轰产物飞散时,先向轴线集中,汇聚一股速度和压力都很高的气流,爆轰产物的能量集中在较小的面积上,在靶板上侵彻出较深的孔。在药柱表面加一个金属罩(如铜罩)后,由于铜的可压缩性很小,内能增加很少,能量的绝大部分表现为动能形式,避免了高压膨胀引起的能量分散而使能量更为集中,形成金属射流,使得侵彻能力大大提高,如将靶板放在离药柱一定距离处,金属射流能侵彻出五倍口径的孔。

铜罩壁的运动速度可达2000~3000m/s,平均以2500 m/s计算,铜的密度为8.92g/cm³,重力加速度为9.81m/s²,如果忽略位能,以动能表示的能量密度为:

$$E = \frac{1}{2}\rho v^2 = \frac{1}{2} \cdot \frac{8.92 \cdot 2500^2}{9.81 \cdot 10} = 2.84 \times 10^5 (\text{kg} \cdot \text{cm})/\text{cm}^3 \qquad (5\text{-}6\text{-}1)$$

射流头部速度可达7000~9000m/s,平均以8000m/s计算,则能量密度为 $E = 29 \times 10^5$ (kg·cm)/cm³,与高能炸药8321爆轰波阵面的能量密度 2.013×10^5 (kg·cm)/cm³ 比较,铜罩壁的能量密度比其高1.41倍,射流头部则高14.4倍。

如上所述,药形罩的作用是将炸药的爆轰能量转换为罩的动能,从而提高聚能射流侵彻深度,所以要求药形罩材料具有可压缩性小、在聚能过程中不汽化(汽化后会发生能量分散)、密度大、延伸性好等性能,目前铜罩是应用最为普遍的材料,也有用紫铜粉末和陶瓷制作药形罩。

图 5-6-1 所示的聚能射流作用仅在锥孔垂直方向有很大的能量密度和侵彻效果,其他方向和普通装药一样,所以这类聚能装药一般只适用局部破坏作用的领域。半球形和抛物线形罩也能产生聚能作用,这些都属于轴对称聚能装药,见图 5-6-2。

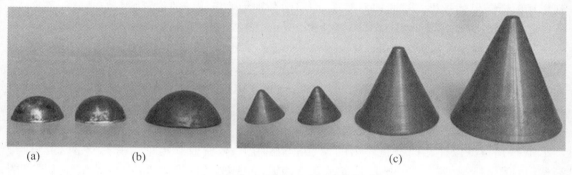

图 5-6-2 半球形和圆锥形药形罩
(a) 普通钢半球形;(b) 紫铜半球形;(c) 紫铜圆锥形

另一类应用很广的是平面对称形聚能装药,这类装药爆炸时在对称面上形成聚能射流,当金属的楔形罩很长时,能产生一条长聚能射流,这类装药又称为线型聚能装药,见图 5-6-3。

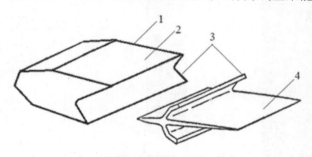

图 5-6-3 线型聚能装药和射流效果
1. 装药外壳;2. 炸药;3. 药形罩;4. 线型金属射流

5.6.2 方法原理

聚能装药爆炸后形成轴对称或线型金属射流,作用于靶板。通过改变炸高、隔板直径或厚度、药形罩形状等条件进行试验,通过测量靶板侵彻深度、最大直径等参数,确定聚能装药的破甲效果。

5.6.3 隔板对小直径装药射流破甲的作用

1. 试验设计

聚能装药中的隔板可以改变爆轰波形状、方向和到达药形罩的时间,改善了爆炸载荷,达到增强射流破甲的效果。试验选择了 3 个条件,分别为隔板放置的位置、直径和厚度。

    a. 隔板位置 H 选择在距离药形罩顶部 25mm,33mm 和 41mm 处;

    b. 选择隔板直径 D 为 9mm,10mm 和 11mm;

    c. 选择隔板厚度 h 为 2mm,3mm 和 5.6mm。

小直径装药外壳是内径 15.6mm、壁厚 2mm 的 PVC 管,隔板为 PMMA(有机玻璃)材料。炸药是钝化黑索今(95/5),雷管底部以下的炸药分三次压装共 8g,密度为 $1.3g/cm^3$,雷管底部周边装 1g 散状炸药。药形罩为紫铜半球形,同图 5-6-2 的(b),厚度 0.5mm。炸高为 31mm,这是根据以往相同试验得出的最佳炸高,用 PVC 管控制定位。用 8 号雷管起爆,靶板选用直径 41mm、厚度 20mm 的优质碳素结构钢,布氏硬度 HB 为 150~200。试验装置见图 5-6-4。

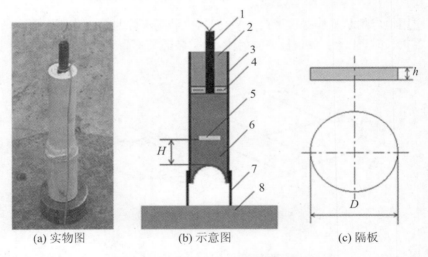

(a) 实物图　　　　　(b) 示意图　　　　　(c) 隔板

图 5-6-4　圆柱形装药聚能射流试验装置

1. 8 号雷管;2. 泡沫材料;3. PVC 管;4. 1g 散装黑索今;5. 隔板;6. 8g 密度 $1.3g/cm^3$ 黑索今;7. 炸高控制管;8. 靶板;H. 隔板与药形罩顶部距离;h. 隔板厚度;D. 隔板直径

爆炸产生的射流在靶板上形成近似圆锥形的穿孔,通过测量孔的深度、孔口纵横两个方向直径,再按圆锥体积公式 $V=(\pi r^2 L)/3$,计算破甲射孔的体积,根据测量和计算的数值,得出隔板用于小直径聚能装药的最佳试验方案。

2. 试验结果与分析

对靶板穿孔的测量结果见表 5-6-1。

表 5-6-1 隔板距药形罩顶部距离、隔板厚度和直径的射流参数

距离(mm)	深度(mm)	直径(mm)	隔板厚度(mm)	深度(mm)	直径(mm)	隔板直径(mm)	深度(mm)	直径(mm)
25	4.7	5.45	2	6.85	5.95	9	6.8	5.025
33	5.45	5.175	3	7.4	5.7	10	7.0	6.2
41	8.1	5.025	5.6	8.1	5.025	11	8.1	5.025

注:深度为平均值;直径为孔口纵横向平均值。

从表中反映出某些规律:隔板距药形罩顶部距离增大,射孔深度增加但孔口直径缩小;隔板厚度增大,射孔深度也增加但孔口直径缩小;隔板直径增大,射孔深度增加但孔口直径却在10mm 时最大。

试验证明了射流穿孔深度越大,其对应的孔口直径越小的一般性规律。

如果从射孔深度考虑:选择隔板位置应距药形罩顶部 41mm,隔板厚度 5.6mm,隔板直径 11mm 为最优的射流穿孔试验条件。

如果从孔口直径考虑:选择隔板位置应距药形罩顶部 25mm,隔板厚度 2mm,隔板直径 10mm 为最优的射流穿孔试验条件。

为了综合评估不同隔板条件聚能射流的效能,将表 5-6-1 数据按圆锥体积公式计算得到表 5-6-2。

表 5-6-2 不同隔板条件下的射孔体积

条件	距离	距离	距离	隔板厚度	隔板厚度	隔板厚度	隔板直径	隔板直径	隔板直径
参数(mm)	25	33	41	2	3	5.6	9	10	11
体积(mm³)	36.53	38.19	53.52	63.46	62.91	53.52	67.85	70.41	53.52

将表中结果绘图得到图 5-6-5 和图 5-6-6 的关系。如果从射孔体积考虑:选择隔板位置应距药形罩顶部 41mm,隔板厚度 2mm,隔板直径 10mm 为最佳的射流穿孔试验条件。

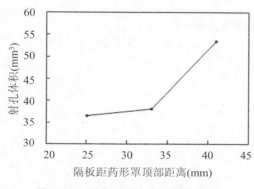

图 5-6-5 隔板距离与射孔体积关系

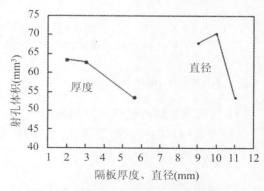

图 5-6-6 隔板厚度、直径与射孔体积关系

靶板在承载射流作用时,穿孔周边会出现凹凸不平,为了使测量的数据精确,需将不平部分打磨至与靶板原有表面平齐再测量,典型的射流穿孔效果见图5-6-7。

图 5-6-7　典型的射流穿孔效果(尚未打磨处理)

5.6.4　线型装药聚能射流破甲

1. 线型聚能装药设计

装药外壳选择 3mm 的聚乙烯板,炸药选用钝化黑索今(95/5),线装药量 4.75g/cm,用专用模具压药,密度控制为$(1.2\pm0.2)g/cm^3$。由 8 号电雷管引爆工业导爆索,再由导爆索引爆聚能装药,可实现起爆的一致性。线型聚能装药长度 100mm,侵彻靶板为 45 号钢板,厚度 10mm。起爆前将药形罩固定在聚能装药药面上,用 AB 胶与聚乙烯板黏结,最后将导通后的电雷管与导爆索用胶布连接,放入爆炸容器中进行试验。线形聚能罩和试验装置见图5-6-8。

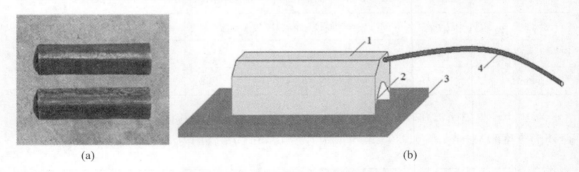

　　(a)　　　　　　　　　　　　　　　　　　　　　(b)

图 5-6-8　线形罩和聚能装药试验装置
(a)上-铁罩;下-紫铜罩;(b)1-线型聚能装药;2-线形罩;3-靶板;4-工业导爆索

2. 不同条件的试验结果

(1) 药形罩材料对侵彻深度的影响
三种金属材料制作的药形罩试验结果见表5-6-3。

表 5-6-3 不同材料药形罩侵彻深度

药型罩的材料	侵彻深度(mm)
紫铜	10(部分穿透)
铁	8.8
铝	10(部分穿透)

试验条件:药形罩锥角 80°,罩壁厚 1.1mm,炸高 15mm。

从表中看出:紫铜和铝作为药形罩效果都很好,观察侵彻的靶板痕迹,紫铜罩切割宽度较窄且齐整,铝罩切割宽度较宽,杵还留在钢板中。铁罩侵彻效果差,因此选用紫铜的药形罩。

(2)药形罩锥角形状、角度对侵彻深度的影响

锥角形状试验结果见表 5-6-4。

表 5-6-4 药形罩锥角形状、锥角度的侵彻深度

药形罩锥角形状	侵彻深度(mm)	药形罩的锥形角度	侵彻深度(mm)
圆弧形	10(完全穿透)	80°	10(完全穿透)
尖角形	10(只有一点点穿透)	90°	9

锥角形状试验:紫铜罩,罩锥角 80°,罩壁厚、炸高同前;锥角度试验:圆弧形紫铜罩,罩壁厚、炸高同前。

从表中看出:虽然 10mm 厚的靶板都被穿透,但是从效果看圆弧形罩是将靶板完全穿透,表明最大侵彻深度远远大于 10mm。而尖角形罩只是将钢板穿透了一点,即最大侵彻深度仅 10mm。因此圆弧形罩的切割效果要优于比尖角形罩。

圆弧形药形罩的锥角为 80°时,靶板被完全穿透,锥角为 90°时,靶板最大侵彻深度才 9mm,因此 80°锥角较好。

(3)药形罩壁厚、炸高对侵彻深度的影响

罩壁厚与炸高试验结果见表 5-6-5。

表 5-6-5 改变药形罩壁厚、炸高的侵彻深度结果

药形罩壁厚(mm)	侵彻深度(mm)	炸高(cm)	侵彻深度(mm)
0.1	0.3	1.0	9
0.26	4.2	1.5	10(完全穿透)
1.1	10(完全穿透)	2.0	10(完全穿透)
2.0	5	2.5	7.9

药形罩壁厚试验条件:圆弧形紫铜罩,锥角 80°,炸高 15mm;炸高试验条件:圆弧形紫铜罩,锥角 80°。

药形罩壁厚与侵彻深度关系见图 5-6-9,炸高与侵彻深度关系见图 5-6-10。

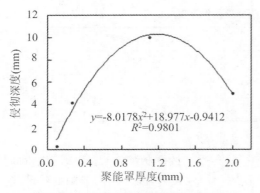

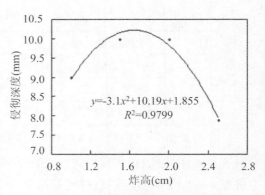

图 5-6-9　聚能罩厚度与侵彻深度关系　　　　图 5-6-10　炸高与侵彻深度关系

图 5-6-9 回归的二次函数 $y=-8.0178x^2+18.977x-0.9412$ 可求出最大值，即药形罩的最佳壁厚。当 $x=-18.977/(-8.0178\times 2)=1.18$ 时，函数取得最大值。即药形罩最佳壁厚为 1.18mm。

图 5-6-10 回归的二次函数 $y=-3.1x^2+10.19x+1.855$ 可求得函数的最大值，即最佳炸高。当 $x=-10.19/(-3.1\times 2)=1.64$ 时，函数取得最大值。即最佳炸高为 1.64cm。

3. 线型聚能装药的最佳参数

综合考虑以上因素，初步得出线型聚能装药的最佳参数见表 5-6-6。

表 5-6-6　线型聚能装药的优选参数

名称	参数	名称	参数
炸药	钝化黑索今(95∶5)	药形罩锥角形状	圆弧形
线装药量	4.75g/cm	药形罩锥角	80°
外壳材料、尺寸	聚乙烯板、长 100mm、厚 3mm	药形罩壁厚	1.18mm
药形罩材料	紫铜	炸高	1.64mm

侵彻靶板典型结果见图 5-6-11。

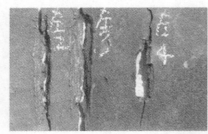

图 5-6-11　侵彻靶板典型结果

应当指出表 5-6-6 只是初步的最佳参数，因为试验还存在不足：

a. 靶板厚度不够，如对于完全穿透的试验，如果选用厚度大于 10mm 靶板，就能得出最大侵彻深度,后续的优选参数可能会改变。

b. 人工压药密度、线装药量均匀性等都会影响侵彻效果。

上述试验方法可为线型聚能装药的射流破甲试验提供设计思路。

5.6.5 无药形罩乳化炸药射流破甲

1. 试验方案

炸药选用岩石型乳化炸药,密度约 1.19g/cm³,采用无药形罩的圆柱形装药结构,聚能穴形状是半球形和 60°圆锥形,装药管选择 Ø32mm、Ø47mm 和 Ø58mm 三种内径的 PVC 管,其中 Ø32mm 的两种聚能装药量均为 50g,试验的炸高见表 5-6-8,根据试验结果和爆炸相似率再确定 Ø47mm 和 Ø58mm 聚能装药的最佳炸高。试验在爆炸容器内进行,8 号电雷管插入炸药深度均为 20mm,聚能射流侵彻靶板选用 45 号钢板,试验装置见图 5-6-12。

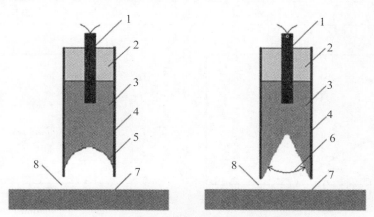

图 5-6-12 半球形和 60°圆锥形无聚能罩试验装置

1. 8 号雷管;2. 泡沫材料;3. 乳化炸药;4. PVC 管;5. 半球形聚能穴;6. 60°圆锥形聚能穴;7. 靶板;8. 炸高

内径 D 为 Ø32mm 的装药质量 m 为 50g,装药高度 $H_{半球形}=55.5\text{mm}$、$H_{圆锥形}=59.4\text{mm}$。由爆炸相似率计算得到 Ø47mm、Ø58mm 的装药参数见表 5-6-7。

$$\frac{D}{D_i} = \left(\frac{m}{m_i}\right)^{1/3} = \frac{H}{H_i} \tag{5-6-2}$$

表 5-6-7 不同直径的装药高度和装药质量

底部形状	装药直径(mm)	装药高度(mm)	装药质量(g)
半球形	32	55.5	50
	47	81.5	158.4
	58	100.6	297.7
60°圆锥形	32	59.4	50
	47	87.2	158.4
	58	107.7	297.7

对三个直径的装药制作了两种聚能形状的模板（半球形三个，60°圆锥形三个），乳化炸药初步装入管中后用对应的模板，在药管底部慢慢旋转出半球形和 60°圆锥形聚能穴，旋转要保证聚能穴的对称性。然后在药管上部补齐规定的药量。

2. 试验结果

（1）32mm 聚能装药

表 5-6-8 列出了全部试验数据的平均值，根据这些数值得到图 5-6-13、图 5-6-14 曲线。

表 5-6-8　Ø32mm 聚能装药的炸高与侵彻深度、最大直径

参数	半球形					60°圆锥形				
炸高（mm）	5	10	20	30	50	0	5	10	20	50
侵彻深度（mm）	4.64	8.29	5.06	1.68	0	7.99	7.35	5.55	2.07	0
侵彻最大直径（mm）	20.56	20.05	20.03	9.5	0	15.72	18.68	20.39	12.21	0

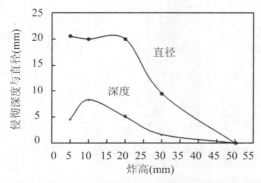 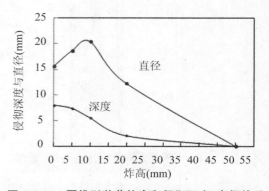

图 5-6-13　半球形装药炸高和侵彻深度、直径关系　　图 5-6-14　圆锥形装药炸高和侵彻深度、直径关系

从侵彻深度和最大直径综合考虑：半球形聚能装药侵彻靶板的最佳炸高为 10mm 左右，而 60°圆锥形聚能装药的最佳炸高为 0mm 左右。

（2）Ø47mm、Ø58mm 聚能装药侵彻

由相似比得出 Ø47mm 装药最佳炸高及试验测出的侵彻靶板深度和最大直径见表 5-6-9。在最佳炸高条件下，Ø47mm 装药量比 Ø32mm 增加了约 3 倍，半球形装药侵彻深度增加了 44％，最大直径增加了 45％；60°圆锥形装药侵彻深度增加了 12.5％，最大直径增加了 25.4％。

同理由相似比得出 Ø58mm 装药最佳炸高及试验测出的侵彻钢板深度和最大直径见表 5-6-9。在最佳炸高条件下，Ø58mm 装药量比 Ø47mm 增加了 1.88 倍，半球形装药侵彻深度增加了 29.1％，最大直径增加了 24.3％；60°圆锥形装药侵彻深度增加了 55.5％，最大直径增加了 38.9％，为了比较将 Ø32mm 装药也列入表 5-6-9 中。

表 5-6-9　聚能装药侵彻深度和直径

装药	形状	最佳炸高（mm）	侵彻深度（mm）	侵彻最大直径（mm）
Ø32mm 聚能装药	半球形	10	8.29	20.05
	60°圆锥形	0	7.99	15.72
Ø47mm 聚能装药	半球形	14.7	14.78	36.40
	60°圆锥形	0	9.54	21.08
Ø58mm 聚能装药	半球形	18.1	20.85	48.09
	60°圆锥形	0	21.42	34.52

Ø47mm 和 Ø58mm 装药侵彻靶板效果分别见图 5-6-15 的（a）、（b）、（c）、（d）。

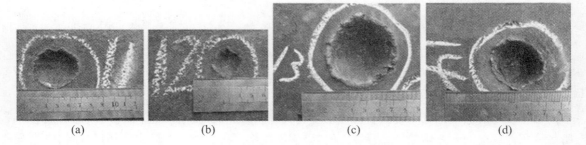

(a)　　　　　　　(b)　　　　　　　(c)　　　　　　　(d)

图 5-6-15　Ø47mm、Ø58mm 装药侵彻靶板效果

（a）、（b）Ø47mm 装药（11 号半球形，12 号 60°圆锥形）；（c）、（d）Ø58mm 装药（13 号半球形，14 号 60°圆锥形）

3. 试验结果总结

从以上试验结果可以得出：

a. 无药形罩的乳化炸药能够产生聚能射流，半球形装药侵彻最大直径优于 60°圆锥形。Ø47mm 的 60°圆锥形数据异常，或许不是最佳炸高或者由于手工装药使密度发生变化，除此外，两种聚能装药的侵彻深度相差不多。

b. 根据初步试验数据用爆炸相似率可以初步预估其他装药条件下的聚能射流侵彻结果。

c. 利用乳化炸药的柔软黏性，容易制作所需要的形状。在某些特定的工程爆破中便于快速制作无药形罩的聚能装药。例如对钢渣破碎或炉瘤爆破不易机械穿孔，可以利用连续几发无药形罩聚能装药达到穿孔目的。

5.6.6　影响聚能射流的因素

1. 炸药性能

炸药影响破甲能力主要因素是爆轰压力，国内曾开展过破甲能力与炸药性能的试验工作，采用同样的装药结构，选用六种不同性能的炸药，在各自最佳炸高条件下进行破甲试验，结果表明：就破甲深度来看，爆轰压起主要作用，爆热只起次要作用，以综合参数 $P_{c-j}(\rho \cdot Q_v)^{1/2}$ 作

为衡量炸药破甲能力的标准,有以下关系:

$$\frac{H}{d} = a \cdot P_{c-j}(\rho \cdot Q_v)^{1/2} + b \tag{5-6-3}$$

式中:H—破甲深度;

d—药型罩直径;

P_{c-j}、Q_v—炸药的爆轰压和爆热;

ρ—装药密度;

a、b—与装药结构有关的系数。

对同种炸药来说,爆速和密度存在线性关系:

$$D = D_{1.00} + k(\rho - 1.00) \tag{5-6-4}$$

式中:D—装药密度为 ρ 时的爆速;

$D_{1.00}$—装药密度为 $1.0g/cm^3$ 时的爆速;

k—与炸药性能有关的系数,单位为 $m \cdot s^{-1}/(g \cdot cm^{-3})$,对多数高能炸药一般取 3000 ~4000。

因此为了提高破甲能力,必须尽量选取高爆速炸药和提高装药密度。

2. 装药形状

聚能装药的破甲深度与装药直径和长度有关,随直径和长度增加,破甲深度增加。试验表明当装药长度增加到三倍装药直径以上时,破甲深度将不再增加。在确定装药形状时,应综合考虑多方面的因素,既使得装药重量轻,又要使得破甲效果好。

3. 药形罩材料

当药形罩被压合后,形成连续而不断裂的射流越长、密度越大,破甲越深,这就要求药形罩材料密度大,塑性好,在形成射流过程中不被汽化。研究结果证明:紫铜的密度较高,塑性好,破甲效果最好;生铁是脆性的,但在高压高速条件下却具有良好的塑性,效果也相当好;铝作为药形罩虽然延展性好,但密度太低;铅的延展性好、密度高,但熔点和沸点都很低,易于汽化,所以铝罩和铅罩破甲效果都不好。

4. 药形罩锥角和壁厚

轴对称聚能装药的锥角通常在 $35°$~$60°$ 之间选取,装药直径较小时,选取 $35°$~$44°$ 为宜,装药直径较大时,选取 $44°$~$60°$ 为宜;采用隔板时锥角应大些,没有隔板时锥角应小些。

药形罩最佳壁厚 δ 随罩材料、锥角、直径及有无外壳而变化,总的来说,最佳壁厚随罩材料比重的减小而增加,随罩锥角的增大而增加,随直径 d 的增加而增加,随外壳的加厚而增加。适当采用顶部薄、底部厚的变壁厚药形罩,可以提高破甲深度,主要原因在于增加射流头部速度,降低尾部速度,改变了速度梯度,使射流拉长,从而增加破甲深度。

5. 隔板的选用

在装药结构中选用隔板,可以改变药柱中爆轰波形状,控制爆轰波方向和爆轰波到达药形罩的时间,提高爆炸载荷,以达到提高破甲能力的目的。

根据理论和试验结果,作用于药形罩壁面某点上初始压力 P_m 与波阵面和罩母线的夹角 φ 有很大关系:

$$P_m = P_{c-j} \cdot (\cos\varphi + 0.68) \tag{5-6-5}$$

采用隔板以后 φ 角变小,罩顶面的初始压力将会增加。有隔板的装药结构比无隔板的相比,射流头部速度增加 25% ,破甲深度提高 $15\%\sim30\%$ 。采用隔板也存在不利因素,即破甲结果波动大,性能不稳定,并且增加装药工艺复杂性。

隔板材料一般选用塑料,因为这种材料声速低,隔爆性能好,比重轻,还有足够的强度。实践表明,隔板直径以不低于装药直径的一半为宜;隔板至药形罩顶之间的高度起码要大于 $(d_{隔板}/2)\tan a(d_{隔板}-$隔板上端面直径, $a-$药型罩半锥角)。

6. 炸高

炸高对破甲能力的影响可以从两方面分析,一方面随炸高增加,使射流伸长,有利于提高破甲深度;另一方面,随炸高的增加,射流产生径向分散和摆动,延伸到一定程度后发生断裂,使破甲深度降低。

最佳炸高是一个区间,最佳炸高与药形罩锥角、药形罩材料、炸药性能及有无隔板都有关系。罩顶角在 $45°$ 时,铝材料由于延伸性好,形成射流长,最佳炸高约为罩底径的 $6\sim8$ 倍,适用于大炸高场合。另外,采用高爆速炸药以及增大隔板直径,都能使药形罩受到的冲击力增加,而增大射流速度,使射流伸长,故最佳炸高增加。

7. 壳体

一般情况下,对于有隔板的聚能装药,装有外壳有类似不合理地增大隔板直径的作用,而将无壳药柱试验得到的隔板直径减小,可使爆轰波形趋向于合理,从而提高破甲深度;对不带隔板的聚能装药,可采用改变药柱锥度和药形罩锥角的方法达到调整爆轰波的目的。

参 考 文 献

[1]　南京航空学院,北京航空学院.传感器原理[M].北京:国防工业出版社,1980:4-11.

[2]　孟吉复,惠鸿斌.爆破测试技术[M].北京:冶金工业出版社,1992:146-147.

[3]　炸药理论编写组.炸药理论[M].北京:国防工业出版社,1982:278-280.

[4]　王神送,张立,程宏兵.装药密度对空气冲击波参数影响的实验研究[J].爆破器材,2010,39(1):4-7.

[5]　夏曼曼,吴红波,徐飞扬,等.乳化炸药空中爆炸冲击波衰减规律的研究[J].爆破器材,2017,46(4):21-24.

[6]　张挺.爆炸冲击波测量技术(电测法)[M].北京:国防工业出版社,1984:74-76.

[7]　张立.水下爆炸用 ICP 压力传感器的动态标定[J].煤矿爆破,1999,46(3):7-10.

[8]　P. Cole.水下爆炸[M].罗耀杰,韩润泽,官信,等译.北京:国防工业出版社,1965.

[9]　陈正衡,等译.工业炸药测试新技术:国际炸药测试标准化组织第八届会议论文集[C].北京:煤炭工业出版社,1982:61-105.

[10]　张金城,汪大立,沈庆浩,等.雷管水下爆炸冲击波能和气泡能测试的研究[J].爆破器材,1989(1):

6-10.

[11] Wang Liqiong，Wang Nafeng，Zhang Li. Study on Key Factors Affecting Energy Output of Emulsion Explosives in Underwater Explosion [J]. Propellants Explos. Pyrotech. 2012，37：83-92.

[12] 张立，陆守香，汪大立. 有限水域煤矿工业炸药爆炸能量的测试研究[J]. 煤炭学报，2001，26(1)：274-278.

[13] 颜事龙，张金城. 工业炸药水下爆炸能量估算[J]. 爆破器材，1993，22(2)：1-4.

[14] 张立，孙峰，国志达. 在有限水域爆炸能量计算公式及 VB 程序[J]. 爆破器材，2000，29(1)：5-8.

[15] 田中克己，吉田正典，等. 用水下爆炸法进行炸药能量的精密测定[J]. 工业火药，1981，42(4)：38-47.

[16] 黄麟. 模拟不同海拔水下爆炸的实验研究—能量输出和作功能力[D]. 安徽理工大学，2012.

[17] 钟帅. 模拟深水爆炸装药输出能量的研究[D]. 安徽理工大学，2007.

[18] 张立，章桥龙，郭进，等. 装药浅水下爆炸的气泡脉动参数研究[J]. 煤矿爆破，2005，69(3)：5-9.

[19] 中山南，生沼仙三，田中一三. 水中爆炸气体球的高速摄影[J]. 工业火药，1989，50(3)：178-182.

[20] 贾虎，沈兆武. 低能量导爆索水下爆炸冲击波特性实验研究[J]. 实验力学，2011，26(3)：297-302.

[21] Memrecam HX-3 High Speed Camera 使用手册[Z]. Image Technology 公司，2013.

[22] 爆破安全规程：GB 6722 - 2014[S]. 北京：冶金工业出版社，2014.

[23] R. R. 布歇. 振动与冲击传感器的校准[M]. 北京：计量出版社，1984.

[24] 张立. 有限水域的爆炸振动与减振措施[J]. 噪声与振动控制，2003，23(2)：32-34.

[25] 张立，孙跃光，张明晓. 建筑物拆除爆破对临近危楼的振动影响[J]. 爆破，2007，24(4)：92-95.

[26] 安徽理工大学. 佛子岭蓄能电站上库进水口爆破测振及安全评估[Z]. 2004.8.

[27] 胡朝海，吴红波. 炸高对乳化炸药聚能射流侵彻深度的影响[J]. 广东化工，2015，42(15)：75-78.

[28] 吴红波，邢化岛，缪志军，等. 乳化炸药聚能射流侵彻靶板的数值仿真[J]. 工程爆破，2016，22(1)：68-72.

[29] 张立. 爆破器材性能与爆炸效应测试[M]. 合肥：中国科学技术大学出版社，2006.

[30] 爆炸及其作用编写组. 爆炸及其作用：下册[M]. 北京：国防工业出版社，1979：84-92.